5일 완성

쉽고 빠르게~
합격은 나의 것!

유기농업 기능사 필기

한권으로 끝내기

SD에듀

(주)시대고시기획

5일 투자하여 자격증 따기!

자격증이 필요해서 따려고 마음먹어도 시간을 내서 공부하기란 참 어렵습니다.
특히, 필기보다 실기가 중요한데 필기에만 집중투자할 수도 없습니다.

어떻게 하면 필기시험을 합격할 수 있을까요?

기능사시험은 대부분 문제은행식이어서 기존의 기출문제를 변형한 문제가 많이 출제되는 편이고, 고득점이 아니라도 평균 60점만 넘으면 합격입니다.

결국 기능사시험은 기출문제를 풀어 보는 것이 합격으로 가는 가장 빠른 지름길입니다.
많은 기출문제를 풀어 보고, 문제와 답을 열심히 외워 출제경향을 파악한다면 충분히 합격할 수 있습니다.

본 도서는 5일만 투자하면 필기시험에 거뜬히 합격할 수 있도록 기출문제 위주로 구성하였습니다.

4일간은 핵심이론과 다양한 과년도 기출문제를 풀어 봄으로써 실제 기출문제와 유사하거나 변형되어 출제되는 문제에 적극적으로 대비할 수 있도록 하였고, 마지막 5일차에는 최근 기출복원문제를 수록하여 수험생 스스로 최신의 출제경향을 충분히 파악할 수 있도록 하였습니다. 또한 시험 당일 학습한 내용을 총정리할 수 있도록 핵심 키워드를 부록으로 추가하였습니다.

짧은 시간 동안 확실히 기출문제를 마스터하여 필기시험에 합격할 수 있기를 바랍니다.

편저자 씀

개 요

유기농업이란 화학비료, 유기합성농약(농약, 생장조절제, 제초제 등), 가축사료첨가제 등 일체의 합성화학물질을 사용하지 않고 유기물과 자연광석, 미생물 등 자연적인 자재만을 사용하는 농법을 말한다. 이러한 유기농업은 단순히 자연보호 및 농가소득 증대라는 소극적 중요성을 떠나, WTO에 대응하여 자국농업을 보호하는 수단이 되며, 아울러 국민의 보건복지 증진이라는 의미에서도 매우 중요하다. 이러한 유기농업의 중요성에 따라, 전문 유기농업인력을 육성·공급할 수 있는 자격 신설이 필요하게 되었다.

시험요강

❶ 시행처 : 한국산업인력공단(www.q-net.or.kr)
❷ 관련 학과 : 전문계 고등학교 농업, 원예, 축산과 등
❸ 시험과목
  ㉠ 필기 : 1. 작물재배 2. 토양관리 3. 유기농업 일반
  ㉡ 실기 : 유기농업 생산
❹ 검정방법
  ㉠ 필기 : 객관식 60문항(1시간)
  ㉡ 실기 : 필답형(2시간)
❺ 합격기준(필기·실기) : 100점을 만점으로 하여 60점 이상
❻ 응시자격 : 제한 없음

시험일정

구 분	필기원서접수 (인터넷)	필기 시험	필기합격 (예정자)발표	실기원서접수	실기 시험	최종 합격자 발표일
제1회	1월 초순	1월 하순	2월 초순	2월 중순	3월 하순	4월 하순
제2회	3월 중순	4월 초순	4월 중순	5월 초순	6월 초순	7월 중순
제3회	5월 하순	6월 하순	7월 초순	7월 중순	8월 중순	9월 중순
제4회	8월 하순	9월 중순	10월 중순	10월 중순	11월 중순	12월 중순

※ 상기 시험일정은 시행처의 사정에 따라 변경될 수 있으니, www.q-net.or.kr에서 확인하시기 바랍니다.

출제기준

필기과목명	주요항목	세부항목
작물재배, 토양관리, 유기농업 일반	재배의 기원과 현황	재배작물의 기원과 발달 / 작물의 분류 / 재배의 현황
	재배환경	수분 / 공기 / 온도 / 광 / 상적발육과 환경
	유기재배기술	작부체계 / 종자와 육묘 / 정지·파종 및 이식 / 생력재배 / 재배관리 / 병해충관리
	각종 재해	저온해와 냉해 / 습해, 수해 및 가뭄해 / 동해와 서리해 / 도복과 풍해
	토양생성	토양의 생성과 발달
	토양의 성질	토양의 물리적 성질 / 토양의 화학적 성질
	토양생물 및 토양오염	토양생물 / 토양미생물 / 토양침식 / 토양오염
	토양관리	논·밭토양 / 저위생산지 개량 / 경지이용과 특수지 토양관리
	유기농업의 의의	유기농업의 배경 및 의의 / 유기농업의 현황 / 친환경농업
	품종과 육종	품종 / 육종
	유기원예	원예산업 / 원예토양관리 / 유기원예의 환경조건 / 시설원예 시설 설치 / 과수원예
	유기식량작물	유기수도작·전작의 재배기술 / 병해충 및 잡초 방제방법 / 유기수도작·전작의 환경조건
	유기축산	유기축산 일반 / 유기축산의 사료 생산 및 급여 / 유기축산의 질병 예방 및 관리 / 유기축산의 사육시설

5일 완성 유기농업기능사

★ ★ ★

5일 완성
유기농업기능사

★ ★ ★

1/일

핵심만 콕!콕!

핵심만 콕!콕!

출제유형 뽀개기 120선

정답 및 해설

★ ★ ★

5일 완성
유기농업기능사

★ ★ ★

1일 | 핵심만 콕!콕!

중요 로 표시된 내용은 최근 3개년간 5회 이상 반복 출제된 이론임(이하 동일)

01 작물재배

1. 작물과 재배의 개념 중요

① **작물의 개념** : 작물은 식물 중에서 사람이 식량이나 생활에 필요한 자재로서 이용할 가치가 있는 것, 즉 '인간이 이용할 목적으로 재배하는 식물'을 말한다.

② **재배의 개념** : 재배란 '사람이 일정한 목적을 가지고 경지를 이용하여 작물을 기르고 수확을 올리는 경제적인 영위활동'이라고 할 수 있다.

③ **작물을 재배하는 목적** : 주로 식량을 생산하는 것이며, 인간의 생활을 풍요롭게 만드는 여러 가지 재료들을 생산하는 것이다.

④ **작물 수량 삼각형** : 작물 수량은 유전성·환경 조건·재배 기술을 3요소로 하는 삼각형으로 표시할 수 있다.

2. 식량 작물·특용 작물·사료 작물

① **식량(식용) 작물** : 논벼(수도), 밭벼(육도), 맥류(보리, 밀, 호밀, 귀리 등), 잡곡(옥수수, 수수, 조, 메밀, 기장, 피 등), 두류(콩, 팥, 녹두, 완두, 강낭콩, 땅콩 등), 서류(감자, 고구마, 카사바, 토란, 돼지감자 등) 등이 있다.

② **특용(공예) 작물** : 식품공업원료나 약으로 이용하는 성분을 얻기 위하여 재배하는 작물로서 전분 작물(옥수수, 고구마, 감자 등), 유료 작물(참깨, 들깨, 아주까리, 해바라기, 콩, 땅콩, 유채, 아마, 목화 등), 섬유 작물(목화, 삼, 모시풀, 아마, 왕골, 수세미, 닥나무, 어저귀, 케나프(양마), 대 등), 기호 작물(차, 담배 등), 약료 작물(박하, 호프, 인삼 등), 당료 작물(사탕수수, 사탕무 등), 향료 작물(박하, 계피, 장미, 라일락 등), 향신료 작물(겨자, 고추냉이 등), 염료 작물(쪽, 홍화, 비자 등), 수액작물(옻나무, 고무나무 등) 등이 있다.

③ **사료 작물** : 가축의 먹이로 이용하기 위해 재배하는 작물로서 화본과(옥수수, 라이그래스, 호밀 등), 콩과(알팔파, 클로버 등), 기타 순무, 돼지감자 등이 있다.

3. 원예작물

① **채소** : 부식, 양념으로 이용하는 초본
  ㉠ 과실을 이용하는 열매 채소 : 토마토, 딸기, 수박 등
  ㉡ 뿌리를 이용하는 뿌리 채소 : 무, 당근 등
  ㉢ 잎이나 줄기를 이용하는 잎줄기 채소 : 배추, 파, 양파 등

② **과수** : 열매를 이용하는 다년생 목본으로 인과류, 핵과류, 장과류, 견과류, 준인과류로 구분
  ㉠ 인과류 : 배, 사과, 비파 등
  ㉡ 핵과류 : 복숭아, 자두, 살구, 앵두 등
  ㉢ 장과류 : 포도, 딸기, 무화과 등
  ㉣ 견과류 : 밤, 호두 등
  ㉤ 준인과류 : 감, 귤 등

③ **화훼** : 관상용으로 이용하기 위해 재배하는 작물(초본, 목본)
  ㉠ 초본류 : 국화, 코스모스, 달리아, 난초 등
  ㉡ 목본류 : 철쭉, 동백, 유도화, 고무나무 등

4. 작물의 생태적인 분류

① **생존 연한에 따른 분류** : 한해살이 작물(벼, 콩, 옥수수, 상추, 해바라기 등), 두해살이 작물(당근, 근대, 무, 사탕무, 접시꽃 등), 여러해살이 작물(국화, 딸기, 목초류, 호프, 아스파라거스 등)로 분류할 수 있다.

② **생육 계절에 따른 분류** : 재배하는 계절을 기준으로 여름 작물, 겨울 작물로 분류할 수 있다.

③ **생육 적온에 따른 분류** : 발아나 생육에 적합한 온도 범위가 어느 정도인지에 따라 작물을 저온성 작물(보리, 상추, 배추), 고온성 작물(벼, 콩, 토마토, 고추) 등으로 분류할 수 있다.

④ **생육 형태에 따른 분류** : 자라는 모양에 따라 주형 작물(벼, 보리와 같이 여러 포기가 합쳐져 하나의 큰 포기를 형성하는 작물), 포복형 작물(고구마처럼 줄기가 땅을 기어서 토양 표면을 덮는 작물)로 분류할 수 있다.

⑤ **저항성에 따른 분류** : 어떤 특정 환경에서 견디는 특성에 따라 내산성 작물(감자), 내건성 작물(수수), 내습성 작물(벼), 내염성 작물(사탕무, 옥수수), 내풍성 작물(고구마)로 분류할 수 있다.

5. 세계의 재배 현황

① 전세계 토지의 총 면적은 약 150억ha에 달하고 있으며, 경지율이 11.3%, 영년초지율이 24.6%(농용지율이 35.9%), 임지율이 31.0%, 기타 토지가 33.2%이다.

② 경지율은 유럽이 가장 높고, 아시아, 중북 아메리카, 러시아 등이 다음이며 아프리카, 남아메리카, 오세아니아 등은 낮다.

③ 세계적으로 작물 생산의 주를 이루는 것은 밀, 벼, 옥수수의 3대 식량 작물과 보리, 콩 등의 곡류이다.

④ 전 세계 농경지 중 약 50% 정도를 이들 곡물이 차지하고 있으며, 이들 곡물 중 절반 정도는 쌀과 밀이 차지하고 있다.

⑤ 쌀은 아시아가 주생산지이며, 90% 정도가 이 지역에서 생산된다.

⑥ 밀은 북아메리카, 유럽, 오세아니아가 주생산지이다.

⑦ 옥수수는 미국에서 전체의 1/3 정도를 생산하며 브라질, 중국, 멕시코, 인도에서도 많이 생산된다.

6. 우리나라 작물 재배의 특색

① 농용지 중에서 초지가 적다.

② 경지이용도가 높고 윤작이 발달하지 못하였다.

③ 지력이 낮은 편이다.

④ 기상 재해가 큰 편이다.

⑤ 영세 경영의 다비 농업이며, 전업 농가가 대부분이다.

⑥ 집약 농업에서 생력 농업으로의 전환기에 있다.

⑦ 주곡 농업이면서 외곡의 도입이 많다.

⑧ 농산품의 국제경쟁력이 약하다.

7. 농업의 형태 중요

① 포경(圃耕)농업 : 유축(有畜) 농업 또는 혼동(混同) 농업과 비슷한 뜻으로, 식량과 사료를 서로 균형 있게 생산하는 농업 형태이다.

② 곡경(穀耕)농업 : 벼·밀·옥수수 등의 곡류가 넓은 지대에 걸쳐 재배되는 농업 형태이다. 매년 같은 작물이 이어짓기되는 특징이 있다.

③ 원경(園耕)농업 : 작은 면적의 농경지를 집약적으로 경영하여 단위면적당 채소, 과수 등의 수확량을 많게 하는 농업형태이다.

④ 소경(疏耕)농업 : 문화가 발달되기 이전의 농업형태로서 쟁기나 가축을 이용하지 않은 것은 물론, 비료도 사용하지 않았다. 지력의 소모가 빠른 만큼 새로운 토지를 찾아서 옮기는 이른바 약탈농법(掠奪農法)이다.

8. 자연환경의 요소

① 토양 요소 : 토성, 함유 성분, 토양 반응, 토양 수분, 토양 공기, 토양 미생물 등

② 기상 요소 : 수분, 공기, 온도, 빛(광)

③ 생물 요소 : 식물(잡초, 기생식물), 동물(곤충, 조수), 미생물(병균, 토양 미생물)

9. 토양 수분 함량 중요

① 토양 수분 함량의 표시법

㉠ 절대 수분 함량 : 토양 수분의 함량은 건토에 대한 수분의 중량비로 표시된다.

㉡ 토양 수분 장력 : 수분이 함량된 토양에서 수분을 제거하는 데 소요되는 단위 면적 당의 힘이며, 단위는 수주의 높이 또는 기압으로 표시된다.

② 토양 수분 함량

㉠ 최대 용수량 : 토양 입자들 사이의 모든 공극이 물로 채워진 상태의 수분 함량을 말한다.

㉡ 포장 용수량 : 최대 용수량 상태에서 중력수가 완전히 제거된 후 남아 있는 수분 함량을 말한다.

㉢ 위조점 : 토양의 수분 함량이 어느 정도 이상으로 낮아지게 되면 식물은 증산 작용에 의해 빠져 나가는 만큼의 수분을 뿌리로부터 흡수할 수 없게 된다. 이로 인해 식물은 시들기 시작하고 수분 함량이 더욱 낮아지면 잎은 영구히 시들어서 회복할 수 없게 되는데 이때의 토양 수분 함량을 위조점이라고 한다.

㉣ 유효 수분 : 식물이 이용할 수 있는 물로 포장 용수량과 위조점 사이에 있는 수분 함량을 유효 수분이라고 한다.

㉤ 과잉 수분 : 포장 용수량 이상의 토양 수분으로 과습 상태를 유발한다.

㉥ 무효 수분 : 위조점 이하의 토양 수분은 작물이 이용할 수 없으므로 무효 수분이라고 한다.

10. 토양 수분의 형태 중요

① 결합수(pF 7.0 이상) : 결합수는 점토광물에 결합되어 있어 분리시킬 수 없는 수분이다.

② 흡습수(pF 4.5 이상) : 토양입자 표면에 피막상으로 흡착된 수분을 흡습수라고 하는데, 작물에 거의 흡수되지 못한다.

③ 모관수(pF 2.7~4.5) : 모관수는 표면장력에 의하여 토양 공극 내에서 중력에 저항하여 유지되는 수분으로, 모관 현상에 의해서 지하수가 모관 공극을 상승하여 공급된다. 작물이 주로 이용하는 수분이다.

④ 중력수(pF 0~2.7) : 중력수는 통기대 내에 존재하여 중력에 의해서 비모관공극을 스며 내리는 물이며, 작물이 이용 가능한 수분이다.

⑤ 지하수 : 지하수는 지하에 정지하여 모관수의 근원이 되는 물로 수압이 높은 곳에 있다는 점에서 토양수나 토양습기 등의 물과 구분된다.

11. 작물 생육에 대한 수분의 기본 역할

① 화학 반응의 용매

② 유기물 및 무기물의 용질 이동

③ 작물 세포의 팽압 유지(팽압은 작물 세포의 신장, 작물 구조 및 잎의 전개를 촉진)

④ 효소 구조의 유지와 촉매 기능

⑤ 작물의 광합성, 가수분해 과정 및 다른 화학 반응의 재료로 이용

⑥ 작물의 증산 작용

12. 수분의 이동과 증산 작용

① 수분의 이동

㉠ 삼투와 삼투압 : 식물 세포의 원형질막은 반투막으로 되어 있어, 세포 외액이 세포액보다 농도가 낮으면 외액의 수분이 이 막을 통하여 세포 속으로 확산해 들어간다. 이것을 삼투라고 하며, 내·외액의 농도차에 의해서 삼투를 일으키는 압력을 삼투압이라고 한다.

㉡ 팽압 : 삼투에 의해서 세포의 수분이 늘면 세포의 크기를 증대시키려는 압력이 생기는데 이것을 팽압이라고 하며 식물의 체제 유지를 가능하게 한다.

㉢ 막압 : 팽압에 의하여 세포막이 늘어나면 세포막의 탄력성에 의해서 다시 안으로 수축하려는 압력이 생기는데 이것을 막압이라고 한다.

㉣ 흡수압(확산압차) : 삼투압은 세포 내로 수분이 들어가는 압력이고, 막압은 세포 외로 수분을 배출하는 압력으로 실제의 흡수는 삼투압과 막압의 차이에 의해서 이루어진다. 이것을 흡수압 또는 확산압차라고 한다.

② 증산 작용 중요

㉠ 증산 : 수분이 식물체를 통하여 대기로 이동하는 것을 증산이라고 한다.

㉡ 증산에 영향을 주는 환경 요인

• 빛의 세기 : 빛의 세기가 강할수록 증산 작용이 활발해진다.

• 상대습도 : 습도가 낮을수록 증산 작용이 활발해진다.

• 온도 : 기온이 상승할수록 증산 작용이 활발해진다.

• 바람 : 바람이 적당히 불면 증산 작용이 활발해진다.

13. 공기 중의 수분

① 공기 습도
  ㉠ 공기 습도가 높지 않고 적당히 건조해야 증산이 조장되며 양분 흡수가 촉진되어 생육에 좋다. 과도한 건조는 불필요한 증산을 하여 한해를 유발한다.
  ㉡ 공기가 과습하면 증산이 적어지고 병균의 발달을 조장하며, 식물체의 기계적 조직이 약해져서 병해·도복을 유발한다.

② 이 슬
  ㉠ 일반적으로 이슬은 기공을 막아서 증산·광합성을 감퇴시키고 작물을 연약하게 한다.
  ㉡ 이슬은 병균의 침입을 조장하기도 한다.

③ 안 개
  ㉠ 짙은 안개는 일광을 차단하고 지온을 낮게 하므로 작물에 해롭다.
  ㉡ 귀리, 풋베기목초, 순무 등은 안개가 심한 고장에 적응성이 높다.

④ 강 수
  ㉠ 비 : 알맞은 비는 작물 생육의 기본요인이 된다. 비가 부족하면 한해를 일으키고, 과다하면 습해·수해를 일으킨다.
  ㉡ 우박 : 대체로 국지적으로 오나 심하게 작물을 손상시킨다. 미리 예측해서 사전에 수확을 하거나, 또는 피복을 해서 피해를 막도록 해야 한다. 우박 뒤에는 약제를 살포해서 병해의 발생을 막고, 비배 관리를 잘해서 건실한 생육을 꾀하도록 한다.
  ㉢ 눈
    • 월동 중 토양에 수분을 공급하여 월동 작물의 건조해를 막고 풍식을 경감한다. 작물 위에 눈이 깊게 덮이면 작물의 온도 저하를 경감해서 동해를 방지·경감한다.
    • 눈이 너무 많이 오면 과수의 가지가 찢어지는 등의 기계적 장해를 일으킨다. 또한 작물을 적설 밑에 오래 두면 쇠약해지고 맥류에서는 설부병을 유발하기도 한다.
    • 설해 대책 : 물을 대거나 흙이나 재를 뿌리거나 하여 눈을 녹이고, 적설이 심한 곳의 과수는 월동 전에 전정을 하여 불필요한 긴 가지를 잘라 주도록 한다.

14. 관수의 방법과 효과

① 관수의 방법
  ㉠ 지표 관수 : 고랑에 물을 대거나 토지 전면에 물을 대는 방법을 말한다.
  ㉡ 스프링클러 : 고정식(토지 내에 관을 배치하고 적절한 간격으로 스프링클러를 설치), 이동식(길에서 총을 쏘듯 강력하게 뿜어대는 방식, 고정된 장치를 일직선으로 움직이는 방식, 관을 굴리면서 사방으로 물을 뿌려주는 방식)
  ㉢ 미세 관수 : 미세한 구멍이 있는 호스를 땅에 깔거나 묻고 소량의 물을 서서히 공급하는 형태이다.

② 관수의 효과
  ㉠ 논에서의 효과 : 생리적으로 필요한 수분 공급, 온도 조절 작용, 비료 성분의 공급, 유해 물질의 제거, 잡초의 억제, 병충해의 경감, 작업의 능률화, 벼 생육의 조절
  ㉡ 밭에서의 효과 : 생리적으로 필요한 수분의 공급, 재배 수준의 향상, 지온의 조절, 비료 성분의 보급과 이용의 효율화, 풍식의 방지

15. 배수법

① 객토법 : 객토를 하여 토성을 개량하거나 지반을 높여서 자연적 배수를 꾀하는 방법
② 기계 배수 : 인력·축력·풍력·기계력 등을 이용해서 배수하는 방법
③ 명거 배수 : 도랑이나 큰 고랑을 경사지게 하여 지상수 및 지하수를 배제하는 방법
④ 암거 배수 : 지하에 배수시설을 설치하여 배수하는 방법
  ㉠ 암거 배수는 물을 잘 흡수하는 재료를 이용하여 물을 모은 뒤 구멍 뚫린 관이나 자갈 등을 이용하여 흘려보낸다.
  ㉡ 시설비가 많이 드나 반영구적으로 사용할 수 있다.
  ㉢ 물대기 시설이 없을 경우에 가뭄의 피해를 쉽게 받을 수도 있다.

16. 대기 조성과 이산화탄소 시비

① 대기 조성
  ㉠ 질소 : 대기 중에는 소량이지만 화합물 형태의 질소가 존재하며 강우에 따라서 암모니아·질산·아질산 등이 토양 중에 공급되어 작물의 양분이 된다.
  ㉡ 산소 : 대기 중의 산소 농도는 약 20.9%로 작물의 호흡 작용에 알맞은 농도이다.
  ㉢ 이산화탄소 : 대기 중 이산화탄소의 농도는 약 0.03%로, 이는 작물이 충분한 광합성을 수행하기에는 부족하여 이산화탄소를 인공적으로 공급하여 주면 광합성이 증대된다.
  ㉣ 기타 가스 : 대기 중에는 아황산가스, 오존, 산화질소가스 등 공해 물질도 존재한다.

② 이산화탄소 시비 : 대기 중 이산화탄소의 농도를 높여 주면 광합성이 활발하여 작물 생육이 촉진되고 수량·품질이 향상된다. 작물의 증수를 위하여 작물 주변의 대기 중에 인공적으로 이산화탄소를 공급해 주는 것을 탄산 시비 또는 이산화탄소 시비, 탄산 비료라고 한다. 이산화탄소 시비 수준은 1,000~1,500ppm 범위 내가 적당하다.

17. 이산화탄소의 농도에 관여하는 요인

① 계 절
  ㉠ 지상 식물 잎이 무성한 공기층은 여름철에 광합성이 왕성하여 이산화탄소 농도가 낮고 가을철에는 다시 높아진다.
  ㉡ 지표면과 접한 공기층은 여름철에 토양 유기물의 분해와 뿌리의 호흡이 왕성하여 도리어 이산화탄소의 농도가 높다.

② 지면과의 거리 : 지표로부터 멀어짐에 따라서 이산화탄소 농도는 낮아지는 경향이 있다.

③ 식생 : 식생이 무성하면 뿌리의 호흡이 왕성하고 바람을 막아서 지면에 가까운 공기층의 이산화탄소 농도를 높게 하나, 지표에서 떨어진 공기층은 잎의 왕성한 광합성 때문에 이산화탄소 농도가 낮아진다.

④ 바람 : 바람은 공기 중의 이산화탄소 농도의 불균형 상태를 완화한다.

⑤ 미숙 유기물의 사용 : 미숙 퇴비·낙엽·구비·녹비를 사용하면 이산화탄소의 발생이 많아 작물 주변 공기층의 이산화탄소 농도를 높여서 일종의 탄산 시비의 효과를 발생시킨다.

18. 대기 오염

① 아황산가스
- ㉠ 중유·연탄이 연소할 때 발생한다. 제련소, 화력발전소, 각종 공장, 자동차 등에서 배출된다.
- ㉡ 광합성속도를 크게 저하시키고, 줄기·잎이 황화한다.

② 이산화질소
- ㉠ 질산제조 등의 화학 공업, 금속 정련, 석유보일러, 자동차 엔진 등에서 배출된다.
- ㉡ 아황산가스의 피해증상과 비슷하며, 활성탄을 살포하면 흡수가 경감된다.

③ 오 존
- ㉠ 잎이 황백화 또는 적색화하며 암갈색의 점상 반점이 생기거나 대형 괴사가 생긴다.
- ㉡ 어린 잎보다 자란 잎에 피해가 크다.

④ PAN
- ㉠ 탄화수소·오존·이산화질소가 화합해서 생성된다.
- ㉡ 초기에 잎의 뒷면이 은백색이 되고, 심하면 갈색을 띤다. 나중에 표면에도 증상이 나타나며 자란 잎보다 어린 잎에 피해가 크다.

19. 연풍의 장점과 단점

① 연풍의 장점
- ㉠ 증산 및 양분 흡수의 조장 : 바람이 솔솔 불면 작물 주위의 습기를 배제하여 증산을 촉진하고, 양분의 흡수도 조장하여 생육을 건실하게 한다.
- ㉡ 병해의 경감 : 바람이 있으면 규산 등의 흡수가 많아지고, 작물 군락 내의 과습 상태가 경감되어 병해가 적어진다.
- ㉢ 광합성의 조장 : 바람은 작물의 잎을 동요시켜 군락 내부의 잎의 수광을 좋게 한다. 또한 일(日) 중에 낮아졌던 작물 주위의 이산화탄소 농도를 높여 준다. 그리고 기공을 통해 들어가는 이산화탄소의 확산도 연한 바람이 있을 경우에 더 활발하게 되므로 연풍은 광합성 작용을 조장한다.
- ㉣ 수정·결실의 조장 : 연한 바람은 특히 풍매화의 수정과 결실을 조장한다.
- ㉤ 기타 : 그 밖에도 바람은 부중의 기온·지온을 낮추고, 봄·가을에는 서리를 막으며, 수확물의 건조를 촉진한다.

② 연풍의 단점 : 잡초씨나 병균을 전파하고, 건조할 경우 더욱 건조를 조장하며, 냉풍은 냉해를 유발하기 쉽다.

20. 유효 온도와 적산 온도

① 유효 온도
- ㉠ 최저 온도, 최고 온도, 최적 온도 : 작물의 생육이 가능한 가장 낮은 온도를 최저 온도, 가장 높은 온도를 최고 온도라 하며, 가장 잘 자랄 수 있는 온도를 최적 온도라 한다.
- ㉡ 작물의 생육을 위해서는 온도가 최고 온도와 최저 온도 범위에 있어야 하며, 최적 온도보다 낮거나 높으면 생육에 지장을 줄 수 있다.

② 적산 온도
- ㉠ 정의 : 적산 온도는 작물의 싹트기에서 수확할 때까지 평균 기온이 0℃ 이상인 날의 일평균기온을 합산한 것이다. 작물의 기후의존도, 특히 온도 환경에 대한 요구도를 나타내는 잣대로 이용된다.
- ㉡ 적산 온도와 작물의 특성
  - 작물의 적산 온도는 생육 시기와 생육 기간에 따라서 차이가 생긴다.
  - 생육 기간이 긴 작물일수록 더 많은 적산 온도를 필요로 하며, 생육 기간이 비슷한 경우 고온 작물이 저온 작물보다 더 많은 적산 온도를 필요로 한다.
  - 적산 온도를 계산하여 그 지방에서 재배 가능한 작물이나 품종을 선택할 수 있다.

21. 일변화

기온·지온·수온은 하루 중에도 시시각각으로 변화하는데, 이를 일변화 또는 변온이라고 한다. 기온은 하루 중 해뜨기 직전에 최저 기온이 되고, 해가 뜬 후 점차 높아져 오후 2시경에 최고 기온이 되며, 저녁에는 다시 기온이 낮아진다. 하루 중의 최고 기온과 최저 기온의 차이를 일교차라고 한다.

① 발아 : 일변화는 작물의 발아를 조장하는 경우가 있다.

② 동화 물질의 축적 : 일변화가 어느 정도 크면 동화 물질의 축적이 많아진다. 그러나 밤의 기온이 너무 내려가도 장해가 생긴다.

③ 생장 : 밤의 기온이 높아서 일변화가 적으면 무기 성분의 흡수와 동화 양분의 소모가 왕성하기 때문에 대체로 생장이 빠르다.

④ 덩이뿌리·덩이줄기의 발달 : 고구마는 29℃의 항온보다도 20~29℃의 일변화에서 덩이뿌리의 발달이 현저히 촉진되며, 감자도 밤의 기온이 10~14℃로 저하하는 일변화에서 덩이줄기가 발달한다. 이것은 동화 물질의 축적이 양호하기 때문이다.

⑤ 개화 : 맥류에서는 밤의 기온이 높아서 일변화가 작은 것이 출수·개화를 촉진하지만, 맥류를 제외하고는 일반적으로 일변화가 커서 밤의 기온이 비교적 낮은 것이 동화 물질의 축적을 조장하여 개화를 촉진하고 화기도 커진다.

⑥ 결실 : 가을에 결실하는 작물은 대체로 일변화에 의해서 결실이 조장된다.

22. 열해와 냉해

① 열해 : 작물이 생육 적온을 넘어 고온으로 인하여 받는 피해를 열해 또는 고온해라고 한다.
- ㉠ 열해의 원인 : 유기물의 과잉소모, 질소 대사의 이상, 철분의 침전, 증산 과다
- ㉡ 작물의 내열성 : 작물이 열해에 견디는 성질
- ㉢ 열해 대책
  - 내열성이 강한 작물을 선택하고, 밀식·질소 과용 등을 피한다.
  - 배추, 감자 등과 같이 고온을 싫어하는 식물은 재배 시기를 조절하여 고온을 피한다.
  - 그늘을 만들어 주고, 관개를 해서 지온을 낮춘다.
  - 비닐 터널이나 하우스 재배에서는 환기를 조절하여 지나친 고온을 피한다.

② 냉해 : 여름 작물의 생육 적온보다 낮은 온도로 인한 피해를 냉해라고 한다. (중요)
- ㉠ 냉해의 구분 : 지연형 냉해, 장해형 냉해, 병해형 냉해
- ㉡ 냉해 대책 : 내냉성 품종의 선택, 입지 조건의 개선, 육묘법의 개선, 재배법의 개선, 냉온기의 담수, 관개 수온의 상승

23. 작물의 내동성

① 생리적 요인 중요

ㄱ 원형질의 수분투과성 : 원형질의 수분투과성이 크면 세포 내 결빙을 적게 하여 내동성을 증대시킨다.

ㄴ 원형질 단백질의 성질 : 원형질 단백질에 −SH기가 많은 것은 −SS기가 많은 것보다 원형질의 파괴가 적고 내동성이 증대한다.

ㄷ 원형질의 점도와 연도 : 점도가 낮고 연도가 높은 것은 기계적 견인력을 덜 받아서 내동성이 크다.

ㄹ 원형질의 친수성 콜로이드 : 원형질의 친수성 콜로이드가 많으면 세포 내의 결합수가 많아지고, 자유수가 적어져서 원형질의 탈수저항성이 커지며, 세포의 결빙이 경감되므로 내동성이 커진다.

ㅁ 지유 함량 : 지유와 수분이 공존할 경우 빙점강하도가 커지므로 지유 함량이 높은 것이 내동성이 강하다.

ㅂ 당분 함량 : 당분 함량이 많으면 세포의 삼투압이 높아지고, 원형질 단백의 변성을 막아서 내동성을 크게 한다.

ㅅ 전분 함량 : 전분립은 원형질의 기계적 견인력에 의한 파괴를 크게 하고, 전분 함량이 많으면 당분 함량이 저하된다. 따라서 전분 함량이 많으면 내동성은 저하된다.

ㅇ 조직의 굴절률 : 친수성 콜로이드가 많고 세포액의 농도가 높으면 조직의 빛에 대한 굴절률이 커지고 내동성이 증대한다.

ㅈ 세포의 수분 함량 : 세포의 수분 함량이 높아서 자유수가 많아지면 세포의 결빙을 조장하여 내동성이 저하한다.

ㅊ 세포 내의 무기 성분 : 칼슘 이온(Ca^{2+})과 마그네슘 이온(Mg^{2+})은 세포 내 결빙을 억제하는 작용이 크다.

② 형태적 요인

ㄱ 포복성인 것이 입성인 것보다 내동성이 강하다.

ㄴ 심파하거나 중경이 신장되지 않은 것이 내동성이 강하다.

ㄷ 엽색이 진한 것이 내동성이 강한 경향이 있다.

③ 발육 단계와 내동성 : 생식기관은 영양기관보다 내동성이 극히 약하다.

24. 빛의 파장과 광합성

① 광합성은 청자색광과 적색광에서 가장 활발하게 일어난다.

② 엽록소는 가시광선 중 청색광(400~490nm)과 적색광(630~680nm)을 잘 흡수한다.

25. 광합성에 영향을 미치는 요인

① 빛의 세기 : 빛의 세기가 증가함에 따라 광합성량은 차차 높아진다.

ㄱ 광합성량의 측정 : CO_2 흡수량이나 O_2 방출량을 통해 광합성량을 측정한다.

ㄴ 보상점 : 식물의 광합성에 사용되는 CO_2의 양과 호흡으로 배출되는 CO_2의 양이 같을 경우의 빛의 세기이다(호흡량 = 광합성량).

ㄷ 광포화점 : 광합성량이 더 이상 증가하지 않을 때의 빛의 세기이다.

② 온 도

ㄱ 광합성은 효소가 관계하는 반응이기 때문에 반응 속도는 온도의 영향을 받는다.

ㄴ 빛이 약할 경우 : 온도의 영향을 거의 받지 않는다.

ㄷ 빛이 강할 경우 : 온도가 상승함에 따라 광합성량이 증가한다. 보통 5~35℃ 범위에서는 온도가 10℃ 상승할 때마다 광합성 속도는 약 2배씩 증가하며, 35℃ 정도에서 최대가 되고, 온도가 그 이상으로 높아지면 광합성량은 급속히 감소한다.

③ 이산화탄소의 농도

ㄱ 빛의 세기가 약할 경우 : 대기 중의 CO_2 농도인 0.03% 정도에서 광합성 속도가 더 이상 증가하지 않는다.

ㄴ 빛의 세기가 강할 경우 : CO_2 농도가 0.1%에 도달할 때까지 광합성 속도는 증가한다.

26. 발육상과 상적 발육

① 신장과 생장 : 작물 생육에 있어서 키가 커지는 것을 신장이라고 하고, 여러 가지 기관이 양적으로 증대하는 것을 생장이라고 한다.

② 발육 : 꽃눈이 분화되어 꽃이 피고 수정하여 열매가 맺히는 과정이다.

③ 발육상 : 작물 발육에 있어서의 여러 가지 단계적 양상을 발육상이라 한다.

④ 상적 발육

ㄱ 작물이 순차적인 여러 발육상을 거쳐서 발육이 완성되는 것을 상적 발육이라고 한다.

ㄴ 상적 발육에 있어서 가장 중요한 발육상의 경과는 영양기관의 발육 단계인 영양적 발육 또는 영양생장으로부터 생식 기관의 발육 단계인 생식적 발육 또는 생식생장으로 이행하는 것인데, 이것을 화성이라 한다.

27. 버널리제이션(Vernalization)

① 버널리제이션의 의미 : 식물체가 생육의 일정 시기(주로 초기)에 저온에 의하여 화성, 즉 화아의 분화・발육이 유도・촉진되거나, 또는 생육의 일정 시기에 일정 기간 인위적인 저온에 의해서 화성을 유도・촉진하는 것을 버널리제이션이라고 한다.

② 버널리제이션의 구분

ㄱ 처리 온도에 따른 구분

• 저온 버널리제이션 : 일반적으로 월년생장인 식물은 비교적 저온인 0~10℃의 처리가 유효하며, 이것을 저온 버널리제이션이라고 한다.

• 고온 버널리제이션 : 단일 식물은 비교적 고온인 10~30℃의 처리가 유효하며, 이것을 고온 버널리제이션이라고 한다.

ㄴ 처리 시기에 따른 구분

• 종자 버널리제이션 : 최아(催芽) 종자의 시기에 버널리제이션을 하는 것을 종자 버널리제이션이라고 하며, 이렇게 하는 것이 가장 효과가 큰 식물을 종자춘화형 식물이라고 한다. 추파맥류・완두・잠두・봄올무 등이 이에 속한다.

• 녹체 버널리제이션 : 식물이 일정한 크기에 달한 녹체기에 버널리제이션을 하는 것을 녹체 버널리제이션이라고 하며, 이렇게 하는 것이 가장 효과가 큰 식물을 녹체춘화형 식물이라고 한다. 양배추・히요스 등이 이에 속한다.

28. 일장 효과

① 식물의 일장형

ⓐ 장일 식물 : 장일 상태(보통 16~18시간 조명)에서 화성이 유도・촉진되며, 단일 상태는 이를 저해한다. 가을보리, 가을밀, 양귀비, 시금치, 양파, 상추, 아주까리, 감자 등이다.

ⓑ 단일 식물 : 단일 식물은 단일 상태(보통 8~10시간 조명)에서 화성이 유도・촉진되며, 장일 상태는 이를 저해한다. 국화, 콩, 벼, 수수, 옥수수, 코스모스, 목화, 나팔꽃 등이다.

ⓒ 중성 식물 : 중성 식물(중일성 식물)은 낮과 밤의 길이에 관계없이 일정 기간 생장하여야 꽃이 피는 식물로서 강낭콩, 고추, 토마토, 당근, 가지 등이다.

ⓓ 식물의 일장감응의 상세구분

명 칭	화아분화 전	화아분화 후	종 류
LL식물	장일성	장일성	시금치, 봄보리
LI식물	장일성	중일성	풀 협죽도, 사탕무
LS식물	장일성	단일성	볼토니아, 피소스테기아
IL식물	중일성	장일성	밀
II식물	중일성	중일성	고추, 벼(조생종), 메밀, 토마토
IS식물	중일성	단일성	소빈국
SL식물	단일성	장일성	앵초, 시네라리아, 딸기
SI식물	단일성	중일성	벼(만생종), 도꼬마리
SS식물	단일성	단일성	코스모스, 나팔꽃, 콩(만생종)

② 일장 효과에 영향을 끼치는 조건

ⓐ 발육 단계 : 본잎이 나온 뒤 어느 정도 발육한 후에 감응한다.

ⓑ 광의 강도 : 명기가 약광이라도 일장 효과는 발생한다. 착화수는 명기의 광이 어느 정도 강해야 증대한다.

ⓒ 광의 파장 : 630nm~680nm의 적색광이 가장 효과가 크며(광합성은 670nm), 다음이 400nm 부근의 청색광이고(광합성은 450nm), 480nm 부근의 청색광은 가장 효과가 적다.

ⓓ 연속 암기 : 장일 식물은 24시간 주기가 아니더라도 명암의 주기에서 상대적으로 명기가 암기보다 길면 장일 효과가 나타난다. 밀에서 명기와 암기를 각각 16 : 8, 8 : 4, 4 : 2, 2 : 1로 해도 모두 장일 효과가 나타난다. 그러나 단일 식물에서는 일정 시간 이상의 연속 암기가 있어야만 단일 효과가 나타나는 것이 보통이다.

ⓔ 처리 일수

• 도꼬마리나 나팔꽃은 1회의 단일 처리로도 개화한다. 그러나 도꼬마리에서 화성까지의 소요 일수가 단일 처리 1회의 경우에는 64일 정도가 소요되고 연속 단일 처리의 경우에는 13일 정도가 소요된다.

• 코스모스는 5~11회의 단일 처리 후에 장일 조건에 옮기면 일부만 개화하나, 12회 이상 단일 처리하면 장일 조건에 옮겨도 모든 꽃이 개화한다.

ⓕ 온도의 영향

• 일장 효과의 발현에는 일정 한계의 온도가 필요하다.

• 단일 식물인 가을국화는 10~15℃ 이하에서는 일장 여하에 불구하고 개화하며, 장일성인 히요스는 저온하에서는 단일 조건이라도 개화한다.

ⓖ 질소 사용의 영향 : 장일 식물은 질소가 많지 않아야 영양 생장이 억제되어 장일 효과가 더욱 잘 나타나고, 단일 식물은 질소의 요구도가 커서 질소가 넉넉해야 생육이 빠르고 단일 효과도 더욱 잘 나타난다.

29. 연작과 기지

① 정의 : 같은 종류의 작물을 계속해서 재배하는 것을 연작(이어짓기)이라 하고, 연작을 할 때에는 작물의 생육이 뚜렷하게 나빠지는 경우가 있는데, 이것을 기지(忌地)라고 한다.

② 연작의 필요성

ⓐ 수익성과 수요량이 크고 기지 현상이 별로 없는 작물은 연작을 하는 것이 보통이며, 벼농사가 대표적인 예이다.

ⓑ 채소 등은 기지 현상이 있더라도 특별히 수익성이 높은 작물이므로 기지 대책을 세우고 연작을 한다.

③ 작물 종류와 기지 **중요**

ⓐ 연작의 피해가 적은 것 : 벼, 맥류, 조, 수수, 옥수수, 고구마, 삼, 담배, 무, 당근, 양파, 호박, 연, 순무, 뽕나무, 아스파라거스, 토당귀, 미나리, 딸기, 양배추, 꽃양배추 등

ⓑ 1년 휴작을 요하는 것 : 쪽파, 시금치, 콩, 파, 생강 등

ⓒ 2년 휴작을 요하는 것 : 마, 감자, 잠두, 오이, 땅콩 등

ⓓ 3년 휴작을 요하는 것 : 쑥갓, 토란, 참외, 강낭콩 등

ⓔ 5~7년 휴작을 요하는 것 : 수박, 가지, 완두, 우엉, 고추, 토마토, 레드클로버, 사탕무 등

ⓕ 10년 이상 휴작을 요하는 것 : 아마, 인삼 등

④ 기지의 원인 : 토양 비료분의 소모, 토양 중의 염류 집적, 토양 물리성의 악화, 잡초의 번성, 유독 물질의 축적, 토양 선충의 피해, 토양 전염의 병해 등

30. 기지 대책 **중요**

① 윤작 : 윤작(돌려짓기)하면 기지 현상이 방지・경감된다.

② 담수 : 담수 상태에서는 밭 상태에서 번성하는 선충・토양 미생물이 감소되고, 유독 물질의 용탈도 빠르다.

③ 토양 소독 : 토양 선충이 기지의 원인일 때는 살선충제로 토양을 소독하고, 병원균에 대해서는 살균제로 토양을 소독한다. 가열 소토나 증기 소독을 하기도 한다.

④ 유독 물질의 유거 : 기지의 원인이 유독 물질인 경우에는(복숭아・감귤류 등) 알코올・황산・수산화칼륨・계면활성제의 희석액이나 물로 유독 물질을 유거(流去)시키기도 한다.

⑤ 객토 및 환토 : 기지성이 없는 새 흙을 객토하여 섞어 넣으면 기지 현상이 경감된다.

⑥ 접목 : 저항성 대목에 접목하면 기지 현상을 방지하거나 경감시킬 수 있다.

⑦ 지력 배양 : 지력 저하가 원인이 되는 기지에 대해서는 심경・퇴비 다용・결핍 성분 및 미량 요소의 사용 등에 의해서 기지를 경감시킨다.

31. 윤 작 **중요**

① 윤작 : 한 토지에 두 가지 이상의 다른 작물들을 순서에 따라 주기적으로 재배하는 것을 윤작(Crop Rotation)이라고 한다.

② 윤작의 원리

ⓐ 주작물은 지역사정에 따라서 다양하게 변화하고 있다.

ⓑ 용도의 균형을 위해서 주작물이 특수하더라도(담배・목화 등) 식량과 사료의 생산이 병행되고 있다.

ⓒ 지력 유지를 위해서 콩과 작물이나 다비 작물을 반드시 포함시킨다.

ⓓ 잡초의 경감을 위해서 중경 작물이나 피복 작물을 포함시킨다.

ⓜ 토지이용도를 높이기 위하여 여름 작물과 겨울 작물을 결합시킨다.

ⓗ 토양 보호를 위하여 피복 작물을 포함시킨다.

③ **윤작의 효과** : 지력의 유지·증강, 토양 보호, 기지의 회피, 병충해·토양선충의 경감, 잡초의 경감, 수확량의 증대, 토지이용도의 향상, 작물 재배 시 노력분배의 합리화, 농업경영의 안정성증대 등의 효과가 있다.

32. 기타 작부 체계

① **간 작**

ⓐ 한 가지 작물이 생육하고 있는 조간(고랑 사이)에 다른 작물을 재배하는 것을 간작(사이짓기)이라고 한다.

ⓑ 뽕나무밭의 조간에 콩을 간작할 경우 뽕나무가 주작물이 되고, 콩이 간작물이 된다.

ⓒ 윤작시 맥류의 조간에 콩·목화 등을 간작할 때에는 맥류가 전작물이 되고, 콩·목화가 간작물이 된다.

② **혼 작**

ⓐ 생육 기간이 거의 같은 두 종류 이상의 작물을 동시에 같은 포장에 섞어서 재배하는 것을 혼작(섞어짓기)이라고 한다.

ⓑ 콩밭에 수수나 옥수수를 일정한 간격으로 질서있게 점점이 혼작하면 점혼작이 되며, 이때 콩이 주작물이고, 수수·옥수수가 혼작물이다.

ⓒ 콩밭에 수수·조 등이나, 목화밭에 참깨·들깨 등을 질서 없이 혼작하면 난혼작이 된다.

③ **교호작**

ⓐ '콩의 두 이랑에 옥수수 한 이랑'과 같은 방법으로 생육 기간이 비등한 작물들을 서로 건너서 교호로 재배하는 방식을 교호작(번갈아짓기)이라고 한다.

ⓑ 간작에 비하면 주작물과 간작물, 전작물과 간작물의 뚜렷한 구분이 없다.

④ **주위작**

ⓐ 포장의 주위에 포장 내의 작물과 다른 작물들을 재배하는 것을 주위작(둘레짓기)이라고 한다.

ⓑ 주위작은 포장 주위의 공간을 생산에 이용하는 것이 주목적이며, 근래에 권장되고 있는 논두렁콩은 대표적인 것이다.

ⓒ 참외·수박밭의 둘레에 옥수수·수수 등을 심으면 방풍의 효과가 있고, 경사지의 밭에 닥나무·뽕나무 등을 심으면 방풍과 토양 보호의 효과가 있다.

33. 종자의 분류

① **형태상 분류**

ⓐ 식물학상의 종자 : 두류, 평지(유채), 담배, 아마, 목화, 참깨 등

ⓑ 식물학상의 과실

• 과실이 나출된 것 : 밀, 쌀보리, 옥수수, 메밀, 호프, 삼, 차조기, 박하 등

• 과실이 현에 싸여 있는 것 : 벼, 겉보리, 귀리 등

• 과실이 내과피에 싸여 있는 것 : 복숭아, 자두, 앵두 등

② **배유 종자와 무배유 종자**

ⓐ 배유 종자 : 배유에는 양분이 저장되어 있고, 잎, 생장점, 줄기, 뿌리의 어린 조직 등이 모두 구비되어 있다(가지과, 벼과, 백합과 등).

ⓑ 무배유 종자 : 저장양분이 자엽에 저장되어 있고, 배는 유아, 배유, 유근의 세 부분으로 형성되어 있어서 밀의 배처럼 잎, 생장점, 줄기, 뿌리의 어린 조직이 구비되어 있다(배추과, 박과, 콩과식물).

34. 종자의 기능과 구조

① **종자의 기능**

ⓐ 식물은 종자를 맺음으로써 영속적으로 종족을 유지할 수 있다.

ⓑ 식물이 종자를 맺는 근본적인 이유는 저온, 고온, 건조 등의 생육이 불가능한 불량환경을 극복하기 위한 것이다.

ⓒ 작물 재배에서 종자는 더 우수한 품종을 육성하고, 이것을 효율적으로 번식시키는 중요한 수단으로 이용된다.

② **종자의 구조**

ⓐ 씨껍질(종피) : 종자를 감싸는 보호기관이며, 종자 발아에 필요한 각종 효소가 저장되어 있고, 발아를 촉진·억제하는 기능을 한다.

ⓑ 씨젖(배유) : 발아에 필요한 양분을 저장하여 발아 후 본잎이 생겨 독립적으로 양분을 만들 때까지 이용한다. 씨젖이 없는 것은 떡잎이 잘 발달되어 있어 씨젖의 역할을 대신한다.

ⓒ 씨눈(배) : 씨껍질이나 씨젖의 도움을 받아 식물 개체로 발달하는 기관으로 나중에 잎, 생장점, 줄기, 뿌리가 될 조직들이 모두 씨눈에 갖추어져 있다.

35. 종자의 수명

① **의의** : 종자가 형성된 후부터 발아 능력을 가지고 있는 기간을 종자의 수명이라고 한다.

② **종자의 수명에 따른 작물의 분류**

ⓐ 단명 종자(2년 이하) : 당근, 양파, 고추, 메밀 등

ⓑ 상명 종자(2~3년) : 벼, 보리, 완두, 배추, 무, 수박 등

ⓒ 장명 종자(4년 이상) : 콩, 녹두, 오이, 호박, 가지, 토마토 등

③ **종자의 수명과 재배 조건**

ⓐ 종자의 수명은 수분 함량, 저장 습도, 저장 온도 등에 따라 달라진다.

ⓑ 종자 내 수분 함량이 많거나 종자를 온도와 습도가 높은 조건에서 저장하면 수명이 매우 짧아진다.

ⓒ 종자를 저장할 때에는 잘 말려, 차고 건조한 상태로 저장하여야 수명이 길어진다.

36. 종자의 발아

① **발아·출아 및 맹아**

ⓐ 발아 : 종자에서 유아·유근이 출현하는 것을 발아라고 한다.

ⓑ 출아 : 토양에 파종했을 때에 발아한 새싹이 지상으로 출현하는 것을 출아라고 한다.

ⓒ 맹아 : 뽕나무·아까시나무 등과 같은 목본 식물에서 지상부의 눈이 벌어져서 새싹이 움트거나, 지하부의 새싹이 지방부로 자라나는 현상이나 또는 새싹 자체를 맹아라고 한다.

② **발아의 외적 조건**

ⓐ 수분 : 종자는 적당한 수분을 흡수해야 발아한다. 종자에 수분이 흡수되면 효소가 활성화하여 씨젖이나 떡잎에 저장된 양분을 분해하여 씨눈에 공급하게 된다. 평균 발아에 필요한 종자의 수분 흡수량은 종자 무게에 대하여 벼는 23%, 밀은 30%, 쌀보리는 50%, 콩은 100% 정도이다.

ⓛ 산소 : 많은 종자들은 산소가 충분히 공급되어 호기 호흡이 잘 이루어져야 발아가 잘 되지만, 벼 종자처럼 산소가 없을 경우에는 무기 호흡에 의하여 발아에 필요한 에너지를 얻을 수 있는 것도 있다. 산소가 부족하게 되면 어린뿌리의 생장이 나빠지고, 눈이 웃자라 연약하게 된다.

ⓒ 온도 : 발아 중의 생리 활동도 온도에 크게 영향을 받는다. 발아에 필요한 최저 온도는 0~10℃, 최적 온도는 20~30℃, 최고 온도는 35~50℃인데, 저온 작물은 고온 작물에 비하여 발아 온도가 낮다.

ⓔ 빛 : 빛은 식물의 종류에 따라 발아에 영향을 준다. 광선하에서 발아가 잘되느냐 못되느냐 또는 변함이 있느냐 없느냐에 따라서 종자가 다음과 같이 분류된다.
  • 호광성 종자 : 담배, 상추, 페튜니아, 베고니아, 금어초, 잡초 종자, 대부분의 목초 종자
  • 혐광성 종자 : 토마토, 가지, 오이, 호박, 대부분의 백합과 식물
  • 광 무관계 종자 : 화곡류, 옥수수, 콩과 식물 등

37. 종자의 휴면
① 휴면의 의미 : 성숙한 종자가 적당한 발아 조건을 주어도 일정 기간 동안 발아하지 않는 상태로서 생육의 일시적인 정지 상태이다. 자발적 휴면, 강제 휴면 등이 있다.

② 휴면의 원인 : 경실(장기간 발아하지 않는 종자), 종피의 산소 흡수 저해, 종피의 기계적 저항, 배의 미숙, 발아 억제 물질

③ 휴면 타파와 발아 촉진
  ⓖ 물리적 휴면 타파 방법 : 기계적 처리에 의한 방법, 온도 처리에 의한 방법, 수세 및 침지에 의한 방법
  ⓛ 화학적 휴면 타파 방법 : 화학 약품에 의한 방법, 생장조절제에 의한 방법

④ 휴면 연장과 발아 억제
  ⓖ 온도 조절 : 발아를 하지 못하고 동결도 하지 않는 저온에 저장한다. 감자는 0~4℃, 양파는 1℃ 내외로 저장한다.
  ⓛ 약제 처리
    • 감자 : 수확 4~6주일 전에 1,000~2,000ppm의 MH-30 수용액을 경엽에 살포한다. 수확 후 저장 당시에 TCNB 6% 분제를 감자 1섬(180L)당 450g의 비율로 분의(粉衣)해서 저장한다.
    • 양파 : 수확 15일쯤 전에 3,000ppm의 MH 수용액을 잎에 살포한다. 수확 당일 MH 0.25%액에 하반부를 48시간 침지한다.
  ⓒ 선조사(線照射) : 감자 · 당근 · 양파 · 밤 등은 선조사에 의해서 발아가 억제된다.

38. 육 묘
① 육묘의 필요성 : 직파가 불리할 경우(딸기, 고구마, 과수 등), 증수, 조기 수확, 토지이용도의 증대, 재해 방지, 용수 절약, 노력 절감, 추대 방지, 종자 절약 등

② 묘상의 종류 : 시설을 갖추어 육묘하는 곳을 묘상이라고 하는데, 벼농사의 경우에는 묘상을 못자리라고 부르며, 수목의 묘목을 기르는 곳은 묘포라고 한다.

③ 묘상의 설치 장소 : 본포에서 멀지 않은 곳, 집에서 멀지 않은 곳, 우물이 가깝거나 관개수를 얻기가 편리한 곳, 서북 한풍이 막힌 곳, 배수가 잘 되거나(온상) 오수 · 냉수가 침입하지 않는 곳(못자리), 입축 · 동물 · 병충의 피해가 없는 곳이 적당하다.

④ 묘상 관리
  ⓖ 파종 : 작물에 따라서 적기에 알맞은 방법으로 파종한다.
  ⓛ 시비 : 밑거름을 충분히 주고 자라는 모양에 따라서 웃거름을 준다.
  ⓒ 온도 조절 : 지나친 고온과 저온이 되지 않게 특히 조심해야 한다.
  ⓔ 관수 : 과습도 나쁘지만, 생육 성기에는 건조하기 쉬우므로 관수를 충분히 해주어야 한다.
  ⓞ 솎기 : 알맞은 생육 간격이 되도록 적당히 솎아야 한다.
  ⓗ 병충해 방제 : 상토 소독과 농약 살포로 병충해를 방지한다.
  ⓢ 경화 : 생육 성기 이후, 특히 이식기에 가까워서는 직사광과 외부 냉온에 서서히 순화시켜 모가 경화한 다음에 정식하는 것이 좋다.

39. 정지 방법
① 정지 작업 : 땅을 간 뒤에는 경운기나 트랙터에 로터베이터를 달고 갈아 놓은 흙을 부수며, 땅을 평평하게 고르는 작업을 한다.

② 이랑 만들기
  ⓖ 이랑 만들기는 작물의 종류와 재배법에 따라 너비와 높이, 그리고 모양이 매우 다양하다.
  ⓛ 이랑을 만들어 주면 물빠짐이 좋아 습해를 줄일 수 있으며, 토양 내의 공기 유통이 좋아진다.
  ⓒ 고랑이 통로 역할을 하여 제초 작업이나 작물의 수확 등 재배 관리면에서도 편리하다.
  ⓔ 이랑 만들기는 관리기나 트랙터에 이랑을 만드는 기계(휴립기)를 부착하여 만들거나, 소규모의 경작지일 경우에는 줄자와 괭이, 삽, 레이크 등을 이용하여 사람이 직접 만들기도 한다.

③ 멀 칭
  ⓖ 이랑 만들기가 끝나면 두둑 위에 플라스틱 필름, 짚, 풀, 종이 등으로 토양의 표면을 덮어 준다.
  ⓛ 멀칭을 하면 지온의 조절, 토양의 건조 예방, 토양의 유실 방지, 비료 성분의 유실 방지, 잡초 발생의 억제 효과가 있다.

40. 파종 양식 (중요)
① 산파(散播)
  ⓖ 산파(흩어 뿌림)는 논밭 전체에 종자를 흩어 뿌리는 방법이며, 노력이 적게 든다.
  ⓛ 목초 · 자운영 등은 주로 산파된다.
  ⓒ 산파하면 제초 등의 관리 작업이 불편하다.

② 조파(條播)
  ⓖ 조파(줄뿌림)는 골타기 하고 종자를 줄지어 뿌리는 방법이며, 맥류처럼 개체가 차지하는 평면 공간이 넓지 않은 작물에 적용된다.
  ⓛ 골 사이가 비어 있으므로 수분 · 양분의 공급이 좋고, 통풍 · 통광도 좋으며, 관리 작업에도 편리하여 생육이 건실하다.

③ 점파(點播)
  ⓖ 점파(점뿌림)는 일정한 간격을 두고 종자를 1~2알씩 띄엄띄엄 파종하는 방식이며, 두류 · 감자 등과 같이 개체가 평면 공간으로 상당히 퍼지는 작물에 적용된다.
  ⓛ 노력은 다소 많이 들지만, 건실하고 균일한 생육을 하게 된다.

④ 적파(摘播)

    ㉠ 적파는 점파를 할 때 한 곳에 여러 개의 종자를 파종할 경우를 말한다.

    ㉡ 목초·맥류 등과 같이 개체가 평면으로 좁게 퍼지는 작물을 집약적으로 재배할 때 적용되는 경우가 있다.

    ㉢ 조파나 산파를 하는 것보다는 노력이 많이 들지만, 수분·비료분·수광·통풍 등의 환경 조건이 좋아지므로 생육이 더욱 건실하고 양호해진다.

41. 파종 절차

① 작조(作條, 골타기)

    ㉠ 작조는 파종을 할 때에 종자를 뿌리는 골을 만드는 것이다.

    ㉡ 점파에서는 작조 대신에 구덩이를 만들어 뿌리기도 한다.

    ㉢ 산파·부정지파에서는 작조를 하지 않는다.

② 시비(施肥) : 작조한 곳이나 포장 전면에 비료를 뿌린다.

③ 간토(間土)

    ㉠ 간토는 비료를 준 위에 약간 흙을 넣어서 종자가 비료에 직접 닿지 않게 하는 것이다.

    ㉡ 간토 대신에 준 비료를 흙 속에 혼합시키는 일이 많고, 때로는 비료를 준 위에 직접 종자를 뿌리는 경우도 있다.

④ 파종(播種) : 파종은 종자를 직접 토양에 뿌리는 것이다.

⑤ 복토(覆土)

    ㉠ 복토는 뿌린 종자 위에 흙을 덮는 것이다. 종자가 잘고, 호광성인 상추·담배·목초 등은 종자가 보이지 않을 정도로만 얕게 복토한다.

    ㉡ 토양이 가볍고 건조하거나 동상해의 우려가 있으면 깊게 복토하고, 토양이 질고 무거우면 얕게 복토한다.

⑥ 진압(鎭壓)

    ㉠ 진압은 파종을 하고 복토의 전이나 후에 종자 위를 가압하는 것을 말하는데, 발아를 조장할 목적으로 실시된다.

    ㉡ 진압하면 토양이 긴밀해지고 종자가 이런 토양에 밀착되므로, 지하수가 모관을 상승하여 종자에 흡수되는 데 알맞게 되어 발아가 조장된다.

    ㉢ 경사지나 바람이 센 곳에서는 우식과 풍식을 경감시키는 효과도 있다.

42. 정식 및 가식

① 정식 : 본포에 옮겨 심는 것을 정식(아주심기)이라고 하는데, 정식을 이앙이라 한다. 벼에서는 이식을 이앙이라고 한다.

② 가식 : 정식할 때까지 잠정적으로 이식해 두는 것을 가식이라고 하며, 가식을 해 두는 곳을 가식상이라고 한다. 가식의 필요성은 다음과 같다.

    ㉠ 묘상의 절약 : 작은 면적에 파종했다가 자라는 대로 가식하면 처음부터 큰 면적의 묘상이 필요하지 않다(채소, 담배 등).

    ㉡ 활착의 증진 : 가식을 할 때 단근이 되면 가식 중 밑동 가까이에 세근이 밀생하여 정식 후에 활착이 좋아진다.

    ㉢ 재해의 방지 : 한발로 천수답(天水畓)에 모내기가 몹시 늦어질 때 무논에 일시 가식했다가 비가 온 뒤에 이앙하면 한해를 막을 수 있다. 채소 등에서 포장 조건 때문에 이식이 늦어질 때에 가식을 해두면 모의 도장·노화를 방지할 수 있다.

43. 생력 기계화 재배의 전제 조건

① 경지 정리 : 대형의 농업 기계가 능률적으로 작업을 하려면 농경지의 필지 면적이 크고, 구획이 반듯하며, 넓은 면적을 수평화하고, 농로가 정비되어 있어야 한다. 또한 관배수 시설이 갖추어져 있어야 적기적 작업이 가능하다.

② 집단 재배 : 기계화 재배에서는 집단적으로 동일 작물의 동일 품종을 동일한 재배 방식으로 재배하는 집단 재배를 전제로 해야 한다.

③ 공동 재배 : 어떤 형태로든지 여러 농가가 공동으로 집단화하여 농작업을 할 수 있는 공공 재배의 조직이 이룩되어야 한다.

④ 잉여 노력의 수익화 : 기계화 재배에서는 지출이 크게 늘어나기 때문에 발생되는 잉여 노력을 알맞게 수익화하지 못하면 기계화에 의해서 도리어 수지 균형이 악화될 우려가 크다.

⑤ 제초제의 이용 : 제초제를 이용하면 그 자체만으로도 생력에 크게 도움이 된다.

⑥ 적응 재배 체계의 확립 : 기계화 재배가 알맞게 수행되려면 기계 작업에 적응하는 새로운 재배 체계가 확립되어야 한다.

⑦ 그 밖의 조건 : 기계화 재배를 추진하기 위해서는 국가적인 보조와 지도가 필요한데, 경지 정리, 공동 재배 체제의 편성, 지도자·기술자 양성, 시설 및 기계에 대한 보조, 적응 재배 체계의 확립 등이 그것이다.

44. 비료의 분류

① 원료에 따른 분류 : 동물질 비료(골분류, 어분류 등), 식물질 비료(쌀겨, 깻묵 등), 광물질 비료(황산암모늄, 과인산석회 등), 잡질 비료(퇴비, 배합 비료 등) 등으로 나눈다.

② 형태에 따른 분류 : 고체 비료(요소, 황산암모늄, 염화칼슘 등), 액체 비료(암모니아수, 고체 비료를 녹인 액상 비료 등), 기체 비료(이산화탄소) 등으로 나눈다.

③ 함유 성분에 따른 분류 : 질소질, 인산질, 칼륨질, 규산질(규산고토, 규산 석회 등), 석회질 비료 등으로 나눈다.

45. 비료의 성분

① 질 소

    ㉠ 질소의 화학적 형태는 무기질과 유기질로 나눈다.

    ㉡ 무기질에는 질산태(NO_3^-)와 암모늄태(NH_4^+)가 있고, 유기태 질소에는 아미드태와 단백태가 있다.

    ㉢ 암모니아태 질소를 포함하고 있는 비료에는 황산암모늄, 인산암모늄 등이 있고, 질산태 질소를 포함하고 있는 비료는 질산 음이온이 암모늄 또는 금속 이온과 염을 형성한 것인데, 우리나라에서는 사용하지 않고 있다.

    ㉣ 아미드태 질소의 대표적인 것이 요소인데, 토양 중에서 우레아제(Urease) 효소에 의해 분해되고 암모늄으로 변화되어 식물에 흡수된다.

    ㉤ 단백태 질소는 동식물성 재료에 풍부한데, 암모늄으로 분해되어 이용된다.

② 인

    ㉠ 인은 유기질과 무기질로 나눈다.

    ㉡ 무기질 인산은 물에 녹는 수용성, 묽은 시트르산에 녹는 구용성 및 녹지 않는 불용성으로 나눈다.

    ㉢ 수용성 인산은 속효성이고, 구용성 인산은 완효성이다.

ⓔ 수용성과 구용성 인산은 모두 식물이 흡수, 이용할 수 있는 인산으로 가용성 인산이라 한다.

ⓜ 과인산석회와 인산암모늄은 수용성 인산이며, 용성인비는 구용성 인산이다.

ⓗ 인광석, 동물의 뼈 등에 들어 있는 인산은 불용성이다.

③ **칼륨**

ⓖ 유기질 칼륨 비료는 없으나, 식물성 재료에 이온이나 염의 형태로 존재하는 경우는 있다.

ⓛ 풀과 나무의 재에는 5~15%의 칼륨이 들어 있다.

ⓒ 흔히 쓰는 칼륨 비료에는 염화칼륨과 황산칼륨이 있는데, 이들은 모두 물에 잘 녹는 속효성이다.

④ **부성분**

ⓖ 주성분의 상대 이온이거나 제조 과정 중에 섞이는 물질인데, 비료의 종류에 따라 다르다.

ⓛ 부성분은 작물에 흡수·이용되는 것도 있지만, 많을 때에는 작물에 해를 주는 유해 성분도 있다.

46. 시비 위치와 방법 〔중요〕

① **시비 위치**

ⓖ 표층 시비 : 경지를 고르지 않고 포장 전면에 비료를 살포한다.

ⓛ 전층 시비 : 비료를 살포한 후, 경운하여 비료가 토양에 골고루 섞이도록 하는 방법이다.

ⓒ 심층 시비 : 비료의 손실을 막기 위해 토양 깊이 비료를 넣어 주는 시비법이다.

ⓔ 측조 시비 : 이랑의 측면, 작물의 줄과 줄 사이에 시비하는 방법을 말하는데, 밭 작물의 덧거름에서 많이 이용된다.

ⓜ 주입 시비법 : 액상으로 만들어진 비료를 관을 통하여 펌프로 밀어 넣어 주는 방법으로, 최근 시설 재배에서 많이 이용한다. 이 경우에는 관 하나로 물과 비료를 동시에 줄 수 있어 시비 노력이 줄어들며, 시비량을 정밀하게 조절할 수 있는 장점이 있다.

② **시비 방법**

ⓖ 전면 시비

  • 땅을 갈기 전이나 땅고르기를 한 후에 땅 전체에 비료를 고르게 뿌려 주는 방법이다.

  • 작업이 간편하고 노력이 적게 들어 대체로 가장 많이 이용되는 방법이다.

  • 비료를 고르게 뿌리기가 쉽지 않으며, 표면에 뿌려진 비료의 일부가 유실될 가능성이 있어 이용 효율이 떨어진다.

ⓛ 파종렬 시비(파구 시비)

  • 파종할 골을 판 다음 그 곳에만 비료를 뿌려 주는 것이다.

  • 비료를 주고 흙을 덮은 뒤 파종을 한다.

  • 작물의 뿌리 근처에 비료가 있기 때문에 비료의 이용 효율이 가장 높은 방법이나 작업 노력이 많이 드는 단점이 있다.

ⓒ 엽면 시비

  • 액체 비료 또는 비료를 물에 타서 잎에 뿌리는 방법이다.

  • 엽면 시비는 작물의 뿌리가 정상적인 흡수 능력을 발휘하지 못할 때, 병충해 또는 침수 피해를 당했을 때, 그리고 이식한 후 활착이 좋지 못할 때와 같이 응급한 경우에 사용하는 시비 수단이다.

• 엽면 시비를 할 때, 농도가 높으면 잎이 타는 부작용이 있으므로 규정 농도를 잘 지켜야 하며, 비료 농도는 비료의 종류와 계절에 따라 다르지만, 대개 0.1~0.3%가 적당하다.

47. 중경의 효과

① **중경의 이점**

ⓖ 발아 조장 : 파종 후 비가 와서 토양 표층에 굳은 표막이 생겼을 때 가볍게 중경하여 피막을 부숴 주면 발아가 조장된다.

ⓛ 토양 통기의 조장 : 중경을 해서 표토가 부드러워지면 토양 통기가 활성화되어 토양 중에 산소 공급이 많아지므로 뿌리의 생장과 활동이 왕성해지고, 유기물의 분해도 촉진되며, 토양 중의 유해한 환원성 물질의 생성도 적어진다. 또한, 토양 중의 유해 가스의 발산도 빨라진다.

ⓒ 토양 수분의 증발 경감 : 중경을 해서 표토가 부서지면 토양의 모세관도 절단되므로 토양 수분의 증발이 경감되어 한발 해를 덜 수 있다.

ⓔ 비효 증진 : 논에 요소·황산암모니아 등의 웃거름을 주고 중경하면 비료가 환원층으로 섞여 들어서 비효가 증진된다.

ⓜ 잡초 제거 : 중경을 하면 잡초도 제거되며, 김매기의 가장 큰 효과는 잡초의 제거이다.

② **중경의 단점**

ⓖ 단근 : 중경을 하면 필연적으로 뿌리의 일부도 끊기게 된다. 작물이 어릴 때에는 뿌리가 널리 퍼지지 않아서 중경을 해도 단근이 덜 되고, 단근이 되더라도 이때에는 뿌리 재생력이 왕성하므로 피해가 작다. 그러나 생식 생장기에 접어들면 뿌리가 넓게 퍼져 있고, 재생력이 약하며, 이때부터는 양분과 수분을 왕성하게 흡수하므로 깊은 중경을 해서 심한 단근을 초래하면 피해가 크다. 화곡류에서는 유수형성기 이후에는 보통 중경을 하지 않는다.

ⓛ 풍식의 조장 : 중경을 하면 표층의 토양이 속히 건조되어 바람이 심한 고장에서는 풍식이 조장된다.

ⓒ 동상해의 조장 : 중경을 하면 토양 중의 온열이 지표까지 상승하는 것이 경감되어 발아도상에 있는 어린 식물이 서리나 냉온을 만났을 때 그 피해가 조장된다.

48. 멀 칭

① **멀칭의 의미** : 짚, 풀, 종이, 플라스틱 필름 등으로 작물이 자라고 있는 토양의 표면을 덮어주는 것을 멀칭이라고 한다.

② **멀칭의 목적** : 멀칭은 주로 지표면으로부터 증발을 억제하여 토양의 건조를 방지하거나 지온을 조절할 목적으로 행해 왔는데, 색깔이 있는 플라스틱 필름 등 다양한 멀칭 재료가 개발됨에 따라 다양한 효과를 기대할 수 있게 되었다.

③ **멀칭의 효과** : 지온 조절, 토양의 건조 방지, 토양·비료 양분 등의 유실 방지 및 잡초 발생을 억제하고, 반사광을 이용한 과실의 착색을 촉진한다.

④ **멀칭의 방법**

ⓖ 봄철의 씨 뿌리는 시기는 지온이 낮은데, 이 경우는 투명한 플라스틱 필름을 사용하면 지온을 높여 발아에 도움이 된다.

ⓛ 여름철과 같이 지나치게 지온이 높아서 작물 생육에 장애가 될 경우 볏짚, 종이 등 빛이 잘 투과하지 않는 자재로 멀칭을 하여 지온을 낮추면 생육에 도움이 될 수 있다.

ⓒ 잡초를 방제하는 데에는 빛이 잘 투과하지 않는 흑색 플라스틱 필름, 종이, 짚 등이 효과가 있다.

ⓔ 햇빛을 잘 반사시키도록 알루미늄을 입힌 필름을 멀칭하면 열매 채소와 과일의 착색이 잘 된다.

ⓜ 플라스틱 필름을 파종이 되는 곳은 투명하게, 그 밖의 부분은 흑색으로 하여 온도 상승 효과와 잡초 방제 효과를 동시에 볼 수 있도록 하기도 한다.

⑤ 멀칭을 할 때의 주의점

ⓐ 폴리 멀칭을 할 때에는 한낮에 과고온이 되는 것을 주의해야 한다.

ⓑ 포장 전면을 멀칭했을 때에는 빗물의 이용이 곤란하므로 알맞은 조치가 필요하다.

49. 잡초의 예방

① 윤작 : 윤작을 하여 다른 작물을 이어서 심거나, 논 상태와 밭 상태가 교환되면 잡초의 발생이 적어진다.

② 방목 : 작물을 수확한 뒤에 방목하면 잡초의 재생력이 목초만 못한 경우가 많으므로 잡초가 억압된다.

③ 소각 및 소토 : 화전을 일굴 때에 소각을 하게 되면 잡초씨도 함께 소멸하고 상토를 소독하기 위하여 소토할 때에도 잡초씨가 소멸한다.

④ 경운 : 땅을 충분히 갈아 잡초를 죽이거나 발아를 억제한다.

⑤ 피복 : 풀·짚 또는 플라스틱 필름으로 포장을 피복하면 잡초의 발생을 경감시키는 효과가 있다.

⑥ 관개 : 밭두렁을 높게 쌓고서 깊게 관개하면 밭의 잡초를 없앨 수 있다.

50. 식물병의 종류

① 피해 증상에 따른 분류 : 모잘록병, 시들음병, 더뎅이병, 탄저병, 잿빛곰팡이병, 흰가루병, 노균병, 모자이크병

② 병원체의 종류에 따른 분류

ⓐ 곰팡이 : 벼 도열병, 모잘록병, 흰가루병, 녹병, 깜부기병, 잿빛곰팡이병, 역병, 탄저병, 균핵병, 노균병

ⓑ 세균 : 벼 흰마름병, 풋마름병, 무름병, 둘레썩음병, 궤양병, 반점세균병, 뿌리혹병

ⓒ 바이러스 : 모자이크병, 오갈병

ⓓ 선충 : 뿌리썩이선충병, 시스트선충병, 뿌리혹선충병

ⓔ 기생충 : 새삼, 겨우살이

③ 발생 부위에 따른 분류

ⓐ 식물의 잎, 줄기, 열매 등 지상부에 생기는 병 : 벼 도열병, 오이 노균병, 토마토 잿빛곰팡이병, 오이 흰가루병, 벼 잎집 무늬마름병, 오이 모자이크병, 파 녹병, 고추 궤양병, 딸기 잿빛곰팡이병, 고추 탄저병, 사과 탄저병, 감귤 푸른곰팡이병

ⓑ 줄기의 관다발이나 뿌리에 생기는 병 : 토마토 시들음병, 감자 더뎅이병, 배추 무름병, 무 뿌리썩음병, 참외 뿌리혹선충병

51. 냉해의 발생과 대책 중요

① 냉해의 발생

ⓐ 여름 작물의 생육기간 중 냉온 장해에 의해 생육이 저해되고 수량의 감소나 품질의 저하를 가져오는 기상재해를 말한다.

ⓑ 벼의 생육 기간 중 저온에 의하여 생육 진전 및 어린 이삭의 발육이 늦어져 출수가 지연된다.

ⓒ 이삭의 생식 생장기에 일시적 또는 지속적인 냉온이 내습하게 되면 수정이 불량하게 되어 쭉정이가 발생한다.

② 냉해 대책

ⓐ 냉해 상습 지역에서는 품종의 선택 시 냉해에 강한 품종을 재배한다.

ⓑ 방풍림을 조성한다.

ⓒ 수온을 높이기 위한 온수로 및 온수지를 설치한다.

ⓓ 댐의 표층수 관개 장치를 한다.

ⓔ 수로 조직을 정비한다.

ⓕ 규산 및 유기물을 시용한다.

52. 작물의 내습성과 습해 대책

① 작물의 내습성 : 다습한 토양에 대한 작물의 적응성을 내습성이라고 한다.

ⓐ 경엽으로부터 뿌리로의 산소 공급 능력

• 벼는 전작물인 보리에 비하여 잎·줄기·뿌리에 통기계가 잘 발달하여 뿌리로의 산소 공급 능력이 높아 생육이 잘 된다.

• 뿌리의 피층 세포가 직렬로 되어 있는 것은 세포 간극이 커서 뿌리로의 산소 공급 능력이 크기 때문에 내습성이 강하다. 생육 초기의 맥류처럼 잎이 지하의 줄기에 착생하고 있는 것은 뿌리로의 산소 공급 능력이 크다.

ⓑ 뿌리 조직의 목화 : 목화된 뿌리 조직 환원성 유해 물질의 침입을 막아서 내습성을 강하게 한다.

ⓒ 뿌리의 발달 습성 : 근계가 얕게 발달하거나, 습해를 받았을 때 부정근의 발생력이 큰 것이 내습성이 강하다.

ⓓ 환원성 유해 물질에 대한 저항성 : 뿌리가 황화수소·아산화철 등에 대하여 저항성이 큰 것은 내습성이 강하다.

② 습해 대책

ⓐ 배수 : 배수는 습해의 기본 대책이다.

ⓑ 정지 : 밭에서는 휴립휴파를 하고, 습답에서는 휴립 재배를 한다.

ⓒ 토양 개량 : 세사(細砂)를 객토하거나, 부식·토양 개량제를 시용하여 입단을 조성하고 투수·투기를 좋게 한다.

ⓓ 작물 및 품종의 선택 : 내습성인 작물과 품종을 선택

• 작물의 내습성은 골풀·미나리·택사·연·벼 > 밭벼·옥수수·율무 > 토란 > 평지(유채)·고구마 > 보리·밀 > 감자·고추 > 토마토·메밀 > 파·양파·당근·자운영의 순이다.

• 채소의 내습성은 양상추·양배추·토마토·가지·오이 > 시금치·우엉·무 > 당근·꽃양배추·멜론·피망의 순이다.

• 과수의 내습성은 올리브 > 포도 > 밀감 > 감·배 > 밤·복숭아·무화과의 순이다.

ⓔ 시비 : 미숙 유기물과 황산근 비료의 사용을 피하고, 표층 시비를 하여 뿌리를 지표면 가까이로 유도하고, 또한 뿌리의 흡수 장해가 보이면 엽면 시비를 꾀한다.

ⓕ 과산화석회의 시용 : 과산화석회(CaO_2)를 종자에 분의해서 파종하든가 토양에 혼입하면(4~8ha/10a) 상당한 기간 산소를 방출하므로 습지에서의 발아 및 생육이 조장된다.

53. 수해 대책

① 사전 대책
  ㉠ 치산을 잘 해서 산림을 녹화하고, 하천을 보수하는 등 치수를 잘 하는 것이 수해의 기본 대책이다.
  ㉡ 경사·경작지 토양을 보호하고 경지 정리로 배수가 잘 되게 한다.
  ㉢ 수해 상습지에서는 작물의 종류나 품종의 선택에 유의한다.
  ㉣ 파종기·이식기를 조절해서 수해를 회피·경감시키며 질소의 과다 사용을 피한다.

② 침수 시의 대책
  ㉠ 배수에 노력하여 가능한 관수 시간을 짧게 한다.
  ㉡ 물이 빠질 때 잎의 흙앙금을 씻어 준다.
  ㉢ 키가 큰 작물은 서로 결속하여 유수에 의한 도복을 방지한다.

③ 사후 대책
  ㉠ 퇴수 후 새로운 물을 갈아 댄다. 관수되었던 벼는 수분을 잃기 쉬운 상태이고, 또 뿌리도 상해 있으므로 물을 갑자기 떼면 시들기 쉽다. 따라서 산소가 많은 새 물을 갈아 대어 새 뿌리의 발생을 촉진하도록 한다.
  ㉡ 김을 매어 토양 표면의 흙앙금을 헤쳐 줌으로써 지중 통기를 좋게 한다.
  ㉢ 표토가 많이 씻겨 내렸을 때에는 새 뿌리의 발생 후에 웃거름을 주도록 한다.
  ㉣ 침수 후는 특히 병충해의 발생이 많아지는 시기이므로 그 방제에 노력한다.
  ㉤ 피해가 격심할 때에는 추파·보식·개식·대작 등을 고려한다.
  ㉥ 못자리 때에 관수된 것은 뿌리가 상해 있으므로, 퇴수 후 5~7일이 지나 새 뿌리가 발생한 다음에 이앙한다.

54. 가뭄해의 발생과 대책

① 가뭄해의 발생
  ㉠ 토양이 건조하면 식물체 내의 수분 함량도 감소되어 생육이 저해되고 심하면 고사하게 되는데, 이처럼 수분 부족으로 인하여 작물에 유발되는 장애를 가뭄해라고 한다.
  ㉡ 우리나라는 5~6월에 강우가 적어서 밭작물은 항상 건조의 피해를 입고, 관개 시설이 없는 논에서는 모내기가 불가능하거나 극히 늦어져서 큰 피해를 입는 일이 발생한다.

② 작물의 내건성
  ㉠ 작물이 건조에 견디는 성질을 내건성이라고 하며, 여러 요인들에 의해서 지배된다.
  ㉡ 내건성이 강한 작물은 체내 수분의 상실이 적고, 수분의 흡수 능력이 크며, 체내의 수분 보유력이 크고, 수분 함량이 낮은 상태에서 생리 기능이 높다.

③ 가뭄해 대책
  ㉠ 관개 : 가뭄해는 토양 수분의 부족에 의해서 유발되므로, 근본적인 가뭄해 대책은 관개에 있다.
  ㉡ 작물과 품종의 선택 : 상습적으로 가뭄해가 발생하는 곳에는 내건성이 강한 작물을 재배하는 것이 안전하다. 수수, 조, 기장, 호밀, 밀, 알팔파, 동부, 난지형 목초 등은 내건성이 강하다.
  ㉢ 토양 수분의 보유력 증대와 증발 억제
    • 토양 입단의 조성 : 위의 방법으로 토양 입단을 조성한다.

• 드라이파밍 : 드라이파밍은 휴작기에 비가 올 때마다 땅을 갈아서 빗물을 지하에 잘 저장하고, 작기에는 토양을 잘 진압하여 지하수의 모관 상승을 조장함으로써 한발에 적응성을 높이는 농법이다.
• 피복 : 비닐·풀·퇴비 등을 지면에 피복하면 증발이 억제된다.
• 중경 제초 : 표토를 쪼아서 모세관을 절단한 다음 잡초를 제거하면 토양의 증발·증산이 억제된다.
• 증발 억제제의 살포 : OED 유액을 지면에 뿌리거나 엽면에 뿌리면 증발·증산이 억제된다.

55. 동상해 방지 대책

① 피복법 : 지표를 피복함으로써 방사 냉각을 방지한다.
② 송풍법 : 방상팬을 이용한 방상법으로, 야간에 지표 부근의 역전층(逆轉層)을 교반(攪拌)하여 주변의 기온을 상승시켜 주는 방법이다.
③ 살수법
  ㉠ 물의 기화열의 원리를 이용한 방법으로 가장 효과가 좋다.
  ㉡ 살수 시기에는 물의 양이 매우 많이 필요하므로 맹아기 1주일 전부터 실시하는 것이 적당하고 살수량은 살수시 물의 부착 효율(30~50%)을 고려하여 매시 3~4mm가 적당하다.
  ㉢ 수확면의 기온이 2℃ 정도의 낮은 시점에서 살수를 시작하여 아침 기온이 상승하여 얼음이 녹을 때까지 살수를 계속한다.
  ㉣ 살수는 해 뜬 후 30~50분 후로 기온이 5℃ 정도에서 중지하는 것이 좋다.
④ 슈크로스 살포 : 동상해 우려가 있는 3월 하순~4월 상순경에 슈크로스 60배액을 살포하면 동상해 피해를 경감시킬 수 있다.
⑤ 연소법 : 중유 등을 연소하여 동해 피해 온도 이하로 기온이 떨어지는 것을 방지한다.
⑥ 연무법 : 잡초 등을 태워 연기의 친수성 입자를 수증기와 결합하여 발생하는 열을 발생하게 한다.
⑦ 품종 선택 : 숙기가 늦은 만생종을 심는 것이 좋다.
⑧ 전정지 : 전정지를 묶어 놓으면 동해 발생 시기를 피할 수 있다.

56. 도복과 풍해 대책

① 도복의 의미 : 화곡류·두류 등이 등숙기에 들어 비바람에 의해서 쓰러지는 것을 도복이라고 한다.
② 도복의 유발 조건 중요
  ㉠ 키가 크고 대가 약한 품종일수록 도복이 심하다.
  ㉡ 대를 약하게 하는 재배 조건은 도복을 조장한다.
  ㉢ 벼에 잎집무늬마름병의 발생이 심하거나, 가을멸구의 발생이 많으면 대가 약해져서 도복이 심해진다.
  ㉣ 환경 조건 : 도복의 위험기에 비가 와서 식물체가 무거워지고, 토양이 젖어서 뿌리를 고정하는 힘이 약해졌을 때 강한 바람이 불면 도복이 유발된다.
③ 도복 대책 중요
  ㉠ 키가 작고 대가 실한 품종이 도복 방지에 가장 효과적이다.
  ㉡ 질소 편중의 시비를 피하고, 칼륨·인산·규산·석회 등도 충분히 사용해야 한다.
  ㉢ 재식 밀도가 과도하게 높으면 대가 약해지므로 재식 밀도를 적절하게 조절한다. 맥류에서는 복토를 깊게 한다.

　　ⓔ 벼에서 마지막 논김을 맬 때에 배토를 하면 도복이 경감된다.

　　ⓜ 맥류에서도 답압·배토·토입을 하면 도복이 경감된다.

　　ⓗ 옥수수·수수·벼 등을 몇 포기씩 미리 결속해 두면 도복이 방지된다.

　　ⓢ 병충해 방제, 생장 조절제의 이용

　　ⓞ 도복시에는 도복이 된 것에 지주를 세우거나, 결속을 하거나 하여 지면·수면에 접촉하지 않게 하면 변질·부패가 방지된다.

④ **풍해의 약화** : 방풍림 설치, 방풍 울타리의 설치

⑤ **풍해에 대한 재배적 대책**

　　㉠ 내풍성 작물(목초·고구마), 키가 작고 대가 강한 내도복성 품종을 선택한다.

　　㉡ 작기 이동 : 벼에서는 출수 2~3일 후의 태풍이 가장 피해가 심한데, 작기를 이동하여 위험기의 출수를 피할 수 있고 조기 재배를 하여 8월 중·하순에 수확하면 8월 하순~9월 상순의 위험한 태풍기를 피할 수 있다.

　　㉢ 담수 : 태풍시기에 논물을 깊이 대면 도복·건조가 경감된다.

　　㉣ 배토·지주 및 결속 : 맥류의 배토, 토마토나 가지의 지주, 수수나 옥수수의 몇 개체씩의 결속은 센 바람이 불 때 도복을 방지·경감시킨다.

　　㉤ 생육의 건실화 : 칼륨 비료의 증시, 질소 비료의 과용 회피, 밀식의 회피 등으로 생육을 건실하게 하면 센 바람이 불 때 도복이 경감되고, 또한 기계적 피해나 병해도 덜하다.

　　㉥ 낙과 방지제의 살포 : 사과 등에서는 태풍 전에 낙과 방지제를 살포하여 낙과를 경감시킨다.

02　토양관리

1.　토양의 정의 및 기능

① **정 의**

　　㉠ 암석의 풍화 산물과 이에 분해·부패되어 사는 유기물이 섞이고, 기후·생물의 영향을 받아 변화하며, 환경 조건과 평형을 이루기 위하여 지속적으로 변화하는 자연체이다.

　　㉡ 토양 속에는 식물이 자라는 데 필요한 물질이나 공기, 물, 미생물 등이 함유되어 있으며, 이중 양분이 많은 표면의 흙을 표토라 한다.

② **기능** : 생물질의 생산, 정화(Filtering) 및 저장, 생물학적 서식지 및 유전 물질의 저장, 완충성

③ **지력을 향상시키기 위한 토양 조건**

　　㉠ 토성 : 토성은 양토를 중심으로 하여 사양토~식양토가 토양의 수분, 공기, 비료성분의 종합적 조건에서 알맞다. 사토는 토양 수분과 비료 성분이 부족하고, 식토는 토양 공기가 부족하다.

　　㉡ 토양 구조 : 입단 구조가 조성될수록 토양의 수분과 공기 상태가 좋아진다.

　　㉢ 토층 : 작토가 깊고 양호하며, 심토도 투수·투기가 알맞아야 한다.

　　㉣ 토양 반응 : 중성이나 약산성이 좋고 강산성이나 알칼리성이면 작물 생육이 저해된다.

　　㉤ 무기 성분 : 필요한 무기 성분이 풍부하고 균형있게 포함되어 있어야 한다.

　　㉥ 유기물 : 유기물 함량이 증대될수록 지력이 향상되나 습답 등에서는 유기물 함량이 많은 것이 도리어 해가 되기도 한다.

　　㉦ 토양 수분 : 토양 수분이 부족하면 한해가 발생하고, 과다하면 습해·수해가 유발된다.

　　㉧ 토양 공기 : 토양 중의 공기가 적거나 산소가 부족하고 이산화탄소가 많거나 하면 작물 뿌리의 생장과 기능을 저해한다.

　　㉨ 토양 미생물 : 유용한 미생물이 번식하기 좋은 상태에 있는 것이 유리하다.

　　㉩ 유해 물질 : 유해 물질로 인해 토양이 오염되면 작물의 생육을 저해, 생육 불가능을 초래한다.

2.　토양의 3상 분포와 분류

① **토양의 3상 분포** : 토양의 3상, 즉 적정한 고상(약 50%), 액상(약 25%), 기상(약 25%)의 부피 비율은 물과 산소의 공급, 토양의 온도, 뿌리의 발달 등에 영향을 미쳐 작물의 생육을 좌우하는 중요한 요인이다.

　　㉠ 고상 : 암석의 풍화물인 무기물과 각종 동식물의 유체와 생물체를 포함한 유기물

　　㉡ 액상 : 여러 가지 물질과 이온이 함유된 수분

　　㉢ 기상 : 토양 공기

② **입경에 따른 토양 입자의 분류**

　　㉠ 자갈 : 화학적·교질적 작용이 없고 비료분·수분의 보유력도 빈약하나 투기성·우수성을 좋게 한다.

　　㉡ 모래 : 굵은 모래는 자갈과 비슷한 성질을 가지나, 잔모래는 물이나 양분을 다소 흡착하고 투기·투수를 좋게 하며 토양을 부드럽게 한다.

　　㉢ 점토 : 토양 중의 가장 미세한 입자이며 화학적·교질적 작용을 하고 물과 양분을 흡착하는 힘이 크며, 투기·투수를 저해한다.

3.　토양수 **중요**

토양수는 화학적·물리적 및 생물적인 작용을 촉진하고 영양분의 용매로서 작용하며 증산, 침투, 증발, 유출 등에 의하여 토양으로부터 소실된다.

① **토양수의 흡착력** : 토양이 물을 보유하는 힘으로 '토양 표면의 물 분자에 대한 흡착력 + 물 분자 상호간 인력'

② **토양수의 분류** : 결합수, 흡습수, 모관수, 중력수 등

③ **최적 수분량과 토양 수분의 증발 억제**

　　㉠ 유효 수분 : 모관수와 중력수의 일부로서 0.1~10bar 사이의 물

　　㉡ 최적 유효 수분 : 작물이 정상적으로 생육하기 위해서는 0.1~1bar의 물이 필요

4.　토양 공기

① **토양 공기의 조성** : 토양 공극의 일부 또는 전부를 차지하며 식물의 생육 또는 미생물의 활동에 크게 영향을 끼친다.

② **토양 공기의 유통** : 토양 공기 중에는 대기에 비하여 이산화탄소가 많고 산소가 적다.

③ **토양 공기의 유통과 생물의 활동** : 토양 미생물은 토양 공기가 부족하면 활동이 활발하지 못하게 되며, 따라서 유기물의 분해도 늦어진다.

5. **토양의 단면**

① 점토 : 0.002mm 이하

② 미사 : 0.002~0.02mm

③ 모래 : 0.02~2mm

④ 지표면 깊이 : 1~2m

⑤ 표토 깊이 : 7~25cm

6. **토양 생성에 중요한 암석**

① 화성암 : 용암이 냉각·고결된 것이며, 그 고화된 위치에 따라서 심성암, 반심성암 및 분출암으로 나누고, 이를 다시 암석에 들어 있는 규소(Si)의 함량에 따라서 산성암, 중성암, 염기성암으로 분류한다.

② 퇴적암 : 침전암 또는 수성암으로도 불리며, 그 생성 형식에 따라 기계적·화학적 그리고 유기 퇴적암으로 분류된다.

③ 변성암 : 변성암은 화성암과 퇴적암이 지온과 지압에 의하여 성질과 조직이 크게 변하여 새로운 암석으로 된 것이다. 이를 변성 작용이라 한다.

7. **암석의 풍화** 중요

① 물리적 풍화 작용 : 암석의 압력 변화, 온도의 변화, 염류의 작용, 생물의 작용

② 화학적 풍화 작용 : 용해 작용, 가수분해, 산화 작용, 수화 작용, 착체의 형성, 환원 작용

③ 생물학적 풍화 작용 : 식물의 유기적 작용은 암석의 물리적·화학적 풍화를 가속화시킴

8. **풍화 산물의 이동과 퇴적**

풍화물이 모암이 있던 자리에 그대로 머물러 토양층을 형성한 것을 정적물이라 하며, 중력, 수력, 풍력, 빙하 등에 의하여 다른 곳에 운반·퇴적된 것을 운적이라 한다.

① 붕적토 : 암석편이 고지로부터 중력에 의하여 낮은 곳으로 이적된 것이다.

② 충적토 : 홍함 평지, 선상 충적토, 삼각주 침적 등이다.

③ 해성 침적 : 하류에 의하여 운반된 것은 해양에까지 이동되어 굵은 입자는 해안 가까이에, 세립질의 것은 멀리까지 운반되어 점차 침적된다.

④ 빙적토와 풍적토

㉠ 빙적토 : 빙하가 유동하면 이에 섞여 있던 풍화물은 빙하의 계속적인 유동과 빙하가 녹아서 흐르는 물에 의하여 운반·퇴적된다.

㉡ 풍적토 : 풍적토의 형성은 운적되는 재료와 형식에 따라 사구, 화산회 그리고 뢰스(Loess) 등으로 구분된다.

9. **토양의 생성 인자**

① 기 후 중요

㉠ 온도 : 토양 온도를 통하여 직접 암석의 풍화 및 물질의 변화와 분해에 영향을 끼치게 되며, 일반적으로 온도가 오름에 따라 변화의 속도가 빨라지게 된다.

㉡ 공기의 상대 습도 : 토양의 특징과 식생이 비슷하고 온도도 같지만, 수분 공급에 차이가 있으면 공급이 많을수록 유기물 함량은 증대된다.

㉢ 강우 : 토양 수분을 보충하고 그와 함께 가용 물질의 용해 또는 이동을 초래하여 토양 단면의 특징을 이루게 된다.

㉣ 기후에 따른 광물의 종류

• 한랭한 곳에서는 화강암의 풍화로 운모의 붕괴물이 많다.

• 습윤한 열대 지방에서는 특히 장석류가 분해되어 카올리나 이트가 주로 생성된다.

② 모재 : 토양의 생성은 모재의 생성과 동시에 진행되거나 또는 모재가 이동·퇴적되어 토양의 발달이 시작되는 경우로 구분된다.

③ 지형 : 토양 수분에 관계되는 것으로서 강우량과 토양의 수분 보유량과의 관계이다.

④ 시간(풍화 기간)

㉠ 미숙기 : 키가 큰 초생지에서 토양(Solum)은 얇고 A층(A-Horizon)에 유기물이 쌓임

㉡ 성숙기 : 유기물 함량이 가장 많고 B층이 형성

㉢ 노령기 : 긴 시간이 경과한 후 성숙 토양이 고도로 분화하고 A층과 B층이 특징에 큰 차이를 보임

⑤ 식생(생물) : 토양 발달에 대한 생물의 작용에는 동식물에 의한 여러 가지 물리적·화학적인 것이 포함되며, 넓은 지역에 걸친 영향은 주로 자연적인 식생에 의한 것이다.

⑥ 인력 : 인력에 의하여 간척지가 조성되고, 내륙에서도 댐의 건설로 인하여 토양의 형태와 특성에 변화가 일어난다.

10. **토양의 생성 작용** 중요

① 포드졸(Podzol)화 작용 : 냉온대로부터 온대의 습윤한 기후에서 침엽수 또는 침엽-활엽 혼림지에 생성되기 쉬운 토양으로 상부층(A층)의 Fe, Al이 유기물과 결합하여 하층(B층)으로 이동하므로 용탈층과 집적층을 갖게 된다.

② 라토졸(Latosol)화 작용 : 열대 및 아열대의 계속적 습윤 또는 건조와 습윤이 반복되는 기후 조건에서 라토졸성 토양이나 라토졸이 생성되는 과정이며, 토양 분류의 신체계로는 Oxisol에 해당하는 토양이 생성되는 작용이다.

③ 글레이(Glei)화 작용 : 지하 수위가 높은 저지대나 배수가 좋지 못한 토양 그리고 물에 잠겨 있는 논토양은 산소가 부족하여 토양 내 Fe, Mn 및 S은 환원 상태로 되므로 토양층은 청회색, 청색 또는 녹색의 특유한 색깔을 띠게 되는 과정이다.

④ 염류화 작용(알칼리화 작용)

㉠ 염류화 작용 : 백색알칼리 토양

㉡ 알칼리화 작용 : 흑색알칼리 토양

㉢ 탈염 작용 : 탈염알칼리 토양

⑤ 석회화 작용 : 규산염의 가수분해 산물인 Ca^{2+}, Mg^{2+} 등이 탄산염으로 되어 용탈층 전체를 통해 겔 상태로 집적되는 것을 석회화 작용 또는 탄산염화 작용이라 한다.

⑥ 점토화 작용 : 점토의 성분이 고체 상태로 밑으로 이동·집적되는 작용이다.

⑦ 부식 집적 작용

㉠ 동식물의 유체와 배설물은 토양에서 대부분 분해되어 소실되나, 일부는 부식물로 변화하여 토양에 오래 남게 된다.

㉡ 토양에 집적되는 부식층 : 생성 조건이 육지의 호기적인 곳에서는 육성 부식형과 일시 또는 계속적인 혐기 조건에서는 수성 부식형으로 구분된다.

11. 토양 단면

① 토양 층단면 : 층단면이란 토양 내 분화된 각 층에서부터 그 하부의 풍화가 불충분한 토양 재료에 이르기까지의 토양 단면을 뜻한다.

② 토양의 층위 (중요)

유기물층	O1 : 유기물의 원형을 육안으로 식별할 수 있는 유기물의 층	
	O2 : 유기물의 원형을 육안으로 식별할 수 없는 유기물의 층	
성토층	용탈층	A1 : 부식화된 유기물과 광물질이 섞여 있는 암흑색의 층
		A2 : 규산염점토와 철·알루미늄 등의 산화물이 용탈된 담색층(용탈층)
		A3 : A층에서 B층으로 이행하는 층위이나 A층의 특성을 좀 더 지니고 있는 층
	집적층	B1 : A층에서 B층으로 이행하는 층위이며 B층에 가까운 층
		B2 : 규산염점토와 철·알루미늄 등의 산화물 및 유기물의 일부가 집적되는 층(집적층)
		B3 : C층으로 이행하는 층위로서 C층보다 B층의 특성에 가까운 층
모재층	C : 토양생성작용을 거의 받지 않은 모재층으로서 칼슘·마그네슘 등의 탄산염이 교착상태로 쌓여 있거나, 위에서 녹아 내려온 물질이 엉켜서 쌓임	
암 반	R : 단단한 모암	

12. 토양 분류

① 우리나라의 토양 분류 체계 : 미국 농무성(USDA)의 분류 방법

　㉠ 토양목(Soil Order)

　㉡ 토양아목(Soil Suborder)

　㉢ 대군(Great Group)

　㉣ 아군(Subgroup), 족(Family), 토양통(Soil Series)

② 토양의 종류 : 미국 농무성(USDA)에 의한 분류

토양목	특 징
몰리졸 (Mollisols)	주로 초지나 활엽수 분포 지역에서 발달하며, 유기물의 함량이 높아 검은 표층을 가진 것이 특징이다.
버티졸 (Vertisols)	팽창형 점토의 함량이 높으며(35% 이상), 우기와 건기의 구분이 명확하고 변화가 빠른 지역에서 형성된다. 건조기에는 토양이 갈라져 틈이 생긴다.
스포도졸 (Spodosols)	유기물과 비정질의 Al, Fe 산화물로 형성된 집적층을 가지며 회색의 용탈층이 있다.
아리디졸 (Aridisols)	건조 지역에서 발달하는 토양으로서 유기물의 함량이 낮고 염기포화율이 높은 편이다.
안디졸 (Andisols)	임시로 정한 토양목으로 화산 활동에 의해 형성되어 60% 이상이 화산 분출물로 구성되고 가비중이 0.9g/cm³ 이하이다. 대부분 앨러페인(Allophane)과 알루미늄 유기산복합체로 구성되어 있으며, 양이온 교환 능력과 흡착력이 높다.
알피졸 (Alfisols)	회색 또는 갈색의 표토층으로 습윤한 기후에서 발달하며, 표층의 하부에는 양이온의 75% 이상이 Ca, Mg, Na 등을 함유한 점토 광물 집적층이 있다.
얼티졸 (Ultisols)	온난 및 열대 지방의 습윤한 토양으로 하부는 산화철이 집적되어 있어 적색을 띠며 염기 공급 능력이 낮다(35% 이하).
엔티졸 (Entisols)	토양층의 분화가 없거나 미약한 무기 토양으로서 침식이 일어나는 경사지에서 최근에 형성된 토양이다.
옥시졸 (Oxisols)	열대 기후에 의해 심하게 풍화된 토양으로서 고령석, 석영 및 Al, Fe 산화물로 구성되어 있다.
인셉티졸 (Inceptisols)	토층의 분화가 분명하지 않은 미숙토로서 유기물이 농집되기도 하며, 비교적 습윤지역이나 산림 지역에서 발달된 토양이다.
히스토졸 (Histosols)	연중 물에 포화된 소택지와 같은 습한 지형에서 형성되며, 유기물의 함량이 높다.

13. 토 성

① 토성의 의의 : 토성이란 모래, 미사, 점토 부분의 분포, 즉 상대적인 비율을 가리키며, 식물 생육에 대하여 중요한 여러 가지 이화학적 성질을 결정하는 기본 요인이 된다.

② 세토 : 입경 2mm 이하의 입자로 된 토양

　㉠ 사토 : 모래가 포함되어 있는 비율이 높아서 모래의 성질이 두드러지게 나타나는 토양

　㉡ 식토 : 점토의 비율이 높아서 점토의 성질이 뚜렷하게 나타나는 토양

　㉢ 양토 : 모래, 미사, 점토 중 어느 성질도 두드러지지 않는 토양

　㉣ 사양토 : 사토와 양토의 중간 성질을 나타내는 토양

　㉤ 식양토 : 양토와 식토의 중간 성질을 나타내는 토양

　※ 점토 함량 순위 : 사토 < 사양토 < 양토 < 식양토 < 식토

③ 자갈 : 입경 2mm 이상의 입자로 된 토양

　㉠ 자갈 토양 : 경작이 힘들고 척박하며 한해를 입기 쉽다. 굵은 자갈을 제거하고 세토와 부식을 보태 주는 것이 좋다.

　㉡ 부식토 : 세토가 부족하고 강한 산성을 나타내기 쉬우므로 산성을 교정하고 점토를 객토해 주는 것이 좋다.

사질, 미사질 및 점토질 토양의 특징(Brady and Weil)

성 질	사질 토양	미사질 토양	점토질 토양
함수율	낮 음	중 간	높 음
배수 조건	빠 름	중 간	느 림
유기물 함량	낮 음	중간 – 높음	높은 – 중간
유기물 분해력	빠 름	중 간	느 림
응집력	낮 음	쉽게 응집됨	쉽게 응집됨
바람에 대한 저항도	쉽게 날아감 (Fine Sand)	매우 쉽게 날아감	거의 날아가지 않음
식물을 지탱하는 능력	거의 지탱하지 못함	중간 정도	잘 지탱함
식물에 영양 공급 정도	별로 도움이 안 됨	좋은 영양 공급원	뛰어난 영양 공급원
산성도의 변화	쉽게 변화함	적절한 변화	거의 변화 없음
오염 물질의 하부 이동도	대부분 여과됨	중간 정도	거의 여과가 안 됨
댐이나 호수의 방벽용	나 쁨	중 간	매우 우수함

④ 토성의 결정 방법 : 촉감에 의한 방법, 기계적 분석법

14. 역질 사양토와 유기질 토양

① 역질 사양토 : 사양토에 20~50% 부피의 자갈이 섞여 있으면 역질 사양토라 한다.

② 유기질 토양 : 거친 토성의 토양이 20% 또는 그 이상의 유기물이 들어 있거나, 고운 토성이 30% 또는 그 이상인 토양은 토양의 성질이 유기물에 의하여 지배된다.

15. 토양의 구조

① 의의 : 토양의 구조란 각 토양 입자가 배열되어 있는 상태를 말한다.

② 토양 구조의 유형

　㉠ 무(無)구조형 : 무(無)구조형은 일정한 형태를 갖추지 않은 입자의 배열 상태이다.

　㉡ 구조형 : 입상 구조, 판상 구조, 괴상 구조, 주상 구조

③ 토양 구조의 형성 : 모재료의 성질과 종류가 기본적으로 중요하며, 그 밖에 토양 생성의 물리적 및 생화학적 작용과 기후 등이 작용한다.

④ 단립 구조
　㉠ 해변의 사구지에서와 같이 비교적 거칠고 큰 입자가 무구조·단일 상태로 집합되어 있는 구조
　㉡ 대공극이 많아 투기·투수는 좋으나, 수분·비료분의 보유력은 약하다.

⑤ 이상 구조
　㉠ 미세한 토양 입자가 무구조·단일 상태로 집합되어 있는 구조
　㉡ 건조하면 각 입자가 서로 결합하여 부정형의 흙덩이를 형성
　㉢ 부식 함량이 적고, 과습한 식질 토양에서 많이 보이며, 소공극이 많아 토양 통기가 불량하다.

⑥ 입단 구조
　㉠ 단일 입자가 집합해서 2차 입자로 되고, 다시 3차·4차 등으로 집합해서 입단(떼알)을 구성하고 있는 구조
　㉡ 입단을 가볍게 누르면 몇 개의 작은 입단으로 부서지고, 이것을 다시 누르면 다시 작은 입단으로 부서진다.
　㉢ 유기물과 석회가 많은 표층토에서 많이 보인다.
　㉣ 대소 공극이 모두 많고, 투기·투수·양수분의 저장 등이 모두 알맞아서 작물 생육에 적당하다.
　㉤ 입단 구조의 형성에 관계되는 요인 : 양이온(토양염기)의 작용, 석회시용, 유기물의 작용, 토양미생물의 작용, 식물뿌리의 작용, 토양개량제의 작용

16. 입단 구조의 파괴에 관계되는 요인 〔중요〕
① 습윤과 건조의 반복
② 동결과 해동의 반복
③ 식물뿌리의 물리적 작용
④ 유기물의 분해
⑤ 강우와 기온의 변동
⑥ 수분이 과소하거나 과다할 때의 경운

17. 토양 공극의 정의
토양 공극은 토양 입자 사이에 공기와 수분이 차 있는 부분이며, 그 전체량은 주로 고체 입자의 배열 상태에 의해 결정된다.

18. 토양의 공극량 〔중요〕
토양의 가비중과는 반비례 관계를 가지므로 사질 토양이나 심부 토양의 경우는 낮은 공극량(30~50%)을, 미사질 또는 점토질 토양은 비교적 높은 공극량(40~60%)을 갖는다.

① 공극률(%) $= 100 \times \left\{ 1 - \dfrac{\text{용적 비중}}{\text{입자 비중}} \right\}$

② 고상률(%) $= \dfrac{\text{용적 비중}}{\text{입자 비중}} \times 100$

19. 토양 온도의 역할
① 식물과 미생물의 활동과 생육
② 토양형을 결정하는 기상 조건
③ 종자의 발아
④ 토양 통기

⑤ 토양 수분의 이동
⑥ 식물 양분의 화학적 형태 변화

20. 토양 온도의 결정 요인
① 토양이 흡수하는 열의 양
② 토양 온도에 어떤 변화를 일으키는 데에 필요한 열 에너지
③ 토양 표면 가까이에 항상 일어나는 변화에 소요되는 에너지

21. 토양의 열수지
① 토양에 의한 열 에너지의 취득과 손실에서 결정하게 된다.
② 토양열의 대부분은 태양의 복사 에너지에서 얻어지는 것이나, 토양 표면에 도달한 태양 에너지는 그 일부분이 대기로 반사되어 되돌아가며 일부분이 토양 표면에 흡수되어 토양열이 된다.
③ 토양에 흡수되는 열량은 토양 구성물의 비열, 열전도도, 표면의 색, 피복물의 상태, 열을 받는 방향과 경사도 등에 따라 달라지며, 그 밖에 지표에서의 물의 증발과 열의 직접적인 방사 등에 따라 달라진다.

22. 비 열
① 토양의 열적 성질을 나타내기 위하여 비열을 사용한다.
② 비열은 물과 토양의 단위량(1g)의 온도를 1℃ 높이는 데 필요한 열량이다.

23. 토양 온도의 변동
① 토양 온도는 1일 중 또는 계절과 위치에 따라 특징 있는 변동을 보인다.
② 변동은 토양 표면에서 가장 크며, 깊을수록 줄어들고 약 3m 이하에서는 거의 일정하다.
③ 토양 온도는 북반구에 있어서 남향이나 동남향의 경사면 토양은 평탄지나 북향면에 비하여 아침에 빨리 더워지며 평균 온도가 높은 것이 보통이다.

24. 토양 색깔
① 토양의 색에 영향을 끼치는 주요한 요인 : 토양 구성 암석 및 광물의 종류, 유기물 함량, 수분 함량 및 배수성
② 토양색의 표시
　㉠ 색상 : 주파장 또는 빛의 색에 해당하는 것으로 숫자 5는 각 색상의 대표적인 것이다(5Y, 5R 등).
　㉡ 명도 : 색상의 선명도로서 순흑을 0, 순백을 10으로 하였으며, 이 값은 특히 부식의 함량과 관련이 깊다.
　㉢ 채도 : 광의 주파장의 상대적인 순도 또는 강도로서 그 값은 백색광의 비율이 줄어듦에 따라 커지게 되며(최고 20) 무채색은 0이 된다.

25. 토양의 필수 원소
① 작물 생육에 필요 불가결한 원소(16원소) : 탄소(C), 산소(O), 수소(H), 질소(N), 인(P), 칼륨(K), 칼슘(Ca), 마그네슘(Mg), 황(S), 철(Fe), 망간(Mn), 구리(Cu), 아연(Zn), 붕소(B), 몰리브덴(Mo), 염소(Cl) 등이다.
② 필수 무기 원소 : 탄소, 산소, 수소를 제외한 13원소를 필수 무기 원소라 한다.

③ 다량 원소(6원소) : 질소, 인, 칼륨, 칼슘, 마그네슘, 황(때로는 탄소, 산소, 수소를 포함한 9원소)

④ 미량 원소(7원소) : 철, 망간, 구리, 아연, 붕소, 몰리브덴, 염소

⑤ 비료 요소 : 토양 중의 자연 함량으로는 부족하여 인공적으로 보급할 필요가 있는 것으로 질소, 인, 칼륨(비료 3요소), 칼슘, 마그네슘, 철, 망간, 붕소, 아연, 규소 등이 이에 해당한다. **중요▶**

※ 비료 4요소 : 질소, 인, 칼륨, 칼슘 **중요▶**

26. 토양 필수 원소의 생리 작용

① 탄소·산소 및 수소 : 식물체의 90~98%를 차지, 엽록소의 구성 원소이며, 광합성에 의한 여러 가지 유기물의 구성 재료

② 질소 : 엽록소·단백질·효소 등의 구성 성분, 결핍되면 황백화 현상이 발생

③ 인 : 세포핵·분열 조직·효소 등의 구성 성분, 광합성, 호흡 작용(에너지 전달), 녹말과 당분의 합성 분해, 질소 동화 등에 관여, 결핍되면 뿌리의 발육이 저해되고(특히 생육 초기), 잎이 암녹색이 되며, 심하면 황화 현상이 나타나고 결실이 저해

④ 칼륨 : 광합성, 탄수화물 및 단백질 형성, 세포 내의 수분 공급, 증산에 의한 수분 상실의 제어 등의 역할을 하며, 여러 가지 효소 반응의 활성제로서 작용한다. 결핍되면 생장점이 말라 죽고, 줄기가 연약해지며, 잎의 끝이나 둘레가 누렇게 변하고 결실이 저해됨

⑤ 칼슘 : 칼슘은 세포막 중간막의 주성분으로 잎에 많이 존재하며 체내 이동 곤란, 단백질의 합성·물질 전류에 관여, 결핍되면 뿌리나 눈의 생장점이 붉게 변하여 죽게 됨

⑥ 마그네슘 : 엽록소의 구성 원소이며 잎에 많음, 체내 이동 용이, 결핍되면 황백화 현상이 일어나고, 줄기나 뿌리의 생장점의 발육 저해

⑦ 황 : 단백질·아미노산·효소 등의 구성 성분, 엽록소의 형성에 관여, 결핍되면 엽록소의 형성이 억제되고, 콩과 작물에서는 뿌리혹박테리아의 질소 고정 능력 저하

⑧ 철 : 호흡 효소의 구성 성분, 엽록소의 형성에 관여, 결핍되면 어린잎부터 황백화 현상

⑨ 망간 : 각종 효소의 활성을 높여서 동화 물질의 합성 분해, 호흡 작용, 광합성 등에 관여, 결핍되면 엽맥에서 먼 부분이 황색화

⑩ 붕소 : 촉매 또는 반응 조절 물질로 작용하여 석회 결핍의 영향을 경감시키는 역할을 하게 되며 결핍되면 분열 조직에 갑자기 괴사를 일으키는 일이 많이 발생

⑪ 아연 : 촉매 또는 반응 조절 물질로 작용, 단백질과 탄수화물의 대사에 관여, 결핍되면 황백화·괴사·조기 낙엽 등을 초래

⑫ 구리 : 광합성·호흡 작용 등에 관여, 엽록소의 생성도 조장, 결핍되면 황백화·괴사·조기 낙엽 등을 초래하며 뿌리의 신장을 저해시킴

⑬ 몰리브덴 : 질산 환원 효소의 구성 성분이며 콩과 작물의 질소 고정에도 필요, 결핍되면 황백화하고 모자이크병에 가까운 증세 발생

⑭ 염소 : 광합성에서 산소 발생을 수반하는 광화학 반응에 망간과 함께 촉매적으로 작용, 사탕무에서 염소가 결핍되면 황백화 현상 발생

27. 토양 유기물의 기능

① 암석의 분해 촉진 : 분해시 여러 가지 산을 생성하여 암석의 분해를 촉진한다.

② 양분의 공급 : 분해되어 질소, 인, 칼륨, 칼슘, 마그네슘, 규소 등의 다량 원소와 망간, 붕소, 구리, 코발트, 아연 등의 미량 원소를 공급한다.

③ 대기 중의 이산화탄소 공급 : 유기물이 분해될 때 방출되는 이산화탄소는 작물 주변 대기 중의 이산화탄소 농도를 높여서 광합성을 조장한다.

④ 생장 촉진 물질의 생성 : 분해되면서 호르몬, 비타민, 핵산 물질 등의 생장 촉진 물질을 생성한다.

⑤ 입단의 형성 : 유기물의 분해시 생성되는 부식콜로이드와 조대 유기물은 토양 입단의 형성을 조장하여 토양의 물리성을 개선한다.

⑥ 보수·보비력의 증대 : 부식콜로이드는 양분을 흡착하는 힘이 강하여 입단과 부식콜로이드의 작용에 의해서 토양의 통기·보수력·보비력이 증대된다.

⑦ 완충능의 증대 : 부식콜로이드는 토양 반응을 급히 변동시키지 않는 토양의 완충능을 증대시키고, 알루미늄의 독성을 중화하는 작용을 하기도 한다.

⑧ 미생물의 번식 조장 : 미생물의 영양원이 되어 유용 미생물의 번식을 조장한다.

⑨ 지온의 상승 : 토양의 색을 검게 하여 지온을 상승시킨다.

⑩ 토양 보호 : 유기물을 피복하면 토양 침식이 방지되고, 또 유기물 사용으로 토양 입단이 형성되면 빗물의 지하 침투를 좋게 하여 토양 침식이 경감된다.

28. 토양의 비료 성분 흡수

① 뿌리의 흡수 기구 : 이온의 확산 작용(소극적 흡수), 이온의 교환 작용, 염류의 집적 작용

② 양분의 이동 : 뿌리에서의 무기 양분의 이동, 무기 양분의 재이동, 동화 산물의 이동

③ 엽면 흡수

　㉠ 엽면 살포의 이용 효과 : 엽면 살포를 이용하는 경우는 Zn, Mn, Cu 등의 염류와 같이 토양 중에서 이용될 수 없는 형태로 변하기 쉬운 무기 양분의 엽면 살포가 효과적이다.

　㉡ 미량 원소의 엽면 살포 : 살포액 중의 미량 원소는 작물체 내로 쉽게 이동하여 토양에 시비한 효과보다 적은 양을 살포함으로써 빠른 효과를 거둘 수 있다.

　㉢ 다량 원소의 엽면 살포 : 다량 원소는 작물이 요구하는 양이 크기 때문에 엽면 살포를 함으로써 약해를 받기 쉬우므로 적당한 농도로 여러 번 살포해야 한다.

29. 점토 광물

① 점토 광물의 특성 : 점토 광물은 암석의 풍화 산물이 일정한 환경 조건하에 토양 생성 작용을 받는 과정에서 재합성된 광물(2차 광물)을 말한다.

② 점토 광물의 분류 : 1 : 1 격자형 광물(2층형), 2 : 1 격자형 광물(3층형), 2 : 1 격자형 – 팽창 격자형(2 : 2형 혼합 격자형), 비팽창형 격자형

③ 점토 광물의 생성 : 풍화 작용에 의한 점토 광물의 생성, 재결정화에 의한 점토 광물의 생성

30. 주요 점토 광물의 특성 중요

토양목	특 징
카올리나이트 (Kaolinite)	규산판과 알루미늄판이 산소 원자를 공유하는 1:1의 구조를 가지며 각 층은 실리카층의 산소 원자와 알루미나층의 수산기가 수소 결합으로 이루어져 있다.
몬모릴로나이트 (Montmorillonite)	2:1형의 대표적인 점토 광물로서 8면체에 있는 Al의 1/6 정도가 Mg과 동형 치환되어 형성된 음전하는 단위층 간의 교환성 양이온에 의해 중화되어 있다.
일라이트(Illite)	주로 백운모와 흑운모로부터 생성되며 4개의 Si 중에서 한 개가 Al으로 치환되며, 실리카층 사이의 K 이온에 의해 전하의 평형이 이루어진다.
버미큘라이트 (Vermiculite)	기본 단위층은 일라이트와 유사하지만 일라이트의 층간을 결합하고 있는 K 이온의 전부 또는 대부분이 빠져나간 것이 다른 점이다.
클로라이트 (Chlorite)	실리카층, 알루미나층, 2번째 실리카층 그리고 다른 알루미나 혹은 브루사이트(Brucite)층으로 구성되어 있다.

31. 토양 교질과 염기 치환

① 토양 교질물의 특성
　㉠ 교질 입자의 크기는 대체로 입경이 $0.1\mu m$ 이하이다.
　㉡ 토양 교질물에는 무기 교질물과 유기 교질물이 있다.
　㉢ 교질물은 미세 입자이기 때문에 표면적이 크고, 그 표면의 성질이 특이하여 토양의 이화학적 성질을 지배하는 데 중요한 역할을 하고 있다.
　㉣ 유기 교질과 무기 교질은 각기 독립적인 작용을 하거나 서로 결합하여 작용한다.

② 양이온 치환 용량의 의의 : 작물의 생육에 필요한 유효 영양 성분인 K^+, NH_4^+, Ca^{2+}, Mg^{2+} 등의 보유량은 양이온 치환 용량이 크면 클수록 많으므로 비옥한 토양일수록 양이온 치환 용량이 크다고 할 수 있다. 중요

③ 주요 양이온의 이액 순위 : $H^+ \geq Ca^{2+} > Mg^{2+} > NH_4^+ > Na^+ > Li^+$

32. 염기 포화도와 음이온 치환

① 염기 포화도(V) : 양이온 치환 용량(T)에 대한 치환성 염기 이온(S), 즉 Ca^{2+}, Mg^{2+}, K^+, Na^+ 등의 비율(%)을 염기 포화도라고 한다.

$$V = \frac{S}{T} \times 100$$

② 음이온 치환 용량(AEC) : 일정량의 토양 또는 교질물이 가지고 있는 치환성 음이온의 총량을 밀리그램 당량으로 표시한 것이다.

33. 토양 반응

① 토양 반응
　㉠ 토양 반응의 개념 : 토양의 수용액이 나타내는 산성, 중성 또는 알칼리성을 말한다.
　㉡ 토양 반응의 표시법 : 토양 반응은 토양 용액 중의 수소 이온 농도 pH로 나타낸다. pH는 순수한 물 1L에 녹아 있는 수소 이온의 역수의 대수이다.
　㉢ 대부분의 작물은 pH 6.0~7.0인 중성 내지 약산성에서 잘 자란다.

② 산성 토양에 대한 작물의 적응성 : 감자·담배 등은 비교적 산성에 강하지만, 보리·밀 등은 산성에 매우 약하다.

③ 토양 산성화의 영향
　㉠ 토양이 산성화되면 수소 이온이 직접 해를 끼치기도 하지만 알루미늄·망간 등이 많이 녹아 나와 독성을 일으키고, 칼슘·마그네슘·붕소 등의 양분이 부족해지기 쉽다.
　㉡ 미생물의 활동이 감소하므로 유기물의 분해가 느려져서, 질소나 황 등 양분의 공급이 감소하고, 떼알 형성이 잘 되지 않으므로 토양의 물리적 성질이 나빠진다.

④ 산성 토양의 개량과 재배 대책
　㉠ 산성 토양에는 석회와 유기물을 넉넉히 주어서 작물의 생육에 알맞은 pH로 개량하여야 한다.
　㉡ 석회를 지나치게 많이 주면 pH가 너무 높아져 새로운 해가 나타날 수 있다.
　㉢ 같은 양의 pH를 높이는 데 필요한 석회의 사용량은 토양에 따라서 다른데, 점토 함량이나 유기물 함량이 높은 땅은 더 많은 석회를 사용하여야 한다.
　㉣ 산성 토양에는 산성에 강한 작물을 심는 것이 안전하고, 산성 비료의 시용을 피하는 것이 좋다.

34. 산성 토양

① 산성 토양의 의미 : 토양이 산성으로 되면 토양 구조와 아울러 물 및 공기의 수급과 토양 생물의 생활 환경, 각종 양분의 유효성, 질산화 작용, 유해하게 작용하는 Al 이온이 나타난다.

② 토양 산성화의 과정 및 원인
　㉠ 무기산(HNO_3, H_3PO_4, H_2SO_4) 등의 해리로 H^+ 방출
　㉡ 토양 수분은 공기의 CO_2와 평형 상태에 있게 되며 물에 녹아 탄산이 되고 해리하여 H^+ 이온을 방출
　㉢ 유기물이 분해될 때 생기는 유기산이 해리되어 H^+ 방출
　㉣ 식물의 뿌리에서 양분을 흡수하기 위해 H^+ 방출
　㉤ 산성 비료, 인분 등으로 인한 토양의 산성화
　㉥ 염기가 용탈되거나 유실되어 산성화 진행

35. 토양 산성의 종류 및 개량

① 토양 산성의 종류
　㉠ 활산성 : 토양 용액에 들어 있는 수소 이온에 의한 산성
　㉡ 잠산성(또는 치환 산성) : 교질물에 흡착된 수소 이온과 알루미늄 이온에 의하여 나타나는 산성

② 산성 토양의 개량
　㉠ 석회질 비료 시용 : 산성 토양을 개량하기 위해서는 먼저 석회질 비료 등의 알칼리성 물질을 공급하여 토양의 반응을 교정한다.
　㉡ 유기물 시용 : 부식의 증대, 완충능의 증대와 토양의 물리 화학적 성질, 미생물의 성질 개선 효과가 있다.
　㉢ 근류균 첨가 : 근류균을 순수 배양하여 종자와 섞거나 배양균을 종자에 침지하거나 모래나 부식토와 섞어 토양에 뿌려준다.

36. 알칼리 토양

① 염류 토양 : 대부분 염화물, 황산염 때로는 질산염 등의 가용성 염류가 비교적 많다. 토양의 pH는 대개 8.5 이하이고 교환성 Na의 비율은 15% 이하이다.

② 나트륨성 알칼리 토양 : 염류 토양보다 가용성 염류의 농도는 높지 않으나 교환성 Na의 비율은 15%를 넘으며 pH는 8.5와 10 사이이다.

③ 염류나트륨성 알칼리 토양 : 가용성 염류의 농도가 높으며, 교환
성 나트륨이 15%를 넘는다.

37. 산화 환원 전위

① 산화 환원 반응 : 산소와 수소와의 결합 또는 분리에 의해 정의되
거나, 전자의 이동에 의해 정의된다. 산화는 산소와 결합하거나
수소나 전자를 내어주는 경우이며, 환원은 그 반대 현상이다.

② 산화 환원 전위 : 가역적인 반응계에서 형성되며 활성인 산화물
과 환원물의 농도비로써 결정된다.

38. 토양 세균

① 자급 영양 세균(Autotrophic Bacteria) : 질산화성 세균류, 황세
균류, 철세균

② 타급 영양 세균(Heterotrophic Bacteria) : 질소 고정 세균류,
암모니아 생성에 관여하는 세균

③ 토양 생물의 수와 작물 생육과의 관계 : 암석의 풍화 작용, 비질
소 화합물의 대사, 작물 생장 촉진 물질의 분비, 미생물 간의 길
항 작용, 작물과 미생물 간의 양분 경합, 작물 병해 유발

39. 토양 생물의 분류

		소형 포유류	다람쥐, 땅쥐, 들쥐 등
토양 동물상	육안적인 것	식물질 이용	곤충	개미, 딱정벌레, 굼벵이, 유충 등
			지렁이	
			기타 동물	노래기, 쥐며느리, 달팽이 등
		동물질 이용	두더지, 곤충류, 지네, 거미 등
	현미경적인 것	식육성	선충류, 원생 동물, 윤충류 등
		기생성	
토양 식물상	고등 식물의 뿌리		
	조 류	녹조류, 염녹조류, 규조류 등	
	균 류	사상균, 효모, 방사균류 등	
	세균류	호기성, 혐기성, 자양성, 타양성 등	

40. 토양 미생물의 종류 중요

① 사상균 : 호기성이며, 산성·중성·알칼리성의 어떠한 반응에서
도 잘 생육하지만, 특히 세균이나 방사상균이 생육하지 못하는
산성에서도 잘 생육한다.

② 방사상균 : 산성을 좋아하지 않고 그 활동력은 활성석회의 양에
따라 다르며, 알맞은 pH는 6.0~7.5이고, pH 5.0 이하에서는 그
생육이 크게 떨어진다.

③ 세균 : 통기성이 좋은 상태에서 잘 생육하는 호기성 세균과 그렇
지 않은 혐기성 세균으로 나눌 수 있다.

④ 조류 : 토양 중에서 유기물의 생성, 질소의 고정, 양분의 동화,
산소의 공급, 질소균과의 공생 작용을 한다.

41. 토양 미생물의 작용

① 토양 미생물의 유익 작용 : 탄소 순환, 암모니아화성 작용, 질산
화성 작용, 유기질소의 고정, 가용성 무기성분의 동화, 미생물에
의한 무기성분의 변화, 미생물 간의 길항 작용, 토지 구조의 입단
화, 생장 촉진물질

② 토양 미생물의 유해 작용 : 병해·선충해 유발, 질산염의 환원과
탈질 작용, 황산염의 환원, 환원성 유해물질의 생성·집적, 무기
성분의 형태 변화, 작물과 미생물 간의 양분 쟁탈

42. 수 식

① 침식의 유형 : 막상 침식, 세류상 침식, 구상 침식

② 우량과 우식
  ㉠ 우량 : 건조 지방에서 점판암이 표면에 오랜 시간에 걸쳐 빗
    방울이 떨어지면서 생기는 자국
  ㉡ 우식 : 경사지의 표층 토양은 빗물에 의해 씻겨 비교적 엉성
    한 모래와 자갈만이 남게 된다.

③ 수식의 종류 : 우적 침식, 비옥도 침식(표면 침식), 우곡 침식,
계곡 침식, 평면 침식, 유수 침식

43. 풍 식

① 풍식 지대 : 풍식은 건조 또는 반건조 지방의 평원에서 일어나기
쉽지만, 온대 습윤 기후하에서도 일어나는 경우가 있다.

② 풍속과 운반되는 토립의 크기

풍속(m/sec)	바람의 세기	토립의 크기(mm)
4.5~6.7	약 풍	0.25
6.7~9.8	미 풍	0.50
9.8~11.4	강 풍	1.00
11.4~13.0	폭 풍	1.50

44. 토양 침식에 영향을 미치는 요인 중요

① 수식에 관여하는 인자 : 지형(경사도와 경사장), 기상 조건(강우
속도와 강우량), 토양의 성질, 식물 생육(토양 표면의 피복 상
태) 등

② 풍식에 관여하는 인자 : 풍속, 토양의 성질, 토양 표면의 피복
상태, 인위적 작용 등

45. 토양 침식의 방지 대책

① 수식 대책 : 수식의 기본적인 대책은 삼림 조성과 자연 초지의
개량이며, 경사지·구릉지 토양에 있어서는 유거수 속도 조절을
위한 경작법이 실시되어야 한다.

② 풍식 대책 : 풍식을 방지하려면 풍세를 약화시키고, 토양의 나지
화를 방지하며, 토양 상태를 잘 고려해야 한다.

46. 토양 오염

① 토양 오염의 정의 : 인간의 활동에 의하여 만들어지는 여러 가지
물질이 토양에 들어감으로써 그 성분이 변화되어 환경 구성 요소
로서의 토양이 그 기능에 악영향을 미치는 것

② 토양 오염의 원인 물질 : 유기물, 무기 염류, 중금속류, 합성 화
합물 등

③ 오염 경로 : 비료 과다 사용에 의한 염류 집적, 유류, 유독 물질,
광산 폐기물, 대기 및 수질 오염 물질, 폐기물(쓰레기)에 의한
토양 오염

47. 산업에 의한 토양 오염

① 광산 폐수(금속 광산 폐수, 석탄 광산 폐수)

② 금속 공장 및 공단 폐수

③ 도시 하수

④ 제련소의 분진

⑤ 고속 및 산업 도로

⑥ 폐기물

48. 중금속에 의한 오염

① 비소(As) : As 화합물은 광산의 배수, 물감의 색소, 작물이나 피혁 공장의 폐수, 가구의 선정제 등에 함유되어 있어 이들이 관개수 중에 함유되면 토양이 오염된다.

② 카드뮴(Cd) : 오염되지 않은 토양 중의 Cd 함량은 1ppm 이하로 그 대부분은 불용성이다. 아연광의 채광과 그 제련 과정에서 배출되는 폐수나 분진 등에 의하여 토양을 오염시킨다.

③ 크롬(Cr) : 금속 크롬과 크롬산은 부식 방지제로 널리 사용되고 있으며, 내구성을 증대시키기 위한 크롬 도금 또는 잉크나 염료 및 피혁 공장 등에서 사용되고 있어 관개수로서 토양을 오염시킨다.

④ 구리(Cu) : 토양 중에 Cu가 다량 함유되어 있으면 Fe의 결핍을 초래하고, Zn과도 길항적으로 작용한다.

⑤ 수은(Hg) : 토양 중 Hg의 자연 함량은 약 60ppb이며, 미나마타 (Minamata)병의 원인 물질로 인체에 대한 유독성이 알려졌다.

⑥ 니켈(Ni) : Ni의 농도가 높은 토양은 인산을 시용함으로써 독성을 감소시킬 수 있다.

⑦ 납(Pb) : 토양에 쌓인 Pb은 비교적 불용성의 화합물이며, 토양이 산성화됨으로써 가용성으로 된다.

⑧ 아연(Zn) : 제련 공장이나 공업 단지로부터 배출되는 폐기물이나 건물에 사용된 Zn이 산성비에 의해 부식됨으로써 빗물로 인해 토양이 오염되기도 한다.

49. 농약에 의한 오염 분류

① 사용 목적 및 작용 특성에 따른 분류 : 살균제, 살충제, 제초제, 살응애제, 살선충제, 식물 생장조절제

② 주성분 조성에 따른 분류 : 유기인계 농약, 카바메이트계 농약, 유기염소계 농약, 유황계 농약, 요소계 농약, 페녹시계 농약

③ 독성에 따른 분류
　㉠ 포유 동물에 대한 독성 : 맹독성, 고독성, 보통 독성
　㉡ 어독성 : Ⅰ급, Ⅱ급, Ⅲ급

50. 농약에 의한 환경 오염 방지 대책

① 환경 오염 저감 대책 : 농약의 잔류 허용 기준 및 농약 안전사용 기준 준수, 방제 목적에 적합한 약제의 선택 등

② 농약 중독 예방 대책 : 농약 안전 사용 장비의 공급 확대, 저독성 및 생물 농약의 개발, 농약 안전 사용 준수 지도 및 교육·홍보 강화, 농약 중독시 응급 처치 방법 계도 철저히 등

51. 방사성 물질에 의한 오염

① 방사선의 의의 : 보통은 원자핵이 붕괴할 때 방출되는 α선, β선, γ선을 말하나 이외에 X선이라든가 더 넓은 의미로는 원자핵에 관한 여러 가지 반응에 의해서 생기는 입자선이나 전자파도 포함하여 지칭한다.

② 방사선의 종류 : 방사성 원소에서 나오는 방사선의 종류에는 알파(α)선, 베타(β)선, 감마(γ)선 등의 세 가지가 있다.

③ 방사선의 영향 : 대량의 방사선을 받으면 탈모와 같은 급성 방사선 장해가 일어나고, 심한 경우에는 사망하게 된다.

④ 방사성 폐기물 : 방사성 폐기물 처리는 원자력 시설에서 발생되는 각종 형태의 방사성 물질을 물리적 또는 화학적인 처리계통을 거쳐 처리하기에 적합하도록 만든 것을 의미한다.

52. 논·밭토양의 일반적인 특징

① 논토양의 특징
　㉠ 우리나라 논토양의 토양 생성 모암은 산성암인 화강암류가 70%를 차지하고 있어 산성 토양이 많다.
　㉡ 기후는 온난 습윤하여 토양 중에서 유기물의 분해는 촉진되는 반면 집적량은 적어서 유기물 함량이 낮은 척박한 토양이 대부분이다.

② 밭토양의 일반적 특성 : 관개수에 의한 양분의 천연 공급이 없고, 오히려 빗물에 의한 양분 유실이 심하다.

53. 논·밭토양의 차이 (중요)

① 밭은 특히 논에 비하여 그 위치적으로 보아 물이나 바람에 의한 침식의 위험이 있고 관개의 기회가 거의 없기 때문에 작물 양분의 천연 공급량도 논에 비하여 거의 없다.

② 벼는 연작에 의한 장해가 없지만, 밭작물은 여러 가지 원인에 의하여 연작 장해가 나타나는 것이 보통이다.

54. 논토양의 지력 증진 방안 (중요)

① 심경(깊이갈이) : 심경을 하면 갈이흙층의 확대로 양분의 보존량이 증대되어 뿌리의 분포 범위가 넓어지고 양분 흡수량이 많아지며, 토양의 물리적 지지력이 커져 도복에 대한 저항성이 커진다.

② 객토 : 객토를 하면 갈이흙의 성질이 개량되어 물빠짐이 좋게 되고, 양분 보존력이 커짐에 따라 갈이흙의 양분 유실이 적게 된다.

③ 유기물 시용 : 토양 유기물은 분해되어 작물에 양분을 공급하고 갈이흙의 낱알 조직을 떼알 조직으로 개선하여 물리적 성질을 좋게 하며 양분 보존력을 증가시키고, 토양을 갈색 또는 암갈색으로 물들이므로 지온이 높아져 토양 미생물의 활동이 증가된다.

④ 규산질 비료의 시용 : 벼가 규산을 많이 흡수하게 되면 생육이 왕성하고 등숙이 좋아져서 안전한 수량을 얻게 되며 벼잎의 표피로 규산이 이동하여 표피가 튼튼해진다.

⑤ 아연 시용 : 벼는 이앙한 후 기온이 상승하면서 토양이 환원되고 산도가 올라가는 6월 중하순에 아연 결핍 증상이 일어난다. 이러한 토양에는 황산아연을 10a당 3~5kg을 시용하면 효과가 크다.

⑥ 석고 시용 : 간척 초기 산도가 높은 염해논의 제염 및 개량을 위하여 소석회를 시용하게 되면 산도가 너무 올라가기 때문에 소석회 대신 석고를 시용하는 것이 더 효과적이다.

55. 담수에 의한 토양 상태의 변화

① 기체 교환 : 토양에 담수하면 토양과 대기 간의 정상적인 기체 교환 과정이 깨어진다. 즉, 토양 중의 산소 함량이 급격히 감소되어 6~10시간 후에는 산소 함량 수준이 거의 0에 가까워진다.

② 산화층 : 일반적으로 작토의 표면과 물이 접하는 부분의 표층 수mm~1cm 정도까지는 비교적 산소 함량이 많다.

③ 환원층 : 혐기성 미생물의 호흡 작용이 우세하여 미생물학적 환원 작용의 결과로 생긴 화학 성분 이온이나 혐기적 호흡 생성물이 집적된다.

④ 토양의 색 : 환원된 화학 물질 때문에 토양은 암회색으로 되어 회갈색인 산화층과 구별된다.

⑤ 토층 분화 : 작토층이 산화층과 환원층으로 나뉘는 현상이다.

⑥ 담수에 의한 미생물의 변화 : 담수하면 대기 중에서 토양으로의 기체 공급이 잘 되지 않을 뿐만 아니라 토양 중의 공기도 배제된다.

56. 탈질 현상 중요

논토양의 환원층에 존재하는 무기태 질소의 주요 형태는 암모늄태이나, 논토양의 표층은 물에 의하여 산소가 공급되기 때문에 산화층을 형성하며 여기에서 암모늄태는 질산태로 산화된다. 산화된 질산태 질소는 환원층으로 용탈되고, 여기서 질산환원균에 의하여 기체인 아산화 질소(N$_2$O) 또는 질소가스(N$_2$)로 되어 대기 중으로 방출되는데 이를 탈질현상이라고 한다. 또한 배수가 잘 되는 밭토양은 산화조건에 있기 때문에 토양유기물이나 토양에 가해준 퇴·구비의 분해와 시비에 의한 암모늄 이온은 질산화 작용에 의하여 질산태 질소로 산화된다. 암모늄태 질소와 질산태 질소는 모두 식물이 토양으로부터 흡수·이용이 가능한데, 암모늄 이온은 (+)전하를 가지고 있으나 질산태 질소는 (−)전하를 가지고 있고 토양콜로이드는 주로 (−)전하를 띠고 있어, 암모늄태 질소와는 달리 질산태 이온은 토양콜로이드에 흡착되지 못하고 밑으로 용탈되기 쉽다. 특히 미숙한 퇴·구비를 다량사용한 밭토양에서는 다량의 질산이 생성되어 질산이온으로 용탈되기 때문에 지하수를 오염시킬 가능성이 있다.

57. 노후답의 개량과 재배 대책

① 노후답의 개량
   ㉠ 객토 : 산의 붉은 흙, 못의 밑바닥 흙, 바닷가의 질흙 등으로 객토한다.
   ㉡ 심경 : 심토층까지 심경하여 침전된 철분 등을 다시 작토층으로 되돌린다.
   ㉢ 함철자재의 시용 : 함철자재로서 갈철광의 분말, 비철토, 퇴비철 등을 시용한다.
   ㉣ 규산질비료의 시용 : 규산석회·규석회 등은 규산과 석회뿐만 아니라 철·망간·마그네슘도 함유하고 있으므로 10a당 100~200kg을 시용한다.

② 노후답의 재배 대책
   ㉠ 저항성 품종의 선택 : 황화수소에 저항성이 강한 품종을 선택한다.
   ㉡ 조기 재배 : 보통의 재배시기보다 앞당겨 재배하여 출수기와 성숙기가 빨라지도록 하면 추락현상을 줄일 수 있다.
   ㉢ 무황산근 비료의 시용 : 황화수소의 발생원이 되는 황산근을 가진 비료의 시용을 피한다.
   ㉣ 웃거름 중점의 시비 : 웃거름 강화, 완효성 비료의 시용, 입상 및 고형 비료의 시용 등
   ㉤ 엽면 시비 : 후기 영양의 결핍 상태가 보일 경우 엽면 시비를 한다.

58. 담수에 의한 물리 화학적 변화

① 수소 이온 농도 : 대부분 토양의 pH값은 담수 후에는 모두 중성으로 변화되는 경향이 있으며, 일반적으로 담수 토양의 평형 pH값은 6.5~7.5이다.

② 식물 양분이나 독성 물질의 농도 : 강산성 토양에서 작물을 재배하면 알루미늄과 망간의 농도가 높기 때문에 실패하게 되는데, 담수 토양에서는 pH가 높아지므로 담수 후 수 주일이면 알루미늄의 독작용이 없어진다.

③ 화학적 평형과 흡착 및 방출 : 토양 중에 존재하는 광물질 인산은 산성 토양에서는 주로 알루미늄과 철과의 화합물로 되어 있고, 알칼리성 토양에서는 주로 칼슘과의 화합물로 되어 있으며, 점토 광물이나 Al$_2$O$_3$ 및 Fe$_2$O$_3$의 표면에도 흡착되어 있다.

59. 토양의 비옥도

① 다수확 : 낮은 수량에 대하여 높은 수량을 고위 수량이라 하고, 재배법이나 기후 조건, 기타 여건에 상관없이 한 논이 다른 논보다 항상 고위수량이라면 고위 생산답이라 부른다.

② 다수확답 : 특별한 재배 기술을 가하지 않더라도 매년 벼가 잘 되고 잘 여물어서 쉽게 높은 수량을 거둘 수 있는 논이다.

60. 논토양 종류별 개량

① 보통논 : 특별한 결함이 없어서 일반적인 재배법으로 일정 수준 이상의 수량을 얻을 수 있는 논이다.

② 모래논 : 모래가 많은 논으로 물빠짐이 심하여 수온·지온이 낮고 가뭄을 입기 쉬우며 양분의 함량과 보존력이 적어서 흙이 척박하다.

③ 미숙논 : 새로 만들어 이용 기간이 짧은 논으로 토양 유기물 함량이 적고, 물이 담긴 상태에서도 토양 중 양분의 유효화가 크지 못하다.

④ 습답 : 물 빠짐이 나쁘고 지하 수위가 높아 항상 물에 담긴 상태로 있는 논으로서, 산소 부족으로 벼 뿌리의 발달이 좋지 못하고 땅심이 약하다.

⑤ 염해논 : 바닷물의 영향을 받아 염분이 많은 논으로서 많은 염분 때문에 벼의 생육이 나쁘다.

⑥ 특이 산성논 : 양분 흡수 저해 물질이 많이 생성되므로 소석회나 규산을 충분히 시용하고 칼륨질 비료를 표층인 산화층에 여러 번 나누어 시용하면 효과적이지만 근본적으로는 배수 시설을 하여 표층 내의 황의 함량을 낮추는 것이 중요하다.

61. 시설 원예지의 토양

① 특징 : 토양 생성 작용의 인자로 볼 때 인위적인 영향을 많이 받아 독특한 토양 단면을 형성하고 특이한 이화학적·미생물학적 성질을 갖게 된다.

② 시설 원예지 토양의 화학성 : 소수 작물이 연작되므로 특수 성분의 결핍이 초래되고, 집약화의 경향에 따라 요구도가 큰 특정 비료의 편중된 시용으로 염화물, 황화물 등 Ca, Mg, Na 등의 염기가 부성분으로 토양에 집적된다.

③ 시설 원예지 토양의 물리성 : 염류의 과잉 집적은 토양 입단의 파괴에 의한 토양 구조가 악화된다.

④ 시설 원예지 토양의 미생물학적 특성 : 소수 작물만 연작하므로 그 작물에 적응성이 높은 특수 병원균과 토양 선충이 번성하기 쉽다.

62. 재배 시설의 토양 관리

① 담수 세척 : 염류 집적 토양은 답전 윤환으로 여름철 담수하여 과잉 염류의 배제를 촉진하고 연작의 피해를 경감한다.

② 객토 또는 환토
   ㉠ 시설 원예 토양은 점토 함량이 적고 미사와 모래 함량이 많은 사질토로서 토양의 염기 치환 용량(BEC)이 낮으므로 CEC가 높은 양질의 산적토 등을 객토한다.
   ㉡ 염류가 과잉 집적된 온실 토양은 작물 생육이 좋은 생육토로 환토(換土)한다.

③ 비종 선택과 시비량의 적정화 : 시설 원예지 토양에서는 비종의 선택을 잘 하고 적정 시비하는 것도 염류 과잉 집적 방지의 좋은 방법이다.

④ 퇴비·구비(쇠두엄)·녹비(풋거름) 등 유기물의 적정 시용
⑤ 미량 요소의 보급
⑥ 윤작 : 지력 저하를 방지하고 작물 안전 증수를 기해야 한다.

63. 개간지·간척지 토양과 작물 생육 관리

① 개간지 토양과 작물 생육
　㉠ 개간지 토양의 특성 : 토양 구조가 불량하며, 인산 등 비료 성분도 적어서 토양의 비옥도가 낮다.
　㉡ 개간지 토양의 개량 방법 : 토양적인 면에서 보면 개간 초기에는 밭벼, 고구마, 메밀, 호밀, 조, 고추, 참깨 등을 재배하는 것이 유리하다.

② 간척지 토양과 작물 생육 〔중요〕
　㉠ 간척지 토양의 특성 : 염분의 해작용, 황화물의 해작용, 토양 물리성의 불량
　㉡ 간척지 토양의 개량 방법
　　• 관배수 시설로 염분·황산 제거 및 이상 환원 상태의 발달을 방지한다.
　　• 석회를 시용하여 산성을 중화하고, 염분의 용탈을 쉽게 한다.
　　• 석고·토양 개량제·생짚 등을 사용하여 토양의 물리성을 개량한다.

64. 토양 중 양분의 형태 변화

① 점토 광물의 구조와 NH_4^+·K^+·PO_4^{3-}의 고정
　㉠ 점토 광물의 구조 : 결정 격자형 점토, 비정질 점토
　㉡ NH_4^+과 K^+ 이온의 고정
　　• 규산판 내부 공극에 암모늄 이온과 칼륨 이온의 고정은 이상의 두 점토 광물이 팽창 격자형 광물이기 때문에 건습이 반복되는 과정에서 고정이 잘 일어난다.
　　• 1 : 1 격자형 점토인 카올리나이트(Kaolinite) 계통의 점토도 NH_4^+, K^+의 고정은 일어나지 않는다.
　　• 2 : 1 격자형 점토인 일라이트(Illite)는 결정 단위와 결정 단위 사이의 공간에 K^+ 이온을 다량 함유하므로 극성 용매인 H_2O이 침입하지 못하므로 NH_4^+이나 K^+의 고정은 일어나지 않는다.
　㉢ PO_4^{3-}의 고정 : Kaolinite계(Silica 1 : Alumina 1)의 점토 광물은 외부의 OH^-기가 토양 용액의 환경 변화(pH 변화)에 따라 이액 순위가 큰 PO_4^{3-} 같은 음이온과 직접 치환 고정되거나, Ca^{2+} 이온을 중간 교량으로 하여 고정된다.

② 점토 광물의 음전하 생성과 양이온 흡착 : 동형 치환, 변두리 전하, 잠시적 전하(pH 의존 전하)

③ 부식의 음전하 생성과 양이온 흡착 : 부식은 유기물 분해 잔사로 양성적 성질을 가지나 일반적으로 그 표면에 카르복실기(−COOH), 페놀성 수산기 등이 노출되어 양이온을 흡착한다.

④ 교질 입자의 음이온 흡착 : 교질 입자 표면은 음이온의 흡착 위치도 부분적으로 가지게 되는데 여기에 SiO_4^{4-}, PO_4^{3-}, NO_3^-, Cl^-, SO_4^- 등이 흡착된다.

⑤ 교질 입자의 음·양이온 치환 용량과 보비력 : 토양 또는 교질물 100g이 보유하는 양하전량(mg) 당량 또는 음하전량(me/100g), 즉 CEC와 AEC는 부식·점토 광물의 종류와 함량에 따라 다르다.

⑥ 주요 무기 양분의 이액 순위와 유실 : 용액 중 유리 양이온의 농도가 일정할 때 이액 순위는 $H^+ > Ca^{2+} > Mg^{2+} > K^+ \geq NH_4^+ > Na^+ > Li^+$의 순서이고, 음이온의 이액 순위는 $SiO_4^{4-} > PO_4^{3-} > SO_4^{2-} > NO_3^- > Cl^-$의 순서이다.

03　유기농업 일반

1. 유기농업의 기본 목적

① 가능한 한 폐쇄적인 농업시스템 속에서 적당한 것을 취하고, 지역 내 자원에 의존하는 것
② 장기적으로 토양 비옥도를 유지하는 것
③ 현대 농업기술이 가져온 심각한 오염을 회피하는 것
④ 영양가 높은 음식을 충분히 생산하는 것
⑤ 농업에 화석연료의 사용을 최소화하는 것
⑥ 전체 가축에 대하여 그 심리적 필요성과 윤리적 원칙에 적합한 사양조건을 만들어 주는 것
⑦ 농업 생산자에 대해서 정당한 보수를 받을 수 있도록 하는 것과 더불어 일에 대해 만족감을 느낄 수 있도록 하는 것
⑧ 전체적으로 자연환경과의 관계에서 공생·보호적인 자세를 견지하는 것

2. 농작물 생산자가 취해야 할 구체적인 영농 기준 〔중요〕

① 작물과 품종의 선택 : 병해충 저항성이 있으면서 유기농업 인증 농가에서 채종된 것
② 윤작 실시 : 화학 비료 대신 경제적인 수확이 가능하도록 녹비 작물, 두과 작물 및 심근성 작물의 윤작 실시
③ 시비 관리 : 토양의 잠재적 생산력과 생물학적 활동력을 유지·향상시킬 목적으로 시비되어야 하며, 장기적으로 토양 중 부식 함량을 높여야 하고, 사용 질소는 유기질 비료이어야 하므로 가축분 활용을 위해 자급할 만큼의 가축 두수 확보
④ 병해충 관리 : 농약 사용을 금하고 천적 보호와 번식을 추진하며 생물학적 해충 관리(일부 식물성 조절제 및 식물즙액의 사용은 허용)
⑤ 잡초 관리 : 윤작, 경운 등 경종적 방법이 근간이 되어야 하고 화학제초제 사용은 금함

3. 유기농업의 종류

① 생명 과학 기술형 유기농업 : 합성 화학 물질인 농약, 화학 비료, 제초제, 가축 사료 첨가제 등을 최소한으로 사용하여 동식물성 유기물을 토양에 환원시킴으로써 지력을 유지·증진·회복시키는 농법
② 환경 친화적 유기농법 : 자연 생태계의 물질 순환 체계의 균형을 유지시키며 인간과 자연 속의 생물이 공생·공존하도록 하는 자연 농법
③ 자연 농업 : 무경운, 무비료, 무제초, 무농약 등 4대 원칙에 입각한 유기농업으로, 자연 환경을 파괴하지 않고 자연 생태계를 보전·발전시키면서 안전한 먹거리를 생산하는 방법
④ 경제형 유기농법 : 유기농업을 사용하여 농업 생산력을 지속·발전시켜 먹거리 생산을 장기적으로 안정시켜 농가 경제의 안정과 수익을 보장하는 농법

⑤ 철학형 유기농법 : 도시인의 소비 활동과 그 소비되어지는 농작물을 생산하는 농업인, 즉 소비자와 생산자 간의 유기적인 관계를 튼튼하게 하는 풍요로운 복지 사회를 만드는 농법

4. 국제식품규격위원회(Codex Alimentarius Commission)

코덱스란 WHO(세계보건기구)와 FAO(세계식량농업기구)에 의해 1962년 설립된 기구로서 자유 무역 추진과 소비자 건강 보호를 목적으로 하며, 현재 한국, 일본, 유럽, 미국 등 160여 개국이 가맹되어 있다. WTO(1995년 설립)에서는 식품에 관한 무역 표준으로서 코덱스 규격을 사용하도록 하였다.

5. 국제유기농업운동연맹(International Federation of Organic Agriculture Movements)

유기농업을 하고 있는 농가나 유기 농산물로서 판매되고 있는 농·축산물을 생산하는 생산자가 준수해야 할 기준이며, 각국은 이 기준에서 크게 벗어나지 않는 한 독자적인 기준을 첨가하여 규정을 제정하도록 되어 있다.

6. 유기농작물 생산자가 취해야 할 구체적인 영농 기준

① 작물과 품종의 선택
② 윤작 실시
③ 시비 관리
④ 병해충 관리
⑤ 잡초 관리

7. 친환경 농산물 인증의 종류 〔중요〕

유기농산물	유기합성농약과 화학비료를 일체 사용하지 않고 재배한 농산물(전환기간 : 다년생 작물은 3년, 그 외 작물은 2년)
유기축산물	유기농산물의 재배·생산기준에 맞게 생산된 유기사료를 급여하면서 인증기준을 지켜 생산한 축산물
무농약농산물	유기합성농약을 일체 사용하지 않고, 화학비료는 권장 시비량의 1/3 이내 사용하여 재배한 농산물
무항생제축산물	항생제, 합성항균제, 호르몬제가 첨가되지 않은 일반사료를 급여하면서 인증기준을 지켜 생산한 축산물

8. 친환경 농업 직접 지불 제도

① 농림축산식품부장관은 친환경농업의 조기 정착을 도모하고, 환경보전 등 농업의 공익적 기능을 높이기 위하여 예산의 범위에서 친환경농업을 실천하는 농업인등에게 친환경농업소득보조금(친환경농업보조금이라 한다)을 지급한다(농산물의 생산자를 위한 직접지불제도 시행규정 제16조).
② 친환경농업소득보조금(친환경농업보조금이라 한다)의 농가당 지급면적 상한은 5만㎡로 하고, 같은 필지에서 친환경농산물을 생산하는 경우에는 총 3회 지급한다. 다만, 친환경농업보조금이 3회 지급된 필지에서 유기농산물을 생산하는 경우에는 2회를 추가하여 지급한다.

9. 우량 품종의 조건

① 균일성 : 한 품종의 특별한 성질이 같은 품종의 모든 식물에게 고르게 나타나는 것을 말한다. 특성이 균일하려면 유전질이 균일해야 한다.
② 우수성 : 재배적 특성이 종합적으로 우수하다는 것을 말한다. 모두 우수할 수는 없지만, 결정적으로 나쁜 것이 있으면 우수하다고 할 수 없다.
③ 영속성 : 균일하고 우수한 특성이 대대로 변하지 않고 유지되는 것을 말한다. 유전질이 고정되어 있어야 쉽게 퇴화하지 않고 특성이 오래 지속될 수 있다.

10. 병해충에 대한 복합 저항성 품종 육성 현황

작 물	대상 병해충	품종명
벼	도열병	태봉벼, 중산벼 등 44품종(조생 23, 중생 13, 중만생 8)
	백엽고병	호진벼, 화안벼 등 34품종
맥 류	호위축병	태평보리, 동호보리, 대영보리 등 8품종
	복합 저항성	큰알보리, 상록보리 등 7품종(겉보리 4, 쌀보리 3)
콩	바이러스	장원콩, 명주나물콩
	괴저병	도래미콩, 신록콩, 선녹콩, 소호콩, 새별콩
옥수수	흑조위축병	금단옥 등 5품종
	조명나방	흑점찰, 구원옥 등 4품종

11. 품종 보호 제도

품종 보호 제도는 특허권, 저작권, 상표권과 같은 지적 재산권의 일종으로 새로운 품종을 개발한 육종자의 권리를 법적으로 일정 기간 보장해 줌으로써 우수 품종 육성 및 우량 종자 보급을 촉진하여 궁극적으로 농업 생산성 증가와 농가 소득 증대를 도모한다.
① 신규성 : 품종보호출원일 이전에 대한민국과 국제식물신품종보호협약의 동맹국에서 1년 이상 종묘가 이용을 목적으로 양도되지 않은 경우
② 구별성 : 품종보호출원일 이전까지 일반인에게 알려져 있는 품종(유통되고 있는 품종, 보호 품종, 품종 목록에 등재되어 있는 품종, 종자 산업 관련 협회에 등록되어 있는 품종)과 명확하게 구별되는 경우
③ 균일성 : 품종의 본질적인 특성이 충분히 균일한 경우
④ 안전성 : 품종의 본질적인 특성이 반복적으로 증식된 후에도 그 품종의 본질적인 특성이 변하지 않은 경우
⑤ 품종 고유 명칭 : 상표법상 상표에 해당하는 것으로 묘목을 육성·증식·생산·조제·양도·대여·수출·수입하는 것을 업으로 하는 자가 품종을 타인자와 구별시키기 위하여 사용하는 문자 또는 숫자·기호·문자의 결합된 명칭

12. 선발 육종법과 교잡 육종법 〔중요〕

① 선발 육종법
㉠ 교배를 하지 않고 재래종에서 우수한 특성을 가진 개체를 골라 품종으로 만드는 방법이다.
㉡ 마늘같이 전혀 종자가 형성되지 않는 경우에 품종 개량 방법으로 이용하고 있다.
② 교잡 육종법
㉠ 교잡을 통해서 육종의 소재가 되는 변이를 얻는 방법이다.
㉡ 자기 꽃가루받이를 하는 자가 수정 작물의 개량에 가장 많이 쓰이는 방법이다.
㉢ 우수한 유전 물질을 가지고 있는 양친을 구하여 양친 간에 교잡이 이루어진 다음 다시 한쪽 어버이와 교잡을 하는 여교잡법이 이용되고 있다.

13. 우수한 육종 개체 고르기

① 전체 육종 과정 중에서 시간이 가장 오래 걸리며 힘든 과정이다.

② 작물의 번식 양식, 품종의 모양 등에 따라 우수한 개체를 골라내는 방법이 다르다.

③ 효과적인 선발을 위해서 인위적으로 재배 환경을 조정하기도 한다. 예를 들면, 내병성이 있는 개체를 고르기 위해서는 병이 많이 발생할 수 있는 환경을 만들어 재배하는 것으로, 농약을 살포하지 않고, 오히려 병원균을 살포하여 여기에서 강한 식물을 고르는 방법 등이 있다.

14. 원예 작물의 특성

① 재배적 특성

  ㉠ 원예 작물은 종류가 많고 재배 품종이 다양하여 한 가지 작물에서도 연중 생산할 수 있는 품종이 작형별로 분화되어 있다.

  ㉡ 재배 방식은 노지 재배와 시설 재배, 심어 가꾸는 방법에 따라 토경 재배와 수경 재배 등으로 다양하다.

  ㉢ 수요는 연중 꾸준하나 장기 저장이 곤란하므로 주년생산을 하기 위하여 재배 방식이 다양하게 분화되어 있다.

  ㉣ 원예 작물의 재배에는 고도의 기술이 필요하다.

  ㉤ 병해충의 피해가 많고 비교적 방제하기 어려운 편이다.

② 상품으로서의 특성

  ㉠ 채소와 과실은 신선한 상태로 공급·이용된다.

  ㉡ 일부는 가공 상태로 유통·이용하는데 가공의 기본 원칙은 신선도를 최대로 살리면서 오래도록 변질되지 않게 하는 데 있다. 신선도가 중요한 것은 화훼의 경우도 마찬가지이다.

  ㉢ 원예 생산물은 변질·부패하기 쉽다. 신선한 원예 생산물은 조직이 살아있기 때문에 호흡을 계속함으로써 변질되며, 각종 부패균이 번식하기에 알맞아 썩기도 쉽다. 그러므로 이들의 저장에는 온도와 습도를 조절하여 부패균의 번식을 억제할 수 있는 저장 시설이 필요하다.

③ 경영적 특성

  ㉠ 원예 산업은 일반 농사에 비하여 수익이 높은 편이다.

  ㉡ 일반 작물에 비하여 재배가 집약적이다. 특히, 온실이나 플라스틱 하우스를 이용하는 시설 재배는 상당한 시설 투자와 많은 노동력이 필요하다.

15. 연작 장해 (중요)

① 연작 장해의 의의 : 같은 작물을 같은 장소에 잇달아 재배함으로써 토양과 작물 간에 정상적인 관계를 유지하지 못하고 작물 성장이 원인 모르게 불량해지며 품질과 수량이 저하되는 현상

② 연작 장해의 원인

  ㉠ 토양 병해충 만연(선충, 해충, 병원균)

  ㉡ 염류 집적

  ㉢ 미량 요소 결핍

  ㉣ 독소의 중독 현상

③ 해결 방법

  ㉠ 비 또는 담수로 씻어 내린다.

  ㉡ 비료 성분이 낮은 완숙 퇴비나 짚 같은 유기물의 사용으로 토양 속에 과대하게 남아있는 영양분을 흡수하도록 하여 서서히 분해하면서 작물에 공급되도록 한다.

  ㉢ 화본과 작물 재배로 잔류된 염류를 흡수하게 된다.

  ㉣ 비료의 분시 등 합리적인 시비를 한다.

  ㉤ 토양 수분을 적절하게 관리한다.

  ㉥ 깊이갈이를 하거나 심토를 반전시킨다.

  ㉦ 객토 및 표토를 제거한다.

  ㉧ 전답의 돌려짓기 등을 한다.

16. 윤작 체계

① 토양의 지력 증진을 위해 지금까지의 유기농업은 퇴비를 시용하고 효소제와 미생물제 또는 광물질과 쌀겨 및 각 농가에서 제조한 액비 등을 주로 사용하여 왔으나 최근에는 두과 작물, 녹비 작물 또는 심근성 작물 등의 윤작이 토양 비옥도 증진에 필요함이 인정되어 인증 기준에 윤작을 권장하고 있다.

② 윤작은 지력 증진이 된 땅에서라야 가능하다. 또한 현재 우리나라의 유기 재배 인증 농가당 평균 인증 면적이 1.5ha 미만으로 윤작을 하기에는 좁은 면적이기 때문에 연중 환급이 안 될 경우 생계에 당장 영향을 미치므로 작기와 작기 사이에 녹비 작물이나 심근성 작물을 심는 방안이 필요하다.

17. 유기물 비료와 화학 비료와의 차이점

① 유기물 비료는 각종 영양분을 동시에 함유하고 있어서 작물에 대한 종합 영양 공급인 효과를 나타낸다.

② 퇴비 종류별 성분 함유량과 품질은 편차가 심하다.

③ 비효는 퇴비의 경우 지효성이지만 액비의 경우 화학 비료와 동등하게 속효성이다.

④ 유기물 비료는 화학 비료에 비하여 운송·시용이 불편하고 성분 조성과 비효가 일정하지 않아 정확한 시용량을 결정하기 어렵다.

18. 유기물 비료

① 우분뇨

  ㉠ 조사료 위주로 사양한 경우에는 섬유소, 리그닌, 유기물, 칼륨 함량이 높고 무기물(질산, 인산, 칼슘, 마그네슘) 함량은 낮다.

  ㉡ 작물에 시용 시 돈분이나 계분보다는 피해가 잘 나타나지 않는다.

  ㉢ 소의 분뇨에는 난분해성 유기물이 많아 토양의 유기물 함량을 증진시키는 효과가 큰 것이 장점이다.

  ㉣ 함유 성분의 화학 비료 대비 비효는 질소는 약 30%, 인산 약 80%, 칼륨은 약 90%이다.

② 돈 분

  ㉠ 섭취 사료에 섬유소, 리그닌은 적고 전분, 단백질이 많기 때문에 유기물 함량은 우분보다 낮은 경향이지만 질산·인산 함량은 더 높다.

  ㉡ 과다 시용시 염류 집적 효과 작물에 생육 장애를 초래하므로 주의해야 한다.

③ 계 분

  ㉠ 계분은 질소, 인산, 칼슘의 함량은 높고 분해가 빠르지만 유기물의 함량은 상대적으로 낮아 토양 개량적 기능은 약하다.

  ㉡ 계분의 화학 비료 대비 비효는 질소는 약 70%, 인산은 약 80%, 칼륨은 약 90%로서 화학 비료와 거의 대등한 비효를 나타내므로 과다 사용하면 토양 염류 집적과 작물 생육에 장해를 발생시킬 수 있다.

19. 냉 해

① 의 의
- ㉠ 냉해는 0℃ 이상의 저온에서 작물의 조직이 얼지 않은 상태에서 일어나는 피해를 말한다.
- ㉡ 생육에 필요한 최저 온도 이하로 낮아지면 세포 내 세포 용질의 누출과 원형질 분리가 일어나고, 반점이 생기는 등의 물리적 손상이 나타나는 냉해가 나타난다.
- ㉢ 저온으로 인해 점진적으로 광합성이 저해되고, 죽거나 독성 물질이 축적되는 간접적인 해가 일어나기도 한다.

② 작물별 냉해 발생 온도
- ㉠ 냉해가 나타나는 온도와 그 정도는 작물의 종류, 품종 및 재배 환경에 따라 매우 다르다.
- ㉡ 오이 잎은 10℃에서 1주일 동안 살아 있으나 8℃에서는 3일 후에, 5℃에서는 수 시간 후에 냉해가 일어나지만, 시금치, 양배추, 팬지 등에서는 이보다 훨씬 낮은 저온에서도 냉해가 쉽게 일어나지 않는다.
- ㉢ 글록시니아는 1~5℃의 냉기에 부딪히면 늦어도 수 시간에서 늦어도 1일 이내에 잎에 반점이 생기고, 원형질이 죽으며, 세포액이 세포 간극으로 새어나오게 된다.

③ 저온에 의한 피해
- ㉠ 생장이 더디고, 착과율이 낮아지며, 과실의 비대가 나빠지고 잎과 줄기가 작아져서 결국 수량이 떨어지게 되는 피해가 발생할 수 있다.
- ㉡ 오이는 밤 온도가 지나치게 낮으면 광합성 물질의 이동이 억제되고, 생장점 주위에 잎과 줄기가 밀생하여 생장을 멈춘 난쟁이 묘가 될 수 있다.
- ㉢ 열매 채소나 과수에서는 착과, 과실 비대, 착색 등이 불량해질 수 있다.

20. 동 해

① 의의 : 식물체의 조직이 얼어서 세포가 파괴되고 조직이 분리되는 현상을 동해라고 한다.

② 피 해
- ㉠ 온도의 저하에 따라 세포 내 결빙이 생겨 이것이 계속 커지게 되고, 얼음 결정이 현미경으로 확인할 수 있을 정도로 커지게 되면 거의 모든 세포를 죽이게 된다.
- ㉡ 얼음 결정은 원형질막을 파열시키고 세포액이 세포 간극으로 새어 나와 세포가 죽게 되는데, 얼음 결빙이 조금 더 커지면 세포벽이 파괴된다.

21. 저온해에 대한 대책

① 내한성이 강한 작물이나 품종을 골라 재배한다.
② 냉해나 동해가 없는 지역을 선정하고, 사계절 가운데 적온 기간이 확보될 수 있는 시기를 골라 재배하도록 한다.
③ 적극적인 방법으로 보온을 한다.
- ㉠ 불피우기 : 동해가 예상될 때에는 과수원의 군데군데에 왕겨나 짚을 태워 보온을 한다.
- ㉡ 고깔 씌우기 : 종이로 고깔을 만들어 노지에 정식한 어린 모종에 씌워 서리 피해를 막는다.
- ㉢ 소형 터널 설치 : 소형 터널을 설치하여 늦추위와 늦서리로부터 작물을 보호해야 한다.

㉣ 멀칭 : 플라스틱 필름으로 지면을 피복하면 지온이 상승하여 활착이 촉진된다. 또, 겨울철 마늘이나 딸기와 같은 월동 작물을 짚으로 두껍게 덮으면 온도 하강을 막아 동해를 막을 수 있다.

㉤ 강제 대류 발생 : 포장 군데군데에 장대를 박고, 그 끝에 대형 선풍기를 달아 대기를 휘저어 주면 냉기가 낮은 곳에 머물지 않아 동해 피해를 막을 수 있다.

22. 고온해에 대한 대책

① 내서성 작물 또는 품종 선택
- ㉠ 잎줄기 채소 중에서 고온기에 재배할 수 있는 작물로, 예를 들면, 공심채, 들깨, 식용 비름 등은 30℃ 안팎의 고온에서도 재배할 수 있고, 화훼 중에도 플록스와 같은 작물은 고온기에 개화가 잘 된다.
- ㉡ 품종에 따라 내서성에 차이가 있다. 무는 미농 조생무가, 오이는 사엽 계통이 각각 내서성이 강하므로 고온기에는 이들 품종을 선택해야 한다.

② 재배 적기 및 적지 선정
- ㉠ 내서성이 약한 가을배추 재배는 8월 10~15일경에 파종하여 고온기를 내서성이 상대적으로 강한 어린 모종시기에 경과하도록 한다.
- ㉡ 한여름 평지에서 고온으로 재배가 불가능할 때에는 대관령 등 냉량한 기후 조건을 갖춘 고지대에서 재배하면 된다.
- ㉢ 차광 재배 : 태양광의 부분적인 차광에 의해 지온과 기온을 낮추어 고온기에 호냉성 작물을 재배하는 것으로, 그 실용성이 인정되고 있다.

23. 일장과 발아

① 광발아성 식물 : 일정 기간 이상 빛을 쬐어야 발아하는 식물(담배, 상추 등)
② 암발아성 식물 : 빛을 쬐는 시간이 길면 발아하지 않는 식물(파 등의 백합과)
③ 발아에 미치는 조도의 영향 : 발아하는 데에 광을 필요로 하는 식물은 달빛에 의해서도 발아가 촉진되나, 상추와 같은 식물은 매우 높은 조도를 필요로 한다.
④ 발아를 촉진시키는 파장 : 적색광(660~700nm)으로, 그 가운데 670nm에서 가장 촉진되고, 700nm 근처에서 발아가 억제되며, 그 다음으로 발아를 억제시키는 파장은 청색광(440nm)이다.

24. 일조 환경의 개선

① 차광 재배
- ㉠ 머위, 난과 식물 등 음생 식물의 재배에서는 차광 재배가 보편화되어 있고, 꺾꽂이를 할 때에는 차광을 하는 것이 일반적이다.
- ㉡ 좁은 공간을 이용하는 시설 원예에서는 빛 환경의 개선이 노지 재배에서보다 효율적으로 이루어지므로 많이 실용화되고 있다.
- ㉢ 과수도 그늘이 지면 웃자람 현상이 나타나 가지와 잎이 연화되며, 병충해에 대한 저항성도 약해진다. 그러나 차광 정도가 너무 지나치면 결국 말라죽게 된다.

② 전조 재배

　㉠ 장일 처리 : 인공 조명에 의하여 개화를 억제시키는 방법으로 높이 1m에 100W짜리 백열 전등을 달아 해진 후부터 보광하여 일장을 17~18시간으로 연장하는 것이다.

　㉡ 단일 처리 : 차광에 의하여 개화를 촉진시키는 방법으로 일장을 9~10시간으로 단축시키는 것이다.

25. 가뭄 피해에 대한 대책

① 가뭄에 대한 근본적인 대책은 관개이며, 심을 때 급경사지 등은 피하는 것이 좋다.

② 초생 재배는 토양 중의 수분 증발이 크기 때문에 청경 재배를 실시하고, 중경을 하여 토양 표면으로부터 수분 증발량을 줄여야 한다.

③ 멀칭의 경우도 가뭄 피해를 감소시키는 효과가 있으며, 멀칭 재료는 플라스틱 필름, 풀, 퇴비 등을 이용하는데, 특히 제초를 하여 과수원에 멀칭을 하면 수분 증발을 막는 데 효과가 크다.

④ 깊이갈이 및 유기물 사용은 토양의 보습력을 높여 가뭄 피해를 경감시킬 수 있는데, 보다 근본적인 대책은 관수를 하는 것이다.

26. 습해에 대한 대책 중요

① 명거 배수 : 과수원의 지형을 이용하여 물이 정체되지 않도록 배수로를 설치하여 유출수를 배수하는 것인데, 과습한 토양에서는 암거 배수가 훨씬 효과적이다.

② 암거 배수 : 땅 속에 배수관을 매설하여 지하로 스며드는 물을 배수함으로써, 토양 중에 산소를 공급하여 뿌리가 호흡하는 데 유리한 조건을 제공하기도 한다.

③ 근본적으로 배수가 불량한 점질토 : 유기물을 다량 시비하고, 객토 및 흙쌓기를 하여 토양을 개량해야 한다.

27. 바람 피해의 대책

① 과수원의 위치 선정시 바람의 해가 적은 곳을 골라야 한다.

② 바람의 해에 대한 염려가 있는 곳에서는 방풍림이나 방풍 울타리를 설치해야 하고, 바람에 약한 과수는 덕을 매어 나무와 과실을 보호해 주어야 한다.

③ 방풍림의 효과가 미치는 범위는 바람이 부는 방향으로는 방풍림 높이의 10~15배 정도이고, 반대 방향으로는 5배 정도이다.

④ 바람의 피해 후에는 식물의 손상부로 병원균이 침입하기 쉬우므로 반드시 살균제를 살포해야 한다.

28. 토성별 원예 작물의 생육과 품질

채 소	사질 토양	식질 토양
배 추	조기 재배에 적합하지만, 병해, 동해, 한해를 입기 쉽고, 노쇠하기도 쉽다.	병해, 동해, 한해 등에 대해 저항력이 강하고 노쇠가 늦으며 추대도 늦다.
무	잔뿌리와 지근이 적은 큰 무가 생산되나, 바람들이가 되기 쉽고, 저장력이 약하다.	• 잔뿌리가 많고 지근이 잘 생겨서 큰 무가 되기 어렵다. • 외관이 좋지 않으나, 조직이 치밀하며, 저장력이 강하다.
우 엉	크고 외관이 좋으나, 외피가 쉽게 노화하고 바람들이가 되기 쉬우며, 향기가 적다.	• 모양이 고르지 않으나, 육질이 좋고 향기가 있다. • 바람들이도 적다.
양 파	• 수확기가 빨리 온다. • 알이 옆으로 퍼지고 크다. • 인편의 짜임새가 허술하고 외피가 얇으며, 저장력이 약하다.	• 수확기가 늦어지기 쉽고, 알이 작으며, 위로 솟아 있다. • 인편은 치밀하게 잘 짜이고, 외피가 두꺼우며 저장력이 강하다.

채 소	사질 토양	식질 토양
마 늘	병해가 많고, 통의 짜임새가 허술하며, 외피가 얇다.	병해가 적고, 통의 짜임새가 치밀하며, 외피가 두껍다.
수 박	• 빨리 수확할 수 있다. • 통은 크고 육질의 질이 치밀하지 못하여 수송·판매 도중에 과육이 무르기 쉽다.	• 수확이 늦고 통이 작다. • 과육의 질이 치밀하여 수송이나 판매 도중에 살의 무름이 적다.
딸 기	빨리 수확할 수 있으며, 과실은 크나 과육이 무르고 꽃의 수에 비해 자라는 과실의 수가 적다.	• 수확이 늦고, 과실은 작으나 과육의 질은 좋다. • 수송에 잘 견디고 착과 수가 많다.

29. 재배 시설의 구비 요건

① 불량한 조건에 견딜 수 있어야 한다.

② 작물의 생육에 적당한 환경 조건을 만들어 줄 수 있어야 한다.

③ 작업의 편리성과 능률성이 있어야 한다.

④ 내구성과 경제성이 있어야 한다.

30. 시설의 종류와 특성

유리 온실	골조 재료	목골식, 철골식, 알루미늄합금식 등
	지붕 모양	외쪽 지붕형, 3/4 지붕형(스리쿼터), 양쪽 지붕형, 연동형, 벤로형 등
플라스틱 하우스	피복 자재	• 플라스틱 필름 : 염화비닐(PVC), 아세트산 비닐(EVA), 폴리에틸렌(PE) • 플라스틱판 : 유리섬유강화판(FRP), PVC판 온실, 폴리카보네이트판(PC)
	골조 자재	죽재 하우스, 목재 하우스, 철재 하우스
	하우스 형태	터널형, 지붕형(단동형·연동형), 아치형(단동형·연동형) 등

31. 식물 공장의 개념

① 정보 통신과 생물 공학 기술을 농업 생산에 이용하여 기후 환경과 재배 관리의 모든 과정이 로봇에 의해 완벽하게 제어되는 공장이다.

② 환경 조건을 작물 생장에 알맞게 인위적으로 제어하고, 생산 공정을 자동화한 새로운 생산 방식이다.

③ 작물 수요에 따라 생산 계획을 세울 수 있고 파종에서 수확은 물론 유통까지도 종합적으로 대처할 수 있도록 하는 고효율 작물 생산 시스템이다.

32. 식물 공장의 특징

① 자연 조건의 영향을 받지 않는다.

② 토지 이용률이 높으므로 땅값이 비싼 곳에서도 유리하다.

③ 소비지 가까운 곳에 설치할 수 있어 도시형 농업이 가능하다.

④ 작업 환경이 좋다.

⑤ 힘든 작업이 없어서 노약자도 가능하다.

⑥ 농약을 적게 사용한 고품질의 농산물을 생산할 수 있다.

⑦ 인건비를 최소화할 수 있다.

⑧ 단위 면적당 생산량이 많다.

⑨ 생산 시기 및 생산량을 계획하여 조절한다.

⑩ 생육 속도가 빨라 재배 기간이 짧다.

⑪ 이어짓기 장해가 없다.

⑫ 에너지원에 이상이 없는 한 연중 가동이 가능하다.

⑬ 생력화가 가능하다.

33. 재배 작물에 따른 온실의 분류

① 채소 온실
- ㉠ 유리 온실 : 토마토, 피망, 오이, 멜론 등의 열매 채소가 거의 대부분을 차지하고 있다.
  - 연동형 유리 온실 : 생육 기간이 짧은 잎상추, 미나리 등의 잎줄기 채소의 양액 재배에 많이 이용된다.
- ㉡ 멜론 재배에는 채광과 보온이 잘 되는 3/4형이, 그 밖의 채소 재배에는 양쪽 지붕형과 연동형 및 벤로형 온실이 각각 이용된다.

② 과수 온실
- ㉠ 유럽종 포도는 내습성이 약하여 비를 많이 맞으면 병해의 발생이 심하기 때문에 유리 온실을 이용하여 재배하는 경우가 많다.
- ㉡ 포도 재배용 온실은 덩굴을 지붕의 내면에 배치하기 때문에 지붕의 면적이 넓어야 좋으므로 지붕의 기울기는 크게 한다.

③ 화훼 온실
- ㉠ 절화용 : 초장이 길기 때문에 추녀가 높아야 한다.
- ㉡ 분화용 : 대체로 초장이 짧기 때문에 추녀가 약간 낮아도 되지만, 벤치를 설치하는 것이 일반적이다.
- ㉢ 화훼 재배에는 연동형과 벤로형이 주로 이용된다.

34. 난방 설비

① 온풍 난방기
- ㉠ 개념 : 연료의 연소에 의해 발생하는 열을 공기에 전달하여 따뜻하게 하는 난방 방식으로, 플라스틱 하우스의 난방에 많이 쓰인다.
- ㉡ 장점 : 열효율이 80~90%로, 다른 난방 방식에 비하여 높고 짧은 시간에 필요한 온도로 가온하기 쉬우며, 시설비가 저렴한 이점이 있다.
- ㉢ 단점 : 건조하기 쉽고, 가온하지 않을 경우에는 온도가 급격히 떨어지며, 연소에 의한 가스의 장해가 발생하기 쉬운 단점이 있다.

② 온수 난방 장치
- ㉠ 개념 : 보일러로 데운 온수(70~115℃)를 시설 내에 설치한 파이프나 방열기(라디에이터)에 순환시켜 표면에서 발생하는 열을 이용하는 방식이다. 면적이 2,000~3,000m² 정도인 온실에 적합하다.
- ㉡ 특징 : 열이 방열되는 시간은 많이 걸리지만, 한번 더워지면 오랫동안 지속되며, 균일하게 난방할 수 있는 특징이 있다.
- ㉢ 구성 : 온수 보일러, 방열기(라디에이터), 펌프 및 팽창 수조 등으로 구성되어 있다.
- ㉣ 난방 방식 : 배관 방법에 따라 유닛 히터 이용 방식, 라디에이터(팬 코일 유닛) 시스템, 공중 배관 난방, 이랑 사이 노출 배관 난방, 지중 난방 등으로 구분된다.

③ 증기 난방 방식
- ㉠ 개념 : 보일러에서 만들어진 증기를 시설 내에 설치한 파이프나 방열기에 보내어 여기에서 발생한 열을 이용하는 난방 방식이다.
- ㉡ 이용 : 규모가 큰 시설에서는 고압식, 소규모에는 저압식을 사용한다.

35. 냉방 설비

① 팬과 패드 방법
- ㉠ 한쪽 벽에 목모(부패가 잘 안 되는 나무 섬유)를 채운 8~10cm 두께의 패드를 설치하고, 패드 위에 노즐을 이용하여 물을 흘러내리게 하여 패드가 완전히 젖게 한다.
- ㉡ 반대쪽 벽에는 환기팬을 설치하여 실내의 공기를 밖으로 뽑아낸다. 이 경우, 외부의 공기가 패드를 통과하여 시설 내로 들어오면서 냉각되어 시설 내의 온도가 낮아진다.

② 팬과 포그 방법
- ㉠ 포그 노즐을 사용하여 30μm 이하의 작은 물 입자를 온실의 내부에 뿌려준다. 그리고 천장에 환기팬을 설치하여 실내의 공기를 뽑아내도록 한다.
- ㉡ 작은 물 입자가 고온의 공기와 접촉하여 기화함으로써 온실 내의 공기를 냉각시키는 방법이다.
- ㉢ 온실의 온도를 바깥 기온보다 2~4℃ 낮출 수 있다.

③ 냉방 보조 설비
- ㉠ 차광 : 발, 한랭사 등의 차광재를 지붕 위에 설치하여 햇볕을 부분적으로 차단함으로써 시설 내의 온도 상승을 억제하는 것이다.
- ㉡ 옥상 유수 : 지붕 위에 물을 흘러내리게 하여 태양열을 흡수시키고 지붕면을 냉각시키는 것이다.
- ㉢ 열선 흡수 유리 : 열선을 주로 흡수하는 유리를 피복하여 시설의 온도 상승을 억제하는 것이다.

36. 관수 설비

① 살수 장치
- ㉠ 스프링클러
  - 짧은 시간에 많은 양의 물을 넓은 면적에 살수할 수 있으며, 노즐, 송수 호스, 펌프로 구성되어 있다.
  - 살수 각도는 360°, 180° 등이 있고, 종류는 저각도용, 범용, 광역용, 정원용 등이 있다.
- ㉡ 소형 스프링클러
  - 육묘상이나 잎 채소류의 재배용으로 사용할 수 있도록 개발된 것으로, 대부분이 플라스틱 제품으로, 부속도 용도에 따라 쉽게 교환이 가능하게 설계되어 있다.
  - 관수 방향과 범위에 따라 미립자 하향 살수, 하향 회전 살수, 상향 180° 회전 살수, 상향 광폭 살수, 상향 초광폭 살수 등으로 나뉜다.
- ㉢ 유공 튜브
  - 경질이나 연질 플라스틱 필름에 지름 0.5~1.0mm의 구멍을 뚫어 살수하는 것으로, 수압이 낮아도 균일하게 관수할 수 있다.
  - 오래 사용할 수 없으나, 시공이 간편하고 비용이 저렴하다.
  - 작물의 종류나 재배 방식에 따라 지면에 직접 설치하는 저설용, 하우스 서까래에 매달아 사용하는 고설용, 멀칭 필름 밑에 설치하는 멀칭용 등이 사용되고 있다.

② 점적 관수 장치 〈중요〉
- ㉠ 플라스틱 파이프나 튜브에 분출공을 만들어 물이 방울방울 떨어지게 하거나, 천천히 흘러나오게 하는 방법이다.
- ㉡ 저압으로 물의 양을 절약할 수 있으며 하우스 내 습도의 영향도 줄일 수 있다.

ⓒ 잎과 줄기 및 꽃에 살수하지 않으므로 열매 채소의 관수에 특히 좋으며, 점적 단추, 내장형 점적 호스, 점적 튜브, 다지형 스틱 점적 방식 등이 있다.

③ 분무 장치 : 온실 천장마다 길이 방향으로 파이프 라인을 가설한 다음 분무용 노즐을 설치하여 고압으로 압송된 물을 파종상 관수, 엽면 관수, 농약 살포, 하우스 내 가습과 냉방 등에 사용한다.

④ 저면 관수 장치 [중요]
　ⓐ 화분에 대한 관수 방법으로 벤치에 화분을 배열한 다음 물을 공급하여 화분의 배수공을 통하여 물이 스며 올라가게 하는 방법이다.
　ⓑ 채소의 육묘와 분화 재배 등에서 사용할 수 있다.

⑤ 지중 관수 [중요]
　ⓐ 땅 속에 매설한 급수 파이프로부터 토양 중에 물이 스며 나와 작물의 근계에 수분을 공급하는 방법이다.
　ⓑ 급수 파이프로부터 모세관 현상으로, 작물의 뿌리까지 물이 스며 올라오는 데 오랜 시간이 걸리고 물의 손실이 많다.

37. 환기 설비

① 자연 환기 장치
　ⓐ 천창이나 측창 등의 환기창을 통하여 이루어지는 환기를 자연 환기라고 한다.
　ⓑ 연동형 시설에서는 천창과 측면 환기의 중간에서 하는 곡간 환기를 사용한다.
　ⓒ 천창이나 측창을 여닫는 데는 전동 모터를 사용하며, 모터의 작동은 온도 조절기로 제어하는 시스템이 개발되어 사용되고 있다.

② 강제 환기 장치
　ⓐ 프로펠러형 환풍기
　　• 압력차가 적으나 많은 환기량이 요구되는 넓은 면적의 환기에 사용된다.
　　• 일반적으로, 지름 60cm 이하의 팬은 모터와 팬이 직접 연결된 직결식이다.
　　• 60cm 이상의 대형 팬은 벨트로 모터의 동력을 축에 전달하는 벨트식이다.
　ⓑ 튜브형 환풍기 : 덕트 환기 등에서 사용하며, 프로펠러형 환풍기보다 환기 용량은 적으나, 압력차가 큰 경우에도 압력 손실이 적다.

38. 과실의 구조에 따른 분류

① 인과류
　ⓐ 꽃받기가 비대하여 과육 부위가 식용 부분으로 자란 과실이다.
　ⓑ 씨방은 과실 안쪽에 과심부를 이루고 있지만, 먹을 수 없는 것이 많고, 꽃받침은 꽃 필 때 꽃자루의 반대쪽에 달린다.
　ⓒ 사과, 배, 모과, 비파 등이 있다.

② 핵과류
　ⓐ 씨방이 비대하여 과실을 이룬 것으로, 식용 부분은 씨방의 중과피에 해당된다.
　ⓑ 종자는 핵 속에 들어 있어 먹을 수 없다.
　ⓒ 복숭아, 살구, 자두 등이 있다.

③ 장과류
　ⓐ 씨방이 발육하여 이루어진 과실로서, 먹는 부분은 주로 씨방의 외과피이다.
　ⓑ 외과피에 과즙이 차 있으며, 씨는 과육 사이에서 핵을 이루고 있다.
　ⓒ 포도, 나무딸기, 구즈베리, 무화과, 석류 등이 있다.

④ 각과류
　ⓐ 씨방벽이 변하여 된 단단하고 두꺼운 껍데기 속에 들어 있는 종자의 떡잎이 비대한 과실이다.
　ⓑ 밤, 호두, 개암 등이 있다.

⑤ 준인과류
　ⓐ 씨방이 발달하여 식용 부분이 된 것으로서, 인과류와 과실의 모양은 비슷하나 씨방이 비대한 진과이다.
　ⓑ 감귤류와 감 등이 있다.

39. 멀칭 재배

① 멀칭 재배는 볏짚, 왕겨, 풀 등을 덮어주는 방법과 보온 덮개나 비닐 등을 피복하는 방법이 있다.

② 투명 비닐의 피복은 봄에 지온이 상승되어 뿌리의 활동이 빨라지므로 나무의 생육에 유리하지만 여름철 고온기에는 지온이 상승하여 나무의 호흡량이 많아지고 수분의 소비도 많아지므로 불리한 점도 있다. 따라서 목적에 따라 피복 재료를 다르게 하여야 하고 피복 시기도 달라져야 한다.

③ 현재까지 멀칭은 토양 침식을 방지하고, 토양의 수분을 유지하며, 잡초의 발생을 억제하는 목적으로 쓰여 왔는데, 멀칭 재료인 볏짚이나 풀 등으로 피복하는 경우에는 비료의 공급 효과와 토양 유기물 함량을 높일 수 있는 부가적인 이점도 있다.

④ 짚에 의한 멀칭으로 잡초 발생을 방지하기 위해서는 300평당 1,000kg의 볏짚이 필요하므로 경제적으로 많은 부담이 된다. 또한 이른 봄에 짚을 멀칭하면 지온 상승이 늦어져 뿌리의 활동이 더디게 되어 초기 생육에 좋지 않은 결과를 초래할 수 있다.

40. 관행 농법과 친환경 농법의 비교

구 분	관행 농법	유기 농법		
		오리 농법	쌀겨 농법	왕우렁이 농법
특 징	인위적인 경운과 농약·비료를 사용하는 경작법	경운, 잡초 제거, 해충 방제, 양분 공급 등의 역할을 오리가 수행하는 경작법	쌀겨를 논에 살포하여 유효 미생물 증식, 잡초 발아 억제 및 비료 효과를 활용하는 경작법	왕우렁이의 초식 먹이 습성을 이용한 농법
문제점	수질오염, 농약 잔류량 문제	• 오리똥의 악취 및 수질오염 문제 • 질소 과용 시 도복피해	로터리 작업 전에 넣을 경우 벼의 생육 저하	• 왕우렁이 월동 후 벼 피해 • 변이종으로 인한 생태계 교란
농법기준	• N : 11 • P : 4.5 • K : 5.7 (환경 기준)	20~30마리/10a	180~200kg/10a	4~5kg/10a
단수 (kg/10a)	480~520	400~480	460~480	400~450

구 분	자연 농법	태평 농법	정밀 농법
특 징	토착 미생물을 활용한 농법, 자연 농업 협회가 주창한 농법	무경운, 건답직파, 이모작 재배 경작법	INM(종합 양분 관리), IPM(종합 병해충 관리) 등 정밀하고 과학적인 투입재 관리
문제점	• 신뢰성 있는 자재 확보 어려움 • 과학적 검증의 어려움	• 지력 관리정도에 따른 단수차이 심함 • 과학적 검증의 어려움	정확한 진단처방의 실천에 어려움
농법 기준	–	–	토양 여건에 따라 다름
단수(kg/10a)	350~450	250~430	450~520

41. 건 답

① 건답(Dry Paddy Field)이란 관개 수원이 풍부하고 배수도 자유로워서 논에 물을 임의로 대고 뺄 수가 있는 논을 말한다.

② 건답은 물을 대면 논이 되고, 물을 빼면 밭으로 이용이 가능하기 때문에 답리작·답전작 등에 의한 답리모작을 유리하게 할 수 있는 논이다.

③ 남부 지방에서는 이와 같은 상태의 논에 답리작으로서 보리를 주로 재배하여 보리논(맥답)이라고도 한다.

④ 건답은 유기물의 분해가 비교적 잘 되며, 관배수가 자유로워 토양의 물리학적 성질이나 생물학적 환경이 양호하여 수량의 생산력이 높다.

⑤ 지력을 계속 증진시켜 주지 않으면 잠재 지력이 약해지기 쉬우므로 유기물의 다량 사용과 토양 개량제의 사용 및 깊이갈이(심경)를 실시하여 지력을 증진시킨다. 그리고 이와 같은 토양 개량도 비교적 용이한 것이 건답이다.

42. 습 답

① 습답(Pooly Drained Paddy Field)이란 배수가 잘되지 않아 항상 논에 물이 고여 있거나 포화 상태 이상의 수분을 함유하고 있어서 밭작물의 재배가 곤란하여 답리작을 하기 어려운 논이다.

② 습답은 정도에 따라 과습답, 습답, 반습답으로 구분된다.

③ 습답은 대체로 지온이 낮고 유기물의 분해가 늦으며 통기가 나쁘기 때문에 토양의 이화학적 성질이 떨어지고 미생물의 번식이 불량하다.

④ 습답에서는 여름 기온이 높아지면 지온이 상승하여 유기물이 급격히 분해되므로 토양이 강한 환원 상태로 되고 황화수소를 비롯한 각종 유기산이 발생하여 뿌리썩음을 일으키는 등 추락(Autumn Decline)의 원인이 되기 쉽다.

⑤ 습답은 농작업의 기계화면에서도 불리하다. 그러나 환원 상태가 계속되므로 부식의 집적이 많고 비료분의 보유력이 크며 불가급태의 인산을 가급태로 변화시키는 등의 이점도 있다.

⑥ 습답의 개량은 암거 배수, 양수 배수, 객토를 하여 지하 수위를 낮추어야 하고 황산암모늄, 황산칼륨 등의 황산기를 가지고 있는 비료와 썩지 않은 퇴구비의 사용은 피하는 것이 좋다.

43. 추락답

① 벼가 생육 전반기인 영양 생장기에는 무성하게 자라 높은 수량을 낼 것 같았으나 생육 후반기인 생식 생장기로 접어들면서 아래 잎이 일찍 말라죽고 잎에 깨씨무늬병이 발생하는 등 생육이 조락하여 가을 수확량이 의외로 떨어지는 것을 추락 현상이라 하며

이러한 현상을 나타내는 논을 추락답 또는 노후화답(Degraded Paddy Field)이라고 한다.

② 추락은 객토가 얕은 경우, 속효성 비료를 조기에 다량 사용했을 경우, 야간 온도가 높거나 병해가 발생했을 경우 일어나는데 주원인은 논토양의 노후화이다.

③ 노후화 답에서는 철 화합물이 환원되어서 가용성의 환원철이 되어 침투수에 의해 하층토로 내려가고 산화층인 심토에 가서 산화철로 집적된다. 이와 같은 상태가 오랫 동안 계속되면 표층이 철이 결핍된 회백색의 토양으로 된다.

④ 토양 중의 황산염이 환원되어서 황화수소(H_2S)가 발생하고 이것이 벼의 뿌리를 침해하여 썩게 된다. 이때에 뿌리 주위에 활성철이 있으면 황화철의 피막을 형성, 뿌리를 보호해서 황화수소의 해를 막을 수 있다.

⑤ 노후화 답에서는 철이 부족하기 때문에 뿌리가 해를 받고 그 결과 칼륨, 규산 등의 흡수가 저해된다. 또한 토양 중에 망간도 결핍되어 깨씨무늬병이 발생하고 근부 현상이 일어나서 추락을 나타낸다.

44. 논토양과 밭토양의 특성 비교

항 목	논토양	밭토양
토양 pH	약산성	강산성
환경 조건	혐기성	호기성
천연 양분 공급량	관개수에 의한 공급	용탈·침식으로 손실
질소 고정 능력	높 음	낮 음
유효 인산 함량	높 음	낮 음
미량 요소 결핍	거의 없음	많 음
환원성 유해 물질	많 음	적 음
토양 중의 산소	미량 내지는 없음	풍 부
무기화율	높 음	낮 음
토 성	점 토	식양토 – 사양토
양분 유실	유출수	토양 침식
토양 침식	적 음	많 음
잡초 피해	적 음	많 음
연 작	가 능	불가능

45. 수도작과 강우

① 천수답으로서 벼 재배가 강우에 의존하는 경우라면 온도가 제한 요인이 되지 않는 한 강우가 최대의 제한 인자가 된다.

② 우리나라는 대부분이 관개가 이루어지고 있기 때문에 생장과 수량은 주로 온도와 일사에 의해 결정된다. 연간 강우량과 수확량의 관계는 간단하게 해석하기가 곤란하다. 그것은 벼농사의 준비 기간에서부터 수확기에 이르는 장기간에 강우의 빈도와 강우량이 예측하기 힘들 만큼 변동이 크기 때문이다.

③ 장기간 강우가 계속되면 공기 습도가 높아져서 벼는 증산 작용이 억제되고 식물체가 연약해진다. 벼의 포기 내부는 외계에 비하여 현저하게 습도가 높은데 습도가 과다하면 벼는 연약하게 도장하여 도복하기 쉽고 병해의 발생을 조장한다.

④ 잦은 강우와 집중적인 폭우는 장마와 홍수를 일으켜 수해를 입을 수 있다. 그러므로 관개수가 충분하다면 강우는 거의 없고 일사가 풍부한 편이 벼 생육에 유리하며 공기 습도가 상당히 낮아도 벼 생육에는 해가 없다.

⑤ 다만, 수잉기에서 출아기에 걸쳐서 고온 건조하여 공기 습도가 40~50% 이하가 되면 백수가 생기는 경우도 있다. 벼의 용수량을 일반화하기는 곤란하다. 그러나 최근 강우에 의존할 때 연간 강우량이 1,000mm가 넘는 지역에 한해서 안전 도작이 가능하다.

46. 벼의 생육 시기별 한계온도 [중요]

생육 시기	한계 온도(℃)		
	저	고	적정 온도
발 아	10	45	30~32
출아·묘립	12~13	35	25~30
활 착	13~16	35	25~28
잎의 신장	7~12	45	31
분 얼	9~16	33	25~31
유수 분화	15	–	–
영화 분화	15~20	38	–
개 화	22	35	30~33
등 숙	10~12	30	20~22

47. 모내기 준비

① 경운 : 본답의 경운 심도가 깊고 지력이 높을수록 벼의 생육이 양호하므로 15~18cm 정도로 깊이 경운하는 것이 좋다. [중요]

② 써레질 : 써레질 시기는 토양 조건에 따라 다른데 모래가 많은 사질답은 써레질 후 흙이 빨리 가라앉으므로 이앙 1~2일 전에 써레질하는 것이 좋고, 사양토나 양토는 이앙 2~3일 전, 식양토는 3~4일 전, 점질토는 4~5일 전에 써레질하는 것이 좋다.

③ 논 굳히기 : 논 굳히기 정도는 맨발로 논에 들어갔을 때 6~8cm 들어가는 정도면 적당하고, 트랙터로 경운하는 경우는 경운기로 경운하는 것보다 논바닥 굳히는 일수가 1~2일 더 소요된다.

48. 모내기 방법

① 모내기 준비가 끝나면 모내기를 하게 되는데 모내기 작업 시작 전에 목표로 하는 재식 밀도에 맞도록 단위 면적당 포기수와 포기당 모수를 조절하여야 한다.

② 모내기 작업은 논의 크기, 모양 등에 따라 달라지므로 작업을 실시하기 전에 어떤 순서로 심어 나갈 것인지를 결정하고, 모내기 작업을 하다가 논두렁 가까이까지 심게 되면 남은 줄수가 얼마인지 생각해서 최종 줄수를 작업기의 줄수에 맞추어야 한다.

③ 이앙기가 앞으로 나갈 때는 중앙지시침(가늠자)을 이용하는 것이 편리하므로 중앙지시침은 전방의 목표물에 맞추고 측면지시침은 먼저 심어놓은 모에 맞추어 모내기 작업을 실시한다.

④ 모내기 작업 중 논바닥이 너무 단단해서 얕게 심어지면 유압 레버를 조절하여 이앙기 본체를 내리도록 한다.

⑤ 논바닥이 너무 물렀을 때는 이앙기 바퀴가 빠지고 미끄러지는데, 이때는 유압 레버를 조절하여 이앙기 본체를 올린 다음 적정한 위치로 조정한다.

⑥ 이앙 심도 조절은 모 탑재판의 상·하 조절로 이루어지는데, 모 탑재판을 올리면 모내기 심도가 얕아지고 내리면 모내기 심도가 깊어진다.

49. 수도작의 재배 관리

① 물 관리

ㄱ 오리 농법에서의 물 관리는 관행 농법과 비슷하지만 오리가 있기 때문에 오리를 방사하지 않은 논의 물을 빼고 오리를 옮긴 후 오리가 있던 논의 물을 빼는 식으로 한다.

ㄴ 우렁이 농법에서는 이앙 후 7일에 종자 우렁이를 넣은 후 논에 물을 깊이 대며, 가능한 우렁이의 활동을 진작시킨다.

ㄷ 태평 농법은 파종 후 20일경 3일간 물을 끌어 댄 후 7~10일간 물을 빼는 방식으로 9월 중순까지 계속한다.

② 본답 관리 : 출수 40~45일 전에 200평당 쌀겨 20kg에 발효 깻묵 20kg을 섞어 뿌려준다.

50. 수도작에 따른 주요 병해

① 이삭도열병 : 병 발생 정도가 높을수록 관능 검사의 냄새, 맛, 점도 등의 종합 식미 평가 지수가 낮아지고 쌀의 식미가 저하되는 것으로 나타났다.

② 이삭누룩병 : 이삭 중 병든 벼알이 1~2립인 경우는 등숙에 차이가 없고 그 이상일 경우 1립 증가하면 등숙률이 5% 정도 감소되며, 이병수율 5% 이상시 병든 벼알은 정미 후에도 후막 포자가 현미에 부착되기 때문에 검게 보여 품질이 떨어진다.

③ 깨씨무늬병 : 현미의 광택이 없어지고 사미와 심·복백미가 증가하여 품질이 저하된다.

④ 세균성 벼알마름병 : 병에 걸린 벼알은 배의 발육이 정지되고 쭉정이가 되며, 늦게 감염된 벼알은 현미가 작아지며 갈색의 줄무늬가 생긴다.

⑤ 기타 이삭마름병해 : 벼의 이삭마름병해와 변색미의 발생은 수확량보다는 미질을 저하시켜 문제가 된다.

⑥ 벼멸구 : 쌀의 품질에 영향을 주어 심·복백미, 유백미의 피해를 4배 이상 증가시키고, 동할미도 2배 정도 증가시켜 전분과 단백질 함량을 감소시킨다. 피해를 받아 일찍 고사할수록 품질이 저하된다.

⑦ 노린재류, 벼잎선충 : 노린재류는 반점미(斑點米)를, 벼잎선충은 흑점미(黑點米)를 유발시켜 품질을 저하시킨다.

51. 전작의 재배관리

① 맥류 재배는 추위에 강한 겉보리와 쌀보리는 중부와 중북부까지 재배가 가능하나 추위에 약한 맥주보리는 남부지역에서 재배하는 것이 안정적인 수량을 얻을 수 있으며, 종자는 등숙이 충실하며, 비를 맞지 않고, 당년에 수확한 색택이 양호하고 건조가 잘된 종자를 사용하고, 다른 품종이나 이물질이 섞여 있어서는 안 된다. 파종 후에는 발아가 잘되고 초기 생육이 좋아야 다수확을 할 수 있으므로 우량종자 확보가 중요하다. 종자는 자가채종을 오랫동안 계속하면 다른 품종이 혼입되어 수량이 떨어지므로 적어도 4년 주기로 갱신한다.

② 옥수수 재배의 파종적기는 중북부는 4월 중순~5월 상순, 남부는 4월 상순~하순이며, 파종량은 곡실용 옥수수는 2.0~2.5kg/10a, 식용 풋옥수수는 1.5~2.0kg/10a이고, 시비량은 밑거름 사용(옥수수, 요소 20, 단옥수수, 요소 16), 웃거름은 알라 100g + 시마진 100g/10a을 시용한다.

※ 기상재해 및 생리장해 대책
- 가뭄 : 파종 후 진압, 산야초 등 덮기로 수분증발 억제, 이식 묘판 설치, 거세미, 진딧물 중점 방제
- 장마 : 배수구 정비, 웃거름 시용(본엽 7~8매 시)
- 후기가뭄 : 수분증발 억제, 겉흙 긁어주기, 산야초 덮기
- 병해충 방제 : 대상병해충(깨씨무늬병, 검은줄무늬오갈병, 조명나방 등)을 병해는 만코지수화제 800배액으로, 충해는 카보입제 3~5kg/10a(1화기 3, 2화기 5kg), 나크수화제, 1,000배액 140L/10a를 이용한다.
- 수확적기는 이삭수염이 나온 후이며, 곡실용은 50~55일, 단옥수수는 25일 전후 밑거름을 시용한다(실량 kg/10a).

③ 콩 재배의 파종량은 10a당 소요량을 말하며, 소립종은 5~6kg, 중대립종은 8~10kg, 파종적기는 1모작은 5월 상·중순, 2모작은 6월 상·중순이다. 파종기가 1일 늦어짐에 따라 1~2%(약 3kg) 감수한다. 실량 kg/10a인 시비량은 N-P-K가 각각 4~9, 30~35, 8~10)이고, 석회는 200kg 시비한다. 잡초약 사용 시(파종 후 30~40일경 제1본엽까지), 잡초약 미사용 시(2~3회 실시) 북주기 한다. 수확은 콩잎이 떨어진 7일 후, 수확 후 2~3일 말린 후 탈곡한다.

※ 기상재해 및 생리장해 대책
- 초기가뭄 : 강우 직후 파종준비, 산야초 등 덮기로 수분보존, 이식묘판 설치
- 잦은 강우 : 습해방지(배수구 정비)
- 후기가뭄 : 수분증발 억제(김매기를 겸한 겉흙 긁어주기, 산야초 등 덮기)
- 병해충 방제 : 병해충 동시방제(2회)
  - 1차 : 노균병, 자주빛무늬병, 탄저병
  - 2차 : 노균병, 자주빛무늬병, 탄저병 + 콩나방, 노린재류
  - 약제명 : 만코지(600배), 베노밀수화제(1,500배) + 호리티온, 스미티온(1,000배)

52. 전작의 기상환경

① 맥류의 기상환경 : 생육온도는 최저 3~5℃, 최적 20~25℃, 최고 28~32℃이며, 초겨울의 기온이 서서히 내려가야 좋으며 급격히 내려가면 한해의 위험이 있고, 늦게까지 따뜻해도 도장하고 생식생장으로 유도되어 도리어 한해가 심하다. 한겨울에 눈이 덮이지 않은 채 혹한을 만나면 동해의 우려가 크다. 봄철에는 속히 기온이 높아져야 생육이 촉진되어 출수가 빨라지고 작황도 좋아지며, 등숙기에 건조하거나 30℃ 이상 온도가 계속되면 낱알이 겉마르기 쉽다.
  ㉠ 최저적산온도 : 대체로 봄보리 1,200℃, 봄밀 1,500℃, 가을호밀 1,700℃, 가을보리 1,700℃, 가을밀 1,900℃ 정도로서, 벼에 비하면 저온작물의 특성을 잘 나타내고 있다.
  ㉡ 맥류의 동사점 : -19~-17℃ 정도이다.
  ㉢ 비가 알맞게 와서 토양 수분이 넉넉해야 좋으나, 봄철에 비가 많이 오면 논의 맥류는 습해를 입고, 등숙기에 강한 비바람은 쓰러짐이나 수발아를 일으켜 큰 피해를 준다. 늦가을이나 봄철 또는 등숙기에 비가 너무 적게 오면 가뭄의 피해를 입기 쉽고, 강풍은 흙을 날려서 토양의 풍식을 일으키고 등숙기의 도복을 유발하여 맥작에 큰 피해를 준다. 한겨울에 눈이 많이 오면 보온 작용을 하여 월동을 조장하고 토양에 수분을 공급

하는 효과가 있으나, 늦겨울에 눈이 많이 오면 논의 맥류가 습해를 입기 쉽다. 성숙할 무렵에 비를 오래 맞으면 서 있는 채로 수발아가 되어 수량과 품질이 저하된다.
② 옥수수의 기상환경 : 원산지가 중남미의 열대지방으로 많은 수확을 하려면 생육기간 동안 따뜻한 기후조건을 유지해야 한다. 밤의 기온이 10℃ 이하가 되면 생육이 정지되고, -1.7℃ 이하가 되면 얼어 죽으므로 최저기온이 10℃ 이상은 되도록 해야 하며, 밤의 기온은 16~18℃가 가장 알맞다. 이보다 높으면 호흡이 왕성하여 낮 동안 동화작용에 의해 만들어진 물질의 소모가 증가한다. 수이삭이 나와서 꽃가루가 날리는 시기에 35℃가 넘는 고온이 계속되면, 꽃가루가 1~2시간 내에 죽으면서 임실률이 떨어져 큰 감수를 가져온다. 유효적산온도는 품종마다 연도나 지역에 관계없이 일정하다. 일찍 파종하거나 늦게 파종하거나, 파종 후 성숙기까지의 유효적산온도는 거의 일정하다.
※ 유효적산온도(GDD) : 생육과 관계있는 범위(10~30℃) 이내에서 파종기에서 성숙기까지 매일 평균기온을 합계한 것

53. 전작과 토양환경

① 맥류는 물빠짐이 좋고 부식이 풍부한 모래참흙, 참흙, 질참흙에서 잘 자라며, 약산성 내지 중성토양이 알맞고, 우리나라는 산성토양이 많으므로 유기질비료와 석회를 많이 주어 토양을 개량해야 한다.
  ㉠ 토양 수분은 맥류의 정상적인 생육에 필요한 최대용수량의 40~80%이며, 최적수분함량은 최대용수량의 60~70%이다. 토양 공기는 맥류의 정상적인 생육에 필요한 토양 공극량은 30~35%이며, 30% 이하이면 수량이 감소하고, 10% 이하이면 심한 감수를 초래하는데, 이것은 토양 중 산소가 부족하기 때문이다.
  ㉡ 맥류의 생육에 가장 알맞은 토양의 pH는 보리 7.0~7.8, 밀 6.0~7.0, 호밀 5.0~6.0, 귀리 5.0~8.0이다.
  - 보리는 강산성토양에 극히 약하고, 쌀보리가 껍질보리보다 더욱 약하며, 어느 정도의 알칼리성에는 잘 견딘다.
  - 밀은 강산성 토양에 상당히 강하고, 호밀·귀리는 가장 강하다.
  - 강산성 토양에서 맥류를 재배할 때에는 부숙 퇴비와 석회를 충분히 주어야 한다.
※ 불량 환경에 대한 맥류의 적응성
  - 호밀과 밀은 보리에 비하여 뿌리가 깊게 발달하므로 내동성 및 내건성이 크고 모래땅이나 척박지 등 불량 토양에 대한 적응성도 크다.
  - 특히, 호밀은 맥류 중에서 거름을 흡수하는 힘이 가장 강하며 기후나 토양에 대한 적응성도 가장 크다.

종류 / 불량환경	보리	밀	호밀	귀리
추위, 가뭄	강하지 못함	강 함	가장 강함	약 함
습한 공기	강하지 못함	강하지 못함	강하지 못함	강 함
습한 토양	강하지 못함	약간 강함	비교적 강함	강 함
강산성토양	약 함	비교적 강함	강 함	강 함
알맞은 토양 pH	7.0~7.8	6.0~7.0	5.0~6.0	5.0~8.0

② **옥수수 토양환경** : 가장 알맞은 토양 산도는 pH 5.5~8.0이며, 배수가 잘되고 비옥도가 높은 토양이 좋다. 통기성(通氣性)과 물 빠짐이 좋아야 하므로 점질토나 물이 잘 빠지지 않는 밭 또는 너무 메마르기 쉬운 모래땅은 적당하지 않으며, 개량을 위해서는 최소 3년마다 10a당 300kg의 석회를 시용하고 물이 잘 빠질 수 있는 흙 등으로 객토를 해야 한다. 유기물함량을 높여 양분의 유실을 줄여주고, 토양을 입단화시켜 공극을 많게 해주어 습해를 줄여주며 적당한 수분을 유지해주어야 하며, 지온 상승 및 적정 수분을 유지시키고, 토양을 부드럽게 해주며, 수확기간을 단축시키면서 수량을 올리기 위해서는 비닐 피복재배를 하는 것이 유리하다. 비닐 피복재배는 식용 옥수수 재배 시 가장 많이 이용하는 방법이다.

ⓐ 비료의 역할과 양분흡수
- 옥수수는 크게 자라는 작물이므로 다량의 양분을 흡수하여 이용한다. 따라서 양분은 토양 속에 존재하는 것만으로는 부족하므로 적정량의 화학비료가 필요하다.
- 옥수수는 구성분의 95% 정도는 광합성에서 얻어진 산물이고, 나머지 약 5% 정도는 토양이나 비료에서 흡수하여 얻어진다.
- 옥수수는 물이나 필수원소 중 어느 하나라도 적정 수준 이하로 떨어지면 광합성이 제대로 되지 않고, 다른 대사작용도 정상적으로 일어나지 않기 때문에 잘 자랄 수 없다.
- 옥수수의 비료 흡수율은 질소가 50~60%, 인산이 20%, 칼륨이 40~50%이다.
- 옥수수를 포함한 모든 밭작물은 유기물을 시용하면 생육이 좋아진다.
- 토양 유기물의 종류에는 짚이나 풀 등으로 만든 퇴비(堆肥), 소·돼지 등의 외양간에 깔짚으로 볏짚을 넣어주어 가축의 분뇨와 섞인 구비(廐肥), 헤어리베치·자운영·호밀 등을 재배하여 성숙하기 전에 갈아엎어 비료를 공급하는 녹비(綠肥) 등 여러 가지가 있다.

※ 발아 및 출현기 적온 : 13~16℃(지표적온 10℃)
※ 생육적온 : 21℃~25℃

54. 잡초의 종류

	1년생	다년생
논잡초	강피, 돌피, 물피, 알방동사니, 올챙이고랭이, 여뀌, 물달개비, 물옥잠, 사마귀풀, 자귀풀, 여뀌바늘, 가막사리 등	나도겨풀, 너도방동사니, 올방개, 쇠털골, 매자기, 가래, 올미, 벗풀, 보풀, 개구리밥, 생이가래 등

	1년생	2년생	다년생
밭잡초	바랭이, 강아지풀, 미국개기장, 돌피, 참방동사니, 금방동사니, 개비름, 명아주, 여뀌, 쇠비름, 깨풀 등	뚝새풀, 냉이, 꽃다지, 속속이풀, 망초, 개망초, 개갓냉이, 별꽃 등	참새피, 띠, 향부자, 쑥, 씀바귀, 민들레, 쇠뜨기, 메꽃, 토끼풀 등

55. 오리 농법

① **오리병아리 구입 시기** : 벼에 피해를 안주고 오리 방사 효과를 높이기 위해서는 3~4주령 때 방사하는 것이 적당한데 방사 전에 새끼 오리의 적응을 위해 2주령 정도 된 것을 벼 이앙 후 15일경에 구입하여 사육한다.

② **오리 종류** : 오리의 활동으로 벼가 피해를 입을 우려가 있으므로 몸집이 작은 청둥오리나 청둥오리와 집오리의 잡종 또는 카키캄펠종을 구입하는 것이 좋다.

③ **적정 투입수** : 오리의 먹이가 되는 논의 잡초나 벌레의 양에 따라 다르나 10a당 25~30마리가 적당하다. 방사 마리수가 많을 경우 벼가 피해를 입으며 먹이가 부족해 사료를 많이 공급해야 하거나 먹이를 구하기 위해 달아날 우려도 있다. 한편, 방사 마리수가 적을 경우 오리 방사 효과를 충분히 볼 수 없다.

④ **새끼 오리의 관리** : 새끼 오리는 도착 후 보온을 유지해 줘야 한다. 유추기 바닥에 왕겨 등 보온재를 바닥에 깔아주고 보온기나 백열 전구를 설치하거나 비닐이나 시트로 덮어준 후 물과 먹이를 준다.

⑤ **외부 환경에의 적응 훈련** : 새끼 오리를 너무 일찍 논에 방사하면 물에 젖어 체온이 떨어져 죽을 우려가 있으므로 2주령 이후 새끼 오리가 바깥 온도에 적응하게 되면 따뜻한 날에 하루나 이틀 논둑에 방사하여 물에 익숙하도록 한다.

⑥ **방사 전 준비** : 우선 벼는 오리에 의한 피해를 줄이기 위해 30일 모 이상의 성모가 좋고, 오리의 활동 및 벼 피해 감소를 위해 30×15cm로 이앙하는 것이 좋다. 또한 개, 고양이, 족제비, 오소리 등 외적의 침입에 대한 방어가 필요하다.

⑦ **방사 시기** : 방사 시기는 모의 활착 정도, 모의 크기, 온도, 벼의 작형 등을 고려하여 결정하는데 너무 늦을 경우 잡초가 많이 자라 방제가 어려우므로 이앙 후 7~14일 후에 방사하는 것이 무난하며, 오리는 적응성이나 제초 및 해충 방제 효과로 볼 때 3~4주령 정도의 새끼 오리가 적당하다.

⑧ **방사 중 관리** : 벼가 도장할 우려가 있으므로 처음에는 다소 얕은 물 관리를 한 후 벼 피해 방지와 외적 활동 억제를 위해 물을 많이 유지하는 것이 좋다.

⑨ **오리 수확 시기** : 벼가 출수하여 등숙하기 시작하면 오리는 성체가 되어 먹는 양이 늘고 논에는 먹이가 떨어져서 이삭을 먹기 시작하므로 그 전에 오리를 잡아들여야 한다.

56. 왕우렁이 농법

① 방사할 논의 준비 작업
ⓐ 왕우렁이는 수면과 수면 아래에 있는 식물들을 먹기 때문에 논의 정지 작업을 균일하게 하여 깊은 곳이 없도록 하고, 가능한 물을 얕게 하여 이앙해야 물 속에 모가 잠기지 않아 피해가 없다.
ⓑ 왕우렁이는 물이 있거나 습한 곳에서는 상당히 멀리 이동한다. 특히 수면 위로 떠오른 왕우렁이는 흐르는 물의 흐름에 따라 아주 멀리 이동한다.
ⓒ 왕우렁이의 이동을 차단하기 위해서는 논두렁과 배수로에 구멍이 조밀한 망으로 울타리를 설치해야 한다.

② 종자 우렁이의 구입
ⓐ 왕우렁이 농법의 성공은 좋은 종자 우렁이를 구입하는 데에 달려 있다. 종자 우렁이를 구입할 때는 3개월 정도 자라서 산란을 막 시작한 20~30g 정도의 것이 좋다.
ⓑ 껍질이 윤기가 나고 건강한 것으로 구입하여 논에 넣어야 왕성하게 산란하며, 투입 초기에 밀도가 높아져 제초 효과가 높다.

ⓒ 왕우렁이는 토종 우렁이와 달리 온도가 높아야 살 수 있으며 겨울에도 겨울잠을 자지 않고 먹이를 먹기 때문에 양식할 수 있는 시설이나 기술이 없으면 농가에서 직접 양식하기가 매우 어렵다. 따라서 종자 우렁이는 전문 양식장에서 구입하는 것이 편리하다.

③ 논에 종자 우렁이를 넣는 시기

   ㉠ 이앙이 끝나면 준비된 종자 우렁이를 넣어주어야 하는데 종자 우렁이를 넣는 시기는 이앙 후 7일에 넣는 것이 가장 효과적이다.

   ㉡ 이앙 직후에 넣으면 제초 효과는 높으나 이앙 직후 모는 착근하지 않은 상태로 물 속에 잠겨 있거나 수면에 잎이 처져있기 때문에 왕우렁이의 피해를 받기 쉽다.

   ⓒ 이앙해서 7일 정도 경과하여 새 뿌리가 나오고 자리를 잡아 모가 바르게 서고 키가 자라 수면 위로 나오게 되면 왕우렁이의 피해를 막을 수 있다.

   ㉣ 왕우렁이를 넣는 시기가 늦어지면 발아한 잡초가 자라서 수면 위로 올라오게 되므로 왕우렁이가 잡초를 먹을 수 없어 제초 효과는 떨어지게 된다.

④ 종자 우렁이 방사량

   ㉠ 이앙 7일 후에 10a의 논에 5kg을 넣는 것이 가장 효과적이다.

   ㉡ 방사량이 많아지면 초기에 먹이가 부족하여 굶어죽는 개체가 많아져 산란에 의한 어린 왕우렁이의 증식 밀도를 확보할 수 없어 잡초 방제 효과가 낮아진다.

⑤ 종자 우렁이 방사 후 논의 관리 ⓒ중요

   ㉠ 물 관리는 깊게 한다. 왕우렁이는 물 속이나 수면에 있는 먹이를 먹기 때문에 물의 깊이가 낮거나 논이 마르면 왕우렁이의 몸체가 드러나고 먹이가 수면 위로 드러나게 되어 먹이를 먹을 수 없게 된다. 따라서 왕우렁이를 넣은 논의 물 관리는 모포기가 물 속에 잠기지 않을 정도로 깊게 한다.

   ㉡ 농약의 사용을 제한한다. 종자우렁이를 넣은 논에는 제초제를 비롯한 살충·살균제의 입제 농약을 사용해서는 안 되며, 잎과 줄기에 살포하는 희석된 농약제도 생육 초기에는 살포하지 않는 것이 좋다.

   ⓒ 배수와 논둑에 설치한 망울타리는 수시로 확인하여 왕우렁이가 밖으로 이동하지 못하도록 철저히 관리해야 한다.

   ㉣ 종자 우렁이를 넣어준 논에는 백로와 같은 조류가 몰려와 종자 우렁이를 잡아먹을 수 있기 때문에 새그물이나 방제 테이프를 쳐서 조류 피해가 없도록 해야 한다.

57. 쌀겨 농법

① 쌀겨 본답 살포 : 벼 수확 후 쌀겨를 미생물로 발효시켜 10a당 200kg 살포 후 미생물 활동을 돕기 위하여 얇게 로터리 작업을 실시한다.

② 모내기 준비

   ㉠ 4월 초순 이앙 전 초기 로터리 작업, 1차 로터리 작업 후 20일 경 2차 로터리 작업(본답 발생 잡초 제거)

   ㉡ 5월 초·중순경 담수한 후 약 20일이 경과하면 일부 잡초 발생, 3차 로터리 및 정지 작업

③ 쌀겨 살포

   ㉠ 모내기 약 7일 전 10a당 200kg 정도 살포한다.

   ㉡ 이앙 후 5일 안에 목초액에 적신 쌀겨 30kg 정도 살포(이앙 후 살포시는 1주일 안에 살포하고, 모의 크기에 따라 물깊이를 조절)

58. 참게 농법

① 모내기를 마친 논에 4~5g(1cm 안팎)짜리 참게 새끼를 10a(300평)당 1만마리쯤 넣은 뒤 2~3일 간격으로 사료를 주면서 기른다.

② 이렇게 기른 참게는 1kg에 2만원 이상 받는 등 값이 매우 좋아 제초 효과 기대보다 양식(養殖)의 의미가 더 짙다.

③ 쌀 생산량이 관행 재배보다 20~30% 줄며, 참게가 논 밖으로 기어 나오지 못하도록 논둑에 1m 이상 높이로 보호망을 설치하고 참게 휴식용 웅덩이 등을 만들어야 하기 때문에 실제 논 면적의 70% 정도밖에 벼를 심지 못하는 점을 유의해야 한다.

④ 참게 기르기도 만만치 않으며 폐사율이 30~50%에 달한다. 서로의 생활 공간을 침범하지 않도록 마리수를 조절하는 것이 중요하다.

59. 당밀·발효 깻묵 농법

① 당밀 농법은 사탕수수나 사탕무로 자당을 만들 때 생기는 부산물인 당밀(사탕밀)을 논에 뿌려 잡초 발생을 억제하는 농법으로 쌀겨 농법과 마찬가지로 물 관리에 주의해야 한다.

② 모내기 후 뿌리가 내리고 새끼포기를 칠 무렵 깻묵을 발효시켜 살포한 다음 물 흐름이 없도록 물꼬를 막아 잡초를 방제하기도 한다.

③ 이틀 정도 지나면 기름이 뜨기 시작하고 녹조가 형성되어 부평초가 발생한다. 일시적 산소 결핍과 가스 장해로 잡초가 죽는 것이다.

60. 유기 축산물의 사육장 및 사육조건(친환경농축산물 및 유기식품 등의 인증에 관한 세부실시요령 [별표 1])

① 축사는 다음과 같이 가축의 생물적 및 행동적 요구를 만족시킬 수 있어야 한다.

   ㉠ 사료와 음수의 접근이 용이할 것

   ㉡ 공기 순환, 온도·습도, 먼지 및 가스 농도가 가축 건강에 유해하지 아니한 수준 이내로 유지되어야 하고, 건축물은 적절한 단열·환기 시설을 갖출 것

   ⓒ 충분한 자연 환기와 햇빛이 제공될 수 있을 것

② 축사의 밀도 조건은 다음 사항을 고려하여 가축의 종류별 면적당 사육 두수를 유지하여야 한다.

   ㉠ 가축의 품종·계통 및 연령을 고려하여 편안함과 복지를 제공할 수 있을 것

   ㉡ 축군의 크기와 성에 관한 가축의 행동적 요구를 고려할 것

   ⓒ 자연스럽게 일어서서 앉고 돌고 활개 칠 수 있는 등 충분한 활동 공간이 확보될 것

③ 축사·농기계 및 기구 등은 청결하게 유지하고 소독함으로써 교차 감염과 질병 감염체의 증식을 억제하여야 한다.

④ 축사의 바닥은 부드러우면서도 미끄럽지 아니하고, 청결 및 건조하여야 하며, 충분한 휴식공간을 확보하여야 하고, 휴식공간에서는 건조깔짚을 깔아 주어야 한다.

61. 유기 축산물의 사육장 및 사육조건 – 가금류(친환경농축산 물 및 유기식품 등의 인증에 관한 세부실시요령 [별표 1])

① 가금은 개방 조건에서 사육되어야 하고, 기후 조건이 허용하는 한 야외 방목장에 접근이 가능하여야 하며, 케이지에서 사육하지 아니하여야 한다.

② 물오리류는 기후 조건에 따라 시냇물·연못 또는 호수에 접근이 가능하여야 한다.

③ 축사는 짚·톱밥·모래 또는 야초와 같은 깔짚으로 채워진 건축 공간이 제공되어야 하고, 가금의 크기와 수에 적합한 홰의 크기 및 높은 수면 공간을 확보하고 산란계는 산란 상자를 설치하여야 한다.

④ 산란계의 경우 자연일조시간을 포함하여 총 14시간을 넘지 않는 범위 내에서 인공광으로 일조시간을 연장할 수 있다.

62. 유기 축산물의 전환기간(친환경농어업 육성 및 유기식품 등의 관리·지원에 관한 법률 시행규칙 [별표 4])

가축의 종류	생산물	전환기간
한우·육우	식 육	입식 후 12개월
젖 소	시유 (시판우유)	• 착유우 : 입식 후 3개월 • 새끼를 낳지 않은 암소 : 입식 후 6개월
면양·염소	식 육	입식 후 5개월
	시유 (시판우유)	• 착유양 : 입식 후 3개월 • 새끼를 낳지 않은 암양 : 입식 후 6개월
돼 지	식 육	입식 후 5개월
육 계	식 육	입식 후 3주
산란계	알	입식 후 3개월
오 리	식 육	입식 후 6주
	알	입식 후 3개월
메추리	알	입식 후 3개월
사 슴	식 육	입식 후 12개월

63. 유기 축산물의 사육

① 유기 한우

입지여건	• 질병의 예방·차단을 위해 격리된 지역 • 온도의 일변화가 극심하지 않은 지역 • 유기 조사료의 조달이 원활한 지역에 입지 　- 유기 수도작 단지 : 답리작, 사료포 가능 　- 저지가 지역 : 유기 산야초, 방목 가능
사육규모	• 가족농으로 관리 가능 규모(30~40두) • 질병의 관리, 번식 및 분만의 관리가 원활한 지역 • 조사료의 안정 확보 규모 이내
사양관리	• 내병·내한성이 강한 우군 활용 • 영양소 균형 급여 • 조사료 적응 능력 제고
사 료	• 유기 배합 사료 급여량 제한 • 산·약초 활용 유기 항병 사료 개발
양축가	• 질병의 차단 및 예방 관리 능력 보유 • 각종 기록의 기입 및 유지 관리 능력 보유

② 유기 양돈

입지여건	• 기존 양돈 농가와 격리된 농가 • 질병 유입 차단 및 예방에 유리한 지형 : 바람의 방향, 수계의 흐름, 교통 혼잡 • 운동장이나 목초지 등 방목 가능 지역 • 민원 저발생 예상 지역
사육규모	• 가족농 규모로 모돈 70~100두 이내 • 민방 및 대중요법 활용 가능 규모
사양관리	• 돼지의 질병 유입 차단 및 예방에 주력 • 방한·방서 관리에 유의

사 료	• 최적 조사료 급여 수준의 설정 • 천연 항병·항균 물질의 확보
양축가	• 질병 감염 관리, 예방 관리 능력 보유 • 각종 기록 및 근거의 기입, 유지 관리 능력

③ 유기 양계

입지여건	• 유기 적합 운동장, 목초지 제공이 원활한 지역 • 방사계군에게 스트레스 유발 요인(소음, 농기계, 야생동물 등)이 적은 지역 • 부산물, 자가 공급 사료, 유기 깔짚 등의 공급이 원활한 곳 • 질병의 예방·차단에 적합한 지역 • 유기 한우와 유기 낙농과의 목초지 공유 가능 지역
사육규모	• 가족농 관리 가능 규모로 육계의 경우 2,000수 내외, 산란계의 경우 1,000수 내외 • 계군의 근접 관리가 가능한 규모 • 질병 방제·예방에 적절한 규모
사양관리	• 병아리 때 체온 유지, 방한·방서 관리에 유의 • 야생 동물·고양이·야조류의 공격 예방 • 조사료·토사 등에 대한 적응력 배양
사 료	• 운동 증가, 체온 조절 등에 필요한 에너지 추가 공급 • 항병력을 배양할 수 있는 유기 사료 첨가제 활용 • 성장률 및 산란율 둔화에 연동된 기별 사료 급여 양축가
양축가	• 유기란의 위생 관리 능력 겸비 • 질병의 감염 차단 및 예방 관리 능력 겸비 • 각종 관리 기록의 기입 및 유지 관리 능력 보유

64. 유기 축산물의 사료 및 영양 관리(친환경농축산물 및 유기 식품 등의 인증에 관한 세부실시요령 [별표 1])

① 유기 축산물의 생산을 위한 가축에게는 100% 유기사료를 급여하여야 하며, 유기사료 여부를 확인하여야 한다.

② 유기 축산물 생산 과정 중 심각한 천재·지변, 극한 기후 조건 등으로 인하여 ①에 의한 사료 급여가 어려운 경우 국립농산물품질관리원장 또는 인증기관은 일정 기간 동안 유기 사료가 아닌 사료를 일정 비율로 급여하는 것을 허용할 수 있다.

③ 반추가축에게 담근먹이(사일리지)만 급여해서는 아니 되며, 생초나 건초 등 조사료도 급여하여야 한다. 또한 비반추가축에게도 가능한 조사료 급여를 권장한다.

④ 유전자변형농산물 또는 유전자변형농산물로부터 유래한 것이 함유되지 아니하여야 하나, 비의도적인 혼입은 식품위생법에 따라 식품의약품안전처장이 고시한 유전자변형식품 등의 표시기준에 따라 유전자변형농산물로 표시하지 아니할 수 있는 함량의 1/10 이하여야 한다. 이 경우 '유전자변형농산물이 아닌 농산물을 구분 관리하였다'는 구분유통증명서류·정부증명서 또는 검사성적서를 갖추어야 한다.

⑤ 유기배합사료 제조용 단미사료 및 보조사료는 친환경농어업 육성 및 유기식품 등의 관리·지원에 관한 법률 시행규칙 [별표 1] 제1호 나목의 자재에 한해 사용하되, 사용 가능한 자재임을 입증할 수 있는 자료를 구비하고 사용하여야 한다.

⑥ 다음에 해당되는 물질을 사료에 첨가하여서는 아니 된다.

　㉠ 가축의 대사 기능 촉진을 위한 합성 화합물

　㉡ 반추가축에게 포유 동물에서 유래한 사료(우유 및 유제품 제외)는 어떠한 경우에도 첨가하여서는 안 된다.

　㉢ 합성질소 또는 비단백태 질소화합물

　㉣ 항생제·합성항균제·성장촉진제, 구충제, 항콕시듐제 및 호르몬제

　㉤ 그 밖의 인위적인 합성 및 유전자 조작에 의해 제조·변형된 물질

⑦ 지하수의 수질보전 등에 관한 규칙 제11조에 따른 생활용수 수질 기준에 적합한 신선한 음수를 상시 급여할 수 있어야 한다.

⑧ 유기합성농약 또는 유기합성농약 성분이 함유된 동물용 의약외품 등의 자재를 사용하지 아니하여야 한다.

65. 유기 축산물의 질병 예방 및 관리

① **가축 위생** : 가축의 생명과 건강을 위협하는 여러 가지 생물학적 및 사회적 요인을 제거함으로써 가축의 생명을 연장하고 건강을 증진시키는 모든 행위를 의미한다.

② **가축의 건강에 작용하는 요인** : 공기, 물, 토지, 축사 등의 외계를 통해 피부점막, 소화기점막, 기도점막 및 피부에 영향을 받는다.

　㉠ 관리 : 가축은 사람에 의해 사육되기 때문에 자연상태 본래의 행동 제한을 받고 있는 것으로 간주할 수 있다.

　㉡ 가축 자신에 내재하는 요인 : 가축의 건강을 해롭게 하는 요인은 외계와 행동에 관계되는 것만이 아니고 가축 자신에 내재하는 원인에 의하는 경우도 있다.

　㉢ 체질 : 형질(외형적 특질) + 소질(기능적 특질)

　㉣ 유전 : 가축의 유전은 질병과도 깊은 관계를 지니고 있다.

③ **질병 예방 및 관리**

　㉠ 분뇨나 기타 오염원에 의해 오염되지 않은 식수로써 적합한 물을 항상 섭취할 수 있도록 하여 폐렴을 일으키는 병원체의 전염과 유기축의 탈수를 예방한다.

　㉡ 과식이나 굶주림이 없도록 하고 최소한 하루 8시간의 방목이나 충분한 섭식 시간을 주어 면역계의 억제를 방지한다.

　㉢ 다양한 사료나 조사료를 급여하여 광물질 불균형이 발생하지 않도록 하여 광물질 관련 대사성 질병 발생을 차단한다.

　㉣ 갑작스런 사료 교체로 인한 설사, 산성증 등이 발생하지 않도록 대비한다.

　㉤ 유기 축산물이 매일 운동할 수 있도록 하여 비만을 예방함과 동시에 면역계의 기능을 증진시켜야 한다.

④ **유기축산물의 동물 복지 및 질병 관리(친환경농축산물 및 유기식품 등의 인증에 관한 세부실시요령 [별표 1])**

　㉠ 가축의 질병은 다음과 같은 조치를 통하여 예방하여야 하며, 질병이 없는데도 동물용 의약품을 투여해서는 아니 된다.

　　• 가축의 품종과 계통의 적절한 선택

　　• 질병 발생 및 확산 방지를 위한 사육장 위생 관리

　　• 생균제(효소제 포함), 비타민 및 무기물 급여를 통한 면역 기능 증진

　　• 지역적으로 발생되는 질병이나 기생충에 저항력이 있는 종 또는 품종의 선택

　㉡ 다음에 해당하는 동물용 의약품의 경우에는 사용할 수 있다.

　　• 가축의 기생충 감염 예방을 위하여 구충제 사용과 가축전염병이 발생하거나 퍼지는 것을 막기 위한 예방백신의 사용

　　• 면역기능 증진을 위한 생균제(효소제 포함), 비타민 및 무기물로 제조된 약품의 사용

　㉢ 법정전염병의 발생이 우려되거나 긴급한 방역 조치가 필요한 경우에는 가축전염병 예방법에 따라 동물용 의약품을 주사 또는 투약 등의 필요한 질병 예방 조치를 취할 수 있다. 이 경우 가축전염병 예방법에 따른 증명서를 비치하거나 관련 고시를 기재하여야 한다.

　㉣ ㉠부터 ㉢까지에 따른 예방 관리에도 불구하고 질병이 발생한 경우 수의사법 시행규칙에 따른 수의사 처방에 의해 동물용 의약품을 사용하여 질병을 치료할 수 있으며, 이 경우 처방전을 농장 내에 비치하여야 한다.

　㉤ ㉣에 따라 동물용 의약품을 사용한 가축은 동물용 의약품을 사용한 시점부터 전환기간(해당 약품의 휴약기간 2배가 전환기간보다 더 긴 경우 휴약기간의 2배 기간을 적용)이 지나야 유기축산물로 출하할 수 있다. 다만, ㉡·㉢에 따라 동물용 의약품을 사용한 가축은 휴약기간의 2배를 준수하여 유기 축산물로 출하할 수 있다.

　㉥ 약초 및 천연물질을 이용하여 치료를 할 수 있다.

　㉦ 생산성 촉진을 위해서 성장촉진제 및 호르몬제를 사용해서는 아니 된다. 다만, 수의사의 처방에 따라 치료 목적으로만 사용하는 경우 수의사법에 의한 처방전을 농장 내에 비치하여야 한다.

　㉧ 가축에 있어 꼬리 부분에 접착밴드 붙이기, 꼬리 자르기, 이빨 자르기, 부리 자르기 및 뿔 자르기와 같은 행위는 일반적으로 해서는 아니 된다. 다만, 안전 또는 축산물 생산을 목적으로 하거나 가축의 건강과 복지 개선을 위하여 필요한 경우로서 국립농산물품질관리원장 또는 인증기관이 인정하는 경우는 이를 할 수 있다.

　㉨ 생산물의 품질 향상과 전통적인 생산방법의 유지를 위하여 물리적 거세를 할 수 있다.

　㉩ 동물용 의약품이나 동물용 의약외품을 사용하는 경우 용법, 용량, 주의사항 등을 준수하여야 하며, 구입 및 사용내역 등에 대하여 기록·관리하여야 한다. 다만, 유기합성농약 성분이 함유된 물질은 사용할 수 없다.

66. 가축전염병 예방법상 법정전염병

① **제1종 가축전염병** : 우역, 우폐역, 구제역, 가성우역, 블루텅병, 리프트계곡열, 럼피스킨병, 양두, 수포성구내염, 아프리카마역, 아프리카돼지열병, 돼지열병, 돼지수포병, 뉴캐슬병, 고병원성 조류인플루엔자 및 그 밖에 이에 준하는 질병으로서 농림축산식품부령으로 정하는 가축의 전염성 질병

② **제2종 가축전염병** : 탄저, 기종저, 브루셀라병, 결핵병, 요네병, 소해면상뇌증, 큐열, 돼지오제스키병, 돼지일본뇌염, 돼지테센병, 스크래피(양해면상뇌증), 비저, 말전염성빈혈, 말바이러스성동맥염, 구역, 말전염성자궁염, 동부말뇌염, 서부말뇌염, 베네수엘라말뇌염, 추백리(병아리흰설사병), 가금티푸스, 가금콜레라, 광견병, 사슴만성소모성질병 및 그 밖에 이에 준하는 질병으로서 농림축산식품부령으로 정하는 가축의 전염성 질병

③ **제3종 가축전염병** : 소유행열, 소아카바네병, 닭마이코플라스마병, 저병원성 조류인플루엔자, 부저병 및 그 밖에 이에 준하는 질병으로서 농림축산식품부령으로 정하는 가축의 전염성 질병

1일 | 출제유형 뽀개기 120선

001 인간이 이용할 목적으로 재배하는 식물을 무엇이라고 하는가?

① 작 물
② 식 량
③ 재 배
④ 수 확

002 다음 중 세계 3대 식량 작물은?

① 밀, 벼, 옥수수
② 옥수수, 보리, 벼
③ 옥수수, 감자, 밀
④ 밀, 벼, 보리

003 다음 중 공예 작물이 아닌 것은?

① 참 깨
② 목 화
③ 팥
④ 인 삼

004 다음 중 작물재배의 개념과 관련이 없는 것은?

① 우수한 종자의 선택
② 수확하기까지 알맞은 환경의 개선
③ 수확하는 일
④ 생산 비용의 과다 지출

005 다음 중 식량의 절대적인 부족 원인이 아닌 것은?

① 경지 면적의 감소
② 수확량 증가 둔화
③ 기상 이변
④ 인구 증가 둔화

006 작물의 원산지를 연결한 것 중 잘못된 것은?

① 벼 – 일본
② 밀 – 중앙아시아
③ 콩 – 중국 북부 일대
④ 옥수수 – 남미 안데스

007 다음 중 가장 집약적으로 곡류 이외에 채소, 과수 등의 재배에 이용되는 형식은?

① 원경(園耕)
② 포경(圃耕)
③ 곡경(穀耕)
④ 소경(疏耕)

008 필수 원소의 역할을 설명한 것 중 틀린 것은?

① 질소는 엽록체, 단백질, 효소의 주요 구성 성분이다.
② 철이 부족하면 잎이 황백색으로 변하게 된다.
③ 황이 부족하면 엽록소 생성이 저해된다.
④ 칼륨은 호흡 과정에서 에너지 저장 및 생성에 중요한 역할을 한다.

009 지상의 공기 중 가장 많이 함유되어 있는 가스는?

① 산소가스
② 질소가스
③ 이산화탄소
④ 아황산가스

010 수해(水害)의 요인과 작용에 관한 설명으로 틀린 것은?

① 벼에 있어 수잉기~출수 개화기에 특히 피해가 크다.
② 수온이 높을수록 호흡기질의 소모가 많아 피해가 크다.
③ 흙탕물과 고인물이 흐르는 물보다 산소가 적고 온도가 높아 피해가 크다.
④ 벼, 수수, 기장, 옥수수 등 화본과 작물이 침수에 가장 약하다.

011 작물 생육에서 수분의 역할에 대한 설명으로 틀린 것은?

① 물질의 이동에 관여
② 원형질 분리 현상
③ 세포의 긴장 상태 유지
④ 식물체 구성물질의 성분

012 토양의 작은 공극 사이에서 표면장력에 의하여 보유되는 물로서 작물에 유효한 수분은?

① 흡습수
② 모관수
③ 지하수
④ 중력수

013 작물의 적산 온도에 대한 설명으로 맞는 것은?

① 작물 생육기간 중의 일일 최고 기온을 총합한 것
② 작물 생육기간 중의 일일 최저 기온을 총합한 것
③ 작물 생육기간 중의 최적 온도를 생육 일수로 곱한 것
④ 작물 생육기간 중의 0℃ 이상의 일일 평균 기온을 총합한 것

014 광합성 작용에 영향을 미치는 요인이 아닌 것은?

① 광의 강도
② 온도
③ CO_2의 농도
④ 질소의 농도

015 일장 반응에 대한 설명으로 틀린 것은?

① 하루 24시간을 주기로 밤낮의 길이가 식물의 개화 반응에 미치는 효과를 일장 반응이라 한다.
② 한계일장이 긴 식물은 겨울에 꽃을 피우기도 한다.
③ 잎은 일장에 감응하여 개화 유도물질을 생성한다.
④ 식물은 한계일장을 기준으로 크게 장일 식물, 중성 식물, 단일 식물로 구분한다.

016 장일 식물에 대한 설명으로 옳은 것은?

① 장일 상태에서 화성이 저해된다.
② 장일 상태에서 화성이 유도・촉진된다.
③ 8~10시간의 조명에서 화성이 유도・촉진된다.
④ 한계일장은 장일 측에, 최적일장과 유도일장의 주체는 단일 측에 있다.

017 버널리제이션에 대한 설명으로 잘못된 것은?

① 주로 생육 초기에 온도 처리를 하여 개화를 촉진한다.
② 저온 처리의 감응점은 생장점이다.
③ 최아 종자의 시기에 버널리제이션을 하는 것을 종자 버널리제이션이라고 한다.
④ 처리 중에 종자가 건조하면 버널리제이션 효과가 촉진된다.

018 작물의 내동성에 관여하는 요인에 대한 설명으로 틀린 것은?

① 세포의 수분 함량이 많으면 내동성이 저하한다.
② 전분 함량이 많으면 내동성이 증가한다.
③ 세포액의 삼투압이 높아지면 내동성이 증가한다.
④ 당분 함량이 높으면 내동성이 증가한다.

019 발아할 때 광선이 필요한 종자는 어느 것인가?

① 토마토
② 가 지
③ 상 추
④ 호 박

020 다음 중 이어짓기에 의한 피해가 다른 작물에 비해 큰 것은 어느 것인가?

① 벼
② 맥 류
③ 옥수수
④ 인 삼

021 작부 체계별 특성에 대한 설명으로 틀린 것은?

① 단작은 많은 수량을 낼 수 있다.
② 윤작은 경지의 이용 효율을 높일 수 있다.
③ 혼작은 병해충 방제와 기계화 작업에 효과적이다.
④ 단작은 재배나 관리 작업이 간단하고 기계화 작업이 가능하다.

022 동상해 · 풍수해 · 병충해 등으로 작물의 급속한 영양회복이 필요할 경우 사용하는 시비 방법은?

① 표층 시비법
② 심층 시비법
③ 엽면 시비법
④ 전층 시비법

023 작물의 기지 현상의 원인이 아닌 것은?

① 토양 비료분의 소모
② 토양 중의 염류 집적
③ 토양 물리성의 악화
④ 잡초의 제거

024 호광성 종자의 휴면을 타파하여 발아 촉진을 하고자 할 때 사용되는 것은?

① MH-30
② 감마선
③ 에틸렌
④ 지베렐린

025 다음 중 질산태 질소에 속하지 않는 것은?

① 질산칼륨
② 질산암모늄
③ 황산칼륨
④ 질산칼슘

026 석회보르도액 제조시 주의할 사항이 아닌 것은?

① 황산구리는 98.5% 이상, 생석회는 90% 이상의 순도를 지닌 것을 사용한다.
② 반드시 석회유에 황산구리액을 희석한다.
③ 황산구리액과 석회유는 온도가 낮으면서 거의 비슷해야 한다.
④ 금속용기를 사용하여 희석액을 섞거나 보관한다.

027 중금속 오염 토양에서 작물에 의한 중금속의 흡수를 경감시키는 방법으로 옳지 않은 것은?

① 유기물을 사용한다.
② 인산질 비료를 증시한다.
③ pH를 낮춘다.
④ Eh를 낮춘다.

028 다음 중 경운의 효과가 아닌 것은?

① 토양의 물리성 개선
② 토양 유실 감소
③ 토양의 수분 유지
④ 잡초의 발생 촉진

029 질소의 화학적 형태 가운데 토양입자에 가장 잘 흡착되는 것은?

① 암모늄태
② 질산태
③ 유기태
④ 요소태

030 다음 중 다른 병원체에 의해 매개되는 것은?

① 도열병
② 오갈병
③ 흰가루병
④ 모잘록병

031 연작 장해를 해소하기 위한 가장 친환경적인 영농 방법은?

① 토양소독
② 유독물질의 제거
③ 돌려짓기
④ 시비를 통한 지력 배양

032 벼의 줄기를 가해하는 벼 해충이 아닌 것은?

① 벼멸구
② 애멸구
③ 이화명나방(유충)
④ 물바구미(성충)

033 작물의 풍해와 관련이 없는 내용은?

① 풍속 4~6km/hr 이상의 강풍에 의해 일어난다.
② 풍속이 강하고 공기가 건조하면 증산이 커져서 식물체가 건조해진다.
③ 풍해는 풍속이 크고 공기 습도가 높을 때에 심하다.
④ 과수에서는 절손·열상·낙과 등을 유발한다.

034 작물의 습해 대책으로 틀린 것은?

① 습답에서는 휴립재배를 한다.
② 저습지에서는 미숙 유기물을 다량 시용하여 입단을 조성한다.
③ 내습성인 작물과 품종을 선택한다.
④ 배수는 습해의 기본 대책이다.

035 작물 생육기간 중 가뭄해의 방지 대책으로 부적절한 것은?

① 피 복
② 중경 제초
③ 드라이파밍
④ 배 수

036 저온해의 작물 생리를 잘못 설명한 것은?

① 양분 흡수의 촉진
② 증산 작용 이상
③ 암모니아 축적
④ 질소 동화 저해

037 동·상해 대책에서 살수 빙결법은 다음 중 어떤 것을 이용하는 것인가?

① 습윤열
② 액화열
③ 응축열
④ 잠 열

038 다음 중 도복 대책으로 알맞지 않은 것은?

① 배 토
② 밀 식
③ 병해충 방지
④ 생장 조절제 이용

039 냉해의 생리적 원인으로 거리가 먼 것은?

① 호흡량의 급감소로 생장 저해
② 광합성 능력의 저하
③ 양분의 전류 및 축적 방해
④ 화분의 이상발육에 의한 불임 현상

040 벼의 도복과 가장 관련성이 높은 병해는?

① 도열병
② 흰잎마름병
③ 잎집무늬마름병
④ 깨씨무늬마름병

02 토양관리

041 토양의 3상 중 구성 비율이 가장 큰 것은?

① 기 상
② 액 상
③ 고 상
④ 같 음

042 다음 광물 중 풍화되기 어려운 것은?

① 흑운모
② 휘 석
③ 석 영
④ 석 고

043 다음 중 암석의 화학적 풍화 작용이 아닌 것은?

① 가수 분해
② 압력 작용
③ 용해 작용
④ 산화 작용

044 토양 단면상에서 확연한 용탈층을 나타나게 하는 토양 생성 작용은?

① 회색화 작용(Gleization)
② 라토졸화 작용(Laterization)
③ 석회화 작용(Calcification)
④ 포드졸화 작용(Podzolization)

045 암석의 변성 작용을 일으키는 중요한 힘은?

① 수분과 지압
② 지열과 풍압
③ 지압과 지열
④ 수분과 빛

046 다음 중 풍화물의 성질이 다른 것은?

① 홍함지
② 사 구
③ 하성충적토
④ 삼각주

047 토양 단면에서 유기물의 분해가 활발하게 진행되고 있는 층위(F층)와 부식화가 진행된 층위(H층)가 존재하는 토양의 층은?

① 유기물층(O층)
② 용탈층(A층)
③ 집적층(B층)
④ 모재층(C층)

048 물에 잠겨 있는 논토양은 산소가 부족하여 토양 내 Fe, Mn, S이 환원 상태로 되므로 토양층은 청회색, 청색 또는 녹색의 특유한 색깔을 띠게 된다. 이러한 과정을 무엇이라 하는가?

① 포드졸화 과정
② 라토졸화 작용
③ 글레이화 작용
④ 염류화 작용

049 입단 구조의 파괴에 관계되는 요인으로 볼 수 없는 것은?

① 습윤과 건조의 반복
② 동결과 해동의 반복
③ 식물 뿌리의 물리적 작용
④ 무기물의 축적

050 토성(土性)에 관한 설명으로 틀린 것은?

① 토양입자의 성질(Texture)에 따라 구분한 토양의 종류를 토성이라 한다.
② 식토는 토양 중 가장 미세한 입자로 물과 양분을 흡착하는 힘이 작다.
③ 식토는 투기와 투수가 불량하고 유기질 분해 속도가 늦다.
④ 부식토는 세토(세사)가 부족하고, 강한 산성을 나타내기 쉬우므로 점토를 객토해 주는 것이 좋다.

051 다음 중 토양 공극량이 가장 많은 토양은?

① 사 토
② 양 토
③ 식양토
④ 식 토

052 토양의 밀도로 알 수 있는 토양의 성질은?

① 온 도
② 비 열
③ 압 력
④ 공극량

053 토양온도의 역할이 아닌 것은?

① 식물과 미생물의 활동과 생육
② 토양형을 결정하는 기상조건
③ 종자의 발아
④ 토양 수분의 보유

054 열대 지방에서 토양의 색이 붉게 보이는 원인은?

① 유기물 때문에
② 산화철 때문에
③ 통기가 나쁘기 때문에
④ 배수가 나쁘기 때문에

055 점토 및 부식과 같은 토양 교질물이 식물 생육에 영향을 미치는 것은?

① 작물의 도복을 방지한다.
② 토양 염기의 용탈을 방지한다.
③ 모관 수분의 통로를 형성한다.
④ 공기 유통의 통로를 형성한다.

056 토양 교질물에 대한 다음 설명 중 틀린 것은?

① 대체로 입경이 $0.1\mu m$ 이하이다.
② 토양 교질물에는 무기 교질과 유기 교질이 있다.
③ 교질물은 표면적이 작지만, 토양의 이화학적 성질을 지배한다.
④ 교질물이 많은 토양물일수록 수분의 증발・유실이 적으며, 보수력이 크다.

057 토양의 양이온 치환용량을 높이는 토양 구성물 중 중요한 것은?

① 산화물
② 점토와 부식
③ H^+이온과 OH^-이온
④ 토 성

058 다음 점토 광물 중 규산(SiO_2)의 함량이 가장 낮은 것은?

① 카올리나이트(Kaolinite)
② 몬모릴로나이트(Montmorillonite)
③ 일라이트(Illite)
④ 버미큘라이트(Vermiculite)

059 다음 중 1 : 1 격자형 점토 광물은?

① 일라이트(Illite)
② 몬모릴로나이트(Montmorillonite)
③ 카올리나이트(Kaolinite)
④ 버미큘라이트(Vermiculite)

060 토양이 산성일 때 작물에 몹시 해를 주는 성분은?

① Na
② Ca
③ Al
④ K

061 다음 중 산성 토양을 개량하는 데에 적당하지 않은 방법은?

① 무기 양분을 충분히 공급한다.
② 근류균을 첨가한다.
③ 부식된 퇴비를 준다.
④ 황산암모늄을 준다.

062 나트륨성 알칼리 토양에 대한 설명으로 틀린 것은?

① pH는 8.5와 10 사이이다.
② 흑색 알칼리토라 부르기도 한다.
③ 교질물이 고도로 응고되어 좋은 구조를 이루게 된다.
④ Ca, Mg이 적고 Na이 많이 들어 있다.

063 토양 구조의 입단화와 관련이 가장 깊은 토양미생물은?

① 조 류
② 사상균류
③ 방사상균
④ 세 균

064 호기적 조건에서 단독으로 질소고정 작용을 하는 토양미생물 속(屬)은?

① 아조토박터(*Azotobacter*)
② 클로스트리디움(*Clostridium*)
③ 리조비움(*Rhizobium*)
④ 프랭키아(*Frankia*)

065 호기성 토양미생물의 활동이 활발할수록 토양 공기 중에서 농도가 가장 증가되는 성분은?

① 산 소
② 질 소
③ 이산화탄소
④ 일산화탄소

066 강우에 의한 토양침식 현상을 바르게 설명한 것은?

① 중점토양(重粘土壤)에서는 거친 입자로 이루어져 있는 토양에 비해 유거수의 이동이 적다.
② 강우에 의한 침식은 강우강도에 비해 우량에 의해 크게 작용받는다.
③ 강우의 세기가 30분간 2~3mm로 비가 내리면 초지에서 토양침식이 일어난다.
④ 유기물이 함유된 토양은 무기질 토양에 비해 강우에 의한 토양침식이 적게 일어난다.

067 토양의 침식을 방제하기 위한 방법으로 옳지 못한 것은?

① 작부 체계 개선
② 사방·조림 사업의 실시
③ 농경지에 작물재배 금지
④ 지표면의 피복

068 토양 풍식에 대한 설명으로 옳은 것은?

① 바람의 세기가 같으면 온대 습윤 지방에서의 풍식은 건조 또는 반건조 지방보다 심하다.
② 우리나라에서는 풍식 작용이 거의 일어나지 않는다.
③ 피해가 가장 심한 풍식은 토양입자가 도약(跳躍), 운반(運搬)되는 것이다.
④ 매년 5월 초순에 만주와 몽고에서 우리나라로 날아오는 모래먼지는 풍식의 모형이 아니다.

069 중금속 원소에 의한 오염도가 큰 토양은?

① 미사질 양토
② 사양토
③ 식 토
④ 사 토

070 질소와 인산에 의한 토양의 오염원으로 가장 거리가 먼 것은?

① 광산폐수
② 공장폐수
③ 축산폐수
④ 가정하수

071 염류 집적의 원인으로만 묶인 것은?

① 과잉 시비, 지표 건조
② 과소 시비, 지표 수준 과다
③ 시설재배, 유기재배
④ 노지재배, 무비료재배

072 논토양의 일반적인 특성이 아닌 것은?

① 토층의 분화가 발생한다.
② 조류에 의한 질소공급이 있다.
③ 연작 장해가 있다.
④ 양분의 천연공급이 있다.

073 탈질 작용이 가장 심할 것으로 예상되는 토양은?

① 누수가 심한 논토양
② 보수력이 큰 논토양
③ 경사지 밭토양
④ 나대지 밭토양

077 염해지 토양의 개량 방법으로 가장 적절하지 않은 것은?

① 암거배수나 명거배수를 한다.
② 석회질 물질을 시용한다.
③ 전층 기계 경운을 수시로 실시하여 토양의 물리성을 개선시킨다.
④ 건조시기에 물을 대 줄 수 없는 곳에서는 생짚이나 청초를 부초로 하여 표층에 깔아 주어 수분 증발을 막아 준다.

074 다음 중 논토양에서 탈질 작용을 경감시키는 방법은?

① 투수력을 크게 한다.
② 누수답에서 심층 시비를 한다.
③ 토양 분화를 빠르게 유도한다.
④ 질소질 비료를 전층 또는 심층 시비한다.

078 간척지 토양의 일반적인 특성으로 볼 수 없는 것은?

① Na^+ 함량이 높다.
② 제염(除鹽) 과정에서 각종 무기염류의 용탈이 크다.
③ 토양 교질이 분산되어 물 빠짐(배수)이 양호하다.
④ 유기물 함량이 낮다.

075 밭토양 조건보다 논토양 조건에서 양분의 유효화가 커지는 대표적 성분은?

① 질 소
② 인 산
③ 칼 륨
④ 석 회

079 지력을 향상시키고자 할 때 가장 부적절한 방법은?

① 작목을 교체 재배한다.
② 화학 비료를 가급적 많이 사용한다.
③ 논·밭을 전환하면서 재배한다.
④ 녹비 작물을 재배한다.

080 우리나라 시설재배지 토양에서 흔히 발생되는 문제점이 아닌 것은?

① 연작으로 인한 특정 병해의 발생이 많다.
② EC가 높고 염류 집적 현상이 많이 발생한다.
③ 토양의 환원이 심하여 황화수소의 피해가 많다.
④ 특정 양분의 집적 또는 부족으로 영양생리 장해가 많이 발생한다.

076 노후화된 논의 개량 방법으로 적당하지 않은 것은?

① 얕은 갈이를 자주한다.
② 황산질 비료를 주지 않는다.
③ 철분이 많은 흙으로 객토를 한다.
④ 석회, 마그네슘 등의 부족하기 쉬운 염기를 공급한다.

03 유기농업 일반

081 유기농업과 밀접한 관계가 없는 것은?

① 물질의 지역 내 순환
② 토양 유기물 함량
③ 인증농산물 생산
④ 유기농업 연작체계 마련

082 다음 중 유기농업에 관한 학문의 체계를 수립한 영국의 알버트 하워드의 이론으로 적절하지 않은 것은?

① 서양농업은 토양 황폐화를 불러오고 있는데, 이를 해결하기 위해서는 유기농업에 의해 토양의 비옥도를 회복하고 계속 유지하여야 한다.
② 자연은 해충·병균을 방제하기 위해 인위적 보호를 할 필요가 있다.
③ 자연은 생태학적 균형을 저절로 유지하는 힘을 가지고 있다.
④ 자연의 생산과 부식의 작용이 균형을 이루는 것이 농업 원리의 핵심이라고 강조했다.

083 유기농업의 종류 중 무경운, 무비료, 무제초, 무농약 등 4대 원칙과 가장 밀접한 것은?

① 자연농업
② 경제형 유기농법
③ 환경친화적 유기농법
④ 생명 과학 기술형 유기농업

084 다음 중 현대적 유기농업에 대한 설명으로 틀린 것은?

① 비자연적인 농자재의 사용을 배제
② 농업의 생산성 향상을 강조
③ 농산물의 품질 향상에 초점
④ 환경 보호와 안전한 농산물에 대한 요구를 바탕으로 함

085 농업의 환경보전기능을 증대시키고 농업으로 인한 환경오염을 줄이며, 친환경농업을 실천하는 농업인을 육성하여 지속 가능하고 환경친화적인 농업을 추구함을 목적으로 하는 법은?

① 친환경농어업 육성 및 유기식품 등의 관리·지원에 관한 법률
② 환경정책기본법
③ 토양환경보전법
④ 친환경 농산물 표시인증법

086 다음 중 친환경 농산물 인증제도에 대한 설명으로 적절하지 않은 것은?

① 친환경 농산물 인증제도는 친환경농업의 육성과 소비자 보호를 위해 전문 인증기관의 엄격한 기준에 의거 종합 점검하여 그 안전성과 품질을 인증해 주는 제도이다.
② 친환경 인증 기준은 농산물의 경우 경영관리, 재배 포장·용수·종자, 재배 방법, 생산물의 품질관리 등이다.
③ 친환경 인증 기준은 축산물의 경우 사육장 및 사육 조건, 자급 사료 기반, 가축의 출처 및 입식, 사료 및 영양관리, 동물 복지 및 질병관리, 품질관리 등이다.
④ 친환경 인증제도를 실시하는 목적은 유기 농산물의 원산지를 명확히 하여 수입을 억제하기 위해서이다.

087 친환경 농산물 인증 종류 중 일체 농약·화학 비료를 사용하지 않고 재배한 농산물에 대해 발부하는 것은?

① 유기농산물
② 저농약 농산물
③ 무농약 농산물
④ 전환기 유기농산물

088 친환경농업이 태동하게 된 배경에 대한 설명으로 틀린 것은?

① 미국과 유럽 등 농업선진국은 세계의 농업 정책을 소비와 교역 위주에서 증산 중심으로 전환하게 하는 견인 역할을 하고 있다.
② 국제적으로는 환경보전 문제가 중요 쟁점으로 부각되고 있다.
③ 토양 양분의 불균형 문제가 발생하게 되었다.
④ 농업 부분에 대한 국제적인 규제가 점차 강화되어 가고 있는 추세이다.

089 농산물의 식품안전성 확보를 위하여 생산단계부터 최종소비 단계까지 관리사항을 소비자가 알 수 있게 하는 제도는?

① GAP(우수농산물관리제도)
② GMP(우수제조관리제도)
③ GHP(우수위생관리제도)
④ HACCP(식품안전관리인증기준)

093 염색체를 늘리거나 줄임으로써 생겨나는 변이를 이용하는 육종 방법은?

① 교잡 육종법
② 선발 육종법
③ 배수체 육종법
④ 돌연변이 육종법

090 저투입 지속농업(LISA)을 통한 환경친화형 지속농업을 추진하는 국가는?

① 미 국
② 영 국
③ 독 일
④ 스위스

094 다음 중 원예 작물의 특징이 아닌 것은?

① 집약적인 재배를 한다.
② 종류가 많고, 품종이 다양하다.
③ 원예 작물 중 채소는 유기 염류를 공급해 준다.
④ 생활 공간의 미화로 정신 건강에 도움을 준다.

091 다음 중 저항성 품종에 대한 설명으로 틀린 것은?

① 병에 잘 걸리지 않는 품종을 저항성 품종이라고 한다.
② 저항성 품종을 재배하면 농가의 경제적 부담도 감소한다.
③ 복합 저항성을 가진 품종이 일반적이다.
④ 현재 저항성 품종의 이용은 병해에 대한 것이 대부분이다.

095 다음 중 우리나라 원예 산업의 전망으로 옳은 것은?

① 외국산 수입으로 생산 위축
② 수출의 증가로 재배 면적의 확대
③ 품질 고급화와 저비용 체제의 확립으로 활로 개척
④ 화훼는 발전하고, 채소는 경영 악화

092 다음 중 품종 보호 요건에 해당되지 않는 것은?

① 구별성
② 우수성
③ 안전성
④ 균일성

096 다음 중 저온해에 대한 대책이 아닌 것은?

① 왕겨나 짚을 태운다.
② 소형 터널을 설치한다.
③ 대형 선풍기로 대기를 교반시킨다.
④ 하우스 측 창을 연다.

097 다음 중 가뭄 피해를 경감시키는 방법으로 옳은 것은?

① 배 수
② 객 토
③ 초생 재배
④ 관 수

098 토마토, 오이 등의 열매채소와 카네이션, 국화 등의 화훼류 재배에 널리 이용되고 있는 온실은?

① 외쪽 지붕형 온실
② 3/4 지붕형 온실
③ 양쪽 지붕형 온실
④ 양쪽 지붕 연동형 온실

099 피복 자재에 대한 설명으로 틀린 것은?

① 벤로형 온실에는 주로 4mm 두께의 유리를 사용한다.
② 우리나라 플라스틱 외피복재 중 사용량이 가장 많은 것은 EVA 필름이다.
③ FRP는 불포화 PET 수지에 유리 섬유를 보강시킨 복합재이다.
④ PC판은 자외선 투과율이 매우 낮다.

100 다음 중 육묘용 상토로서 갖추어야 할 조건은?

① 뿌리의 안정을 위해서 비중이 클 것
② 무기물 함량이 될 수 있는 대로 높을 것
③ 공극률이 작아 양·수분을 간직하는 힘이 강할 것
④ 비열이 높고 가격이 저렴할 것

101 과실솎기를 적기에 하였을 때의 이점이 아닌 것은?

① 과실의 착색이 좋아진다.
② 다음 해에 결실될 꽃눈이 많이 분화된다.
③ 과실의 평균 무게가 무거워진다.
④ 과실이 익는 시기가 늦어진다.

102 다음 중에서 유기질 비료가 아닌 것은?

① 요 소
② 퇴 비
③ 깻 묵
④ 계 분

103 벼 종자의 발아와 출아의 적온으로 옳은 것은?

① 10℃
② 20℃
③ 25℃
④ 32℃

104 다음 해충 중 잎을 갉아 먹는 종이 아닌 것은?

① 벼애나방의 유충
② 벼물바구미의 유충
③ 멸강나방의 유충
④ 흑명나방의 유충

105 다음 중 살균제에 대한 설명으로 틀린 것은?

① 마늘즙은 살충제뿐 아니라 살균제로도 쓰인다.
② 살균 비누는 흰가루병과 검은무늬병, 궤양병, 점무늬병 등에 사용한다.
③ 구리는 매우 강력한 비선택성 살균제이다.
④ 베이킹파우더가 병원균에 직접 닿으면 균사가 발육을 멈춘다.

106 오리 농법에서 오리의 적정 투입수는?

① 15~20마리/10a
② 25~30마리/10a
③ 35~40마리/10a
④ 45~50마리/10a

107 다음 중 오리의 방사 시기로 적당한 시기는?

① 이앙 후 1~2주 후
② 이앙 후 3~4주 후
③ 이앙 후 5~6주 후
④ 이앙 후 7~8주 후

108 다음 중 오리 농법에 따른 잡초 방제 효과에 대한 설명으로 틀린 것은?

① 오리는 잡초를 먹어치우거나 짓밟고 몸통으로 논바닥을 문질러서 매몰시킨다.
② 표면수를 탁하게 하여 잡초의 발생 및 발육 환경을 불량하게 한다.
③ 부리나 갈퀴로 벼포기 사이의 피를 할퀴어서 제거하게 한다.
④ 오리는 늙은 잎이나 벼와 피 등의 긴 잎은 잘 먹지 않으므로 이앙 초기 잡초가 크기 전에 방제되도록 관리해야 한다.

109 왕우렁이 농법에서 논에 종자 우렁이를 넣는 시기로 적당한 때는?

① 이앙 후 3일
② 이앙 후 5일
③ 이앙 후 7일
④ 이앙 후 10일

110 다음 중 종자 우렁이를 넣은 후 논의 관리요령으로 옳지 않은 것은?

① 우렁이의 몸체가 반 정도 물 밖에 나올 수 있도록 물의 깊이를 얕게 한다.
② 우렁이 방사 후 초기에는 논에 바로 살포하는 입제 농약뿐 아니라 희석 농약제의 사용도 자제한다.
③ 배수로와 논둑에 설치한 망울타리의 관리를 철저히 하여 우렁이가 밖으로 이동하지 않도록 관리한다.
④ 백로와 같은 조류에 의해 우렁이가 잡아먹히지 않도록 관리한다.

111 쌀겨 농법에서 본답 살포 시 적정 살포량은?

① 100kg/10a
② 200kg/10a
③ 300kg/10a
④ 400kg/10a

112 다음 중 냉수답에 대한 설명으로 옳지 않은 것은?

① 냉수답이란 자갈이나 모래가 많고 작토가 많아서 지하로의 투수가 심한 논을 말한다.
② 냉수답에서는 냉수가 솟아 벼의 생육이 장애를 받는다.
③ 냉수답은 초장이 짧고 분얼이 저조하여 생육의 부진으로 출수가 지연되는 것이 특징이다.
④ 냉수답의 개량 대책으로는 점토질의 객토, 밑다짐, 관개 수온의 상승을 위한 시설로 온수지 비닐 튜브의 이용 등이 있다.

113 다음 중 유기 전환기간의 연결이 잘못된 것은?

① 한우 식육 – 입식 후 6개월
② 젖소 원유 – 착유우는 90일
③ 돼지 식육 – 입식 후 최소 5개월 이상
④ 산란계 알 – 입식 후 3개월

117 곡류 사료 중 가장 많이 배합되는 원료 사료는?

① 쌀
② 밀
③ 보 리
④ 옥수수

114 다음 중 곡류 사료에 대한 설명으로 틀린 것은?

① 탄수화물이 주성분이다.
② 단백질의 함량이 높다.
③ 에너지의 함량이 높고 조섬유의 함량이 낮다.
④ 영양소의 소화율이 높고 기호성이 좋다.

118 가축의 전염병 중 돼지 이외의 동물에서 불현성 감염은 거의 없으며, 감염이 성립되면 연령과 관계없이 발병하고, 특징적인 신경 증상을 나타내는 것은?

① 돼지콜레라
② 구제역
③ 오제스키병
④ 뉴캐슬병

115 다음 중 사료 가치가 거의 없는 작물은?

① 수 수
② 보 리
③ 쌀
④ 메 밀

119 다음 중 일반적으로 허용되는 사항은?

① 꼬리 자르기
② 부리 자르기
③ 물리적 거세
④ 꼬리 부분에 접착 밴드 붙이기

116 다음 중 사일리지의 장점에 해당되지 않는 것은?

① 건초 제조가 곤란한 악천후에도 사일리지 제조가 가능하다.
② 수분 함량이 적어 중량이 작다.
③ 가축 사육의 기계화에 유리하다.
④ 사료의 저장 면적이 건초에 비하여 적다.

120 다음 중 뉴캐슬병의 감수성이 가장 높은 숙주는?

① 닭
② 오 리
③ 돼 지
④ 소

1일 | 정답 및 해설

출제유형 뽀개기 120선   p 38 ~ 52

001	002	003	004	005	006	007	008	009	010	011	012	013	014	015
①	①	③	④	④	①	①	④	②	④	②	②	④	④	②
016	017	018	019	020	021	022	023	024	025	026	027	028	029	030
②	④	②	③	④	③	③	④	④	③	④	③	④	①	②
031	032	033	034	035	036	037	038	039	040	041	042	043	044	045
③	④	③	④	①	④	②	①	③	③	③	②	④	③
046	047	048	049	050	051	052	053	054	055	056	057	058	059	060
②	①	④	②	④	④	④	②	④	②	③	④	③	④	③
061	062	063	064	065	066	067	068	069	070	071	072	073	074	075
④	③	②	①	④	④	③	③	①	④	③	③	②	④	②
076	077	078	079	080	081	082	083	084	085	086	087	088	089	090
①	③	④	②	③	④	②	①	②	①	④	①	①	①	①
091	092	093	094	095	096	097	098	099	100	101	102	103	104	105
③	②	③	②	④	④	③	②	④	④	①	④	②	④
106	107	108	109	110	111	112	113	114	115	116	117	118	119	120
②	①	③	③	②	①	②	①	②	④	②	④	③	③	①

01 작물재배

001 인간이 이용할 목적으로 재배하는 식물을 작물이라고 한다.

002 세계 3대 식량작물은 벼, 밀, 옥수수이다.

003 ③ 팥은 식용작물 중 두류에 속한다.
① 유료작물, ② 섬유류작물, ④ 약료작물
공예작물 : 공예·공업의 원료 등으로 가공하여 이용하는 작물

004 작물을 재배하는 사람은 그 생산물을 통하여 수익을 높이는 것이 주된 목적이다. 소득을 높이려면 수량과 단가를 크게 하여 수익을 높이고 생산비를 절감해야 한다.

005 **식량의 절대적인 부족 원인**
• 경지면적 감소
• 수확량 증가 둔화(토양 비옥도의 저하, 토지 생산성의 한계, 비료·농약 사용의 한계)
• 기상 이변
• 인구 증가

006 ① 벼 : 인도(또는 중국)

007 원경은 작은 면적의 농경지를 집약적(集約的)으로 경영하여 단위 면적당 채소, 과수 등의 수확량을 많게 하는 농업형태이다.

008 **칼륨** : 광합성, 탄수화물 및 단백질 형성, 세포 내의 수분 공급, 증산에 의한 수분 상실의 제어 등의 역할을 하며, 여러 가지 효소 반응의 활성제로서 작용

009 ② 대기 중에는 질소가스(N_2)가 약 79.1%나 함유되어 있으며 근류균·*Azotobacter* 등은 공기 중의 질소를 고정한다.
① 산소 농도는 약 20.9%로 작물의 호흡 작용에 알맞은 농도이다.
③ 이산화탄소의 농도는 약 0.03%이며 이는 작물이 충분한 광합성을 수행하기에는 부족하다. 광합성량을 최고도로 높일 수 있는 이산화탄소의 농도는 약 0.25%이다.
④ 아황산가스는 대기 오염에서 가장 대표적인 유해 가스이며 배출량이 많고 독성도 강하다.

010 **수해의 요인과 작용**
• 토양이 부양하여 산사태·토양침식 등을 유발
• 유토에 의해서 전답이 파괴·매몰
• 유수에 의해서 농작물이 도복·손상되고 표토가 유실
• 침수에 의해서 흙앙금이 가라앉고, 생리적인 피해를 받아서 생육 저해
• 병의 발생이 많아지며, 벼에서는 흰빛잎마름병을 비롯하여 도열병·잎집무늬마름병이 발생
• 벼는 분얼 초기에는 침수에 강하지만 수잉기와 출수 개화기에는 약해 수잉기~출수 개화기에 특히 피해가 큼
• 수온이 높을수록 호흡기질의 소모가 많아 피해가 큼
• 흙탕물과 고인 물은 흐르는 물보다 산소가 적고 온도가 높아 피해가 큼

011 **수분의 역할**
• 원형질의 생활 상태를 유지한다.
• 식물체 구성물질의 성분이 된다.
• 필요물질 흡수의 용매가 된다.
• 식물체 내의 물질 분포를 고르게 한다.
• 세포의 긴장 상태를 유지한다.

012 **모관수** : 모관수는 표면장력에 의하여 토양공극 내에서 중력에 저항하여 유지되는 수분으로, 모관 현상에 의해서 지하수가 모관공극을 상승하여 공급된다. pF 2.7~4.5로서 작물이 주로 이용하는 수분이다.

013 **적산온도** : 적산온도는 작물의 싹트기에서 수확할 때까지 평균 기온이 0℃ 이상인 날의 일평균 기온을 합산한 것이다.

014 광합성에 영향을 미치는 요인은 빛의 세기, 온도, CO_2의 농도이다.

015 한계일장은 식물의 개화를 위해 필요한 최대 혹은 최소 일장을 의미하는 것으로, 식물의 종류와 품종에 따라 다르다. 한계일장보다 짧은 일장에 반응하여 개화하는 식물을 단일식물, 한계일장보다 긴 일장에 반응하여 개화하는 식물을 장일식물이라 하는데 한계일장이 길면 여름, 짧으면 겨울에 꽃을 피우기도 한다.

016 ① 장일상태에서 화성이 유도·촉진된다.
③ 보통 16~18시간의 조명에서 화성이 유도·촉진된다.
④ 장일식물의 유도일장은 장일 측에, 한계일장은 단일 측에 있다.

017 처리 중에 종자가 건조하면 버널리제이션 효과가 감쇄된다.

018 전분 함량이 많으면 내동성이 저하된다.

019 • 호광성 종자 : 담배, 상추, 우엉, 베고니아, 금어초, 페튜니아, 화본과 목초 등
• 혐광성 종자 : 토마토, 가지, 오이, 호박, 대부분의 백합과 작물 등

020 인삼은 한번 본 밭에 옮겨 심으면 같은 장소에서 3~5년 동안 자라고, 이어짓기가 거의 불가능하며, 한번 재배하였던 곳은 10년 이상 다른 작물을 재배한 후에야 다시 재배하는 것이 가능하다.

021 병해충 방제에 효과적인 것은 윤작이며, 기계화 작업에 효과적인 것은 단작이다. 혼작은 생육기간이 거의 같은 두 종류 이상의 작물을 동시에 같은 포장에 섞어서 재배하는 것을 말한다.

022 엽면 시비는 작물의 뿌리가 정상적인 흡수능력을 발휘하지 못할 때, 병충해 또는 침수해 등의 피해를 당했을 때, 이식한 후 활착이 좋지 못할 때 등 응급한 경우에 시용한다.

023 **기지 현상의 원인**
• 토양 비료분의 소모   • 토양 중의 염류집적
• 토양 물리성의 악화   • 잡초의 번성
• 유독물질의 축적   • 토양선충의 피해
• 토양전염의 병해

024 양상추, 담배 등의 호광성 종자와 가지, 용담의 종자는 지베렐린 수용액에 담근 후 파종하면 발아가 촉진된다.

025 질산태 질소에는 질산칼륨, 질산암모늄, 질산칼슘 등이 있다.

026 비금속용기를 사용해야 한다.

027 **중금속 오염 토양 대책**
• 석회성분을 투입하여 토양 산도를 높여 중금속을 불용화한다.
• 인산과 유기물을 시용한다.
• pH를 높이고 Eh를 낮추는 등 토양 산도를 조정하여 토양환원을 촉진한다.
• 흡수력이 강한 묘목류, 화훼류 등의 식물을 이용하여 토양 중 오염물질을 제거한다.

028 경운은 잡초의 종자 또는 잡초를 땅속에 묻히게 하여 발생을 억제한다.

029 암모늄태는 양이온이므로 토양에 부착하는 힘이 강해 비료의 효과가 오래 지속된다.

030 ② 매미충(끝동매미충, 번개매미충)이 매개하는 바이러스병
①·③·④ 곰팡이에 의한 병

031 연작장해(기지)를 해소하기 위한 방법으로는 윤작(돌려짓기), 담수, 토양 소독, 유독물질 유거(流去), 객토 및 환토, 접목, 지력 배양 등이 있으며, 이 중 친환경적인 방법은 윤작이다.

032 **벼 해충의 종류**
• 잎을 가해 : 물바구미(성충), 혹명나방(유충)
• 줄기를 가해 : 벼멸구, 흰등멸구, 애멸구, 매미충류, 이화명나방(유충)
• 뿌리를 가해 : 벼물바구미(유충)

033 풍해는 풍속이 크고 공기 습도가 낮을 때에 심하다.

034 미숙 유기물과 황산근 비료의 시용을 피하고, 표층 시비를 하여 뿌리를 지표면 가까이로 유도한다.

035 **가뭄해의 대책**
• 관개 : 생리적으로 필요한 수분을 공급
• 토양의 수분 보유력 증대 및 증발 억제
  – 토양의 입단·조성 및 드라이파밍(Dry Farming)
  – 비닐, 짚, 풀, 퇴비 등을 이용한 피복
  – 중경 제초하여 수분의 증발을 막고 잡초와의 수분 쟁탈 방지
  – 증발 억제제 살포
• 재배적 대책
  – 뿌림골을 낮추고 재식 밀도를 성기게 한다.
  – 질소질의 과용을 피하고 인산·칼륨·퇴비를 증시한다.
  – 봄철에 보리밭이 건조할 때에는 답압을 한다.
  – 논에서는 직파재배를 하거나, 만식 적응재배를 한다.

036 **저온해** : 양분 흡수, 동화물질의 전류, 질소동화가 저해되어 암모니아의 축적이 증가하고 호흡이 감퇴되어 모든 대사 기능이 저해된다.

037 **살수 빙결법** : 물이 얼 때 1g당 80cal의 잠열이 발생되는 점을 이용하여 스프링클러 등의 시설로 작물체의 표면에 물을 뿌려 주는 방법

038 재식 밀도가 과도하게 높으면 대가 약해져서 도복이 유발될 우려가 크기 때문에 재식 밀도를 적절하게 조절해야 한다. 맥류의 경우 복토를 깊게 하면 도복이 경감된다.

039 냉해는 농작물의 생육기간 중 냉온장해에 의해 생육이 저해되고 수량의 감소나 품질의 저하를 가져오는 기상재해로, 호흡과다 또는 이상호흡이 이루어진다.
• 지연형 냉해 : 벼의 생육 초기부터 출수기에 이르기까지 여러 시기에 걸쳐 냉온이나 일조 부족으로 생육이 지연되고 출수가 늦어져 등숙기에 낮은 온도에 처하게 되어 수량이 저하되는 것
• 장해형 냉해 : 유수형성기부터 출수·개화기까지의 기간에 냉온의 영향을 받으면 생식기관이 정상적으로 형성되지 못하거나 또는 화분(꽃가루)의 방출 및 수정에 장애를 일으켜 불임현상을 초래
• 병해형 냉해 : 냉온에서 생육이 부진하여 규산의 흡수가 적어져서 조직의 규질화(硅質化)가 부실하게 되고 광합성 및 질소대사의 이상으로 병균의 침입에 대항하는 능력이 저하되는 것

040 벼에 잎집무늬마름병의 발생이 심하거나 가을멸구의 발생이 많으면 대가 약해져 도복이 심해진다.

02 토양관리

041 토양은 어느 곳에서나 고상, 액상 및 기상의 3상으로 구성되어 있다. 구성 비율이 일정하지는 않으나 그 비율은 대개 고상 50%, 액상 25%, 기상 25%이다.

042 풍화에 강한 것은 석영, 자철광, 점토광물 등이고, 풍화에 약한 것은 석고, 백운석 등이다.

043 화학적 풍화작용 : 가수분해, 용해작용, 산화작용, 수화작용, 환원작용, 착체 형성 등

044 포드졸은 냉온대로부터 온대의 습윤한 기후에서 침엽수 또는 침엽-활엽 혼림지에 생성되기 쉬운 토양으로 상층의 Fe, Al이 유기물과 결합하여 하층으로 이동하므로 용탈층과 집적층을 갖게 된다.
토양 단면의 특징
• 용탈층(E층) : 석영, 비정질의 규산만 남음, 백색의 표백층 형성
• 집적층(B층) : R_2O_3의 집적, 치밀하고 딱딱한 반층 형성, 황·적갈색

045 화성암과 퇴적암이 지열과 지압에 의하여 성질과 조직이 크게 변하여 변성암으로 변하는데 이를 변성 작용이라 한다.

046 ②는 풍적토이며, ①·③·④는 충적토이다.

047 O층은 유기물의 분해 정도에 따라 다시 O1층과 O2층으로 구분하는데, O2층은 O1층 아래 또는 A1층 위에 있는 유기물 층위로서 어느 정도 분해되어 원조직을 육안으로 잘 식별할 수 없다. 이 층위는 그 분해 정도에 따라 다시 F층과 H층으로 나뉘는데, F층은 유기물의 분해가 활발하게 진행되고 있는 층위이고, H층은 부식화가 진행된 층위로서 A1층 바로 위에 위치하고 있다.

048 지하 수위가 높은 저지대나 배수가 좋지 못한 토양 그리고 물에 잠겨 있는 논토양은 산소가 부족하여 토양 내의 Fe(철), Mn(망간) 및 S(황)은 환원 상태로 되므로 토양층은 청회색, 청색 또는 녹색의 특유한 색깔을 띠게 된다. 이러한 과정을 글레이화 작용이라 한다.

049 **입단 구조의 파괴에 관계되는 요인**
• 습윤과 건조의 반복
• 동결과 해동의 반복
• 식물뿌리의 물리적 작용
• 유기물의 분해
• 강우와 기온의 변동
• 수분이 과소하거나 과다할 때의 경운

050 물과 양분을 흡착하는 힘이 커서 보수력과 보비력이 좋다.

051 토양의 공극량은 미사질 또는 점토질 함량이 높을수록 증가한다.
점토 함량에 따른 토성의 분류 : 사토 < 사양토 < 양토 < 미사질양토 < 식양토 < 식토

052 토양의 공극은 공기와 수분이 차 있는 부분이며, 주로 고체 입자의 배열 상태에 의해 결정된다.

053 토양온도는 토양 내 수분을 이동시키는 역할을 한다.

054 열대 지방에서 토양이 적색을 띠는 것은 산화철 광물이 풍부하기 때문이다.

055 점토 및 부식과 같은 토양 교질물 입자는 토양의 양이온 치환용량(CEC)을 증대시켜 토양 염기의 용탈을 방지한다.

056 토양의 교질물은 표면적이 크다.

057 점토와 부식물 함량이 많은 토양은 양이온 치환용량을 크게 증대시킨다.

058 ④ 33~37%
① 50~56%
② 45~48%
③ 42~55%

059 1:1 격자형 광물(2층형) : 규산판 1개와 알루미나판 1개가 결합된 결정 단위(Kaolinite, Pyrophyllite)

060 토양이 산성으로 되면 알루미늄(Al) 이온과 망간(Mn) 이온이 용출되어 작물에 해를 준다.

061 **산성 토양의 개량 방법**
• 토양 산도를 측정하여 석회를 소량씩 나누어 시비한다.
• 유기물(퇴비, 녹비, 구비 등)을 석회와 병용하여 시비한다.
• 근류균을 첨가한다.
• 인산, 칼륨, 마그네슘 등의 무기양분을 충분히 공급한다.

062 교질이 분산되어 있어 경운이 어렵고 투수가 매우 느리며, 장기간 후에는 분산된 점토가 아래로 이동하여 프리즘상이나 주상 구조의 치밀한 층위가 형성되고 표면에는 비교적 거친 토성층이 남게 된다.

063 사상균류는 신선 유기물이 토양 중에 가해지면 이를 분해하고 Polyuronide를 분비하거나, 미숙 부식 등이 접착제로 작용하여 토양을 입단화한다.

064 아조토박터속(*Azotobacter*속)은 비기생성 질소고정세균이다.
② 클로스트리디움속(*Clostridium*속) : 혐기성 세균
③ 리조비움속(*Rhizobium*속, 근류균) : 공생질소고정세균

065 호기성 미생물은 산소가 있는 곳에서 생육·번식하는 세균으로, 공기 중의 유리 산소를 이용하여 영양소를 산화·분해하는 세포호흡을 한다. 즉, 토양미생물의 활동이 활발할수록 토양공기 중에서 농도가 증가되는 성분은 CO_2이다.

066 ④ 일반적으로 투수성이 크고 구조가 잘 발달되어 내수성 입단이 많을수록 수식이 적다. 토양의 입자가 클수록, 유기물의 함량이 많을수록, 토심이 깊을수록 투수성이 크다.
②·③ 강우에 의한 침식은 용량 인자인 우량보다는 강도 인자인 우세의 영향이 크며, 장시간의 약한 비보다 단시간의 폭우가 토양침식을 더 크게 일으킨다.

067 토양이 나지로 되면 토양침식이 조장되므로 작물을 재배하여 지표면을 피복하여야 한다.

068 ③ 풍식에 관여하는 인자로는 풍속, 토양의 성질, 토양 표면의 피복상태, 인위적 작용 등이 있는데, 이 중 작휴 방향, 경운 정도 등의 인위적 작용은 풍식의 정도와 밀접한 관련이 있다. 바람이 불어오는 방향으로 작휴하면 풍식으로 인한 피해가 증가하고, 거친 경운을 하면 토양이 건조되어 입단의 파괴와 토립의 비산이 증가하므로 토양침식이 커진다.
① 풍식은 건조 또는 반건조 지방의 평원에서 일어나기 쉽고, 온대 습윤 지방에서도 일어나지만, 건조 또는 반건조 지방에서와 같이 심하지는 않다.
② 우리나라에서는 특히 동해안과 제주도 해안의 모래바닥에서 다발한다.
④ 풍식의 모형이다.

069 중금속 원소는 토양 중에서 이동성이 적고 침투수에 의해 용탈되기 어렵기 때문에 토양의 보비력·보수력이 클수록 오염도가 커진다.
※ 51번 해설 참고

070 광산폐수는 카드뮴, 구리, 납, 아연 등의 중금속 오염원이다.
• 질소 : 농약, 화학 비료, 가축의 분뇨 등
• 인산 : 생활하수(합성세제 등)

071 비료를 과다사용하면 토양에 잔류한 비료 성분이 빗물에 의해 지하로 스며든 후 확산해 가지 못하고 농지에 계속 축적되어 염류집적현상이 일어난다. 또한 점토 함량이 적고 미사와 모래 함량이 많아 지표가 건조해져도 염류집적현상이 일어난다.

072 연작장해가 일어나기 쉬운 것은 밭토양이다.

073 식물의 뿌리는 양분을 직접 흡수하지 못하고 수분을 흡수하는 과정에서 양분 또한 흡수하기 때문에 모든 양분은 물에 녹을 수 있는 수용성이자 음이온 상태여야만 한다. 그런데 수분이 많은 과습상태가 되면 토양 내 산소의 농도가 감소하면서 이온화과정, 즉 산소와 결합하여 이온화가 이루어지는 산화작용이 오히려 방해를 받으면서, 정반대의 현상인 산소와의 결합이 끊어져 원래의 상태로 되돌아가는 환원작용이 일어나고, 식물의 뿌리가 이용할 수 있는 질산(NO_3^-)이 이용할 수 없는 질소(N_2)로 전환되는 탈질작용이 일어난다. 이러한 탈질작용은 식물 생장에 필수원소인 질소를 유실시키기 때문에 식물은 영양결핍으로 인한 피해를 입게 되고, 밭토양과는 달리 논토양은 물에 잠겨 있기 때문에 탈질현상이 심하게 나타난다.

074 • 심층 시비 : 암모늄태 질소를 논토양의 심부 환원층에 주어서 비효의 증진을 꾀하는 것
• 전층 시비 : 심층 시비의 실제적 방법으로 논을 갈기 전에 논 전면에 암모늄태 질소를 미리 뿌린 다음 작토의 전층(대부분이 환원층)에 섞이도록 하는 것

075 논은 환원상태가 되면 밭토양보다 인산의 유효도가 증가하여 작물의 이용률이 높아진다.

076 심경을 하면 갈이흙층의 확대로 양분의 보존량이 증대되어 뿌리의 분포 범위가 넓어지고 양분 흡수량이 많아지며, 토양의 물리적 지지력이 커져 도복에 대한 저항성이 커진다.

077 잦은 경운은 오히려 토양 생태계를 파괴하므로 전층 기계경운을 수시로 실시하는 것은 적절하지 않고, 석고·토양개량제·생짚 등을 사용하여 토양의 물리성을 개량한다.

078 간척지 토양은 점토가 과다하고 나트륨 이온이 많아 토양의 투수성 및 통기성이 매우 불량하다.

079 화학비료를 과도하게 주면 지력이 쇠퇴하고 화학비료 속에 녹아 있는 질산이나 인산에 의해 지하수나 수질이 오염될 수 있다.

080 시설재배지 토양의 문제점
• 한두 종류의 작물만 계속하여 연작함으로써 특수 성분의 결핍을 초래한다.
• 집약화의 경향에 따라 요구도가 큰 특정 비료의 편중된 사용으로 염화물·황화물(Ca, Mg, Na 등) 등의 염기가 부성분으로 토양에 집적된다.
• 토양의 pH가 작물 재배에 적합하지 못한 적정 pH 이상으로 높아진다.
• 토양의 비전도도(EC)가 기준 이상인 경우가 많아 토양 용액의 삼투압이 매우 높고, 활성도비가 불균형하여 무기성분 간 길항작용에 의해 무기성분의 흡수가 어렵게 된다.
• 대량요소의 사용에만 주력하여 미량요소의 결핍이 일반적인 특징이다.

03 유기농업 일반

081 유기농업의 기본목적
• 가능한 한 폐쇄적인 농업시스템 속에서 적당한 것을 취하고, 지역 내 자원에 의존하는 것
• 장기적으로 토양 비옥도를 유지하는 것
• 현대 농업기술이 가져온 심각한 오염을 회피하는 것
• 영양가 높은 식품을 충분히 생산하는 것
• 농업에 화석연료의 사용을 최소화하는 것
• 전체 가축에 대하여 그 심리적 필요성과 윤리적 원칙에 적합한 사양조건을 만들어 주는 것
• 농업 생산자에 대해서 정당한 보수를 받을 수 있도록 하는 것과 더불어 일에 대해 만족감을 느낄 수 있도록 하는 것
• 전체적으로 자연환경과의 관계에서 공생·보호적인 자세를 견지하는 것

082 "자연은 해충·병균을 방제하기 위해 독제를 살포하는 인위적 보호를 원하지 않으며, 자생적으로 관리되고 있다"고 하였다.

083 자연농업 : 무경운, 무비료, 무제초, 무농약 등 4대 원칙에 입각한 유기 농업으로, 자연 환경을 파괴하지 않고 자연 생태계를 보전·발전시키면 서 안전한 먹거리를 생산하는 방법이다.

084 현대적 유기농업은 전통적 유기농업과는 달리 농업의 생산성을 높이기보 다는 환경을 보존하고 농산물의 품질을 높이는 데에 초점을 두고 있다.

085 ② 환경보전에 관한 국민의 권리·의무와 국가의 책무를 명확히 하고, 환경정책의 기본이 되는 사항을 정하여 환경오염과 환경훼손을 예방 하며, 환경을 적정하게 관리·보전함으로써 모든 국민이 건강하고 쾌적한 삶을 누릴 수 있도록 함을 목적으로 한다.
③ 토양 오염에 따른 국민건강 및 환경상의 위해를 예방하고 토양 생태 계의 보전을 위하여 오염된 토양을 정화하는 등 토양을 적정하게 관 리·보전하기 위함을 목적으로 한다.

086 친환경 인증제도 실시 목적
• 품질이 우수하고 안전한 농산물의 생산·공급
• 우리 농산물의 품질 경쟁력 제고
• 생산 조건에 따른 인증으로 안전 농산물에 대한 신뢰 구축
• 소비자의 입맛에 맞는 고품질 안전 농산물의 생산·공급 체계 확립

087 유기농산물은 유기합성농약과 화학 비료를 일체 사용하지 않고 재배(전 환기간 : 다년생 작물은 3년, 그 외 작물은 2년)한 것이며, 유기축산물 은 유기축산물 인증 기준에 맞게 재배, 생산된 유기사료를 급여하면서 인증 기준을 지켜 생산한 축산물이다.

088 증산 위주에서 소비와 교역 위주로 전환하고 있다.

089 GAP(Good Agricultural Practices, 우수농산물관리제도)는 농산물의 안전성을 확보하고 농업환경을 보존하기 위하여 농산물의 생산, 수확 후 관리 및 유통의 각 단계에서 재배포장 및 농업용수 등의 농업환경과 농산 물에 잔류할 수 있는 농약, 중금속 또는 유해생물 등의 위해요소를 적절 하게 관리하여 소비자에게 그 관리사항을 알 수 있게 하는 체계이다.
도입효과
• 농산물의 안전성에 대한 소비자의 인식 제고 : 소비자가 만족하는 투 명한 우수관리인증농산물 생산체계 구축을 통하여 국산농산물에 대한 소비자 인식 제고 및 신뢰 향상으로 수익성 증대를 도모할 수 있음
• 농산물 품질관리제도 도입에 의한 생산농가의 경쟁력 확보 : 국산농산 물의 수출경쟁력 확보가 가능하고, 수입농산물에 대하여도 동등한 수 준의 GAP 적용을 요구할 수 있으며, 통명거래에 의한 품질관리도 용 이해짐

090 화학비료와 농약의 과다사용은 농가 생산비 증가뿐만 아니라 환경파괴 를 초래하여 미국과 유럽연합은 농약 사용을 최소화하고 토양과 작물의 양분 상태에 따라 적정 시비를 하는 저투입 지속농업(LISA ; Low Input Sustainable Agriculture)을 추진하고 있다.

091 복합 저항성 품종이 개발되어 실제로 재배되고 있는 사례도 있으나 이 렇게 복합 저항성을 가진 품종은 오히려 예외에 속하는 편이다.

092 품종 보호요건 : 신규성, 구별성, 균일성, 안전성, 품종 고유명칭

093 ① 교잡을 통해서 육종의 소재가 되는 변이를 얻는 방법
② 교배를 하지 않고 재래종에서 우수한 특성을 가진 개체를 골라 품종 으로 만드는 방법
④ 자연적 돌연변이 또는 인위적 돌연변이를 이용하여 우수한 품종을 얻는 방법

094 원예작물 중 채소는 인체의 건전한 발육에 필수적인 비타민 A·C와 칼 슘, 철, 마그네슘 등의 무기 염류를 공급해 준다.

095 원예는 경제의 발전과 비례하여 발전하는 산업이다. 농산물의 수입 개 방에 따라 외국에서 값싼 노동력에 의해 생산된 원예 생산물이 무분별 하게 수입되어 우리나라의 원예산업에 지장을 주고 있지만, 고품질의 상품을 값싸게 생산하는 방법으로 이를 극복해야 한다.

096 저온해에 대한 대책 : 불 피우기, 고깔 씌우기, 소형터널 설치, 멀칭, 강 제 대류

097 가뭄에 대한 근본적인 대책은 관개이며, 심을 때 건조의 피해를 쉽게 받을 수 있는 급경사지 등은 피하는 것이 좋다. 초생 재배는 토양침식을 막을 수 있으나 토양 중의 수분 증발이 크기 때문에, 청경 재배를 실시하 고 중경을 하여 토양 표면으로부터의 수분 증발량을 줄여야 한다.

098 양쪽 지붕형 온실
• 양쪽 지붕의 길이가 같은 온실로, 광선이 사방으로 균일하게 입사하고 통풍이 잘 되는 장점이 있다.
• 남북 방향으로 지으면 햇볕이 고르게 든다.
• 측면과 천장에 환기창을 설치하기 때문에 환기가 잘 된다.
• 좌우의 처마 높이가 같으므로 연동으로 세울 수도 있다.
• 일반적으로 너비가 5.4~9.2m인 온실이 많이 사용되고 있다.
• 재배 관리가 편리하기 때문에 토마토, 오이 등의 열매채소와 카네이 션, 국화 등의 화훼류 재배에 널리 이용되고 있다.

099 우리나라 플라스틱 외피복재 중 가장 많이 사용되는 것은 PE(70% 이상) 이다.

100 좋은 상토를 조제하기 위하여 고려해야 할 점 : 경량 상토로서 비중이 낮 고 비열이 높으며, 값이 싸고 병충해가 없는 무균 상태이어야 한다. 그 리고 유기물 함량이 높고, 분해가 물리·화학적으로 안정되어 있어야 하며, 보수성과 통기성이 적당해야 한다. 또한 작은 용기에 배지를 충분 히 충전할 수 있으며 자체의 결합력을 갖춘 배지이어야 한다.
※ 육 묘
• 종자를 파종하여 묘를 가꾸는 일로 과채류, 배추, 대파 등 채소와 초화류에 이용된다.
• 요즘은 농협, 생산자조합, 종묘사 등에서 묘를 생산하여 공급하는 분업의 형태로 발전해 가고 있다.
• 육묘시설, 육묘용기, 상토배양액 등에 따라 육묘방법도 공정 육묘 시설에서 플러그를 주문하는 단계로 바뀌었다.

101 열매솎기의 효과
- 과실의 크기를 크고 고르게 해 준다.
- 과실의 착색을 돕고 품질을 높여 준다.
- 나무의 잎, 가지, 뿌리 등의 수체 생장을 돕는다.
- 꽃눈의 분화 발달을 좋게 하고 해거리를 예방한다.
- 병해충을 입은 과실이나 모양이 나쁜 것을 제거한다.
- 과실의 모양을 고르게 한다.
- 적기에 열매솎기를 하면 과실의 무게를 증가시킬 수 있다.

102 ① 요소는 질소질 비료에 속한다.
유기질 비료는 동·식물을 원료로 하여 생산한 비료로서, 일반적으로 비료로 분류하고 있으나 보통 무기질 비료(화학 비료)의 상대적 개념으로서 퇴비, 건조시킨 계분 등의 부산물 비료를 포함하고 있다.

103 벼 종자의 발아와 출아의 적온은 32℃로 높은 온도가 적합하지만, 그 후의 생육적온은 일평균 25℃~20℃로 점차 낮아져서, 못자리 기간의 1일 최저기온이 10℃ 이상이면 된다. 일평균 기온 25℃ 이상은 오히려 적당하지 않다.

104 벼물바구미의 유충은 뿌리 위나 속에서 뿌리를 가해하고, 밀도가 높아지면 벼 전체를 위축시킨다.

105 베이킹파우더는 작물에 붙어 있는 균의 포자가 발아하는 것을 막는다.

106 오리의 먹이가 되는 논의 잡초나 벌레의 양에 따라 다르나 10a당 25~30마리 정도가 적당하다.

107 방사시기는 모의 활착 정도, 모의 크기, 온도, 벼의 작형 등을 고려하여 결정하는데, 너무 늦을 경우 잡초가 너무 커서 방제가 어려우므로 이앙 후 7~14일 후에 방사하는 것이 무난하다.

108 벼 포기 사이의 피는 오리가 제거하지 못하므로 사람이 제거해야 한다.

109 종자 우렁이를 넣는 시기는 이앙 후 7일이 가장 효과적이다.

110 왕우렁이는 물속이나 수면에 있는 먹이를 먹기 때문에 물의 깊이가 낮거나 논이 마르면 왕우렁이의 몸체와 먹이가 수면 위로 드러나게 되어 먹이를 먹을 수 없게 된다. 따라서 왕우렁이를 넣은 논의 물 관리는 모포기가 물속에 잠기지 않을 정도로 깊게 한다.

111 벼 수확 후 쌀겨를 미생물로 발효시켜 10a당 200kg 살포 후, 미생물 활동을 돕기 위하여 얇게 로터리 작업을 실시한다.

112 ①은 누수답에 대한 설명이다.
냉수답(Paddy Field Irrigated with Cool Water)이란 기온과는 관계가 없고 냉수를 관개하거나 냉수가 솟아 벼의 생육이 장해를 받는 논을 말한다.

113 한우 식육의 최소 사육기간(전환기간)은 입식 후 최소 12개월 이상이다.

114 곡류사료는 단백질의 함량이 낮고, 그 질이 좋지 못하다.

115 메밀은 사료 가치가 거의 없다. 단백질의 함량은 귀리보다 낮고, 지방의 함량은 귀리의 절반 정도이다.

116 수분 함량이 많으므로 건초에 비하여 약 3배의 중량을 취급해야 한다.

117 옥수수는 곡류사료 중 가장 많이 배합되는 원료사료로 배합사료의 50~70%를 차지한다.

118 (돼지)오제스키병은 허피스 바이러스 감염에 의한 제2종 가축전염병으로, 돼지를 자연숙주로 하기에 돼지에서 발병하는 경우가 많으나 소, 면양, 산양 등의 가축과 개, 고양이, 쥐 등의 동물들에게도 발병 가능하다.

119 생산물의 품질 향상과 전통적인 생산방법의 유지를 위하여 물리적 거세를 할 수 있다.

120 뉴캐슬병의 감수성이 가장 높은 숙주는 닭이고, 괴멸적인 유행이 발생하는 경우가 있다.

5일 완성
유기농업기능사

2/일

과년도 기출문제

★ ★ ★

5일 완성
유기농업기능사

★ ★ ★

2일 | 제1회 과년도 기출문제

01 윤작의 효과가 아닌 것은?

① 지력의 유지 및 증강
② 토양유기물 증대
③ 잡초증가
④ 수량증대

02 우수한 종자를 생산하는 채종재배에서 종자의 퇴화를 방지하기 위한 대책으로 틀린 것은?

① 감자는 평야지대보다 고랭지에서 씨감자를 생산한다.
② 채종포에 공용(供用)되는 종자는 원종포에서 생산된 신용 있는 우수한 종자이어야 한다.
③ 질소비료를 과용하지 말아야 한다.
④ 종자의 오염을 막기 위해 병충해 방지를 하지 않는다.

03 습해 발생으로 인한 작물의 피해요인이 아닌 것은?

① 과습하면 호흡장애가 발생한다.
② 동기습해(冬期濕害)의 경우 지온이 낮아져 토양미생물의 활동이 억제된다.
③ 무기성분(N, P, K, Ca 등)의 흡수가 저해된다.
④ 메탄가스, 이산화탄소의 생성이 적어진다.

04 벼의 이앙재배에 비해 직파재배의 가장 큰 장점은?

① 잡초방제가 용이하다.
② 쌀의 품질이 향상된다.
③ 노동력을 절감할 수 있다.
④ 종자를 절약할 수 있다.

05 탄산시비란?

① 토양산도를 교정하기 위하여 토양에 탄산칼슘을 넣어주는 것
② 시설재배에서 시설 내의 이산화탄소의 농도를 인위적으로 높여주는 것
③ 산업폐기물로 나오는 탄산가스의 처리와 관련하여 생기는 사회 문제
④ 양액재배에서 양액의 탄산가스 농도를 높여 야간 호흡을 억제하는 것

06 도복의 피해가 아닌 것은?

① 수량감소
② 품질손상
③ 수확작업의 간편
④ 간작물(間作物)에 대한 피해

07 작물의 발달과 관련된 용어의 설명으로 틀린 것은?

① 작물이 원래의 것과 다른 여러 갈래로 갈라지는 현상을 작물의 분화라고 한다.
② 작물이 환경이나 생존경쟁에서 견디지 못해 죽게 되는 것을 순화라고 한다.
③ 작물이 점차 높은 단계로 발달해 가는 현상을 작물의 진화라고 한다.
④ 작물이 환경에 잘 견디어 내는 것을 적응이라 한다.

08 증발산량이 2,750g이고, 건물생산량이 95g이라면 이 작물의 요수량은?(단, 생육기간 중 흡수된 수분량은 증발산량으로 한다)

① 약 29g
② 약 33g
③ 약 38g
④ 약 45g

09 작물이 최초에 발상하였던 지역을 그 작물의 기원지라 한다. 다음 작물 중 기원지가 우리나라인 것은?

① 벼
② 참 깨
③ 수 박
④ 인 삼

10 작물의 생육에 있어 광합성에 영향을 주는 적색광역의 파장은?

① 300nm
② 450nm
③ 550nm
④ 670nm

11 두과 사료작물에 해당하는 작물은?

① 라이그래스
② 호 밀
③ 옥수수
④ 알팔파

12 작물에 따라서 양분요구특성에 차이가 있다. 해당 작물의 비료 3요소 흡수비율로 가장 적합한 것은?(단, N : P : K의 비율)

① 벼는 2 : 2 : 3이다.
② 맥류는 5 : 2 : 3이다.
③ 옥수수는 2 : 2 : 4이다.
④ 고구마는 5 : 1 : 1.5이다.

13 작물 재배에 있어 작물의 유전성과 환경조건 및 재배기술이 균형있게 발달되어야 증대될 수 있는 것으로 가장 관계가 깊은 것은?

① 품 질
② 수 량
③ 색 택
④ 당 도

14 식물의 일장효과(日長效果)에 대한 설명으로 틀린 것은?

① 모시풀은 자웅동주식물인데 일장에 따라서 성의 표현이 달라지며, 14시간 일장에서는 완전자성(암꽃)이 된다.
② 콩 등의 단일식물이 장일 하에 놓이면 영양생장이 계속되어 거대형이 된다.
③ 고구마의 덩이뿌리는 단일조건에서 발육이 조장된다.
④ 콩의 결협 및 등숙은 단일조건에서 조장된다.

15 연작의 피해가 심하여 휴작을 요하는 기간이 가장 긴 것은?

① 벼
② 양 파
③ 인 삼
④ 감 자

16 작물의 생육과 관련된 3대 주요온도가 아닌 것은?

① 최저온도
② 평균온도
③ 최적온도
④ 최고온도

17 심층시비를 가장 바르게 실시한 것은?

① 암모늄태 질소를 산화층에 시비하는 것
② 암모늄태 질소를 환원층에 시비하는 것
③ 질산태 질소를 산화층에 시비하는 것
④ 질산태 질소를 표층에 시비하는 것

18 장명(長命)종자는?

① 메 밀
② 고 추
③ 삼(大麻)
④ 가 지

19 용도에 따른 작물의 분류로 틀린 것은?

① 식용작물 : 벼, 보리, 밀
② 공예작물 : 옥수수, 녹두, 메밀
③ 사료식물 : 호밀, 순무, 돼지감자
④ 원예작물 : 배, 오이, 장미

20 비료를 엽면시비할 때 영향을 미치는 요인이 아닌 것은?

① 살포액의 pH
② 살포액의 농도
③ 농약과의 혼합관계
④ 살포할 때의 속도

21 토양의 입자밀도가 $2.65g/cm^3$, 용적밀도가 $1.45g/cm^3$인 토양의 공극률은?

① 약 30%
② 약 45%
③ 약 60%
④ 약 75%

22 우리나라 저위생산지 논의 종류에 해당하지 않는 것은?

① 특이 산성토
② 보통답
③ 사력질답
④ 퇴화염토

23 담수조건의 논토양에 존재할 수 있는 양분의 형태가 아닌 것은?

① NH_4^+
② SO_4^{2-}
③ Fe^{2+}
④ Mn^{2+}

24 밭토양의 3상에 대한 설명으로 적합하지 않은 것은?

① 토양의 3상은 액상, 기상, 고상으로 구성되어 있다.
② 고상은 무기물과 유기물로 구성되어 있다.
③ 일반적으로 토양의 고상과 액상의 비율은 각 약 25% 정도이다.
④ 토양의 깊이가 깊어짐에 따라 액상의 비율은 일반적으로 증가된다.

25 1 : 1 격자형 광물에 속하는 것은?

① Montmorillonite
② Vermiculite
③ Mica
④ Kaolinite

26 유기재배 토양에 많이 존재하는 지렁이의 설명으로 옳은 것은?

① 지렁이는 유기물이 많은 곳에서 숫자가 줄어든다.
② 지렁이가 많으면 각주구조 토양이 많이 생긴다.
③ 지렁이는 공기가 잘 통하는 곳에서는 숫자가 늘어난다.
④ 지렁이는 습한 토양에서 숫자가 줄어든다.

27 토양의 질소 순환작용에서 작용과 반대작용으로 바르게 짝지어져 있는 것은?

① 질산환원작용 – 질소고정작용
② 질산화작용 – 질산환원작용
③ 암모늄화작용 – 질산환원작용
④ 질소고정작용 – 유기화작용

28 토양의 생성 및 발달에 대한 설명으로 틀린 것은?

① 한랭습윤한 침엽수림 지대에서는 Podzol 토양이 발달한다.
② 고온다습한 열대 활엽수림 지대에서는 Latosol 토양이 발달한다.
③ 경사지는 침식이 심하므로 토양의 발달이 매우 느리다.
④ 배수가 불량한 저지대는 황적색의 산화토양이 발달한다.

29 논토양에서 탈질작용이 가장 빠르게 일어날 수 있는 질소의 형태는?

① 질산태 질소
② 암모늄태 질소
③ 요소태 질소
④ 유기태 질소

30 치환성 염기(교환성 염기)로 볼 수 없는 것은?

① K^+
② Ca^{2+}
③ Mg^{2+}
④ H^+

31 습답의 특징으로 볼 수 없는 것은?

① 지하수위가 표면으로부터 50cm 미만이다.
② 유기산이나 황화수소 등 유해물질이 생성된다.
③ Fe^{3+}, Mn^{4+}가 환원작용을 받아 Fe^{2+}, Mn^{2+}가 된다.
④ 칼륨성분의 용해도가 높아 흡수가 잘 되나 질소흡수는 저해된다.

32 생물적 풍화작용에 해당하는 설명으로 옳은 것은?

① 암석광물은 공기 중의 산소에 의해 산화되어 풍화작용이 진행된다.
② 미생물은 황화물을 산화하여 황산을 생성하고 이는 암석의 분해를 촉진한다.
③ 산화철은 수화작용을 받으면 침철광이 된다.
④ 정장석이 가수분해 작용을 받으면 점토가 된다.

33 빗물에 의한 토양 침식에서 침식 정도를 결정하는 가장 큰 요인은?

① 강우 지속시간
② 강우 강도
③ 경사길이
④ 경사도

34 토양을 분석한 결과 토양의 양이온교환용량은 10cmol/kg이었고, Ca : 4.0cmol/kg, Mg : 1.5cmol/kg, K : 0.5cmol/kg 및 Al : 1.0cmol/kg이었다면 이 토양의 염기포화도(Base Saturation)는?

① 40%
② 50%
③ 60%
④ 70%

35 다음 영농활동 중 토양미생물의 밀도와 활력에 가장 긍정적인 효과를 가져다 줄 수 있는 것은?

① 유기물 시용
② 상하경 재배
③ 농약 살포
④ 무비료 재배

36 우리나라 밭토양의 특징과 거리가 먼 것은?

① 밭토양은 경사지에 분포하고 있어 논토양보다 침식이 많다.
② 밭토양은 인산의 불용화가 논토양보다 심하지 않아 인산유효도가 높다.
③ 밭토양은 양분유실이 많아 논토양보다 양분 의존도가 높다.
④ 밭토양은 논토양에 비하여 양분의 천연공급량이 낮다.

37 토양미생물인 사상균에 대한 설명으로 틀린 것은?

① 균사로 번식하며 유기물 분해로 양분을 획득한다.
② 호기성이며 통기가 잘 되지 않으면 번식이 억제된다.
③ 다른 미생물에 비해 산성토양에서 잘 적응하지 못한다.
④ 토양 입단 발달에 기여한다.

38 2년 전 pH가 4.0이었던 토양을 석회 시용으로 산도교정을 하고 난 후, 다시 측정한 결과 pH가 6.0이 되었다. 토양 중의 H^+ 이온 농도는 처음 농도의 얼마로 감소되었나?

① 1/10
② 1/20
③ 1/100
④ 1/200

39 우리나라의 전 국토의 2/3가 화강암 또는 화강편마암으로 구성되어 있다. 이러한 종류의 암석은 토양생성과정 인자 중 어느 것에 해당하는가?

① 기 후
② 지 형
③ 풍화기간
④ 모 재

40 화학적 풍화에 대한 저항성이 강하며 토양 중 모래의 주성분이 되는 토양광물은?

① 석 영
② 장 석
③ 운 모
④ 각섬석

41 일반적인 퇴비화의 과정으로 옳은 것은?

① 전처리 과정 → 숙성 과정 → 본처리 과정
② 전처리 과정 → 본처리 과정 → 숙성 과정
③ 숙성 과정 → 본처리 과정 → 전처리 과정
④ 본처리 과정 → 전처리 과정 → 숙성 과정

42 시설하우스 염류집적의 대책으로 적합하지 않은 것은?

① 강우의 차단
② 제염작물의 재배
③ 유기물 시용
④ 담수에 의한 제염

43 한포장에서 연작을 하지 않고 몇 가지 작물을 특정한 순서로 규칙적으로 반복하여 재배하는 것은?

① 혼 작
② 교호작
③ 간 작
④ 돌려짓기

44 유기농업의 목표로 보기 어려운 것은?

① 환경보전과 생태계 보호
② 농업생태계의 건강 증진
③ 화학비료·농약의 최소 사용
④ 생물학적 순환의 원활화

45 지력이 감퇴하는 원인이 아닌 것은?

① 토양의 산성화
② 토양의 영양 불균형화
③ 특수비료의 과다 시용
④ 부식의 시용

46 유기재배 인증을 받고 작물을 재배할 때에 대한 설명으로 틀린 것은?

① 유기재배 과정에서 나오는 부산물을 사용하였다.
② 농촌진흥청장이 공시한 친환경농자재를 사용하였다.
③ 개화시 생장조절제를 사용하여 품질을 좋게 하였다.
④ 화염방사기로 제초작업을 하였다.

47 화학비료가 토양에 미치는 영향으로 거리가 먼 것은?

① 토양생물 다양성 감소
② 무기물의 공급
③ 작물의 속성수확
④ 미생물의 공급

48 재배행위에 따른 문제점의 연결로 틀린 것은?

① 연작 : 기지현상 유발
② 토양소독 : 미생물 교란
③ 다비재배 : EC 저하
④ 대형기계의 토양 답압화 : 통기성 불량

49 작물 재배 시 300평당 전 생육기간에 필요한 질소 성분량이 10kg일 때, 질소가 5%인 혼합유박은 몇 kg을 사용해야 하는가?

① 200kg
② 300kg
③ 350kg
④ 400kg

50 유아(어린이)에게 청색증을 나타나게 하는 화학성분은?

① 붕 소
② 칼 슘
③ 마그네슘
④ 질산태 질소

51 유기농업과 관련성이 가장 먼 개념의 용어는?

① 지속적 농업
② 정밀농업
③ 생태농업
④ 친환경농업

52 유기농업에서 주로 이용되는 농법이 아닌 것은?

① 단 작
② 무경운
③ 퇴구비 시용
④ 윤 작

53 유기종자 품종으로 적당하지 않은 것은?

① 생태형 품종
② 재래종 품종
③ 유전자 변형 품종
④ 분리육종 품종

54 병충해 종합관리를 나타내는 용어는?

① GAP
② INM
③ IPM
④ NPN

55 과수 및 과실의 생장에 영향을 미치는 수분에 대한 설명으로 틀린 것은?

① 토양수분이 많아지면 공기함량이 많아지고 공기가 적어지면 수분함량이 적어지는 관계가 있다.

② 수분은 과수체내(果樹體內)의 유기물을 합성·분해하는 데 없어서는 안 될 물질이다.

③ 수분은 수체구성물질(樹體構成物質)로도 중요한 역할을 하는데 이와 같이 과수(果樹)가 필요한 수분은 토양수분으로 공급되고 토양수분은 대체로 강우로 공급된다.

④ 일반적으로 작물·과수 등의 생육에 용이하게 이용되는 수분은 모관수(毛管水)이다.

56 개화기 때에 청예사료로 이용되며, 가소화영양소총량(TDN)이 다음 중 가장 높은 작물은?

① 옥수수
② 호 밀
③ 귀 리
④ 유 채

57 우렁이농법에 의한 유기벼 재배에서 우렁이 방사에 의해 주로 기대되는 효과는?

① 잡초방제
② 유기물 대량공급
③ 해충방제
④ 양분의 대량공급

58 시설 및 노지의 유기재배에서 널리 사용하는 질소 보충용 자재는?

① 증제골분
② 지렁이분
③ 갑각류
④ 채종박

59 IFOAM이란?

① 국제유기농업운동연맹
② 무역의 기술적 장애에 관한 협정
③ 위생식품검역 적용에 관한 협정
④ 식품관련법

60 시설원예 토양의 특성이 아닌 것은?

① 토양의 공극률이 낮다.
② 토양의 pH가 낮다.
③ 토양의 통기성이 불량하다.
④ 염류농도가 낮다.

2일 | 제2회 과년도 기출문제

01 변온에 의하여 종자의 발아가 촉진되지 않는 것은?

① 당 근
② 담 배
③ 아주까리
④ 셀러리

02 물속에서는 발아하지 못하는 종자는?

① 상 추
② 가 지
③ 당 근
④ 셀러리

03 빛과 작물의 생리작용에 대한 설명으로 틀린 것은?

① 광이 조사(照射)되면 온도가 상승하여 증산이 조장된다.
② 광합성에 의하여 호흡기질이 생성된다.
③ 식물의 한쪽에 광을 조사하면 반대쪽의 옥신 농도가 낮아진다.
④ 녹색식물은 광을 받으면 엽록소 생성이 촉진된다.

04 일반적으로 작물 생육에 가장 알맞은 토양 조건은?

① 토성은 수분·공기·양분을 많이 함유한 식토나 사토가 가장 알맞다.
② 작토가 깊고 양호하며 심토는 투수성과 투기성이 알맞아야 한다.
③ 토양구조는 홑알(單粒)구조로 조성되어야 한다.
④ 질소, 인산, 칼륨의 비료 3요소는 많을수록 좋다.

05 수분으로 포화된 토양으로부터 증발을 방지하면서 중력수를 완전히 배제하고 남은 수분상태는?

① 최대용수량
② 포장용수량
③ 초기위조점
④ 영구위조점

06 농작물의 분화과정에서 자연적으로 새로운 유전자형이 생기게 되는 가장 큰 원인은?

① 영농방식의 변화
② 재배환경의 변화
③ 재배기술의 변화
④ 자연교잡과 돌연변이

07 수박을 신토좌에 접붙여 재배하는 주 목적으로 옳은 것은?

① 흰가루병을 방제하기 위하여
② 덩굴쪼김병을 방제하기 위하여
③ 크고 당도가 높은 과실을 생산하기 위하여
④ 과실이 터지는 현상인 열과를 방지하기 위하여

08 콩의 잎에 생기는 병해가 아닌 것은?

① 모자이크병
② 갈색무늬병
③ 노균병
④ 자주빛무늬병

09 벼 침관수 피해에 대한 설명으로 틀린 것은?

① 분얼초기에서보다는 수잉기나 출수기에 크게 나타난다.
② 같은 침수기간이라도 맑은 물에서 보다는 탁수에서 피해가 크다.
③ 침수시에 높은 수온에서 피해가 큰 것은 호흡기질의 소모가 빨라지기 때문이다.
④ 침수시에 흐르는 물에서 보다는 흐르지 않는 정체수에서 피해가 상대적으로 적다.

10 식물병의 주인(主因)으로 거리가 먼 것은?

① 침 수
② 선 충
③ 곰팡이
④ 세 균

11 요소를 0.1% 용액을 만들어 엽면시비하려고 한다. 물 20L에 들어갈 요소의 양은?(단, 비중은 1로 한다)

① 10g
② 20g
③ 100g
④ 200g

12 다음 중 적산온도 요구량이 가장 높은 작물은?

① 감 자
② 메 밀
③ 벼
④ 담 배

13 풍건상태일 때 토양의 pF 값은?

① 약 4
② 약 5
③ 약 6
④ 약 7

14 수도의 냉해 발생과 품종의 내냉성에 관한 설명으로 틀린 것은?

① 남풍벼, 장성벼는 냉해에 약한 편이다.
② 오대벼, 운봉벼는 냉해에 강한 편이다.
③ 벼의 감수분열기에는 8~10℃ 이하에서부터 냉해를 받기 시작한다.
④ 생육시기에 의하여 위험기에 저온을 회피할 수 있는 것은 냉해회피성이라 한다.

15 종묘로 이용되는 영양기관이 덩이뿌리(괴근)인 것은?

① 생 강
② 연
③ 호 프
④ 마

16 식물체 내에서 합성되는 호르몬이 아닌 것은?

① 옥 신
② CCC
③ 지베렐린
④ 시토키닌

17 식용작물의 분류상 연결이 틀린 것은?

① 맥류 – 벼, 수수, 기장
② 잡곡 – 옥수수, 조, 메밀
③ 두류 – 콩, 팥, 녹두
④ 서류 – 감자, 고구마, 토란

18 가을 보리의 춘화 처리 시에 적합한 생육시기와 처리온도는?

① 최아종자를 0~3℃에 처리한다.
② 최아종자를 5~10℃에 처리한다.
③ 본엽이 4~5매 전개되었을 때 0~3℃에 처리한다.
④ 본엽이 4~5매 전개되었을 때 5~10℃에 처리한다.

19 땅갈기(경운)의 특징에 대한 설명으로 틀린 것은?

① 토양미생물의 활동이 증대되어 작물 뿌리 발달이 왕성하다.
② 종자를 파종하거나 싹을 키워 모종을 심을 때 작업이 쉽다.
③ 잡초와 해충의 발생을 억제한다.
④ 땅을 깊이 갈면 땅 속 깊숙이 물이 들어가 수분 손실이 심하다.

20 작물에 유해한 성분이 아닌 것은?

① 수 은
② 납
③ 황
④ 카드뮴

21 물리적 풍화작용에 속하는 것은?

① 가수분해작용
② 탄산화작용
③ 빙식작용
④ 수화작용

22 토양의 용적밀도를 측정하는 가장 큰 이유는?

① 토양의 산성 정도를 알기 위해
② 토양의 구조발달 정도를 알기 위해
③ 토양의 양이온 교환용량 정도를 알기 위해
④ 토양의 산화환원 정도를 알기 위해

23 토양미생물의 작용 중 작물 생육에 불리한 것은?

① 탈질 작용
② 유리질소 고정
③ 암모니아 화성작용
④ 불용인산의 가용화

24 점토광물에 음전하를 생성하는 작용은?

① 변두리전하
② 이형치환
③ 양이온의 흡착
④ 탄산화작용

25 논토양보다 배수가 양호한 밭토양에 많이 존재하는 무기물의 형태는?

① Fe^{3+}
② CH_4
③ Mn^{2+}
④ H_2S

26 토양의 입단화(粒團化)에 좋지 않은 영향을 미치는 것은?

① 유기물 시용
② 석회 시용
③ 칠레초석 시용
④ Krillium 시용

27 토양의 산화환원 전위값으로 알 수 있는 것은?

① 토양의 공기유통과 배수상태
② 토양산성 개량에 필요한 석회소요량
③ 토양의 완충능
④ 토양의 양이온 흡착력

28 밭토양에 비하여 논토양의 철(Fe)과 망간(Mn) 성분이 유실되어 부족하기 쉬운데 그 이유로 가장 적합한 것은?

① 철(Fe)과 망간(Mn) 성분이 논토양에 더 적게 함유되어 있기 때문이다.
② 논토양은 벼 재배기간 중 담수상태로 유지되기 때문이다.
③ 철(Fe)과 망간(Mn) 성분은 벼에 의해 흡수 이용되기 때문이다.
④ 철(Fe)과 망간(Mn) 성분은 미량요소이기 때문이다.

29 토양관리에 미치는 윤작의 효과로 보기 어려운 것은?

① 토양 병충해 감소
② 토양유기물 함량 증진
③ 양이온 치환능력 감소
④ 토양미생물 밀도 증진

30 토양 입단생성에 가장 효과적인 토양미생물은?

① 세 균
② 나트륨세균
③ 사상균
④ 조 류

31 질소와 인산에 의한 토양의 오염원으로 가장 거리가 먼 것은?

① 광산폐수
② 공장폐수
③ 축산폐수
④ 가정하수

32 유기농업에서 칼륨질 화학비료 대신 사용할 수 있는 자재는?

① 석회석
② 고령토
③ 일라이트
④ 제올라이트

33 지하수위가 높은 저습지 또는 배수가 불량한 곳은 물로 말미암아 $Fe^{3+} \to Fe^{2+}$로 되고 토층은 담청색~녹청색 또는 청회색을 띤다. 이와 같은 토층의 분화를 일으키는 작용을 무엇이라 하는가?

① Podzol화 작용
② Latsol화 작용
③ Glei화 작용
④ Siallit화 작용

34 시설재배지 토양의 특성에 해당하지 않는 것은?

① 연작으로 인해 특수 영양소의 결핍이 발생한다.
② 용탈현상이 발생하지 않으므로 염류가 집적된다.
③ 소수의 채소작목만을 반복 재배하므로 특정 병해충이 번성한다.
④ 빈번한 화학비료의 사용에 의한 알칼리성화로 염기포화도가 낮다.

35 밭토양 조건보다 논토양 조건에서 양분의 유효화가 커지는 대표적 성분은?

① 질 소
② 인 산
③ 칼 륨
④ 석 회

36 토양의 침식을 방지할 수 있는 방법으로 적절하지 않은 것은?

① 등고선 재배
② 토양 피복
③ 초생대 설치
④ 심토 파쇄

37 다우·다습한 열대지역에서 화강암과 석회암에서 유래된 토양이 유년기를 거쳐 노년기에 이르게 되었을 때의 토양반응은?

① 화강암에서 유래된 토양은 산성이고 석회암에서 유래된 토양은 알칼리성이다.
② 화강암에 유래된 토양도 석회암에서 유래된 토양도 모두 산성을 나타낼 수 있다.
③ 화강암에 유래된 토양도 석회암에서 유래된 토양도 모두 알칼리성을 나타낼 수 있다.
④ 화강암에서 유래된 토양은 알칼리성이고 석회암에서 유래된 토양은 산성이다.

38 토양용액 중 유리 양이온들의 농도가 모두 일정할 때 확산이 중층 내부로 치환 침입력이 가장 낮은 양이온은?

① Al^{3+}
② Ca^{2+}
③ Na^+
④ K^+

39 근권에서 식물과 공생하는 Mycorrhizae(균근)는 식물체에게 특히 무슨 성분의 흡수를 증가시키는가?

① 산 소
② 질 소
③ 인 산
④ 칼 슘

40 경작지토양 1ha에서 용적밀도가 $1.2g/cm^3$일 때 10cm 깊이까지의 작토 층 질량은?(단, 토양수분 질량은 무시한다)

① 120,000kg
② 240,000kg
③ 1,200,000kg
④ 2,400,000kg

41 작물의 내적 균형을 나타내는 지표인 C/N율에 대한 설명으로 틀린 것은?

① C/N율이란 식물체 내의 탄수화물과 질소의 비율 즉, 탄수화물질소비율(炭水化物窒素比率)이라고 한다.
② C/N율이 식물의 생장 및 발육을 지배한다는 이론을 C/N율설이라고 한다.
③ C/N율을 적용할 경우에는 C와 N의 비율도 중요하지만 C와 N의 절대량도 중요하다.
④ 개화·결실에서 C/N율은 식물호르몬, 버널리제이션(Vernalization), 일장효과에 비하여 더 결정적인 영향을 끼친다.

42 토양 용액의 전기 전도도를 측정하여 알 수 있는 것은?

① 토양미생물의 분포도
② 토양 입경분포
③ 토양의 염류농도
④ 토양의 수분장력

43 경사지 과수원에서 등고선식 재배방법을 하는 가장 큰 목적은?

① 토양침식방지
② 과실착색촉진
③ 과수원경관개선
④ 토양물리성개선

44 과수 재배를 위한 토양관리방법 중 토양표면관리에 관한 설명으로 옳은 것은?

① 초생법(草生法)은 토양의 입단구조(粒團構造)를 파괴하기 쉽고 과수의 뿌리에 장해를 끼치는 경우가 많다.
② 청경법(淸耕法)은 지온의 과도한 상승 및 저하를 감소시키며, 토양을 입단화(粒團化)하고 강우직후에도 농기계의 포장 내(圃場內) 운행을 편리하게 하는 이점이 있다.
③ 멀칭(Mulching)법은 토양의 표면을 덮어주는 피복재료가 무엇인가에 따라 그 명칭이 다른데 짚인 경우에는 Grass Mulch, 풀인 경우에는 Straw Mulch라 부른다.
④ 초생법(草生法)은 토양 중의 질산태 질소의 양을 감소시키는 데 기여한다.

45 세계에서 유기농업이 가장 발달한 유럽 유기농업의 특징에 대해 설명으로 틀린 것은?

① 농지면적당 가축사육규모의 자유
② 가급적 유기질 비료의 자급
③ 외국으로부터의 사료의존 지양
④ 환경보전적인 기능수행

46 포도 재배 시 화진현상(꽃떨이현상) 예방방법으로 가장 거리가 먼 것은?

① 질소질을 많이 준다.
② 붕소를 시비한다.
③ 칼슘을 충분하게 준다.
④ 개화 5~7일 전에 생장점을 적심한다.

47 우리나라 과수 재배의 과제라고 볼 수 없는 것은?

① 품질 향상
② 생산비 절감
③ 생력 재배
④ 가공 축소

48 과수 묘목을 깊게 심었을 때 나타나는 직접적인 영향으로 옳은 것은?

① 착과가 빠르다.
② 뿌리가 건조하기 쉽다.
③ 뿌리의 발육이 나쁘다.
④ 병충해의 피해가 심하다.

49 우리나라에서 유기농업발전기획단이 정부의 제도권 내로 진입한 연대는?

① 1970년대
② 1980년대
③ 1990년대
④ 2000년대

50 작물의 병에 대한 품종의 저항성에 대한 설명으로 가장 적합한 것은?

① 해마다 변한다.
② 영원히 지속된다.
③ 때로는 감수성으로 변한다.
④ 감수성으로 절대 변하지 않는다.

51 윤작의 기능과 효과가 아닌 것은?

① 수량증수와 품질이 향상된다.
② 환원 가능 유기물이 확보된다.
③ 토양의 통기성이 개선된다.
④ 토양의 단립화(單粒化)를 만든다.

52 우리나라에서 가장 많이 재배되고 있는 시설채소는?

① 근채류
② 엽채류
③ 과채류
④ 양채류

53 시설원예의 난방방식 종류와 그 특징에 대한 설명으로 옳은 것은?

① 난로난방은 일산화탄소(CO)와 아황산가스(SO_2)의 장해를 일으키기 쉬우며 어디까지나 보조난방으로서의 가치만이 인정되고 있다.
② 난로난방이란 연탄·석유 등을 사용하여 난로본체와 연통 표면을 통하여 방사되는 열로 난방하는 방식을 말하는데, 이는 시설비가 적게 들며 시설 내에 기온분포를 균일하게 유지시키는 등의 장점이 있는 난방방식이다.
③ 전열난방은 온도조절이 용이하며, 취급이 편리하나 시설비가 많이 드는 단점이 있다.
④ 전열난방은 보온성이 높고 실용규모의 시설에서도 경제성이 높은 편이다.

54 시설재배에서 문제가 되는 유해가스가 아닌 것은?

① 암모니아가스
② 아질산가스
③ 아황산가스
④ 탄산가스

55 우리나라 시설재배에서 가장 많이 쓰이는 피복자재는?

① 폴리에틸렌필름
② 염화비닐필름
③ 에틸렌아세트산필름
④ 판유리

56 유기농업의 단점이 아닌 것은?

① 유기비료 또는 비옥도 관리수단이 작물의 요구에 늦게 반응한다.
② 인근 농가로부터 직·간접적인 오염이 우려된다.
③ 유기농업에 대한 정부의 투자효과가 크다.
④ 노동력이 많이 들어간다.

57 십자화과 작물의 채종적기는?

① 백숙기
② 갈숙기
③ 녹숙기
④ 황숙기

58 시설 내 연료소모량을 줄일 수 있는 가장 적합한 방법은?

① 난방부하량을 높임
② 난방기의 열이용 효율을 높임
③ 온수난방방식을 채택함
④ 보온비를 낮춤

59 호기성 미생물의 생육 요인으로 가장 거리가 먼 것은?

① 수 소
② 온 도
③ 양 분
④ 산 소

60 친환경농업이 출현하게 된 배경으로 틀린 것은?

① 세계의 농업정책이 증산위주에서 소비자와 교역중심으로 전환되어가고 있는 추세이다.
② 국제적으로 공업부분은 규제를 강화하고 있는 반면 농업부분은 규제를 다소 완화하고 있는 추세이다.
③ 대부분의 국가가 친환경농법의 정착을 유도하고 있는 추세이다.
④ 농약을 과다하게 사용함에 따라 천적이 감소되어 가는 추세이다.

2일 | 제3회 과년도 기출문제

01 춘화현상(버널리제이션)에 대한 설명으로 틀린 것은?

① 춘화현상의 반응을 기초로 맥류는 추파형 품종과 춘파형 품종으로 구분된다.
② 딸기와 같이 화아분화에 저온이 필요한 작물을 겨울에 출하하기 위해서 촉성재배를 하려면 여름에 냉장하여 화아분화를 유도하는 저온처리를 한다.
③ 춘화현상에서 저온에 감응하는 부위는 종자의 배유이다.
④ 맥류나 십자화과 작물의 육종과정에서 세대촉진을 위하여 여름철 수확 후에 저온춘화처리를 하여 일년에 2세대를 재배함으로서 육종연한을 단축시킬 수 있다.

02 물에 잘 녹고 작물에 흡수가 잘 되어 밭작물의 추비로 적당하지만, 음이온 형태로 토양에 잘 흡착되지 않아 논에서는 유실과 탈질현상이 심한 질소질 비료의 형태는?

① 질산태 질소
② 암모니아태 질소
③ 시안아미드태 질소
④ 단백태 질소

03 작물을 재배할 때 발생하는 풍해에 대한 재배적 대책이 아닌 것은?

① 내풍성 품종의 선택
② 내도복성 품종의 선택
③ 요소의 엽면시비
④ 배토·지주 및 결속

04 토성(土性)에 대한 설명으로 틀린 것은?

① 토양입자의 성질(Texture)에 따라 구분한 토양의 종류를 토성이라 한다.
② 식토는 토양 중 가장 미세한 입자로 물과 양분을 흡착하는 힘이 작다.
③ 식토는 투기와 투수가 불량하고 유기질 분해 속도가 늦다.
④ 부식토는 세토(세사)가 부족하고, 강한 산성을 나타내기 쉬우므로 점토를 객토해 주는 것이 좋다.

05 토양수분항수의 pF(Potential Force)로 틀린 것은?

① 최대용수량 : pF = 7
② 초기위조점 : pF = 3.9
③ 포장용수량 : pF = 2.5~2.7
④ 흡습계수 : pF = 4.5

06 춘화처리할 때 가장 중요한 환경조건은?

① 산 소
② 습 도
③ 온 도
④ 일 장

07 작물에 미치는 일장의 영향에 대한 설명으로 틀린 것은?

① 장일식물은 장일상태에서 화성이 유도되는 작물로 맥류, 양파가 이에 해당된다.

② 단일식물은 연속암기가 지속되지 못하고 분단되면 화성이 유도되지 않는다.

③ 근적외광의 조사는 적색광에 의해 억제된 장일식물의 화성을 촉진한다.

④ 일장효과에는 적색광이 가장 효과적이며 약광이라도 일장효과는 나타난다.

08 작물재배에서 이랑 만들기의 주된 목적으로 가장 적당한 것은?

① 작물의 습해를 방지

② 토양건조 예방

③ 잡초발생 억제

④ 지온 조절

09 작물의 도복을 방지하기 위한 방법이 아닌 것은?

① 칼륨질 비료의 절감

② 내도복성 품종의 선택

③ 배토 및 답압

④ 밀식재배 지양

10 자동차 등에서 배출된 대기 중의 이산화질소가 자외선에 의해 분해되어 산소와 결합하여 발생되는 유해 가스는?

① 오 존

② PAN

③ 아황산가스

④ 일산화질소

11 대기의 공기 중 가장 많이 함유되어 있는 가스는?

① 산소가스

② 질소가스

③ 이산화탄소

④ 아황산가스

12 작물의 특징에 대한 설명으로 틀린 것은?

① 이용성과 경제성이 높다.

② 일종의 기형식물을 이용하는 것이다.

③ 야생식물보다 생존력이 강하고 수량성이 높다.

④ 인간과 작물은 생존에 있어 공생관계를 이룬다.

13 논 상태와 밭 상태로 몇 해씩 돌아가며 재배하는 방법은?

① 윤작 재배

② 교호작 재배

③ 이모작 재배

④ 답전윤환 재배

14 작물의 광합성에 가장 유효한 광선은?

① 적색과 청색

② 황색과 자외선

③ 녹색과 적외선

④ 자색과 녹색

15 식물이 이용하는 광(光)에 대한 설명으로 옳은 것은?

① 식물이 광에 반응하는 굴광현상은 청색광이 가장 유효하다.
② 광합성은 675nm를 중심으로 한 620~770nm의 황색광이 가장 효과적이다.
③ 광으로 인해 광합성이 활발해지면 동화물질이 축적되어 증산작용을 감소시킨다.
④ 자외선과 같은 단파장은 식물을 도장시킨다.

16 보리에서 발생하는 대표적인 병이 아닌 것은?

① 흰가루병
② 흰잎마름병
③ 붉은곰팡이병
④ 깜부기병

17 단장일(短長日) 식물에 해당하는 것은?

① 시금치
② 고 추
③ 프리뮬러
④ 코스모스

18 석회보르도액의 제조에 대한 설명으로 틀린 것은?

① 고순도의 황산구리와 생석회를 사용하는 것이 좋다.
② 황산구리액과 석회유를 각각 비금속용기에서 만든다.
③ 황산구리액에 석회유를 가한다.
④ 가급적 사용할 때마다 만들며, 만든 후 빨리 사용한다.

19 종자 휴면의 원인이 아닌 것은?

① 종피의 기계적 저항
② 종피의 산소 흡수 저해
③ 배의 미숙
④ 후 숙

20 수박을 이랑 사이 200cm, 이랑 내 포기 사이 50cm로 재배하고자 한다. 종자의 발아율이 90%이고, 육묘율(발아하는 종자를 정식묘로 키우는 비율)이 약 85%라면 10a당 준비해야 할 종자는 몇 립이 되겠는가?

① 703립
② 1,020립
③ 1,307립
④ 1,506립

21 논토양의 지력증진방향으로 옳지 않은 것은?

① 미사와 점토가 많은 논토양에서는 지하수위를 낮추기 위한 암거배수나 명거배수가 요구된다.
② 절토지에서는 성토지의 경우보다 배나 많은 질소비료를 사용해도 성토지의 벼 수량에 미치지 못한다.
③ 황산산성토양에서는 다량의 석회질 비료를 사용하지 않으면 수량이 적다.
④ 논의 가리흙은 유기물함량이 2.5% 이상이 되게 유지하는 토양관리가 필요하다.

22 대기로부터 토양으로 유입된 이산화탄소가 토양 내 물과 반응하였을 때 생성되는 화합물은?

① 아세틱산
② 옥살릭산
③ 탄 산
④ 메탄가스

23 일본에서 이타이이타이(Itai-Itai)병이 발생하여 인명피해를 주었는데 그 원인이 된 중금속은?

① 니 켈
② 수 은
③ 카드뮴
④ 비 소

24 다음 설명하는 균류는?

> 산성에 대한 저항력이 강하기 때문에 산성토양에서 일어나는 화학변화는 이 균류의 작용이 대부분이다.

① 근류균
② 세 균
③ 사상균
④ 방사상균

25 두과작물과 공생관계를 유지하면서 농업적으로 중요한 질소 고정을 하는 세균의 속은?

① *Azotobacter*
② *Rhizobium*
③ *Clostridium*
④ *Beijerinckia*

26 화학적 풍화작용이 아닌 것은?

① 가수분해작용
② 산화작용
③ 수화작용
④ 대기의 작용

27 염기성암에 속하는 것은?

① 화강암
② 현무암
③ 유문암
④ 섬록암

28 밭토양에서 원소(N, S, C, Fe)의 산화형태가 아닌 것은?

① NH_4^+
② SO_4^{2-}
③ CO_2
④ Fe^{3+}

29 토양의 염기포화도 계산에 포함되지 않는 이온은?

① 칼슘이온
② 나트륨이온
③ 마그네슘이온
④ 알루미늄이온

30 습답의 개량방법으로 적합하지 않은 것은?

① 석회로 토양을 입단화한다.
② 유기물을 다량 시용한다.
③ 암거배수를 한다.
④ 심경을 한다.

31 토양입자의 입단화 촉진에 가장 우수한 양이온은?

① Na^+
② Ca^{2+}
③ NH_4^+
④ K^+

35 유기재배 토양에 많이 존재하는 떼알구조에 대한 설명으로 틀린 것은?

① 떼알구조를 이루면 작은 공극과 큰 공극이 생긴다.
② 떼알구조가 발달하면 공기가 잘 통하고 물을 알맞게 간직할 수 있다.
③ 떼알구조가 되면 풍식과 물에 의한 침식을 줄일 수 있다.
④ 떼알구조는 경운을 자주하면 공극량이 늘어난다.

32 양이온 교환용량이 높은 토양의 특징으로 옳은 것은?

① 비료의 유실량이 적다.
② 수분 보유량이 적다.
③ 작물의 생산량이 적다.
④ 잡초의 발생량이 적다.

36 간척지 논토양에서 흔히 결핍되기 쉬운 미량성분은?

① Zn
② Fe
③ Mn
④ B

33 토양의 CEC란 무엇을 뜻하는가?

① 토양 유기물용량
② 토양 산도
③ 양이온 교환용량
④ 토양수분

37 균근(Mycorrhizae)이 숙주식물에 공생함으로써 식물이 얻는 유익한 점과 가장 거리가 먼 것은?

① 내건성을 증대시킨다.
② 병원균 감염을 막아준다.
③ 잡초발생을 억제한다.
④ 뿌리의 유효면적을 증가시킨다.

34 토양이 산성화됨으로써 나타나는 간접적 피해에 대한 설명으로 옳은 것은?

① 알루미늄이 용해되어 인산유효도를 높여준다.
② 칼슘, 칼륨, 마그네슘 등 염기가 용탈되지 않아 이용하기 좋다.
③ 세균 활동이 감퇴되기 때문에 유기물 분해가 늦어져 질산화작용이 늦어진다.
④ 미생물의 활동이 감퇴되어 떼알구조화가 빨라진다.

38 토양침식에 관한 설명으로 틀린 것은?

① 강우강도가 높은 건조지역이 강우량이 많은 열대지역보다 토양침식이 심하다.
② 대상 재배나 등고선 재배는 유거량과 유속을 감소시켜 토양침식이 심하지 않다.
③ 눈이나 서릿발 등은 토양침식 인자가 아니므로 토양 유실과는 아무 관계가 없다.
④ 상하경 재배는 유거량과 유속을 증가시켜 토양침식이 심하다.

39 산화철이 존재하는 토양에 물이 많고 공기의 유통이 좋지 못한 곳의 색상은?

① 붉은색
② 회 색
③ 황 색
④ 흑 색

40 다음 음이온 중 치환순서가 가장 빠른 이온은?

① PO_4^{3-}
② SO_4^{2-}
③ Cl^-
④ NO_3^-

41 병해충의 생물학적 제어와 관계가 먼 것은?

① 유해균을 사멸시키는 미생물
② 항생물질을 생산하는 미생물
③ 미네랄 제제와 미량요소
④ 무당벌레, 진디벌 등 천적

42 육종의 단계가 순서에 맞게 배열된 것은?

① 변이탐구와 변이창성 → 변이 선택과 고정 → 종자증식과 종자보급
② 변이 선택과 고정 → 변이탐구와 변이창성 → 종자증식과 종자보급
③ 종자증식과 종자보급 → 변이탐구와 변이창성 → 변이 선택과 고정
④ 종자증식과 종자보급 → 변이 선택과 고정 → 변이탐구와 변이창성

43 가축의 분뇨를 원료로 하는 퇴비의 퇴비화 과정에서 퇴비더미가 55~75℃를 유지하는 기간이 며칠 이상 되어야 하는가?

① 5일 이상
② 15일 이상
③ 30일 이상
④ 45일 이상

44 다음은 식물영양, 작물개량, 작물보호와 관련이 있는 사람들이다. 맞게 짝지어진 것은?

① 다윈(Darwin) ↔ 작물개량
② 레벤후크(Leeuwenhoek) ↔ 작물개량
③ 요한센(Johannsen) ↔ 작물보호
④ 파스퇴르(Pasteur) ↔ 작물개량

45 우리나라의 유기농산물 인증기준에 대한 설명으로 맞는 것은?

① 영농일지 등의 자료는 최소한 3년 이상 기록한 근거가 있어야 하며 그 이하의 기간일 경우에는 인증을 받을 수 없다.
② 전환기농산물의 전환기간은 목초를 제외한 다년생작물은 2년, 그 밖의 작물은 3년을 기준으로 하고 있다.
③ 포장(圃場) 내의 혼작, 간작 및 공생식물재배는 허용되지 아니한다.
④ 동물방사는 허용된다.

46 시비량의 이론적 계산을 위한 공식으로 맞는 것은?

① $\dfrac{\text{비료요소흡수율} - \text{천연공급량}}{\text{비료요소흡수량}}$

② $\dfrac{\text{비료요소흡수량} - \text{천연공급량}}{\text{비료요소흡수율}}$

③ $\dfrac{\text{천연공급량} + \text{비료요소흡수량}}{\text{비료요소흡수량}}$

④ $\dfrac{\text{천연공급량} - \text{비료요소공급량}}{\text{비료요소흡수율}}$

47 다음 중 떼알구조 토양의 이점이 아닌 것은?

① 공기 중의 산소 및 광선의 침투가 용이하다.
② 수분의 보유가 많다.
③ 유기물을 빨리 분해한다.
④ 익충 유효균의 번식을 막는다.

48 다음 중에서 물을 절약할 수 있는 가장 좋은 관수법은?

① 고랑 관수
② 살수 관수
③ 점적 관수
④ 분수 관수

49 벼 유기재배 시 잡초방제를 위해 왕우렁이를 방사할 때 다음 중 가장 적합한 시기는?

① 모내기 5~10일 전
② 모내기 후 5~10일
③ 모내기 후 20~30일
④ 모내기 후 30~40일

50 시설의 환기효과라고 볼 수 없는 것은?

① 실내온도를 낮추어 준다.
② 공중습도를 높여준다.
③ 탄산가스를 공급한다.
④ 유해가스를 배출한다.

51 초생 재배의 장점이 아닌 것은?

① 토양의 단립화(單粒化)
② 토양침식 방지
③ 지력증진
④ 미생물증식

52 다음 중 연작의 피해가 가장 심한 작물은?

① 벼
② 조
③ 옥수수
④ 참 외

53 벼 직파 재배의 장점이 아닌 것은?

① 노동력 절감
② 생육기간 단축
③ 입모 안정으로 도복 방지
④ 토양 가용영양분의 조기 이용

54 유용미생물을 고려한 적당한 토양의 가열소독 조건은?

① 100℃에서 10분 정도
② 90℃에서 30분 정도
③ 80℃에서 30분 정도
④ 60℃에서 30분 정도

55 과수원에서 쓸 수 있는 유기자재로 가장 적합하지 않은 것은?

① 현미식초
② 생선액비
③ 생장촉진제
④ 광합성 세균

56 유기농업의 기본목표가 아닌 것은?

① 환경보전에 기여한다.
② 국민보건 증진에 기여한다.
③ 경쟁력 강화에 기여한다.
④ 정밀농업을 체계화한다.

57 한겨울에 시설원예작물을 재배하고자 할 때 최대의 수광혜택(受光惠澤)을 받을 수 있는 하우스의 방향으로 가장 적합한 것은?

① 동서 동(東西 棟)
② 동남 동(東南 棟)
③ 남북 동(南北 棟)
④ 북동 동(北東 棟)

58 가정에서 취미오락용으로 쓰기에 가장 적합한 온실은?

① 외지붕형 온실
② 스리쿼터형 온실
③ 양지붕형 온실
④ 벤로형 온실

59 다음 중 유기재배 시 병해충 방제방법으로 잘못된 것은?

① 유기합성농약 사용
② 적합한 윤작체계
③ 천적 활용
④ 덫

60 친환경농업에 포함하기 어려운 것은?

① 병해충 종합관리(IPM)의 실현
② 적절한 윤작체계 구축
③ 장기적인 이익추구실현
④ 관행재배의 장점 도입

2일 | 정답 및 해설

01	02	03	04	05	06	07	08	09	10	11	12	13	14	15
③	④	④	③	②	③	②	①	④	④	④	②	②	①	③
16	17	18	19	20	21	22	23	24	25	26	27	28	29	30
②	②	④	②	④	②	②	②	③	④	③	②	④	①	④
31	32	33	34	35	36	37	38	39	40	41	42	43	44	45
④	②	②	④	①	②	③	②	④	④	②	①	③	④	④
46	47	48	49	50	51	52	53	54	55	56	57	58	59	60
③	④	④	①	④	②	③	③	④	①	④	④	②	①	④

01 윤작은 지력의 유지 및 증강, 토양 보호, 기지의 회피, 병충해·토양선충 및 잡초의 경감, 수확량 및 농업경영의 안정성 증대, 토지이용도 향상, 노력분배의 합리화 등의 효과가 있다.

02 ④ 종자소독을 통해 종자 전염 및 병충해를 방지해야 한다.
① 감자는 종자의 생리적·병리적 퇴화를 방지하기 위해 고랭지에서 생산하고, 옥수수 및 십자화과 작물 등은 유전적 퇴화를 방지하기 위해 격리포장하여 생산한다. 또한 벼·맥류 등은 과도하게 비옥하거나 척박한 토양을 피해야 한다.
② 종자는 원종포에서 생산된 믿을 수 있는 우수한 종자여야 하고, 선종 및 종자 소독 등의 처리가 필요하다.
③ 밀식 및 질소비료의 과다사용을 피해 도복과 병해를 막아야 한다.

03 ④ 토양의 과습 상태가 지속되어 토양산소가 부족할 때에는 뿌리가 상하고 심하면 부패하여 지상부가 황화 및 고사되는데, 이를 습해라 한다. 습해가 발생하면 메탄가스·질소가스·이산화탄소의 생성이 증가하고 토양산소를 감소시켜 호흡장애를 조장한다.
①·③ 습해로 인해 토양산소가 부족하면 호흡장애가 발생하며, 호흡장애가 발생하면 무기성분(N, P, K, Ca, Mg 등)의 흡수가 저해된다.
② 겨울철에 습해가 발생하면 지온이 낮아져 토양미생물의 활동이 억제된다.

04 ③ 직파재배는 이앙재배에 비해 농업의 기계화를 통해 노동력을 절감할 수 있다. 이앙재배는 이앙작업 시 노동의 집중화가 필요하다는 단점이 있으며, ①·②·④는 이앙재배의 장점이다.
이앙재배의 장점
• 직파에 비해 종자량을 절약할 수 있다.
• 영구적 연작이 가능하고, 관개수에 의한 양분의 천연공급 및 지력의 효과를 얻을 수 있다.
• 본답에 모를 균등하게 배치할 수 있으므로, 토지·공간·광(光)에 대해 효율적이다.
• 본논의 생육기간을 단축하여 토지이용도를 높일 수 있다.
• 집약관리가 가능하므로 병충해 및 잡초 방제가 용이하다.

05 **탄산 시비** : 작물의 증수를 위하여 작물 주변의 대기 중에 인공적으로 이산화탄소를 공급해 주는 것을 탄산 시비 또는 이산화탄소 시비라고 한다.

06 ③ 도복이 되면 수확작업이 불편해지고, 특히 기계수확을 할 때에는 수확이 매우 어려워진다.

① 대와 잎 등에 상처가 나서 양분의 호흡소모가 많아지므로 등숙이 나빠져 수량이 감소된다. 또한 부패립이 생길 경우 수량이 더욱 감소된다.
② 도복이 되면 결실이 불량해서 품질이 저하될 뿐만 아니라, 종실이 젖은 토양이나 물에 접하게 되어 변질 부패·수발아 등이 유발되어 품질이 손상된다.
④ 맥류에 콩이나 목화를 간작했을 때 맥류가 도복하면 어린 간작물을 덮어서 그 건전한 생육을 저해한다.

07 적응한 종들이 어떤 생태조건에서 오래 생육하게 되면 그 생태조건에 더욱 잘 적응하게 되는데, 이를 작물의 순화라고 하며, 작물이 환경이나 생존경쟁에서 견디지 못하고 죽게 되는 것은 작물의 도태라고 한다.

08 요수량은 작물의 건조물 1g을 생산하는 데 소비된 수분량(g)을 말한다.

$$요수량 = \frac{증발산량}{건물량} = \frac{2,750}{95} = 28.9$$

$$\therefore \ 약\ 29g$$

09 ① 인도 또는 중국
② 인도 또는 아프리카 열대지방
③ 아프리카

10 광합성은 청색광과 적색광에서 가장 활발하게 일어나며, 청색광의 파장은 450nm(400~490nm), 적색광의 파장은 670nm(630~680nm)이다.

11 알팔파, 클로버 등은 두과 사료작물이며, 옥수수, 라이그래스, 호밀 등은 화본과 사료작물이다.

12 작물별 비료 3요소 흡수비율은 보통 맥류(5 : 2 : 3), 벼(5 : 2 : 4), 옥수수(4 : 2 : 3), 고구마(4 : 3 : 1) 정도이다.

13 작물의 생산량(수량)은 작물의 유전성, 환경조건, 재배기술의 3요소로 이루어지며, 생산량의 증대를 위해 작물육종, 생산환경, 생산기술의 연구가 꾸준히 발전해 왔다.

14 모시풀은 자웅동주식물이며, 8시간 이하의 단일조건에서는 완전자성(完全雌性, 암꽃)이고, 14시간 이상의 장일에서는 완전웅성(完全雄性, 수꽃)이 된다.

15 아마, 인삼 등은 10년 이상의 휴작이 필요하다. 벼와 양파는 연작의 피해가 적은 편이며, 감자는 2년의 휴작을 요한다.
• 1년 휴작을 요하는 것 : 쪽파, 시금치, 콩, 파, 생강 등
• 2년 휴작을 요하는 것 : 마, 감자, 잠두, 오이 등
• 3년 휴작을 요하는 것 : 쑥갓, 토란, 참외 등
• 5~7년 휴작을 요하는 것 : 수박, 가지, 완두, 우엉, 고추, 토마토 등

16 작물의 생육과 관련된 3대 주요온도는 최저온도, 최적온도, 최고온도로, 작물이 살아가기 위해서는 최고온도와 최저온도 범위에 있어야 하며, 최적온도보다 낮거나 높으면 생육에 지장을 줄 수 있다.

17 암모늄태 질소를 환원층에 주면 질화균의 작용을 받지 않고 비효가 오래 지속되는데, 이처럼 암모늄태 질소를 환원층에 시비하여 비효의 증진을 꾀하는 것을 심층 시비라 한다.

18 장명종자는 종자의 수명이 4~6년 또는 그 이상 저장해도 발아력을 유지하는 것으로, 가지가 이에 속한다.
종자의 수명에 따른 작물의 분류
• 단명종자(2년 이하) : 당근, 양파, 고추, 메밀 등
• 상명종자(2~3년) : 벼, 보리, 완두, 배추, 무, 수박 등
• 장명종자(4년 이상) : 콩, 녹두, 오이, 호박, 가지, 토마토 등

19 공예작물은 주로 식품공업의 원료나 약으로 이용하는 성분을 얻기 위해 재배하는 작물(특용작물)로, '옥수수, 고구마, 참깨, 목화, 담배, 겨자, 옻나무' 등이 공예작물에 속한다. '녹두'와 '메밀'은 식용작물에 속한다.

20 비료를 엽면시비할 때 영향을 미치는 요인은 살포액의 pH, 살포액의 농도, 농약과의 혼합관계, 잎의 상태, 보조제의 첨가 등으로, 살포속도는 관계가 없다.
① 살포액의 pH는 미산성인 것이 흡수가 잘 된다.
② 농도가 높으면 잎이 타는 부작용이 있으므로 규정 농도를 잘 지켜야 하며, 비료의 종류와 계절에 따라 다르지만 대개 0.1~0.3% 정도이다.
③ 살포액에 농약을 혼합하여 사용하면 일석이조의 효과를 얻을 수 있지만, 이때 약해를 유발하지 않도록 주의해야 한다. 그 밖에 전착제(展着劑)를 가용하면 흡수를 조장한다.

21 $$공극률(\%) = 100 \times \left(1 - \frac{용적밀도}{입자밀도}\right)$$
$$100 \times \left(1 - \frac{1.45}{2.65}\right) = 45.3$$
$$\therefore 약 45\%$$

22 우리나라 저위 생산답의 종류에는 특수성분 결핍토, 중점토, 사력질토, 염류토, 습답, 퇴화염토, 특이 산성토, 광독지 등이 있다.

23 담수조건의 논토양은 산소가 부족하여 토양이 환원상태가 되므로 Fe^{2+}, Mn^{2+}, NH_4^+ 등의 농도가 증가하며, SO_4^{2-}는 환원되어 H_2S의 형태로 존재한다.

24 ③ 밭토양의 작물 생육에 알맞은 토양의 3상 분포는 일반적으로 고상(50%) : 액상(25%) : 기상(25%)이다.
①・② 토양은 토양의 3상(고상, 액상, 기상)으로 구성되어 있으며, 이 중 고상은 바위가 풍화되어 생성된 무기성분과 동식물의 잔해가 썩어서 된 유기물로 되어 있다.
④ 액상은 여러 가지 물질과 이온이 함유된 수분으로, 토양의 깊이가 깊어질수록 그 비율이 증가된다.

25 ④ 카올리나이트(Kaolinite)는 규산판과 알루미늄판이 산소원자를 공유하는 1 : 1의 구조를 가지며, 각 층은 실리카층의 산소원자와 알루미나층의 수산기가 수소결합으로 이루어져 있다.
① 몬모릴로나이트(Montmorillonite)는 2 : 1형이다.

26 ① 지렁이는 지표의 낙엽 등 유기물을 땅속 서식지로 운반해 흙과 함께 섭취하므로, 유기물이 많은 곳에서는 그 숫자가 늘어난다.
② 지렁이는 섭취한 먹이를 소화관 내에서 소화하고 당, 지질, 단백질 등의 소화산물을 흡수하여 성장하며 미분해된 섬유질 등은 체외로 배설하는데, 이때 점성물질이 섞여 토양의 입단(떼알구조)이 형성된다.
④ 지렁이는 주로 습한 곳에 서식하므로 습한 토양에서는 그 수가 늘어난다.

27 질산화작용은 토양 중의 암모니아태 질소가 미생물의 작용에 의해 아질산태 질소를 거쳐 질산태 질소로 전환되는 작용이고, 질산환원작용은 이와 반대로 질산이 환원되어 아질산으로 되고 다시 암모니아로 변화되는 작용이다.
• 질소고정작용 : 대기 중의 유리질소를 생물체가 생리적・화학적으로 이용할 수 있는 상태의 질소화합물로 바꾸는 작용
• 유기화작용 : 미생물 또는 식물체에서 무기태 탄소가 유기태 탄소로 합성되는 현상

28 ④ 배수가 불량한 지대에서는 철분이 환원된 상태로 존재하여 암회색이나 푸른색의 토양이 발달한다. 황적색의 산화토양은 배수가 용이한 곳에서 주로 발달한다.
① 포드졸은 한랭습윤한 침엽수림 지대에서 생성되기 쉬운 토양으로, 주로 모재나 첨가물로부터 염기의 공급이 없고 표층으로부터 지하층으로 물 이동작용이 있을 때 발달한다.
② 라토졸 토양은 열대 및 아열대의 계속적 습윤 또는 건조와 습윤이 반복되는 열대활엽수림 지대에서 주로 발달한다.
③ 경사지는 침식이 심하여 토양의 발달이 느리며, 땅이 척박하고 건조하기 쉽다.

29 질산태 질소가 토양의 환원층에 들어가면 차차 환원되어($NO_3 \rightarrow N_2O \rightarrow NO \rightarrow N_2$) 질소가스 등으로 공중으로 발산되는 탈질작용이 일어난다.

30 치환성 염기는 Ca^{2+}, Mg^{2+}, K^+, Na^+ 등이다.

31 ④ 습답은 산소의 부족으로 양분흡수가 저해되며, 질소흡수가 높아 엽색이 짙고 생육 후기에 병해 및 도복을 유발할 수 있다.
① 습답은 지대가 낮고 배수가 잘 되지 않거나 지하수가 용출되는 등의 이유로 토양이 항상 포화상태 이상의 수분을 지니고 있는 논으로, 지하수위가 표면으로부터 50cm 미만이다.
②・③ 습답에서는 여름에 기온이 높아지면 지온이 상승하여 유기물이 급격히 분해되므로 토양이 강한 환원상태가 되고 황화수소를 비롯한 각종 유기산이 발생하여 뿌리썩음 등의 추락현상을 일으킨다.

32 생물적 풍화작용은 동물과 미생물, 식물 뿌리 등에 의한 풍화작용으로, 미생물은 황화물을 산화시켜 황산으로, 암모니아를 질산으로, 유기물을 분해하여 유기산으로 만든다. 일련의 화학반응인 산화・환원작용, 용해작용, 수화작용, 가수분해, 착체 형성 등은 화학적 풍화작용에 해당하는데, 산화철은 수화작용을 받으면 수산화철이 되며, 정장석은 가수분해작용을 받으면 고령토를 거쳐 보크사이트가 된다.

33 빗물에 의한 침식은 강우강도의 영향이 가장 크며, 장시간의 약한 비보다 단시간의 폭우가 토양침식을 더 크게 일으킨다.

34 $$염기포화도 = \frac{치환성 \ 염기량}{양이온 \ 치환용량} \times 100$$
$$= \frac{6}{10} \times 100 = 60$$
$$\therefore 60\%$$

35 유기물은 미생물의 영양원이 되어 유용미생물의 번식을 조장하고, 토양입단을 형성하여 물리적 성질을 좋게 하며, 양분 보존력을 증가시킨다. 토양미생물의 활동이 증가되면 각종 양분을 유용하게 사용할 수 있으며, 유해성분의 해작용도 경감시킬 수 있다.

36 ② 밭토양은 논토양에 비해 인산의 불용화가 심해 인산유효도가 낮다.
① 밭토양은 경사지에 분포하고 있어 물이나 바람에 의해 침식을 많이 받는다.
③ 침식으로 인해 양분유실이 많이 발생하여 양분 의존도가 높다.
④ 논토양과 비교하여 관개에 의한 작물 양분의 천연공급량이 거의 없다.

37 ③ 사상균은 산성·중성·알칼리성의 어떠한 반응에서도 잘 생육하지만, 특히 세균이나 방사상균이 생육하지 못하는 산성토양에서도 잘 생육한다.
①·② 사상균은 호기성 종속 영양미생물로, 균사에 의하여 발육하는 곰팡이류의 대부분이 이에 속하며 호기성이므로 통기가 잘 되어야 번식이 잘 된다. 산성에 대한 저항력이 강하기 때문에 산성토양 중에서 일어나는 화학변화를 주도한다.
④ 사상균류의 균사에 의한 직접적인 결합작용은 토양입자를 입단화시킨다.

38 수소이온 농도는 pH 1마다 10배씩 차이가 나므로 처음 농도의 1/100로 감소되었다.

39 ④ 토양의 생성은 모재의 생성과 동시에 진행되거나 모재가 이동·퇴적되어 토양의 발달이 시작되는 경우로 구분되며, 토양의 모재가 토양의 발달과 특성에 끼치는 영향은 토성, 광물 조성 및 층위 분화 등 다양하다. 암석류는 모재의 급원으로서 암석의 풍화물이 모재가 되어 본래의 자리에서 또는 퇴적된 자리에서 토양으로 발달하게 된다.
① 기후는 온도, 공기의 상대습도, 강우 등을 의미한다.
② 지형은 토양수분에 관계되는 것으로, 강우량과 토양의 수분 보유량과의 관계를 나타낸다.
③ 토양 발달의 단계는 모재로부터 출발하여 미숙기, 성숙기, 노령기 등을 거치게 되며, 변화 속도는 환경 조건에 따라 다르다.

40 석영은 광물류 중에서 가장 분포가 넓은 암석으로, 경도가 매우 높고 화학적 저항성으로 인해 풍화에 대한 저항성이 강하며, 퇴적물이나 토양 중 모래의 주성분이 된다.

41 퇴비화의 영향 인자는 수분, 공기량, 온도, C/N율, pH 등이며, 이러한 인자들이 복합적으로 최적의 조건을 만족시켰을 때 퇴비화가 원활하게 이루어진다. 보통 전처리 단계, 1차(본처리) 단계, 2차(숙성과정) 단계의 과정을 거친다.

42 ① 강우기에 비닐을 벗기고 집적된 염류를 세탈시키는 담수 처리를 한다.
시설하우스는 한두 종류의 작물만 계속하여 연작하면서 시용하는 비료량에 비하여 작물에 흡수 또는 세탈되는 비료량이 적어 토양 중 염류가 과잉집적되므로 담수 세척, 환토(換土), 비종 선택과 시비량의 적정화, 유기물의 적정 시용, 윤작 등을 통해 염류집적을 방지해야 한다.
염류집적 대책
• 담수 세척 : 답전 윤환으로 여름철 담수하여 과잉염류의 배제를 촉진하고 연작의 피해를 경감한다. 또한 관개용수가 충분하면 비재배기간을 이용하여 석고 등 석회물질을 처리한 물로 담수 처리하여 하층토로 염류를 배제시킨다.
• 환토 : 작물 생육이 좋은 생육토로 환토한다.
• 비종 선택과 시비량의 적정화 : 온실 재배용 비료로 염기나 산기를 많이 남기지 않는 복합비료를 선택한다.
• 유기물의 적정 시용 : 퇴비·구비·녹비 등 유기질 비료를 적절히 시용해 토양보비력을 증대시킨다.
• 미량요소의 보급 : 시설원예지 온실 토양에서는 미량원소의 결핍에 의한 작물 생육장해를 간과하기 쉽다.
• 윤작 : 고농도 염류에 의한 뿌리절임 등 생육장해가 적은 작물을 선택하여 윤작한다.

43 ④ 윤작은 한 토지에 두 가지 이상의 다른 작물들을 순서에 따라 주기적으로 재배하는 것으로, 돌려짓기라고도 한다.
① 혼작은 생육기간이 거의 같은 두 종류 이상의 작물을 동시에 같은 포장에 섞어서 재배하는 것으로, 섞어짓기라고도 한다.
② 교호작은 생육기간이 비등한 두 가지 이상의 작물을 일정한 이랑씩 서로 건너서 재배하는 것으로, 번갈아짓기라고도 한다.
③ 간작은 한 가지 작물이 생육하고 있는 조간(고랑 사이)에 다른 작물을 재배하는 것으로, 사이짓기라고도 한다.

44 유기농업은 작물 생산, 토양 관리, 가축 사육, 생산물 저장·유통·판매에 이르기까지 어떠한 인공적·화학적 자재를 사용하지 않고 자연적 자재만을 사용하는 것을 목적으로 한다.
유기농업의 기본목적
• 가능한 한 폐쇄적인 농업시스템 속에서 적당한 것을 취하고, 지역 내 자원에 의존하는 것
• 장기적으로 토양 비옥도를 유지하는 것
• 현대 농업기술이 가져온 심각한 오염을 회피하는 것
• 영양가 높은 식품을 충분히 생산하는 것
• 농업에 화석연료의 사용을 최소화하는 것
• 전체 가축에 대하여 그 심리적 필요성과 윤리적 원칙에 적합한 사양조건을 만들어 주는 것
• 농업 생산자에 대해서 정당한 보수를 받을 수 있도록 하는 것과 더불어 일에 대해 만족감을 느낄 수 있도록 하는 것
• 전체적으로 자연환경과의 관계에서 공생·보호적인 자세를 견지하는 것

45 부식은 자체에 질소, 인산, 칼륨 등을 함유하고 있어 점차 분해되어 직접적인 비료의 효과를 나타낼 뿐 아니라, 지력을 유지하고 증진하는 효과가 크며 토양 부식의 함량 증대는 곧 지력의 증대를 의미한다.

46 유기재배 인증을 받으면 합성농약, 화학비료 및 항생·항균제 등 화학 자재를 사용하지 않고, 농업·축산업·임업 부산물의 재활용 등을 통하여 농업생태계와 환경을 유지·보전하면서 농산물(축산물)을 생산해야 하므로, 개화 시 생장조절제를 사용해서는 안 된다.

47 ④ 화학비료를 과다사용하면 토양이 산성화·황폐화되어 미생물이 살 수 없는 환경이 되고 지력이 감퇴한다. 미생물은 유기물이 풍부한 곳에서 잘 번식한다.
① 특정 미생물만이 존재하게 되어 토양생물의 다양성이 감소된다.
② 유기물을 공급하는 천연비료와 달리 무기물을 공급할 수 있다.
③ 화학비료는 무기염이 이온 형태로 물에 쉽게 녹아 식물의 뿌리에 흡수되기 때문에 작물의 생육을 빠르게 한다.

48 ③ 다비재배는 보통보다 많은 양의 비료를 주어 재배하는 것으로, 다비재배를 하면 특수성분이 결핍되고 염류 등이 집적되어 토양의 비전도도(EC)가 높아져 토양 용액의 삼투압이 높아지고 활성도비가 불균형을 이루어 수분흡수 장애를 일으킨다.
① 기지(忌地)는 같은 종류의 작물을 계속해서 재배하는 연작으로 인해 작물의 생육이 뚜렷하게 나빠지거나 수량이 감소되는 현상으로, 연작장해라고도 한다.
② 토양소독을 하면 작물의 병충해를 예방할 수 있지만 토양에 이로운 영향을 주는 미생물까지 죽게 되어 환경을 교란시킬 수 있다.
④ 대형기계를 이용해 토양을 답압할 경우 토양의 통기성 및 배수성이 불량해질 수 있다.

49 혼합유박의 질소 함량이 5%이므로, $10 \times 100 / 5 = 200\text{kg}$

50 농지에 사용한 질소비료는 질산태 질소로 변화하는데, 질산이온은 마이너스 전기를 띠기 때문에 토양 콜로이드에 흡착되지 않고 식물의 뿌리에도 흡수되기 쉽지만 동시에 물에 용해되어 유출되기도 쉽다. 질산태 질소는 지표수를 오염시킬 뿐만 아니라 지하수 속으로도 용출되어 질산염 오염을 일으키기도 하는데, 질산염에 오염된 물을 마신 경우 성인에게는 그다지 유해하지 않지만 유아에게는 청색증을 일으킬 수 있다.

51 ② 정밀농업은 작물의 생육상태나 토양 조건이 한 포장 내에서도 위치마다 다르므로, 이러한 변이에 따른 위치별 적합한 농자재 투입 및 생육관리를 통하여 수확량을 극대화하면서도 불필요한 농자재의 투입은 최소화해서 환경오염을 줄이는 농법이다. 이는 비료와 농약의 사용량을 줄여 환경을 보호하면서 농작업의 효율을 향상시키는 것이지만, 농약과 화학비료를 사용하지 않는 것을 목적으로 하는 유기농업과는 거리가 있다.
① 환경을 오염시키지 않는 농업
③ 병원균의 생육을 억제하거나 저지시키는 능력을 갖는 길항미생물이나 서로 혹은 한쪽이 도움을 주는 관계에 있는 공영식물, 생물농약인 천적 등을 활용하는 농업
④ 친환경농업은 농업과 환경의 조화로 지속 가능한 농업 생산을 유도해 농가소득을 증대하고 환경을 보존하면서 농산물의 안정성도 동시에 추구하는 농업

52 ① 단작은 농경지에 한 종류의 작물만을 재배하는 방식으로, 기계화가 용이하지만 작물의 병충해나 토질을 악화시킬 수 있어 유기농업에서는 잘 사용하지 않는다.
② 거친 경운은 토양의 입단 형성을 저해할 수 있으므로, 유기농업에서는 경운을 하지 않고 작물의 잔재를 남겨 작물의 활착을 양호하게 한다.
③ 축분과 볏짚 등을 부숙시켜 만든 퇴구비를 사용한다.
④ 윤작을 하면 지력의 유지 및 증강, 토양 보호, 기지의 회피, 병충해 및 잡초의 경감, 토지 이용도 향상 등을 꾀할 수 있다.

53 유기농산물 인증기준에 맞게 생산·관리된 종자를 사용해야 하며, 유전자변형농산물의 종자를 사용해서는 안 된다.

54 ③ IPM(Integrated Pest Management)은 병해충종합관리를 나타내는 용어로, 여러 가지 방제법을 적절히 사용하여 해충의 발생 밀도를 경제적 피해 수준 이하로 억제하는 것을 말한다.
IPM의 효과
• 병해충 문제의 조기 식별 및 조치 능력 함양
• 농약 사용 감소에 따른 익충의 보호 및 확대
• 농약 사용 횟수 및 사용량 감소에 따른 농약에 대한 병해충 저항성 구축 감소
• 농민의 농약에 대한 위험성 감소
• 농약 비용 감소와 농작물 손실 예방에 따른 농가이윤의 증대
• 농약 사용 감소에 따른 토양 및 수자원 보호
• 농약의 식품 잔류 가능성 감소 및 안전한 농산물 공급

55 ① 토양의 함수량이 증대하면 토양 용기량(공극량)이 적어지고, 산소의 농도가 낮아진다.
② 수분은 물질의 용매로도 작용하여 여러 가지 영양분의 흡수 및 분포에 관계하는 수체 내의 모든 유기물을 합성하고 분해하는 데 없어서는 안 되는 요소이다.
③ 과실은 생체중의 80~90%, 잎은 70%, 줄기나 가지는 50%의 수분을 함유하고 있어 수분은 수체구성물질로서 중요한 역할을 한다. 이러한 수분은 토양수분으로 공급되고 토양수분은 대체로 강우에 의하여 공급된다.
④ 모관수는 표면장력에 의하여 토양 공극 내에서 중력에 저항하여 유지되는 수분으로, 모관현상에 의해서 지하수가 모관공극을 상승하여 공급된다. pF 2.7~4.5로서 작물의 흡수 및 생육에 가장 관계 깊은 토양수분이다.

56 청예사료는 곡식의 줄기나 잎을 건초나 사일리지 형태로 가축에게 급여하는 사료이며, 가소화 영양소총량(TDN)은 사료가 가축 등의 대사 작용에 의해 이용되는 에너지양을 말한다. 유채의 TDN은 75, 옥수수·호밀·귀리의 TDN은 각각 70이다.

57 ① 우렁이는 수면과 수면 아래에 있는 식물들을 먹기 때문에 우렁이농법을 사용하면 제초효과가 높다.
우렁이농법
우렁이의 먹이 습성을 이용한 농법으로, 논농사에서 빼놓을 수 없는 제초제를 생물적 자원으로 대체함으로써 토양 및 수질 오염 방지와 생태계 보호 등 친환경 농업 육성에 기여한다. 이앙 7일 후에 10a의 논에 5kg 정도의 우렁이를 넣는 것이 가장 효과적이다.

58 채종박은 유채꽃의 종자인 채종으로부터 기름을 짜고 남은 찌꺼기를 말하는 것으로, 질소성분과 유기물함량이 많아 질소 보충용(식물성 단백질의 공급원)으로 사용된다.

59 IFOAM은 세계유기농업운동연맹(International Federation of Organic Agriculture Movements)으로, 생태학적·사회학적·경제학적으로 유기농업 시스템을 전 세계에 적용시킬 것을 목적으로 창립된 국제적 조직이다. IFOAM의 국제유기농산물 인증제도는 국제인증기관 간 다국적 동등성 협약에 따라 유기농산물을 보증하는 제도로서, 국가별로 차이가 있는 유기농산물의 특성과 기준을 국제적으로 통합하였다.

60 ④ 시설원예의 토양은 질소질 비료의 과다사용으로 아질산이 집적되어 토양 중 염류농도가 높다.
①·③ 염류의 과잉집적은 토양의 입단구조를 파괴하고 토양공극을 메워 통기성과 투수성의 불량을 초래한다.
② 시설하우스는 한두 종류의 작물만 계속하여 연작하면서 사용하는 비료량에 비하여 작물에 흡수 또는 세탈되는 비료량이 적어 토양 중 염류가 과잉집적되므로 토양이 산성화된다.

제2회 과년도 기출문제   p 69~76

01	02	03	04	05	06	07	08	09	10	11	12	13	14	15
①	②	③	②	④	②	④	②	④	④	①	②	③	③	④
16	17	18	19	20	21	22	23	24	25	26	27	28	29	30
②	①	④	②	③	③	②	③	①	②	④	②	①	③	③
31	32	33	34	35	36	37	38	39	40	41	42	43	44	45
①	③	①	④	②	④	②	①	③	①	③	③	①	④	①
46	47	48	49	50	51	52	53	54	55	56	57	58	59	60
①	④	③	④	①	④	②	①	①	①	③	②	②	①	②

01 • 변온에 발아 촉진되는 식물 : 셀러리, 아주까리, 오처드그래스, 버뮤다그래스, 켄터키블루그래스, 페튜니아, 담배 등
• 변온, 정온이 발아에 영향을 주지 못하는 식물 : 당근, 티머시, 파슬리 등

02 • 수중에서 발아되지 못하는 종자 : 퍼레니얼라이그래스, 가지, 귀리, 밀, 무 등
• 수중에서도 잘 발아되는 종자 : 상추, 당근, 셀러리

03 ③ 식물체의 한쪽에 빛을 조사하면 빛을 조사한 쪽의 옥신 농도가 낮아진다.

04 ① 토성은 양토를 중심으로 하여 사양토~식양토가 토양의 수분, 공기, 비료성분의 종합적 조건에서 알맞다.
③ 작물의 생육에 적당한 구조는 입단구조이다.
④ 비료의 3요소가 너무 많으면 오히려 식물 생육을 저해한다.

05 ① 토양입자들 사이의 모든 공극이 물로 채워진 상태의 수분 함량
③ 생육이 정지하고 하엽이 위조하기 시작하는 토양의 수분상태
④ 영구위조를 최초로 유발하는 토양의 수분상태

06 자연돌연변이나 자연교잡 등은 유전적 퇴화를 일으킨다.

07 덩굴쪼김병은 시들음병이라고도 하며 뿌리나 줄기가 썩거나 줄기의 물관부가 침해되어 물의 통로가 막히므로 결과적으로 포기 전체가 시드는 증상이다. 연작 시에는 반드시 덩굴쪼김병에 강한 대목에 접목하여 재배한다.

08 자주빛무늬병은 콩 종자에 자주색의 무늬가 생기는 병이다.

09 흐르지 않는 정제수는 오염되어 있을 확률이 높아 벼 침관수 피해는 흐르는 물보다 상대적으로 크다.

10 선충, 곰팡이, 세균은 식물병에 직접적인 원인(主因)이다. 침수는 부차적인 원인(副因)에 속한다.

11 $\dfrac{x}{20 \times 1,000\,\text{mL}} \times 100 = 0.1\%$
$\therefore x = 20\text{g}$

12 ③ 벼 : 3,500~4,500℃
① 감자 : 1,300~3,000℃
② 메밀 : 1,000~1,200℃
④ 담배 : 3,200~3,600℃

13 ① 위조계수 : pF값 약 4
④ 건토상태 : pF값 약 7

14 벼는 화분 세포의 감수 분열기에 19℃ 이하의 저온과 만나면 영화의 불임이 크게 증가한다.

15 • 덩이뿌리(괴근) : 순무, 고구마, 마, 달리아, 쥐참외 등
• 땅속줄기(지하경) : 생강, 연, 박하, 호프 등

16 CCC : 인공적으로 합성한 생장조절 물질로 절간신장을 억제한다.

17 ① 맥류 : 보리, 밀, 호밀, 귀리 등
식용작물에서 벼는 미곡에 해당하고, 수수와 기장은 잡곡에 해당한다.

18 추파맥류 : 최아종자를 0~3℃에 30~60일 처리

19 땅을 깊이 갈면 땅 속 깊이까지 물이 스며들어 수분을 잘 유지시킬 수 있다.

20 수은, 납, 카드뮴은 중금속으로 환경오염원이다.

21 가수분해작용, 탄산화작용, 수화작용은 화학적 풍화작용이다.

22 토양의 용적밀도와 입자밀도를 통하여 공극률을 구할 수 있다. 이 공극률을 통해서 토양의 구조를 파악할 수 있다.

23 **탈질 작용** : 질산태 질소(NO_3^-)가 유기물이 많고 환원상태인 조건에서 미생물에 의해 산소를 빼앗겨 일산화질소(NO)나 질소가스(N_2)가 되어 공중으로 날아가는 것

24 토양의 구성성분인 음전하는 규산염 점토광물에서 동형치환, 변두리 전하, 잠시적 전하(pH 의존 전하)에 의해 생성된다.

25 밭은 산화상태이므로 Fe^{3+} 형태로 존재한다. 반면 논은 환원상태이므로 Fe^{2+} 형태이다.

26 토양을 입단구조로 만들기 위해서 점토, 유기물, 석회 등의 사용과 목초의 재배와 더불어 토양개량제(아크릴소일, 크릴륨 등)를 첨가하기도 한다.

27 토양의 Eh 값은 토양의 pH, 무기물, 유기물, 배수 조건, 온도 및 식물의 종류에 따라 변화한다.

28 논은 환원상태가 되면 밭토양에 비해 인산의 유효도가 증가하여 작물의 이용률이 높아지고, 철과 망간은 용해된 후 토양의 아래층에 쌓이므로 토양이 노후화된다.

29 **윤작의 효과** : 지력의 유지 · 증강, 토양 보호, 기지의 회피, 병충해 · 토양선충의 경감, 잡초의 경감, 수확량의 증대, 토지이용도의 향상, 노력분배의 합리화, 농업경영의 안정성 증대 등

30 사상균은 부식의 형성, 입단화와 관련하여 토양의 생성이나 비옥도에 크게 작용한다.

31 광산폐수에는 중금속(Cd, Cu, Pb, Zn 등)이 함유되어 있다.

32 재, 맥반석, 일라이트 등은 칼륨질 원료이다.

33 **글레이(Glei)화 작용** : 지하 수위가 높은 저지대나 배수가 좋지 못한 토양 그리고 물에 잠겨 있는 논토양은 산소가 부족하여 토양 내 Fe, Mn 및 S이 환원상태가 되고 토양층은 청회색, 청색 또는 녹색의 특유한 색깔을 띠게 된다. 이러한 과정을 글레이화 작용이라 한다.

34 소수 작물이 연작되므로 특수 성분의 결핍이 초래되고, 집약화의 경향에 따라 요구도가 큰 특정 비료의 편중된 사용으로 염화물, 황화물, Ca, Mg, Na 등 염기가 부성분으로 토양에 집적된다.

35 논은 환원상태가 되면 밭토양에 비해 인산의 유효도가 증가하여 작물의 이용률이 높아지고, 철과 망간은 용해된 후 토양의 아래층에 쌓이므로 토양을 노후화시킨다.

36 침식에 대한 대책으로는 토양 표면의 피복, 토양개량, 등고선 재배, 초생대 재배, 배수로 설치 등이 있다.

37 유년기에 화강암 모재는 산성토양을 이루며, 석회암 모재는 중성이나 알칼리성 토양을 이룬다. 노년기에는 두 모재 모두 산성 또는 중성 토양을 생성한다.

38 용액 중 유리 양이온의 농도가 일정할 때 이액 순위는 $H^+ > Ca^{2+} \geqq Mg^{2+} > K^+ \geqq NH_4^+ > Na^+ > Li^+$의 순서를 가진다.

39 식물체는 녹색식물이기 때문에 균의 도움 없이도 살아갈 수는 있으나, 토양 속에 질소 · 인산 등의 비료가 모자랄 때에는 균근과 공생하는 편이 훨씬 생육이 좋고, 균근은 특히 인산의 흡수에 도움을 준다.

40 1ha = 10,000m^2
- 작토층의 부피 = 1ha × 10cm = 10,000m^2 × 0.1m
  = 1,000m^3
- 용적밀도 = 1.2g/cm^3 = 1,200kg/m^3
- ∴ 작토층 총질량 = 1,200kg/m^3 × 1,000m^3 = 1,200,000kg

41 개화·결실은 C/N율, 식물호르몬, 버널리제이션, 일장효과 등의 상호 작용이 영향을 미친다.

42 토양 용액의 전기전도도를 통해서 토양의 염류농도를 알 수 있다.

43 등고선식 재배방법은 토양침식방지의 방법 중 하나이다.

44 ① 초생법은 장단점이 청경법과 반대이며, 현재 과수원에서 많이 사용한다.
② 청경법은 과수원의 토양에 풀이 자라지 않도록 깨끗하게 김을 매주는 방법으로, 잡초와 양수분의 경쟁이 없고 병해충의 잠복처를 제공하지 않는 장점이 있으나, 토양침식과 토양온도 변화가 심하다.
③ 짚인 경우에는 Straw Mulch, 풀인 경우에는 Grass Mulch라 부른다.

45 EU 규정은 환경 보존적 기능의 수행을 위해 가축의 분뇨단위를 기준으로 농가의 경작면적당 가축 사육두수의 상한을 결정하는 것을 특징으로 한다.

46 화진현상의 예방법으로 조기낙엽, 질소과용, 그리고 과다결실을 피하여 저장양분을 충분히 축적시켜 꽃 기관이 잘 발달되도록 해 주는 것이 중요하다.

47 우리나라 과수재배의 과제로는 품질 향상, 생산비 절감, 생력 재배 등이 있다.

48 묘목은 가능한 한 뿌리를 상하지 않게 심는 것이 중요하며, 깊게 심는 것보다 얕게 심는 것이 활착이 빠르고 생육이 양호하다.

49 1991년 농림축산식품부 농산국에 유기농업발전기획단이 설치되었다.

50 작물의 유전자가 퇴화(돌연변이, 자연교잡 등)되면 저항성이 감수성으로 변형될 수 있다.

51 **윤작의 효과** : 지력의 유지·증강, 토양 보호, 기지의 회피, 병충해·토양선충의 경감, 잡초의 경감, 수확량의 증대, 토지이용도의 향상, 노력분배의 합리화, 농업경영의 안정성 증대 등

52 현재 과채류는 비닐하우스에서 재배하여 계절에 관계없이 생산된다.

54 시설작물을 효율적으로 재배하기 위해서 시설 내에 이산화탄소(탄산가스) 발생기를 설치한 곳도 있다.

55 우리나라 플라스틱 외피복재 중 가장 많이 사용되는 것은 PE(70% 이상)이다.

56 ③은 유기농업의 장점에 해당한다.

57 화곡류의 채종적기는 황숙기이고, 채소류는 갈숙기가 적기이다.

58 난방기의 열이용 효율을 높이는 것이 가장 중요하다.

59 호기성 미생물은 산소, 온도, 양분 등의 영향을 많이 받는다.

60 농업부문에 대한 국제적 규제가 심화되고 있는 추세이다.

제3회 과년도 기출문제													p 77 ~ 84	
01	02	03	04	05	06	07	08	09	10	11	12	13	14	15
③	①	③	②	①	③	③	①	①	①	②	③	④	①	①
16	17	18	19	20	21	22	23	24	25	26	27	28	29	30
②	③	④	④	③	④	③	③	③	②	④	②	①	④	②
31	32	33	34	35	36	37	38	39	40	41	42	43	44	45
②	①	③	③	④	①	③	②	①	③	①	②	①	①	④
46	47	48	49	50	51	52	53	54	55	56	57	58	59	60
②	④	③	②	②	①	④	③	④	③	④	①	①	①	④

01 춘화현상(버널리제이션)에서 감응하는 부위는 생장점이다.

02 **질산태 질소**
- 밭작물에서는 효과가 크지만, 토양에 잘 부착되지 못하는 성질이 있어 비가 많은 곳이나 논에서는 유실이 많아 손실이 크다.
- 질산태 질소는 한 번에 주는 것보다 여러 번 나누어 주는 것이 효과적이다.
- 질산태 질소에는 질산칼륨, 질산암모늄, 질산칼슘 등이 있다.

03 **재배적 대책**
- 내풍성 작물의 선택
- 내도복성 품종의 선택
- 작기 이동
- 담 수
- 배토·지주 및 결속
- 생육의 건실화
- 낙과 방지제의 살포

04 식토는 물과 양분을 흡착하는 힘이 커서 보수력과 보비력이 좋다.

05 **최대 용수량** : 토양입자들 사이의 모든 공극이 물로 채워진 상태의 수분 함량을 의미하며 pF 0이다.

06 **춘화처리** : 작물의 개화 유도·촉진 등을 위해 생육의 일정 시기에 저온 처리를 하는 것

07 꽃눈의 분화와 씨앗의 싹트기는 적색광(670nm 부근)이 촉진하고, 근적외광(730nm 부근)은 억제한다.

08 이랑을 만들어 주면 물빠짐이 좋아 습해를 줄일 수 있으며, 토양 내의 공기 유통이 좋아진다.

09 질소 다용, 칼륨·규산 부족 등이 도복을 유발하므로 질소 편중의 시비를 피하고 칼륨·인산·규산·석회 등을 충분히 시용한다.

10 ② PAN(과산화아세틸질산염) : 탄화수소・오존・이산화질소가 화합해서 생성된다.
③ 아황산가스 : 중유・연탄이 연소할 때 황이 산소와 결합하여 발생한다.
④ 일산화질소 : 각종 배출가스에 포함되어 있으며, 공기와 결합하여 이산화질소를 생성한다.

11 대기 중에는 질소가스(N_2)가 약 79.1%를 차지한다.

12 작물은 야생식물보다 생존력이 약하기 때문에 재배가 인위적인 보호조치가 된다.

13 답전윤환(윤답) : 논을 논상태와 밭상태로 몇 해씩 번갈아 가며 재배하는 방식으로, 지력의 유지를 증강시키는 효과가 있다.

14 광합성에 가장 유효한 광선은 630~680nm의 적색광과 400~490nm의 청색광이다.

15 ② 광합성에는 630~680nm의 적색광과 400~490nm의 청색광이 유효하다.
③ 광합성이 활발해지면 동화물질이 축적되어 증산작용을 조장한다.
④ 자외선과 같은 단파장은 식물의 신장을 억제한다.

17 단장일식물 : 처음엔 단일이고 뒤에 장일이어야 화성이 유도되며 일정한 일장에 두면 개화하지 못하는 식물로 프리뮬러, 딸기 등이 해당된다.

18 석회유에 황산구리액을 가한다.

19 종자 휴면의 원인 : 경실(硬實), 종피의 산소 흡수 저해, 종피의 기계적 저항, 배의 미숙, 발아 억제 물질

22 탄산화작용은 대기 중의 이산화탄소가 물에 용해되어 일어난다.

23 카드뮴 : 원자번호 48의 중금속원소의 하나로 아연광 채광, 제련 시 생기는 폐수나 분진 등과 도료, 전지, 사진재료, 농약(살균제) 등의 폐기물, 자동차의 윤활유나 타이어 등에 함유되어 있어 토양을 오염시키며, 이타이이타이(Itai-Itai)병의 원인물질이다.

24 사상균
• 균사에 의하여 발육하는 곰팡이류의 대부분이 이에 속하며, 균사의 평균 지름은 $5\mu m$ 정도이다.
• 호기성이며, 산성・중성・알칼리성의 어떠한 반응에서도 잘 생육하지만, 특히 세균이나 방사상균이 생육하지 못하는 산성에서도 잘 생육한다.
• 산성에 대한 저항력이 강하기 때문에 산성 토양 중에서 일어나는 화학변화를 주도한다.

25 Rhizobium(리조비움속) : 콩과식물의 뿌리에 공생하며 공기 중의 질소를 고정하는 역할을 하는 박테리아이다.

26 화학적 풍화작용 : 용해작용, 가수분해, 산화・환원작용, 수화작용, 착체의 형성 등

27 규산 함량에 따른 분류
• 산성암 : 화강암, 유문암(65~75%)
• 중성암 : 섬록암, 안산암(55~65%)
• 염기성암 : 반려암, 현무암(40~55%)

29 양이온 치환용량에 대한 치환성 염기이온, 즉 Ca^{2+}, Mg^{2+}, K^+, Na^+ 등의 비율(%)을 염기포화도라고 한다.

30 배수 불량한 저습 지대의 전작지 토양이나 습답 토양에 유기물이 과잉 시용되면 혐기성 미생물에 의한 혐기적 분해를 받아 환원성 유해물인 각종 유기산이 생성・집적된다.

31 Ca^{2+}이 흡착되면 엉키는 현상이 일어나 입단화를 촉진시킨다.

32 양이온 치환용량이 클수록 비료로 사용하는 영양 성분이 작물에 이용되는 비율이 증대된다.

33 CEC(Cation Exchange Capacity) : 양이온 교환용량은 특정 pH에서 일정량의 토양에 전기적 인력에 의하여 다른 양이온과 교환이 가능한 형태로 흡착된 양이온의 총량을 의미한다.

34 산성 토양과 작물 생육과의 관계
• 수소이온이 과다하면 작물 뿌리에 해를 준다.
• 토양이 산성으로 되면 알루미늄 이온과 망간 이온이 용출되어 해를 준다.
• 인, 칼슘, 마그네슘, 몰리브덴, 붕소 등의 필수원소가 결핍된다.
• 석회가 부족하고 토양미생물의 활동이 저하되어 토양의 입단 형성이 저하된다.
• 질소고정균, 근류균 등의 활동이 약화된다.

35 지나친 경운은 떼알구조(입단)을 파괴한다.

36 간척지 토양은 유효인산, 유효아연의 함량이 낮다.

40 음이온의 치환 순서 : $SiO_4{}^{4-} > PO_4{}^{3-} > SO_4{}^{2-} > NO_3{}^- > Cl^-$

41 생물학적 제어는 미생물과 천적을 이용하는 것이다.

43 퇴비더미가 55~75℃를 유지하는 기간이 15일 이상 되어야 하고 이 기간 동안 5회 이상 뒤집어야 한다.

45 ① 2년 이상 기록한 영농관련 자료를 보관하고 국립농산물품질관리원장 또는 인증기관이 열람을 요구하는 때에는 이에 응할 수 있어야 한다.
② 전환기농산물의 전환기간은 다년생작물은 3년, 그 외 작물은 2년을 기준으로 한다.
③ 포장 내의 혼작・간작 및 공생식물의 재배 등 작물체 주변의 천적활동을 조장하는 생태계의 조성으로 병해충 및 잡초를 방제・조절하여야 한다.

46
$$시비량의\ 이론적\ 계산법 = \frac{비료요소흡수량 - 천연공급량}{비료요소흡수율}$$

48 점적 관수 장치
• 플라스틱 파이프나 튜브에 분출공을 만들어 물이 방울방울 떨어지게 하거나, 천천히 흘러나오게 하는 방법이다.
• 저압으로 물의 양을 절약할 수 있으며 하우스 내 습도의 영향도 줄일 수 있다.
• 잎과 줄기 및 꽃에 살수하지 않으므로 열매 채소의 관수에 특히 좋으며, 점적 단추, 내장형 점적 호스, 점적 튜브, 다지형 스틱 점적 방식 등이 있다.

49 종자 우렁이를 넣는 시기는 이앙 후 7일에 넣는 것이 가장 효과적이다.

50 환기는 공중습도를 적절하게 조절해 주는 역할을 한다.

51 **초생 재배** : 목초·녹비 등을 나무 밑에 가꾸는 재배법으로 토양 침식이 방지되고, 제초 노력이 경감되며, 지력도 증진된다.

52 • 연작의 피해가 적은 것 : 벼, 맥류, 조, 수수, 옥수수, 고구마, 삼, 담배, 무, 당근, 양파, 호박, 연, 순무, 뽕나무, 아스파라거스, 토당귀, 미나리, 딸기, 양배추, 꽃양배추 등
• 3년 휴작을 요하는 것 : 쑥갓, 토란, 참외, 강낭콩 등

53 도복 방지는 육묘 재배의 장점이다.

55 생장촉진제 처리 과실은 육질이 무르고 생리장해가 발생할 수 있으며 저장기간이 짧다.

57 겨울에는 태양고도가 낮아 동서 동의 시설 내 광량이 많다.

58 **외쪽 지붕형 온실**
• 남쪽 면의 지붕만 있는 온실로 보통 동서 방향으로 짓는다.
• 겨울에 채광과 보온이 잘 되지만 작물이 남쪽으로 구부러지는 결점이 있다.
• 가정에서 소규모의 취미 원예에 이용되는 경우가 많다.

59 유기합성농약은 유기화학적인 과정을 거쳐 제조된 농약으로 유기농산물 재배시 사용하지 않도록 한다.

60 친환경 농업은 유기농업과 저투입 지속농업까지를 포괄하는 보다 환경친화적 농업을 의미하며, 농업의 경제적 생산성만을 고려하는 관행 농업에서 탈피하여 농업과 환경, 식품안전성을 동시에 고려하는 농업이다.

5일 완성
유기농업기능사

3 일

과년도 기출문제

5일 완성
유기농업기능사

3일 | 제1회 과년도 기출문제

01 엽삽이 잘 되는 식물로만 이루어진 것은?

① 베고니아, 산세비에리아
② 국화, 땅두릅
③ 자두나무, 앵두나무
④ 카네이션, 펠라고늄

02 다음 중 주로 벼에 발생하는 해충인 것은?

① 끝동매미충
② 박각시나방
③ 거세미나방
④ 조명나방

03 뿌리의 흡수량 또는 흡수력을 감소시키는 요인은?

① 토양 중 산소의 감소
② 건조한 공중 습도
③ 광합성량의 증가
④ 비료의 시용량 감소

04 작물의 이산화탄소(CO_2) 포화점이란?

① 광합성에 의한 유기물의 생성 속도가 더 이상 증가하지 않을 때의 CO_2 농도
② 광합성에 의한 유기물의 생성 속도가 최대한 빠르게 진행될 때의 CO_2 농도
③ 광합성에 의한 유기물의 생성 속도와 호흡에 의한 유기물의 소모 속도가 같을 때의 CO_2 농도
④ 광합성에 의한 유기물의 생성 속도가 호흡에 의한 유기물의 소모 속도보다 클 때의 CO_2 농도

05 맥류의 동상해 방지대책으로 거리가 먼 것은?

① 퇴비 등을 사용하여 토질을 개선함
② 내동성이 강한 품종을 재배함
③ 이랑을 세워 뿌림골을 깊게 함
④ 적기파종과 인산 비료를 증시함

06 형질이 다른 두 품종을 양친으로 교배하여 자손 중에서 양친의 좋은 형질이 조합된 개체를 선발하고 우량 품종을 육성하거나 양친이 가지고 있는 형질보다도 더 개선된 형질을 가진 품종으로 육성하는 육종법은?

① 선발 육종법
② 교잡 육종법
③ 도입 육종법
④ 조직배양 육종법

07 작물이 분화하는 데 가장 먼저 일어나는 것은?

① 적 응
② 격 리
③ 유전적 변이
④ 순 화

08 풍해의 생리적 장해로 거리가 먼 것은?

① 호흡 감소
② 광합성 감퇴
③ 작물의 체온 저하
④ 식물체 건조

09 다음 중 중경의 효과가 아닌 것은?

① 발아의 조장
② 제초 효과
③ 토양수분손실
④ 토양 물리성 개선

10 작물의 생존연한에 따른 분류에서 2년생 작물에 대한 설명으로 옳은 것은?

① 가을에 파종하여 그 다음 해에 성숙·고사하는 작물을 말한다.
② 가을보리, 가을밀 등이 포함된다.
③ 봄에 씨앗을 파종하여 그 다음 해에 성숙·고사하는 작물이다.
④ 생존연한이 길고 경제적 이용연한이 여러 해인 작물이다.

11 고립 상태에서 온도와 CO_2 농도가 제한조건이 아닐 때 광포화점이 가장 높은 작물은?

① 옥수수
② 콩
③ 벼
④ 감 자

12 잡초의 생태적 방제법에 대한 설명으로 거리가 먼 것은?

① 육묘이식재배를 하면 유묘가 잡초보다 빨리 선점하여 잡초와의 경합에서 유리하다.
② 과수원의 경우 피복 작물을 재배하면 잡초발생을 억제시킨다.
③ 논의 경우 일시적으로 낙수를 하면 수생 잡초를 방제하는 효과를 볼 수 있다.
④ 잡목림지나 잔디밭에는 열처리를 하여 잡초를 방제하는 것이 효과적이다.

13 종자의 활력을 검사하려고 할 때 테트라졸륨 용액에 종자를 담그면 씨눈 부분에만 색깔이 나타나는 작물이 아닌 것은?

① 벼
② 옥수수
③ 보 리
④ 콩

14 일반 벼재배 논토양에서 탈질 현상을 방지하기 위한 질소질 비료의 시비법은?

① 암모니아태 질소를 산화층에 준다.
② 질산태 질소를 산화층에 준다.
③ 암모니아태 질소를 환원층에 준다.
④ 질산태 질소를 환원층에 준다.

15 다음 중 토양수분의 표시방법이 아닌 것은?

① 부 피
② 중 량
③ 백분율(%)
④ 장력(pF)

16 다음 중 경작지 전체를 3등분하여 매년 1/3씩 경작지를 휴한 (休閑)하는 작부 방식은?

① 3포식 농법
② 이동경작 농법
③ 자유경작 농법
④ 4포식 농법

17 화성 유도에 관여하는 요인으로 부적절한 것은?

① C/N율
② 광
③ 온 도
④ 수 분

18 과수, 채소, 차나무 등의 동상해 응급대책으로 볼 수 없는 것은?

① 관개법
② 송풍법
③ 발연법
④ 하드닝법

19 질소 6kg/10a을 퇴비로 주려 할 때 시비해야 할 퇴비의 양은?(단, 퇴비 내 질소 함량은 4%이다)

① 100kg/10a
② 150kg/10a
③ 240kg/10a
④ 300kg/10a

20 다음 중 내염성이 약한 작물은?

① 양 란
② 케 일
③ 양배추
④ 시금치

21 노후화답의 특징이 아닌 것은?

① 작토층의 철은 미생물에 의해 환원되어 Fe^{2+}로 되어 용탈한다.
② 작토층 아래층의 철과 망간은 산화되어 용해도가 감소되어 Fe^{3+}와 Mn^{4+}형태로 침전한다.
③ 황화수소(H_2S)가 발생한다.
④ 규산 함량이 증가된다.

22 중성 토양 교질입자에 잘 흡착될 수 있는 질소의 형태는?

① 질산태
② 암모늄태
③ 요소태
④ 유기태

23 다음 중 토양 산성화로 인해 발생할 수 있는 내용으로 가장 거리가 먼 것은?

① 토양 중 알루미늄 용해도 증가
② 토양 중 인산의 고정
③ 토양 중 황 성분의 증가
④ 염기의 유실 및 용탈의 증가

24 암석의 물리적 풍화 작용 요인으로 볼 수 없는 것은?

① 공 기
② 물
③ 온 도
④ 용 해

25 토양이 자연의 힘으로 다른 곳으로 이동하여 생성된 토양 중 중력의 힘에 의해 이동하여 생긴 토양은?

① 충적토
② 붕적토
③ 빙하토
④ 풍적토

26 질소를 고정할 뿐만 아니라 광합성도 할 수 있는 것은?

① 효 모
② 사상균
③ 남조류
④ 방사상균

27 토양의 비열이란?

① 토양 100g을 1℃ 올리는 데 필요한 열량
② 토양 1g을 1℃ 올리는 데 필요한 열량
③ 토양 10g을 1℃ 올리는 데 필요한 열량
④ 토양 1g의 열량으로 수온을 1℃ 올리는 데 필요한 열량

28 토양의 토양목 중 토양 발달의 최종단계에 속하여 가장 풍화가 많이 진행된 토양으로 Fe, Al 산화물이 많은 것은?

① Mollisols
② Oxisols
③ Ultisols
④ Entisols

29 질산화 작용에 대한 설명으로 옳은 것은?

① 논토양에서는 일어나지 않는다.
② 암모늄태 질소가 산화되는 작용이다.
③ 결과적으로 질소의 이용률이 증가한다.
④ 사상균과 방사상균들에 의해 일어난다.

30 다음 중 토양반응(pH)과 가장 밀접한 관계가 있는 것은?

① 토 성
② 토 색
③ 염기포화도
④ 양이온 치환용량

31 작물의 생산량이 낮은 토양의 특징이 아닌 것은?

① 자갈이 많은 토양
② 배수가 불량한 토양
③ 지렁이가 많은 토양
④ 유황 성분이 많은 토양

35 다음 중 논토양의 특징이 아닌 것은?

① 광범위한 환원층이 발달한다.
② 연작 장해가 나타나지 않는다.
③ 철이 쉽게 용탈된다.
④ 산성 피해가 잘 나타난다.

32 토양 염기에 포함되는 치환성 양이온이 아닌 것은?

① Na^+
② S^{2+}
③ K^+
④ Ca^{2+}

36 다음 중 2 : 2 규칙형 광물은?

① Kaolinite
② Allophane
③ Vermiculite
④ Chlorite

33 유기재배 시 작물 생육에 크게 영향을 미치는 토양공기 조성에 관한 설명 중 알맞은 것은?

① 토양공기의 갱신은 바람의 이동 영향이 가장 크다.
② 토양공기는 대기와 교환되므로 이산화탄소 농도가 늘어난다.
③ 토양공기 중 이산화탄소는 식물 뿌리 호흡에 의해 발생된다.
④ 토양공기 중 산소는 혐기성 미생물에 의해 소비된다.

37 질소화합물이 토양 중에서 $NO_3^- \rightarrow NO_2^- \rightarrow N_2O$, N_2와 같은 순서로 질소의 형태가 바뀌는 작용을 무엇이라 하는가?

① 암모니아산화작용
② 탈질작용
③ 질산화작용
④ 질소고정작용

34 시설재배지의 토양 관리를 위해 토양의 비전도도(EC)를 측정한다. 다음 중 가장 큰 이유가 되는 것은?

① 토양 염류집적 정도의 평가
② 토양 완충능 정도의 평가
③ 토양 염기포화도의 평가
④ 토양 산화환원 정도의 평가

38 논에 녹비 작물을 재배한 후 풋거름으로 넣으면 기포가 발생하는 원인은 무엇인가?

① 메탄가스 용해도가 매우 낮기 때문에 발생된다.
② 메탄가스 용해도가 매우 높기 때문에 발생된다.
③ 이산화탄소 발생량이 매우 작기 때문에 발생된다.
④ 이산화탄소 용해도가 매우 높기 때문에 발생된다.

39 다음 중 표토에 염류집적 피해가 일어날 가능성이 큰 토양은?

① 벼 논
② 사과 과수원
③ 인삼밭
④ 보리밭

40 암석의 화학적인 풍화작용을 유발하는 현상이 아닌 것은?

① 산화작용
② 가수분해작용
③ 수축팽창작용
④ 탄산화작용

41 시설의 토양관리에서 토양반응이란?

① 식물체 근부의 상태
② 토양 용액 중 수소 이온의 농도
③ 토양의 고상, 기상, 액상의 분포
④ 토양의 미생물과 소동물의 행태

42 태양열 소독의 특징으로 거리가 먼 것은?

① 주로 노지토양 소독에 많이 이용된다.
② 선충 및 병해 방제에 효과가 있다.
③ 유기물 부숙을 촉진하여 토양이 비옥해진다.
④ 담수처리로 염류를 제거할 수 있다.

43 병해충관리를 위해서 식물에서 추출한 유기농 자재는?

① 님 제제
② 파라핀유
③ 보르도액
④ 벤토나이트

44 멘델(Mendel)의 법칙과 거리가 먼 것은?

① 분리의 법칙
② 독립의 법칙
③ 우성의 법칙
④ 최소의 법칙

45 다음 중 성페로몬을 이용하여 효과적으로 방제할 수 있는 해충은?

① 응애류
② 진딧물류
③ 노린재류
④ 나방류

46 유기농법을 위한 토양관리와 관련이 없는 것은?

① 퇴비를 적절히 투입한다.
② 윤작을 실시한다.
③ 휴경을 해서는 안 된다.
④ 침식을 예방한다.

47 딸기 시설재배에서 천적인 칠레이리응애를 방사하는 목적은?

① 해충인 응애를 잡기 위하여
② 해충인 진딧물을 잡기 위하여
③ 수분을 도와주기 위하여
④ 꿀벌의 일을 도와주기 위하여

48 과수의 내한성을 증진시키는 방법으로 옳은 것은?

① 적절한 결실 관리
② 적엽 처리
③ 환상박피 처리
④ 부초 재배

49 유기농업의 이해 및 관심 증가에 대한 1차적 배경으로 가장 적합한 것은?

① 지역사회개발론
② 생명 환경의 위기론
③ 농가소득보장으로 부의 농촌경제론
④ 육종학적 발달과 미래지향적 설계론

50 다음은 친환경농업과 관련이 있는 내용들이다. 친환경농업과 가장 밀접한 관계가 있는 것은?

① 저독성 농약의 지속적인 개발 필요
② 화학자재사용의 무한자유
③ 생물종의 단일성 유지
④ 단작중심 농법의 이행 필요

51 다음 중 화학비료의 문제점이 아닌 것은?

① 토양이 산성화가 된다.
② 토양 입단조성을 촉진한다.
③ 양분의 유실이 크다.
④ 수질이 오염된다.

52 일반적으로 볍씨의 발아 최적 온도는?

① 8~13℃
② 15~20℃
③ 30~34℃
④ 40~44℃

53 일장(日長)에 따라 화성(花成)이 유도·촉진되는 것을 구분하여 식물의 일장형(日長型)이라고 한다. 다음 중 일장감응명칭에 대한 설명이 올바른 것은?

① SL인 식물은 화아(花芽)가 분화되기 전에는 단일이고 화아가 분화된 이후 장일이 될 때 화성이 유도되는 것을 말하며 시금치, 콩 등이 해당된다.
② SI인 식물은 화아(花芽)가 분화되기 전에는 단일이고 화아가 분화된 이후 중일이 될 때 화성이 유도되는 것을 말하며 토마토 등이 해당된다.
③ LI인 식물은 화아(花芽)가 분화되기 전에는 장일이고 화아가 분화된 이후 중일이 될 때 화성이 유도되는 것을 말하며 사탕무 등이 해당된다.
④ LL인 식물은 화아(花芽)가 분화되기 전에는 장일, 화아가 분화된 이후에도 장일이 될 때 화성이 유도되는 것을 말하며 고추, 딸기 등이 해당된다.

54 다음 중 자연농업에 대한 설명으로 옳지 않은 것은?

① 무경운, 무비료, 무제초, 무농약 등 4대 원칙을 지킨다.
② 자연 생태계를 보전, 발전시킨다.
③ 화학적 자재를 가능한 한 배제한다.
④ 안전한 먹을거리를 생산한다.

55 수막하우스의 특징을 바르게 설명한 것은?

① 광투과성을 강화한 시설이다.
② 보온성이 뛰어난 시설이다.
③ 자동화가 용이한 시설이다.
④ 내구성을 강화한 시설이다.

58 지형을 고려하여 과수원을 조성하는 방법을 설명한 것으로 올바른 것은?

① 평탄지에 과수원을 조성하고자 할 때는 지하수위와 두둑을 낮추는 것이 유리하다.
② 경사지에 과수원을 조성하고자 할 때는 경사 각도를 낮추고 수평배수로를 설치하는 것이 유리하다.
③ 논에 과수원을 조성하고자 할 때는 경반층(硬盤層)을 확보하는 것이 유리하다.
④ 경사지에 과수원을 조성하고자 할 때는 재식열(栽植列) 또는 중간의 작업로를 따라 집수구(集水溝)를 설치하는 것이 유리하다.

56 다음 중 유기재배 시 제초 방제 방법으로 잘못된 것은?

① 저독성 화학합성물질 살포
② 멀칭·예취
③ 화염제초
④ 기계적 경운 및 손제초

59 다음 중 과수분류상 인과류에 속하는 것으로만 나열된 것은?

① 무화과, 복숭아
② 포도, 비파
③ 사과, 배
④ 밤, 포도

57 작물 재배 시 도복 현상이 발생하는 주요한 원인은?

① 마그네슘이 부족하다.
② 질소가 과다하다.
③ 인산이 과다하다.
④ 칼륨이 과다하다.

60 우리나라 논토양의 특성으로 볼 수 없는 것은?

① 염기치환용량이 낮다.
② 유기물 함량이 낮다.
③ 표토의 유실에 따른 작토의 깊이가 낮다.
④ 평균 칼륨 함량이 낮다.

3일 | 제2회 과년도 기출문제

01 작물의 광합성에 필요한 요소들 중 이산화탄소의 대기 중 함량은?

① 약 0.03%
② 약 0.3%
③ 약 3%
④ 약 30%

02 다음 중 장일성 식물이 아닌 것은?

① 시금치
② 양 파
③ 감 자
④ 콩

03 다음 중 중금속의 유해 작용을 경감시키는 것은?

① 붕 소
② 석 회
③ 철
④ 유 황

04 다음 중 종자의 발아억제물질은?

① 지베렐린
② ABA(Abscissic Acid)
③ 시토키닌
④ 에틸렌

05 수해의 사전대책으로 옳지 않은 것은?

① 경사지와 경작지의 토양을 보호한다.
② 질소과용을 피한다.
③ 작물의 종류나 품종의 선택에 유의한다.
④ 경지 정리를 가급적 피한다.

06 다음 중 칼륨비료에 대한 설명으로 바르지 못한 것은?

① 칼륨비료는 거의가 수용성이며 비효가 빠르다.
② 황산칼륨과 염화칼륨이 주된 칼륨질 비료이다.
③ 단백질과 결합된 칼륨은 수용성이며 속효성이다.
④ 유기태칼륨은 쌀겨, 녹비, 퇴비, 산야초 등에 많이 들어있다.

07 병충해 방제방법 중 경종적 방제법으로 옳은 것은?

① 벼의 경우 보온육묘한다.
② 풀잠자리를 사육하면 진딧물을 방제한다.
③ 이병된 개체는 소각한다.
④ 맥류 깜부기병을 방제하기 위해 냉수온탕침법을 실시한다.

08 기지현상의 원인이라고 볼 수 없는 것은?

① CEC의 증대
② 토양 중 염류집적
③ 양분의 소모
④ 토양선충의 피해

09 식물의 미소식물군 중 독립영양생물에 속하는 것은?

① 녹조류
② 곰팡이
③ 효 모
④ 방선균

10 논토양의 토층분화와 탈질현상에 대한 설명 중 옳지 않은 것은?

① 논토양에서 산화층은 산화제2철이, 환원층은 산화제1철이 쌓인다.
② 암모니아태 질소를 산화층에 주면 질화균에 의해서 질산이 된다.
③ 암모니아태 질소를 환원층에 주면 절대적 호기균인 질화균의 작용을 받지 않는다.
④ 질산태 질소를 논에 주면 암모니아태 질소보다 비효가 높다.

11 벼 재배 시 발생하는 추락현상에 대한 설명으로 옳은 것은?

① 개답의 역사가 짧고 유기물 함량이 낮은 미숙답에서 주로 발생한다.
② 모래함량이 많고 용탈이 심한 사질답에서 주로 발생한다.
③ 개답의 역사가 짧은 간척지로 염분농도가 높은 염해답에서 주로 발생한다.
④ 황화철이 부족하여 무기양분흡수가 저해되는 노후화답에서 주로 발생한다.

12 삼한시대에 재배된 오곡에 포함되지 않는 작물은?

① 수 수
② 보 리
③ 기 장
④ 피

13 도복 방지대책과 가장 거리가 먼 것은?

① 키가 작고 대가 튼튼한 품종을 재배한다.
② 서로 지지가 되게 밀식한다.
③ 칼륨질 비료를 시용한다.
④ 규산질 비료를 시용한다.

14 생육기간이 비슷한 작물들을 교호로 재배하는 방식으로 콩 2 이랑에 옥수수 1이랑을 재배하는 작부체계는?

① 혼 작
② 교호작
③ 간 작
④ 주위작

15 작물수량을 최대로 올리기 위한 주요한 요인으로 나열된 것은?

① 품종, 비료, 재배 기술
② 유전성, 환경 조건, 재배 기술
③ 품종, 기상 조건, 종자
④ 유전성, 비료, 종자

16 작물에 광합성과 수분상실의 제어 역할을 하고, 결핍되면 생장점이 말라죽고 줄기가 약해지며 조기낙엽현상을 일으키는 필수원소는?

① K
② P
③ Mg
④ N

17 재배환경 중 온도에 대한 설명이 맞는 것은?

① 작물 생육이 가능한 범위의 온도를 유효 온도라고 한다.
② 작물의 생육단계 중 생식생장기간 동안에 소요되는 총온도량을 적산 온도라고 한다.
③ 온도가 1℃ 상승하는 데 따르는 이화학적 반응이나 생리 작용의 증가배수를 온도 계수라고 한다.
④ 일변화는 작물의 결실을 저해한다.

18 토양의 양이온 교환용량의 값이 크다는 의미는?

① 산도가 높음을 의미
② 토양의 공극량이 큼을 의미
③ 토양의 투수력이 큼을 의미
④ 비료성분을 지니는 힘이 큼을 의미

19 작물의 재배적 특징으로 옳지 않은 것은?

① 토지를 이용함에 있어 수확체감의 법칙이 적용된다.
② 자연환경의 영향으로 생산물량 확보가 자유롭지 못하다.
③ 소비면에서 농산물은 공산물에 비하여 수요탄력성과 공급 탄력성이 크다.
④ 노동의 수요가 연중 균일하지 못하다.

20 어떤 종자표본의 발아율이 80%이고 순도가 90%일 경우, 종자의 진가(용가)는?

① 90
② 85
③ 80
④ 72

21 다음 중 토양 산성화의 원인으로 작용하지 않는 것은?

① 인산이온의 불용화
② 유기물의 혐기성 분해 산물
③ 과도한 요소비료의 시용
④ 점토광물의 풍화에 따른 Al 이온의 가수분해

22 토양 내 미생물의 바이오매스량(ha당 생체량)이 가장 큰 것은?

① 세 균
② 방선균
③ 사상균
④ 조 류

23 토양침식에 미치는 영향과 가장 거리가 먼 것은?

① 토양 화학성
② 기상 조건
③ 지형 조건
④ 식물 생육

24 석회암지대의 천연동굴은 사람이 많이 드나들면 호흡 때문에 훼손이 심화될 수 있다. 천연동굴의 훼손과 가장 관계가 깊은 풍화 작용은?

① 가수분해(Hydrolysis)
② 산화 작용(Oxidation)
③ 탄산화 작용(Carbonation)
④ 수화 작용(Hydration)

25 우리나라 밭토양의 일반적인 특성이 아닌 것은?

① 곡간지 및 산록지와 같은 경사지에 많이 분포되어 있다.
② 토성별 분포를 보면 세립질 토양이 조립질 토양보다 많다.
③ 저위생산성인 토양이 많다.
④ 밭토양은 환원상태이므로 유기물의 분해가 논토양보다 빠르다.

26 유기물을 많이 시용한 토양의 보비력이 높은 이유는?

① 유기물이 공극을 막아 비료의 유실을 막아주기 때문에
② 유기물이 토양의 점토종류를 변화시키기 때문에
③ 유기물은 식물이 비료를 흡수하는 것을 막아주기 때문에
④ 유기물은 전기적으로 비료를 흡착하는 능력이 크기 때문에

27 입단구조의 생성에 대한 설명으로 가장 거리가 먼 것은?

① 양이온이 점토입자와 점토입자 사이에 흡착되어 입단을 형성한다.
② 유기물질의 수산기나 카르복실기가 점토광물과 결합하여 입단을 형성한다.
③ 식물 뿌리가 완전히 분해되면서 생기는 탄산에 의하여 입단을 형성한다.
④ 폴리비닐, 크릴륨 등은 입자를 접착시켜 입단을 형성한다.

28 다음 중 논토양의 특성으로 옳지 않은 것은?

① 호기성 미생물의 활동이 증가된다.
② 담수하면 토양은 환원상태로 전환된다.
③ 담수 후 대부분의 논토양은 중성으로 변한다.
④ 토양용액의 비전도도는 처음에는 증가되다가 최고에 도달한 후 안정된 상태로 낮아진다.

29 한랭습윤지역에 생성된 포드졸 토양의 설명으로 옳은 것은?

① 용탈층에는 규산이 남고, 집적층에는 Fe 및 Al이 집적된다.
② 용탈층에는 Fe 및 Al이 남고, 집적층에는 염기가 집적된다.
③ 용탈층에는 염기가 남고, 집적층에는 규산이 집적된다.
④ 용탈층에는 염기가 남고, 집적층에는 Fe 및 Al이 집적된다.

30 Munsell 표기법에 의한 토양색이 7.5R 7/2일 때 채도를 나타내는 기호로 옳은 것은?

① 7.5
② R
③ 7
④ 2

31 토양이 산성화됨으로써 발생하는 현상이 아닌 것은?

① 미생물의 활성 감소
② 인산의 불용화
③ 알루미늄 등 유해금속이온농도 증가
④ 탈질 반응에 따른 질소 손실 증가

32 토양의 평균적인 입자밀도는?

① $0.7mg/m^3$
② $1.5mg/m^3$
③ $2.65mg/m^3$
④ $5.4mg/m^3$

33 다음 중 양이온 치환용량이 가장 큰 것은?

① 부식(Humus)
② 카올리나이트(Kaolinite)
③ 몬모릴로나이트(Montmorillonite)
④ 버미큘라이트(Vermiculite)

34 다음 중 토양에 비교적 오랫동안 잔류되는 농약은?

① 유기인계 살충제
② 지방족계 제초제
③ 유기염소계 살충제
④ 요소계 살충제

35 토양의 3상에 속하지 않는 것은?

① 액 상
② 기 상
③ 고 상
④ 주 상

36 균근(Mycorrhizae)의 특징에 대한 설명으로 옳지 않은 것은?

① 대부분 세균으로 식물뿌리와 공생
② 외생균근은 주로 수목과 공생
③ 내생균근은 주로 밭작물과 공생
④ 내외생균근은 균근 안에 균사망 형성

37 다음 중 습답의 특징이 아닌 것은?

① 환원상태
② 토양 색깔의 회색화
③ 추락현상
④ 중금속 다량용출

38 입단구조의 발달과 유지를 위한 농경지 관리대책으로 활용할 수 없는 것은?

① 석회물질의 시용
② 유기물의 시용
③ 목초의 재배
④ 토양경운의 강화

39 토양 층위를 지표부터 지하 순으로 옳게 나열한 것은?

① R층 → A층 → B층 → C층 → O층
② O층 → A층 → B층 → C층 → R층
③ R층 → C층 → B층 → A층 → O층
④ O층 → C층 → B층 → A층 → R층

40 물에 의해 일어나는 기계적 풍화작용에 속하지 않는 것은?

① 침식작용
② 운반작용
③ 퇴적작용
④ 합성작용

41 다음 작물 중 일반적으로 배토를 실시하지 않는 것은?

① 파
② 토 란
③ 감 자
④ 상 추

42 유기축산물 인증기준에서 가축복지를 고려한 사육조건에 해당되지 않는 것은?

① 축사바닥은 딱딱하고 건조할 것
② 충분한 휴식공간을 확보할 것
③ 사료와 음수는 접근이 용이할 것
④ 축사는 청결하게 유지하고 소독할 것

43 유기농림산물의 인증기준에서 규정한 재배방법에 대한 설명으로 옳지 않은 것은?

① 화학비료의 사용은 금지한다.
② 유기합성농약의 사용은 금지한다.
③ 심근성 작물 재배는 금지한다.
④ 두과작물의 재배는 허용한다.

44 다음 중 물리적 종자 소독방법이 아닌 것은?

① 냉수온탕침법
② 건열처리
③ 온탕침법
④ 분의소독법

45 토양 속 지렁이의 역할이 아닌 것은?

① 유기물을 분해한다.
② 통기성을 좋게 한다.
③ 뿌리의 발육을 저해한다.
④ 토양을 부드럽게 한다.

46 현재 사육되고 있는 가축이 자체농장에서 생산된 사료를 급여하는 조건에서 목초지 및 사료작물 재배기의 전환기간의 기준은?

① 1년
② 2년
③ 3년
④ 4년

47 다음 중 시설원예용 피복재를 선택할 때 고려해야 할 순서로 바르게 나열된 것은?

① 피복재의 규격 → 온실의 종류와 모양 → 경제성 → 재배 작물 → 피복재의 용도
② 온실의 종류와 모양 → 재배 작물 → 피복재의 규격 → 피복재의 용도 → 경제성
③ 재배 작물 → 온실의 종류와 모양 → 피복재의 용도 → 피복재의 규격 → 경제성
④ 경제성 → 재배 작물 → 피복재의 용도 → 온실의 종류와 모양 → 피복재의 규격

48 다음은 경작지의 작토층에 대하여 토양의 무게(질량)를 산출하고자 한다. 아래의 표를 참고하여 10a의 경작토양에서 10cm 깊이의 건조토양의 무게를 산출한 결과로 맞는 것은?

10cm 두께의 10a 부피	용적밀도
100m³	1.20g · cm⁻³

① 100,000kg
② 120,000kg
③ 140,000kg
④ 160,000kg

49 온실효과에 대한 설명으로 옳지 않은 것은?

① 시설농업으로 겨울철 채소를 생산하는 효과이다.
② 대기 중 탄산가스 농도가 높아져 대기의 온도가 높아지는 현상을 말한다.
③ 산업발달로 공장 및 자동차의 매연가스가 온실효과를 유발한다.
④ 온실효과가 지속된다면 생태계의 변화가 생긴다.

50 다음 중 괴경을 이용하여 번식하는 작물은?

① 고 추
② 감 자
③ 고구마
④ 마 늘

51 친환경인증기관의 인증업무 중 축산물의 인증 종류는 몇 가지인가?(단, 인증대상지역은 대한민국으로 제한한다)

① 1가지
② 2가지
③ 3가지
④ 4가지

52 저투입 지속농업(LISA)을 통한 환경친화적 지속농업을 추진하는 국가는?

① 미 국
② 영 국
③ 독 일
④ 스위스

53 종자의 발아조건 3가지는?

① 온도, 수분, 산소
② 수분, 비료, 빛
③ 토양, 온도, 빛
④ 온도, 미생물, 수분

54 토양의 비옥도 유지 및 증진 방법으로 옳지 않은 것은?

① 토양 침식을 막아준다.
② 토양의 통기성, 투수성을 좋게 만든다.
③ 유기물을 공급하여 유용미생물의 활동을 활발하게 한다.
④ 단일 작목 작부 체계를 유지시킨다.

55 다음 중 품종의 형질과 특성에 대한 설명으로 맞는 것은?

① 품종의 형질이 다른 품종과 구별되는 특징을 특성이라고 표현한다.
② 작물의 형태적·생태적·생리적 요소는 특성으로 표현된다.
③ 작물 키의 장간·단간, 숙기의 조생·만생은 품종의 형질로 표현된다.
④ 작물의 생산성·품질·저항성·적응성 등은 품종의 특성으로 표현된다.

58 품종의 퇴화원인을 3가지로 분류할 때 해당하지 않는 것은?

① 유전적 퇴화
② 생리적 퇴화
③ 병리적 퇴화
④ 영양적 퇴화

56 볏짚, 보릿짚, 풀, 왕겨 등으로 토양 표면을 덮어 주는 방법을 멀칭법이라고 하는데 멀칭의 이점이 아닌 것은?

① 토양침식 방지
② 뿌리의 과다호흡
③ 지온 조절
④ 토양수분 조절

59 세포에서 상동염색체가 존재하는 곳은?

① 핵
② 리보솜
③ 골지체
④ 미토콘드리아

57 친환경농업이 태동하게 된 배경에 대한 설명으로 옳지 않은 것은?

① 미국과 유럽 등 농업선진국은 세계의 농업정책을 소비와 교역 위주에서 증산 중심으로 전환하게 하는 견인 역할을 하고 있다.
② 국제적으로는 환경보전문제가 중요 쟁점으로 부각되고 있다.
③ 토양양분의 불균형문제가 발생하게 되었다.
④ 농업부분에 대한 국제적인 규제가 점차 강화되어가고 있는 추세이다.

60 토마토를 재배하는 온실에 탄산가스를 주입하는 목적은?

① 호흡을 억제하기 위하여
② 광합성을 촉진하기 위하여
③ 착색을 촉진하기 위하여
④ 수분을 도와주기 위하여

3일 | 제3회 과년도 기출문제

01 광(Light)과 작물생리작용에 관한 설명으로 옳지 않은 것은?

① 광합성에 주로 이용되는 파장역은 300~400nm이다.
② 광합성 속도는 광의 세기 이외에 온도, CO_2, 풍속에도 영향을 받는다.
③ 광의 세기가 증가함에 따라 작물의 광합성 속도는 광포화점까지 증가한다.
④ 녹색광(500~600nm)은 투과 또는 반사하여 이용률이 낮다.

02 토양에 흡수·고정되어 유효성이 적은 인산질 비료의 이용을 높이는 방법으로 거리가 먼 것은?

① 유기물시용으로 토양 내 부식함량을 높인다.
② 토양과 인산질 비료와의 접촉면이 많아지게 한다.
③ 작물 뿌리가 많이 분포하는 곳에 시용한다.
④ 기온이 낮은 지역에서는 보통 시용량보다 2~3배 많이 시용한다.

03 수해에 관여하는 요인으로 옳지 않은 것은?

① 생육단계에 따라 분얼 초기에는 침수에 약하고, 수잉기~출수기에 강하다.
② 수온이 높으면 물속의 산소가 적어져 피해가 크다.
③ 질소비료를 많이 주면 호흡작용이 왕성하여 관수해가 커진다.
④ 4~5일의 관수는 피해를 크게 한다.

04 기상생태형과 작물의 재배적 특성에 대한 설명으로 틀린 것은?

① 파종과 모내기를 일찍 하면 감온형은 조생종이 되고 감광형은 만생종이 된다.
② 감광형은 못자리기간 동안 영양이 결핍되고 고온기에 이르면 쉽게 생식생장기로 전환된다.
③ 만파만식할 때 출수기 지연은 기본영양생장형과 감온형이 크다.
④ 조기수확을 목적으로 조파조식을 할 때 감온형이 알맞다.

05 벼를 논에 재배할 경우 발생하는 주요 잡초가 아닌 것은?

① 방동사니, 강피
② 망초, 쇠비름
③ 가래, 물피
④ 물달개비, 개구리밥

06 토양 pH의 중요성이라고 볼 수 없는 것은?

① 토양 pH는 무기성분의 용해도에 영향을 끼친다.
② 토양 pH가 강산성이 되면 Al과 Mn이 용출되어 이들 농도가 높아진다.
③ 토양 pH가 강알칼리성이 되면 작물 생육에 불리하지 않다.
④ 토양 pH가 중성 부근에서 식물양분의 흡수가 용이하다.

07 도복을 방지하기 위한 방법이 아닌 것은?

① 키가 작고 대가 실한 품종을 선택한다.
② 칼륨, 인산, 석회를 충분히 시용한다.
③ 벼에서 마지막 논김을 맬 때 배토를 한다.
④ 출수 직후에 규소를 엽면살포한다.

08 다음 중 토양 염류집적이 문제가 되기 가장 쉬운 곳은?

① 벼 재배 논
② 고랭지채소 재배지
③ 시설채소 재배지
④ 일반 밭작물 재배지

09 식물병 중 세균에 의해 발병하는 병이 아닌 것은?

① 벼 흰잎마름병
② 감자 무름병
③ 콩 불마름병
④ 고구마 무름병

10 농경의 발상지라고 볼 수 없는 곳은?

① 큰 강의 유역
② 각 대륙의 내륙부
③ 산간부
④ 해안 지대

11 토양의 물리적 성질에 대한 설명으로 옳지 않은 것은?

① 모래, 미사 및 점토의 비율로 토성을 구분한다.
② 토양입자의 결합 및 배열 상태를 토양 구조라 한다.
③ 토양입자들 사이의 모든 공극이 물로 채워진 상태의 수분 함량을 포장용수량이라 한다.
④ 토양은 공기가 잘 유통되어야 작물 생육에 이롭다.

12 작물 재배 시 배수의 효과가 아닌 것은?

① 습해와 수해를 방지한다.
② 잡초의 생육을 억제한다.
③ 토양의 성질을 개선하여 작물의 생육을 촉진한다.
④ 농작업을 용이하게 하고, 기계화를 촉진한다.

13 냉해의 종류가 아닌 것은?

① 지연형 냉해
② 장해형 냉해
③ 한해형 냉해
④ 병해형 냉해

14 1843년 식물의 생육은 다른 양분이 아무리 충분해도 가장 소량으로 존재하는 양분에 의해서 지배된다는 설을 제창한 사람과 이에 관한 학설은?

① Liebig, 최소량의 법칙
② Darwin, 순계설
③ Mendel, 부식설
④ Salfeld, 최소량의 법칙

15 기원지로서 원산지를 파악하는 데 근간이 되고 있는 학설은 유전자 중심설이다. Vavilov의 작물의 기원지로 해당하지 않는 곳은?

① 지중해 연안
② 인도·동남아시아
③ 남부 아프리카
④ 코카서스·중동

16 수분함량이 충분한 토양의 경우, 일반적으로 식물의 뿌리가 수분을 흡수하는 토양깊이는?

① 표토 30cm 이내
② 표토 40~50cm
③ 표토 60~70cm
④ 표토 80~90cm

17 작부 체계의 이점이라고 볼 수 없는 것은?

① 병충해 및 잡초발생의 경감
② 농업노동의 효율적 분산 곤란
③ 지력의 유지증강
④ 경지 이용도의 제고

18 멀칭의 효과에 대한 설명 중 옳지 않은 것은?

① 지온 조절
② 토양, 비료 양분 유실
③ 토양건조 예방
④ 잡초 발생 억제

19 논에 요소비료를 15.0kg을 주었다. 이 논에 들어간 질소의 유효성분 함유량은 몇 kg인가?

① 약 3.0kg
② 약 6.9kg
③ 약 8.3kg
④ 약 9.0kg

20 벼 모내기부터 낙수까지 m^2당 엽면증산량이 480mm, 수면증발량이 400mm, 지하침투량이 500mm이고, 유효우량이 375mm일 때, 10a에 필요한 용수량은 얼마인가?

① 약 500kL
② 약 1,000kL
③ 약 1,500kL
④ 약 2,000kL

21 토양 단면상에서 확연한 용탈층을 나타나게 하는 토양 생성작용은?

① 회색화 작용(Gleyzation)
② 라토졸화 작용(Laterization)
③ 석회화 작용(Calcification)
④ 포드졸화 작용(Podzolization)

22 토성 결정의 고려대상이 아닌 것은?

① 모 래
② 미 사
③ 유기물
④ 점 토

23 담수된 논토양의 환원층에서 진행되는 화학반응으로 옳은 것은?

① $S \rightarrow H_2S$

② $CH_4 \rightarrow CO_2$

③ $Fe^{2+} \rightarrow Fe^{3+}$

④ $NH_4 \rightarrow NO_3$

24 작물 생육에 대한 토양미생물의 유익작용이 아닌 것은?

① 근류균에 의하여 유리질소를 고정한다.

② 유기물에 있는 질소를 암모니아로 분해한다.

③ 불용화된 무기성분을 가용화한다.

④ 황산염의 환원으로 토양산도를 조절한다.

25 다음 토양 중 일반적으로 용적밀도가 작고, 공극량이 큰 토성은?

① 사 토

② 사양토

③ 양 토

④ 식 토

26 토양의 풍식작용에서 토양입자의 이동과 관계가 없는 것은?

① 약동(Saltation)

② 포행(Soil Creep)

③ 부유(Suspension)

④ 산사태이동(Sliding Movement)

27 다음이 설명하는 것은?

> 토양이 양이온을 흡착할 수 있는 능력을 가리키며, 이것의 크기는 풍건토양 1kg이 흡착할 수 있는 양이온의 총량($cmol_c$)으로 나타낸다.

① 교환성 염기

② 포장용수량

③ 양이온 교환용량

④ 치환성 양이온

28 간척지 토양의 특성에 대한 설명으로 틀린 것은?

① Na^+에 의하여 토양분산이 잘 일어나서 토양공극이 막혀 수직배수가 어렵다.

② 토양이 대체로 EC가 높고 알칼리성에 가까운 토양반응을 나타낸다.

③ 석고($CaSO_4$)의 사용은 황산기(SO_4^{2-})가 있어 간척지에 사용하면 안 된다.

④ 토양유기물의 시용은 간척지 토양의 구조발달을 촉진시켜 제염효과를 높여 준다.

29 미생물의 수를 나타내는 단위는?

① cfu

② ppm

③ mole

④ pH

30 배수 불량으로 토양환원작용이 심한 토양에서 유기산과 황화수소의 발생 및 양분흡수 방해가 주요 원인이 되어 발생하는 벼의 영양장해 현상은?

① 노화 현상

② 적고 현상

③ 누수 현상

④ 시들음 현상

31 우리나라 논토양의 퇴적양식은 어떤 것이 많은가?

① 충적토
② 붕적토
③ 잔적토
④ 풍적토

32 물에 의한 침식을 가장 잘 받는 토양은?

① 토양입단이 잘 형성되어 있는 토양
② 유기물 함량이 많은 토양
③ 팽창성 점토광물이 많은 토양
④ 투수력이 큰 토양

33 경사지 밭토양의 유거수 속도조절을 위한 경작법으로 적합하지 않은 것은?

① 등고선재배법
② 간작재배법
③ 등고선대상재배법
④ 승수로설치재배법

34 Illite는 2 : 1격자광물이나 비팽창형 광물이다. 이는 결정단위 사이에 어떤 원소가 음전하의 부족한 양을 채우기 위하여 고정되어 있기 때문인데 그 원소는?

① Si
② Mg
③ Al
④ K

35 우리나라의 주요 광물인 화강암의 생성위치와 규산함량이 바르게 짝지어진 것은?

① 생성위치 – 심성암, 규산함량 – 66% 이상
② 생성위치 – 심성암, 규산함량 – 55% 이하
③ 생성위치 – 반심성암, 규산함량 – 66% 이상
④ 생성위치 – 반심성암, 규산함량 – 55% 이하

36 다음 중 미나마타병을 일으키는 중금속은?

① Hg
② Cd
③ Ni
④ Zn

37 토양의 입단형성에 도움이 되지 않는 것은?

① Ca 이온
② Na 이온
③ 유기물의 작용
④ 토양개량제의 작용

38 토양의 물리적 성질이 아닌 것은?

① 토 성
② 토양온도
③ 토양색
④ 토양반응

39 토양단면을 통한 수분이동에 대한 설명으로 틀린 것은?

① 수분이동은 토양을 구성하는 점토의 영향을 받는다.
② 각 층위의 토성과 구조에 따라 수분의 이동양상은 다르다.
③ 토성이 같을 경우 입단화의 정도에 따라 수분이동 양상은
  다르다.
④ 수분이 토양에 침투할 때 토양입자가 미세할수록 침투율은
  증가한다.

40 토양온도에 미치는 요인이 아닌 것은?

① 토양의 비열
② 토양의 열전도율
③ 토양피복
④ 토양공기

41 종자용 벼를 탈곡기로 탈곡할 때 가장 적합한 분당 회전속도는?

① 50회
② 200회
③ 400회
④ 800회

42 작물의 육종목표 중 환경친화형과 관련되는 것은?

① 수량성
② 기계화 적성
③ 품질 적성
④ 병해충 저항성

43 시설토양을 관리하는 데 이용되는 텐시오미터의 중요한 용도는?

① 토양수분장력측정
② 토양염류농도측정
③ 토양입경분포조사
④ 토양용액산도측정

44 과수재배에 적합한 토양의 물리적 조건은?

① 토심이 낮아야 한다.
② 지하수위가 높아야 한다.
③ 점토함량이 높아야 한다.
④ 삼상분포가 알맞아야 한다.

45 유기축산에서 올바른 동물관리방법과 거리가 먼 것은?

① 항생제에 의존한 치료
② 적절한 사육 밀도
③ 양질의 유기사료 급여
④ 스트레스 최소화

46 소의 사료는 기본적으로 어떤 것을 급여하는 것을 원칙으로 하는가?

① 곡 류
② 박 류
③ 강피류
④ 조사료

47 비닐하우스에 이용되는 무적필름의 주요 특징은?

① 값이 싸다.
② 먼지가 붙지 않는다.
③ 물방울이 맺히지 않는다.
④ 내구연한이 길다.

48 유기농업의 목표가 아닌 것은?

① 토양의 비옥도를 유지한다.
② 자연계를 지배하려 하지 않고 협력한다.
③ 안전하고 영양가 높은 식품을 생산한다.
④ 인공적 합성화합물을 투여하여 증산한다.

49 일반적으로 발효퇴비를 만드는 과정에서 탄질비(C/N율)로 가장 적합한 것은?

① 1 이하
② 5~10
③ 20~35
④ 50 이상

50 토양에서 작물이 흡수하는 필수성분의 형태가 옳게 짝지어진 것은?

① 질소 – NO_3^- , NH_4^+
② 인산 – HPO_3^+ , PO_4^-
③ 칼륨 – K_2O^+
④ 칼슘 – CaO^+

51 유기축산물 생산을 위한 유기사료의 분류시 조사료에 속하지 않는 것은?

① 건 초
② 생 초
③ 볏 짚
④ 대두박

52 친환경농업의 필요성이 대두된 원인으로 거리가 먼 것은?

① 농업부문에 대한 국제적 규제 심화
② 안전농산물을 선호하는 추세의 증가
③ 관행농업 활동으로 인한 환경오염 우려
④ 지속적인 인구증가에 따른 증산 위주의 생산 필요

53 토마토의 배꼽썩음병의 발생원인은?

① 칼슘결핍
② 붕소결핍
③ 수정불량
④ 망간과잉

54 유기농산물을 생산하는 데 있어 올바른 잡초 제어법에 해당하지 않는 것은?

① 멀칭을 한다.
② 손으로 잡초를 뽑는다.
③ 화학 제초제를 사용한다.
④ 적절한 윤작을 통하여 잡초 생장을 억제한다.

55 다음 과실비대에 영향을 끼치는 요인 중 온도와 관련한 설명으로 올바른 것은?

① 기온은 개화 후 일정 기간 동안은 과실의 초기생장속도에 크게 영향이 미치지 않지만 성숙기에는 크게 영향을 끼친다.
② 생장적온에 달할 때까지 온도가 높아짐에 따라 과실의 생장속도도 점차 빨라지나 생장적온을 넘은 이후부터는 과실의 생장속도는 더욱 빨라지는 경향이 있다.
③ 사과의 경우, 세포분열이 왕성한 주간에 가온을 하면 세포 수가 증가하게 된다.
④ 야간에 가온을 하면 과실의 세포비대가 오히려 저하되는 경향을 나타낸다.

56 일대잡종(F_1) 품종이 갖고 있는 유전적 특성은?

① 잡종강세
② 근교약세
③ 원연교잡
④ 자식열세

57 토양을 가열소독할 때 적당한 온도와 가열시간은?

① 60℃, 30분
② 60℃, 60분
③ 100℃, 30분
④ 100℃, 60분

58 유기재배용 종자 선정 시 사용이 절대 금지된 것은?

① 내병성이 강한 품종
② 유전자변형 품종
③ 유기재배된 종자
④ 일반종자

59 병해충 관리를 위해 사용이 가능한 유기농 자재 중 식물에서 얻는 것은?

① 목초액
② 보르도액
③ 규조토
④ 유 황

60 농업의 환경보전기능을 증대시키고, 농업으로 인한 환경오염을 줄이며, 친환경농업을 실천하는 농업인을 육성하여 지속가능하고 환경친화적인 농업을 추구함을 목적으로 하는 법은?

① 친환경농어업 육성 및 유기식품 등의 관리·지원에 관한 법률
② 환경정책기본법
③ 토양환경보전법
④ 농수산물품질관리법

3일 | 정답 및 해설

01	02	03	04	05	06	07	08	09	10	11	12	13	14	15
①	①	①	①	④	②	③	①	③	③	①	④	④	③	전항정답
16	17	18	19	20	21	22	23	24	25	26	27	28	29	30
①	④	④	②	①	④	②	③	④	②	③	②	②	②	③
31	32	33	34	35	36	37	38	39	40	41	42	43	44	45
③	②	③	①	④	③	②	①	③	③	②	①	①	④	④
46	47	48	49	50	51	52	53	54	55	56	57	58	59	60
③	①	②	②	①	②	③	③	②	①	②	④	③	③	④

01 엽삽은 잎을 묘상에 꽂아 뿌리를 내리게 하는 꺾꽂이 방법으로 베고니아, 산세비에리아, 바이올렛 등에 이용한다.

02 **끝동매미충**
벼 검은줄오갈병이나 벼 오갈병을 옮겨 피해를 주고 배설물에 의한 그을음병을 유발시키며 직접 흡즙에 의해 피해를 주기도 한다. 주로 벼 상부에 서식하면서 피해를 준다.

03 토양 중의 공기가 적거나 산소가 부족하고 이산화탄소가 많으면 작물 뿌리의 생장과 기능을 저해한다.

04 이산화탄소 농도가 어느 한계까지 높아지면 그 이상 높아져도 광합성이 증대하지 않는 한계농도에 도달하게 된다. 이것을 이산화탄소 포화점이라고 하며 작물의 이산화탄소 포화점은 대기 중 농도의 7~10배(0.21~0.3%)가 된다.

05 **맥류의 동상해 방지대책**
• 이랑을 세워 뿌림골을 깊게 한다.
• 칼륨 비료를 증시하고, 퇴비를 종자 위에 준다.
• 적기에 파종하고, 한지에서는 파종량을 늘린다.
• 과도하게 자랐거나 서릿발이 설 때에는 보리밟기를 한다.

06 ① 선발 육종법 : 교배를 하지 않고 재래종에서 우수한 특성을 가진 개체를 골라 품종으로 만드는 방법
③ 도입 육종법 : 외국으로부터 육종 소재나 완성된 품종을 도입하여 육종 재료로 쓰거나, 곧바로 품종으로 쓰는 방법

07 **작물의 분화 과정** : 유전적 변이 → 도태 또는 적응 → 순화

08 풍해로 인해 상처가 나면 호흡이 증대하여 체내 양분의 소모가 증대한다.

09 • 중경의 이점 : 발아 조장, 토양통기 조장, 토양수분의 증발 경감, 비효 증진, 잡초 제거
• 중경의 단점 : 단근, 풍식 조장, 동상해 조장

10 ①·② 월년생 작물에 대한 설명이다.
④ 영년생 작물에 대한 설명이다.

11 일반 작물의 광포화점은 옥수수 40~60%, 벼 40~50%, 감자 30%, 콩 20% 정도이다.

13 테트라졸륨 용액에 콩 종자를 담그면 종자 전체에 색깔이 나타난다.

14 • 탈질 현상 : 질산태 질소가 논토양의 환원층에 들어가면 환원되어 산화질소(NO), 이산화질소(N_2O), 질소 가스(N_2)를 생성하며 공중으로 흩어지게 된다.
• 탈질 현상의 예방법 : 암모니아태 질소를 환원층에 주는 심층 시비를 한다.

16 **3포식 농법** : 경작지의 2/3에는 추파 또는 춘파의 곡류를 심고 1/3은 휴한하는 농법이며 지력 회복이 목적이다.

17 **화성 유도의 주요 요인**
• 내적 요인
 − 영양상태, 특히 C/N율로 대표되는 동화생산물의 양적 관계
 − 식물호르몬, 특히 옥신과 지베렐린의 체내 수준 관계
• 외적 요인
 − 광조건, 특히 일장효과의 관계
 − 온도조건, 특히 버널리제이션(Vernalization)과 감온성의 관계

18 동상해 응급대책으로는 관개법, 발연법, 송풍법, 피복법, 연소법, 살수 빙결법 등이 있다.

19 퇴비 내 질소 함량이 4%이므로, $6 \times 100 / 4 = 150kg$

21 ④ 노후화답에서는 규산이 결핍될 수 있다.

22 암모늄태 질소는 양이온을 띠므로 음전하를 띠고 있는 다른 형태의 질소보다 잘 흡착된다.

23 **토양 산성화의 영향**
• 토양이 산성화되면 수소 이온이 직접 해를 끼치기도 하지만 알루미늄, 망간 등이 많이 녹아 나와 독성을 일으키고, 칼슘, 마그네슘, 붕소 등의 양분이 부족해지기 쉽다.
• 미생물의 활동이 감소하므로 유기물의 분해가 느려져서 질소나 황 등 양분의 공급이 감소하고, 떼알 형성이 잘되지 않으므로 토양의 물리적 성질이 나빠진다.

24 용해작용은 본질적으로 화학반응은 아니지만 광물 또는 구성 성분이나 이온이 용출되어 모재가 변하는 화학적 풍화작용이다.

25 ① 충적토 : 하천의 유수에 의하여 형성된 토양으로 우리나라 논토양의 대부분을 이룬다.
③ 빙하토 : 빙하의 계속적인 유동과 빙하가 녹아서 흐르는 물에 의해 운반·퇴적되는 토양이다.
④ 풍적토 : 모래, 미세한 입자 등이 바람에 의하여 운반, 퇴적된 토양이다.

26 ③ 남조류는 단세포로서 세균처럼 핵막이 없고, 엽록소와 남조소를 가지고 있어 광합성을 하며 이분법으로 번식한다.
뿌리혹박테리아, 아조토박터, 클로스트리디움, 남조류 등은 공기 성분의 약 78%를 차지하고 있는 공중 질소를 고정하여 질소 화합물을 형성할 수 있다.

27 비열 : 어떤 물질 1g의 온도를 1℃ 높이는 데 필요한 열량

28 ② 옥시졸(Oxisols) : Fe, Al 산화물이 풍부하고 열대 기후에 의해 심하게 풍화된 토양이다.
① 몰리졸(Mollisols) : 주로 초지나 활엽수 분포 지역에서 발달하며 유기물 함량이 높은 토양이다.
③ 얼티졸(Ultisols) : 온대·열대의 습윤한 토양으로 적색을 띠며 염기 공급 능력이 낮다.
④ 엔티졸(Entisols) : 특징적인 토양층의 분화가 없거나 미약한 최근 형성 토양이다.

29 질산화(질화) 작용
토양 안에 존재하거나 비료로 사용된 암모늄태 질소(NH_4^{N-})는, 탄질률(C/N율)이 10 : 1 이하까지 저하되고 이용할 수 있는 산소가 충분한 산화적 조건에서, 호기성 무기영양세균인 암모니아 산화균과 아질산 산화균에 의해 2단계 반응($NH_3^+ \rightarrow NO_2^- \rightarrow NO_3^-$)을 거쳐 질산으로 변화된다.

30 토양반응은 토양의 pH를 측정하여 표시하는데, 교질물의 종류와 함량이 일정한 토양에서는 pH와 염기포화도 사이에 일정한 관계가 있다.

31 지렁이는 토양의 구조를 좋게 하고 비옥도를 증진시키는 작용을 한다.

33 토양공기의 조성
• 토양에서의 미생물 번식과 작물의 뿌리 호흡으로 산소가 소모되고 이산화탄소가 방출된다.
• 토양공기는 대기와의 가스 교환이 더디므로 산소가 적어지고 이산화탄소가 많아진다.
• 토양공기 중 산소는 호기성 미생물에 의해 소비된다.

35 논토양의 pH는 약산성이다.

36 클로라이트(Chlorite)
2 : 1형 규산염 광물로 실리카층, 알루미나층, 2번째 실리카층, 그리고 다른 알루미나 혹은 브루사이트층으로 구성되어 있으며 2 : 2 규칙형 광물이라고도 한다.

37 탈질 작용 : 암모니아태 질소가 산화층에서 산화되어 질산이 된 후, 환원층에서 환원되어 질소가스로 변하여 공기 중으로 휘산되는 현상

39 인삼은 한번 본 밭에 옮겨 심으면 같은 장소에서 3~5년 동안 자라는 작물이며, 비료를 투여하면 상당량의 비료 성분이 토양에 잔류해 축적되기 때문에 염류집적 피해가 발생할 수 있다.

40 암석의 화학적 풍화작용으로는 용해, 가수분해, 산화와 환원, 수화작용 등이 있다.

41 • 토양반응은 토양의 수용액이 나타내는 산성, 중성 또는 알칼리성이며, 토양의 pH를 측정하여 표시한다.
• pH는 순수한 물 1L에 녹아 있는 수소 이온의 역수의 대수이다.

43 님 제제는 아열대 및 열대지방에 서식하는 상록광엽식물인 님나무(*Azadiracta indica*)에서 추출한 식물성분 제제이다.

44 멘델의 유전법칙
• 우열의 법칙 : 서로 대립하는 형질인 우성 형질과 열성 형질이 있을 때 우성 형질만이 드러난다.
• 분리의 법칙 : 순종을 교배한 잡종 제1대를 자가교배했을 때 우성과 열성이 나뉘어 나타난다.
• 독립의 법칙 : 서로 다른 대립형질은 서로에게 영향을 미치지 않고 독립적으로 발현한다.

45 성페로몬을 이용한 방법은 같은 곤충 종끼리 유인하기 위해 분비하는 화학물질을 이용하는 방법으로 특히 나방류의 방제에 효과적이다.

46 기지현상 등으로 휴경이 필요하다면 적절하게 시행해야 한다.

47 칠레이리응애는 응애의 천적으로 응애 방제를 위해 방사한다.

48 과다 결실이 과실의 품질 불량·해거리 등을 일으키고, 수체 내의 탄수화물 축적이 적어져 내한성이 저하되므로 결실관리를 적절히 해 준다.

49 농업 환경이 오염되면서 국민들의 환경 보전의 필요성에 대한 인식이 높아졌으며 소비자들의 건강과 환경 보전을 위한 무공해 및 안전 식품 선호도가 높아지게 되었고, 생산자들 또한 환경 보전, 안전한 농산물 생산 등의 이유로 유기농업으로의 의식 전환이 이루어지기 시작했다.

51 유기물, 토양 개량제 등의 사용으로 입단 구조가 형성되면 토양의 수분과 공기 상태가 좋아진다.

52 벼 종자의 발아 적온은 32℃ 정도로서 높은 온도가 적합하다.

53 식물의 일장감응의 상세구분

명 칭	화아분화 전	화아분화 후	종 류
LL식물	장일성	장일성	시금치, 봄보리
LI식물	장일성	중일성	사탕무
LS식물	장일성	단일성	볼토니아, 피소스테기아
IL식물	중일성	장일성	밀
II식물	중일성	중일성	고추, 벼(조생종), 메밀, 토마토
IS식물	중일성	단일성	소빈국
SL식물	단일성	장일성	앵초, 시네라리아, 딸기
SI식물	단일성	중일성	벼(만생종), 도꼬마리
SS식물	단일성	단일성	코스모스, 나팔꽃, 콩(만생종)

54 자연농업 : 무경운, 무비료, 무제초, 무농약 등 4대 원칙에 입각한 유기농업으로, 자연 환경을 파괴하지 않고 자연 생태계를 보전·발전시키면서 안전한 먹거리를 생산하는 방법이다.

55 수막하우스 : 비닐하우스 안에 적당한 간격으로 노즐이 배치된 커튼을 설치하고, 커튼 표면에 살수하여 얇은 수막을 형성하는 보온시설로, 주로 겨울철 실내온도 하강을 막기 위해 사용한다.

56 유기재배에서는 화학적으로 합성된 농약, 제초제 등을 사용하지 않는다.

57 밀식·질소 다용·칼륨 부족·규산 부족 등이 도복을 유발한다.

59 인과류는 꽃받기가 비대하여 과육 부위가 식용 부분으로 자란 과실로 사과, 배, 모과, 비파 등이 있다.

60 우리나라 논토양은 토양 중 평균 칼륨 함량이 높고 산도·규산 함량이 낮다.

제2회 과년도 기출문제													p 103~110	
01	02	03	04	05	06	07	08	09	10	11	12	13	14	15
①	④	②	④	②	④	③	①	①	①	④	④	①	②	②
16	17	18	19	20	21	22	23	24	25	26	27	28	29	30
①	①	④	①	④	①	③	①	①	①	②	④	③	①	④
31	32	33	34	35	36	37	38	39	40	41	42	43	44	45
④	③	①	③	④	①	④	④	②	④	④	①	②	④	③
46	47	48	49	50	51	52	53	54	55	56	57	58	59	60
①	③	②	①	②	②	②	①	①	④	①	②	①	④	②

01 대기 중 이산화탄소의 농도는 약 0.03%로, 이는 작물이 충분한 광합성을 수행하기에 부족하다. 광합성량을 최고도로 높일 수 있는 이산화탄소의 농도는 약 0.25%이다.

02 **장일식물** : 가을보리, 가을밀, 양귀비, 시금치, 양파, 상추, 아주까리, 감자 등

03 **중금속 오염 토양 대책**
• 석회성분을 투입하여 토양산도를 높여 중금속을 불용화한다.
• 인산과 유기물을 시용한다.
• pH를 높이고 Eh를 낮추는 등 토양 산도를 조정하여 토양환원을 촉진한다.
• 흡수력이 강한 묘목류, 화훼류 등의 식물을 이용하여 토양 중 오염물질을 제거한다.

04 • **발아억제물질** : 암모니아, 시안화수소, ABA(아브시스산 ; Abscisic Acid), 페놀성 화합물, 쿠마린(Coumarin)
• **발아촉진물질** : 지베렐린, 시토키닌, 키네틴, 옥신, 에틸렌, 질산화합물, 티오요소, 과산화수소 등
※ 발아억제물질을 총칭하여 블라스토콜린(Blastokolin)이라 한다.

05 경지 정리를 잘 하여 배수가 잘 되게 해야 한다.

06 지방산과 결합된 칼륨이 수용성·속효성을 가지며, 단백질과 결합된 칼륨은 물에 잘 녹지 않는 지효성을 가진다.

07 **경종적 방제 방법** : 윤작(두과–화분과), 토양관리, 건전 재배, 병·해충 유인방법, 트랩설치, 기상조건(기온, 습도 등)의 제어

08 **기지현상의 원인**
• 토양 비료분의 소모
• 토양 중의 염류집적
• 토양 물리성의 악화
• 잡초의 번성
• 유독물질의 축적
• 토양선충의 피해
• 토양전염의 병해

09 **독립영양생물** : 생육에 필요한 유기물을 독자적으로 합성하여 조달하는 생물로 주로 녹색식물, 조류, 광합성세균, 화학합성세균 등이 있다.

10 질산태 질소는 밭작물에서는 효과가 크지만 논에서는 유실이 많아 손실이 크기 때문에 논토양에는 질산태보다 암모니아태 질소를 시비하는 것이 유리하다.

11 노후화 답에서는 철이 부족하기 때문에 뿌리가 해를 받고 그 결과 칼륨, 규산 등의 흡수가 저해된다. 또한 토양 중에 망간도 결핍되어 깨씨무늬병이 발생하고 근부 현상이 일어나서 추락현상이 나타난다.

12 **삼한시대에 재배된 오곡** : 보리, 기장, 피, 콩, 참깨

13 재식 밀도가 과도하게 높으면 대가 약해져서 도복이 유발될 우려가 크기 때문에 재식 밀도를 적절하게 조절해야 한다.

14 생육기간이 비등한 작물들을 서로 건너서 교호로 재배하는 방식을 교호작(交互作, 번갈아짓기)이라고 한다.

15 작물 수량은 유전성·환경 조건·재배 기술을 3요소로 하는 삼각형으로 표시할 수 있다.

16 **칼륨**(K)
• 광합성, 탄수화물 및 단백질 형성, 세포 내의 수분 공급, 증산에 의한 수분 상실의 제어 등의 역할을 하며, 여러 가지 효소 반응의 활성제로서 작용
• 결핍되면 생장점이 말라 죽고, 줄기가 연약해지며, 잎의 끝이나 둘레가 누렇게 변하고 결실이 저해됨

17 ② 작물의 싹트기에서 수확할 때까지 평균 기온이 0℃ 이상인 날의 일평균 기온을 합산한 것을 적산 온도라고 한다.
③ 온도가 10℃ 상승하는 데 따르는 이화학적 반응이나 생리 작용의 증가배수를 온도 계수라고 한다.
④ 가을에 결실하는 작물은 대체로 일변화에 의해서 결실이 조장된다.

18 양이온 교환용량은 음전하를 띠고 있는 점토나 유기물(부식)의 함량이 높을수록 크다.

19 농산물은 공산품에 비해 수요와 공급이 비탄력적이다.

20 종자의 진가(용가) = $\dfrac{\text{발아율}(\%) \times \text{순도}(\%)}{100}$

∴ $\dfrac{80 \times 90}{100} = 72$

21 **토양 산성화의 원인**
• 무기산(HNO_3, H_3PO_4, H_2SO_4) 등의 해리로 H^+ 방출
• 토양수분은 공기의 CO_2와 평형 상태에 있게 되며, 물에 녹아 탄산이 되고 해리하여 H^+ 방출
• 유기물이 분해될 때 생기는 유기산이 해리되어 H^+ 방출
• 식물의 뿌리에서 양분을 흡수하기 위해 H^+ 방출
• 산성 비료, 인분 등으로 토양 산성화
• 염기가 용탈되거나 유실되어 산성화 진행

23 토양침식은 기상 조건, 지형, 토양 성질, 식물 생육 상태 등에 의해 영향을 받는다.

24 탄산화 작용은 대기 중의 이산화탄소가 물에 용해되어 일어난다. 물에 산이 가해지면 암석의 풍화 작용이 촉진된다.

25 밭토양은 산화상태이기 때문에 유기물의 분해가 논토양보다 빠르다.

26 유기물이 분해해서 생기는 부식콜로이드는 양분을 흡착하는 힘이 강하다.

28 담수하면 대기 중에서 토양으로의 기체 공급이 저하되므로 담수 후 수시간 내에 토양에 함유되어 있던 산소가 호기성 미생물에 의해 완전히 소모된다. 때문에 산소가 부족한 조건하에서 호기성 미생물의 활동이 정지되고 혐기성 미생물의 호흡 작용이 우세하여 혐기성 미생물의 활동이 증가한다.

29 포드졸 토양은 상부층(A층)의 Fe, Al이 유기물과 결합하여 하층(B층)으로 이동하고, 용탈층(A2)에는 안정된 석영과 비정질의 규산이 남아서 백색의 표백층을 형성한다.

30 먼셀(Munsell) 표기법은 3속성에 의하여 H(색상) V(명도)/C(채도)로 기록한다. 따라서 7.5R 7/2일 때 채도는 2이다.

31 산성 토양과 작물 생육과의 관계
• 수소이온이 과다하면 작물 뿌리에 해를 준다.
• 토양이 산성으로 되면 알루미늄 이온과 망간 이온이 용출되어 해를 준다.
• 인, 칼슘, 마그네슘, 몰리브덴, 붕소 등의 필수원소가 결핍된다.
• 석회가 부족하고 토양미생물의 활동이 저하되어 토양의 입단 형성이 저하된다.
• 질소고정균, 근류균 등의 활동이 약화된다.

32 입자밀도(진밀도)
토양입자의 단위 용적당 무게를 말하며 일반적인 무기질토양의 평균비중은 2.65이다.

33 부식(100~300) > 버미큘라이트(8~150) > 몬모릴로나이트(60~100) > 클로라이트(30) > 카올리나이트(3~27)

35 토양의 3상은 고상, 액상, 기상으로 작물 생육에 알맞은 토양의 3상 분포는 고상 50%, 액상 25%, 기상 25% 정도이다.

36 균근은 사상균(곰팡이) 중에서 식물의 뿌리와 공생하는 것을 말한다.

37 습 답
• 배수가 불량해 포화 상태 이상의 수분을 함유하고 있는 논토양을 말한다.
• 대체로 지온이 낮고 유기물의 분해가 늦으며 통기가 나쁘기 때문에 토양의 이화학적 성질이 떨어지고 미생물의 번식이 불량하다.
• 여름 기온이 높아지면 지온이 상승하여 유기물이 급격히 분해되므로 토양이 강한 환원 상태로 되고 황화수소를 비롯한 각종 유기산이 발생하여 뿌리썩음을 일으키는 등 추락의 원인이 되기 쉽다.

38 입단 구조의 형성
• 유기물과 석회의 시용
• 콩과 작물의 재배
• 토양의 피복
• 토양 개량제의 시용

39 토 층
• 유기물층(O층) : 동식물의 잔해가 쌓여 있는 맨 위의 층
• 용탈층(A층) : 유기물층 밑에 있는 층으로 토양 성분이 빗물에 의하여 씻겨 내려간 토층
• 집적층(B층) : 용탈층으로부터 씻겨 내려간 물질이 쌓이는 층
• 모재층(C층) : 집적층 밑의 층
• 암반(R층) : 단단한 암반층

42 축사의 바닥은 부드러우면서도 미끄럽지 아니하고, 청결 및 건조하여야 하며, 충분한 휴식공간을 확보하여야 하고, 휴식공간에서는 건조깔짚을 깔아 줄 것(친환경농축산물 및 유기식품 등의 인증에 관한 세부실시요령 – 유기축산물의 사육장 및 사육조건 [별표 1])

43 유기농산물의 재배방법(친환경농축산물 및 유기식품 등의 인증에 관한 세부실시요령 [별표 1])
• 화학비료와 합성농약 또는 합성농약 성분이 함유된 자재를 전혀 사용하지 아니하여야 한다.
• 두과작물·녹비작물 또는 심근성작물을 이용하여 장기간의 적절한 윤작계획을 수립하고 이행하여야 한다. 다만, 전환기간 생략대상은 예외로 한다.
• 토양에 투입하는 유기물은 유기농산물의 인증기준에 맞게 생산된 것이어야 한다.

44 분의소독법은 농약분말을 종자에 묻혀 소독하는 방법으로 화학적 종자 소독방법에 속한다.

46 동일 농장에서 가축·목초지 및 사료작물 재배지가 동시에 전환하는 경우에는 현재 사육되고 있는 가축이 자체농장에서 생산된 사료를 급여하는 조건하에서 목초지 및 사료작물 재배지의 전환기간은 1년으로 한다(친환경농축산물 및 유기식품 등의 인증에 관한 세부실시요령 – 유기축산물의 전환기간 [별표 1]).

49 대기 중의 수증기, 이산화탄소 등 온실가스가 장파장의 복사에너지를 흡수하여 대기와 지표면의 온도가 높아지는 현상을 온실효과라고 한다.

50 괴경(덩이줄기)은 영양증식기관의 하나로 땅속줄기의 일부분이 비대성장하여 양분을 축적한다. 감자, 돼지감자 등이 있고 고구마는 괴근(덩이뿌리)으로 번식하며, 마늘은 인경(비늘줄기)으로 번식한다.

52 미국은 농약 사용을 최소화하고 토양과 작물의 양분 상태에 따라 적정시비를 하는 저투입 지속농업(LISA ; Low Input Sustainable Agriculture)을 추진하고 있다.

53 종자의 발아 조건은 수분, 산소, 온도, 빛이다.

54 같은 작물을 동일 장소에서 연작하면 염류가 집적되고 유독물질이 축적되며 토양물리성이 악화되는 등 여러 피해가 발생한다.

55 ② 작물의 형태적·생태적·생리적 요소는 형질이라고 표현한다.
③ 작물 키의 장간·단간, 숙기의 조생·만생은 품종의 특성으로 표현된다.
④ 작물의 생산성·품질·저항성·적응성 등은 품종의 형질로 표현된다.

56 멀칭의 효과 : 지온의 조절, 토양의 건조 예방, 토양의 유실 방지, 비료성분의 유실 방지, 잡초 발생의 억제 등

57 증산 중심에서 소비와 교역 위주로 전환하고 있다.

58 종자의 퇴화
• 유전적 퇴화 : 집단의 유전적 조성이 불리한 방향으로 변화되어 품종의 균일성 및 성능이 저하되는 것
• 생리적 퇴화 : 적합하지 않은 재배 환경 및 조건으로 인해 생리적으로 열세화하여 품종 성능이 저하되는 것
• 병리적 퇴화 : 병충해가 원인이 되어 품종 성능이 저하되는 것

59 상동염색체 : 동일한 대립유전자가 같은 위치, 순서로 배열되어있는 1쌍의 염색체로 체세포의 핵에 있다.

60 대기 중 이산화탄소의 농도를 높여 주면 광합성이 증대하여 작물 생육이 촉진되고 수량·품질이 향상된다. 작물의 증수를 위하여 작물 주변의 대기 중에 인공적으로 이산화탄소를 공급해 주는 것을 탄산 시비 또는 이산화탄소 시비, 탄산비료라고 한다.

제3회 과년도 기출문제														p 111 ~ 118
01	02	03	04	05	06	07	08	09	10	11	12	13	14	15
①	②	①	②	②	③	④	③	④	②	③	②	③	①	③
16	17	18	19	20	21	22	23	24	25	26	27	28	29	30
①	②	②	②	②	④	③	①	④	④	④	③	③	①	②
31	32	33	34	35	36	37	38	39	40	41	42	43	44	45
①	③	②	④	①	①	②	④	④	④	③	④	①	①	①
46	47	48	49	50	51	52	53	54	55	56	57	58	59	60
④	③	④	③	①	④	③	①	③	①	①	①	②	①	①

01 광합성 작용에는 650~700nm의 적색광과 400~500nm의 청색광이 가장 효과적이다.

03 수해의 요인과 작용
• 토양이 부양하여 산사태·토양 침식 등을 유발
• 유토에 의해서 전답이 파괴·매몰
• 유수에 의해서 농작물이 도복·손상되고 표토가 유실
• 침수에 의해서 흙앙금이 가라앉고, 생리적인 피해를 받아서 생육 저해
• 병의 발생이 많아지며, 벼에서는 흰빛잎마름병을 비롯하여 도열병·잎집무늬마름병이 발생
• 벼는 분얼 초기에는 침수에 강하지만 수잉기와 출수 개화기에는 약해 수잉기~출수 개화기에 특히 피해가 큼
• 수온이 높을수록 호흡기질의 소모가 많아 피해가 큼
• 흙탕물과 고인 물은 흐르는 물보다 산소가 적고 온도가 높아 피해가 큼

04 ② 못자리기간 동안 영양이 결핍되고 고온기에 이르면 쉽게 생식생장기로 전환되는 것은 감온형이다.
① 파종과 모내기를 일찍 하면 blt형, 감온형은 조생종이 되고 기본영양생장형, 감광형은 만생종이 된다.
③ 만파만식할 때 출수기 지연은 기본영양생장형과 감온형이 크고, 감광형이 작다.
④ 조기수확을 목적으로 조파조식을 할 때 blt형, 감온형이 알맞다.

05 ② 망초, 쇠비름은 밭잡초이다.

우리나라의 주요 잡초

	1년생		다년생
논잡초	강피, 돌피, 물피, 알방동사니, 올챙이고랭이, 여뀌, 물달개비, 물옥잠, 사마귀풀, 자귀풀, 여뀌바늘, 가막사리 등		나도겨풀, 너도방동사니, 올방개, 쇠털골, 매자기, 가래, 올미, 벗풀, 보풀, 개구리밥, 생이가래 등

	1년생	2년생	다년생
밭잡초	바랭이, 강아지풀, 미국개기장, 돌피, 참방동사니, 금방동사니, 개비름, 명아주, 여뀌, 쇠비름, 깨풀 등	뚝새풀, 냉이, 꽃다지, 속속이풀, 망초, 개망초, 개갓냉이, 별꽃 등	참새피, 띠, 향부자, 쑥, 쓴바귀, 민들레, 쇠뜨기, 메꽃, 토끼풀 등

06 토양 pH가 강알칼리성이 되면 B, Fe, Mn 등의 용해도가 감소하여 작물 생육에 불리해지며, 토양 내 탄산나트륨(Na_2CO_3)과 같은 강염기가 존재하게 되어 작물 생육에 장해가 된다.

08 시설재배지 토양의 문제점
• 한두 종류의 작물만 계속하여 연작함으로써 특수성분의 결핍을 초래한다.
• 집약화의 경향에 따라 요구도가 큰 특정 비료의 편중된 사용으로 염화물, 황화물 등이 집적된다. 또한 Ca, Mg, Na 등 염기가 부성분으로 토양에 집적된다.
• 토양의 pH가 작물 재배에 적합하지 못한 적정 pH 이상으로 높아진다.
• 토양의 비전도도(EC)가 기준 이상인 경우가 많아 토양 용액의 삼투압이 매우 높고, 활성도비가 불균형하여 무기 성분 간 길항 작용에 의해 무기 성분의 흡수가 어렵게 된다.
• 대량 요소의 사용에만 주력하여 미량 요소의 결핍이 일반적인 특징이다.

09 고구마 무름병은 진균의 한 종류인 조균류에 의해 발생한다.

10 농경의 발상지
• 큰 강의 유역 : 중국의 황하나 양자강 유역, 메소포타미아의 유프라테스강 유역 및 이집트의 나일강 유역 등
• 산간부 : 멕시코의 농업은 산간부로부터 시작하여 점차 평야부로 전파됨
• 해안 지대 : 북부 유럽의 일부 해안 지대와 일본의 해안 지대 등

11 토양수분 함량
• 최대 용수량 : 토양입자들 사이의 모든 공극이 물로 채워진 상태의 수분 함량
• 포장 용수량 : 최대 용수량 상태에서 중력수가 완전히 제거된 후 남아 있는 수분 함량

12 배수의 효과
• 습해·수해를 방지한다.
• 토양의 성질을 개선하여 작물의 생육을 조장한다.
• 일모작답을 2·3모작답으로 하여 경지이용도를 높인다.
• 농작업을 용이하게 하고 기계화를 촉진한다.

13 냉해의 구분
• 지연형 냉해 : 등숙이 지연되어 후기의 냉온에 의하여 등숙 불량을 초래하는 형의 냉해
• 장해형 냉해 : 유수형성기부터 개화기까지, 특히 생식 세포의 감수분열기의 냉온에 의해서 정상적인 생식 기관이 형성되지 못하거나 화분 방출·수정 등에 장해를 일으켜 불임 이상이 나타나는 형의 냉해
• 병해형 냉해 : 냉온 하에서 규질의 감소, 암모니아 축적 증가 등의 원인으로 인해 병균의 침입·번식이 용이해져 병의 발생이 많아지는 냉해

14 Liebig는 1840년에 무기물이 식물의 생장에 이용될 수 있다는 무기영양설을 제창했으며 1843년에 식물의 생육은 다른 양분이 아무리 충분해도 가장 소량으로 존재하는 양분에 의해서 지배된다는 최소량의 법칙을 제창하였다.

15 Vavilov의 작물의 기원지 : 중국, 인도·동남아시아, 중앙아시아, 코카서스·중동지역, 지중해 연안지역, 중앙아프리카지역, 멕시코·중앙아메리카지역, 남아메리카지역

17 작부체계의 중요성
• 생물학·재배기술적인 효과
• 농업경영에서의 효과
　– 경지 이용도 제고
　– 병충해·잡초발생 감소
　– 지력의 유지증강
　– 농업노동의 효율적 배분
　– 잉여노동의 최대한 활용
　– 농업생산성 향상 및 생산 안정화
　– 종합적인 수익성 향상 및 안정화 도모

18 멀칭의 효과 : 지온의 조절, 토양의 건조 예방, 토양의 유실 방지, 비료성분의 유실 방지, 잡초 발생의 억제

21 포드졸은 냉온대로부터 온대의 습윤한 기후에서 침엽수 또는 침엽–활엽 혼림지에 생성되기 쉬운 토양으로 상층의 Fe, Al이 유기물과 결합하여 하층으로 이동하므로 용탈층과 집적층을 갖게 된다.

22 토성이란 모래, 미사, 점토 부분의 분포, 즉 상대적인 비율을 가리키며, 식물 생육에 중요한 여러 가지 이화학적 성질을 결정하는 기본 요인이 된다.

24 작물 생육에 토양미생물의 작용 : 병해·선충해 유발, 질산염의 환원과 탈질작용, 황산염의 환원, 환원성 유해물질의 생성·집적, 무기성분의 형태 변화, 작물과 미생물 간의 양분 쟁탈

25 식 토
• 점토의 비율이 높아서 점토의 성질이 뚜렷하게 나타나는 토양
• 투기·투수가 불량하고 유기질의 분해가 더디며 습해나 유해 물질에 의한 피해를 받기 쉽다.
• 점착력이 강하고 건조하면 굳어져서 경작이 곤란하다.

26 산사태는 수해로 인해 일어난다.

27 토양 1kg이 보유하는 치환성 양이온의 총량을 cmol(+)kg^{-1}으로 표시한 것을 양이온교환용량(CEC) 또는 염기치환용량(BEC)이라 한다.

28 석고·토양개량제·생짚 등을 시용해서 토양의 물리성을 개량한다.

29 ① CFU(균총형성단위) : 균총(콜로니)을 형성하는 최소단위로서 포자, 균사절편, 유주자 등을 뜻함
③ mole : 물질의 양을 나타내는 단위
④ pH : 용액의 산성이나 알칼리성의 정도를 나타내는 수치

30 엽록소의 변화 및 파괴로 인해 벼가 적갈색으로 변해서 죽는 적고 현상이 발생한다.

31 충적토는 토양의 생성작용에 의하여 크게 변화하지 않는 하천의 충적층과 관련된 토양으로서 범람원, 삼각주, 선상지에서 주로 나타난다. 우리나라 논토양의 대부분을 차지하며 토양단면은 층상을 이루고 있다.

33 ① 등고선에 따라 이랑을 만들어 유거수의 속도를 완화시키고 저수통 역할을 하게 한다.
③ 비에 의한 침식을 막기 위하여 경사지에 목초 등을 밀생시키는 방법을 초생법이라고 한다. 과수원이나 계단밭 등의 경사면에는 연중 초생상태로 두는 경우가 많으나, 밭의 경우에는 밭이랑 등에 일정 기간만 초생법을 이용하거나 풀과 작물의 돌려짓기 등을 한다.
④ 물이 흐를 수 있는 도랑을 만들어 물의 유거 및 토양 유실을 감소시킬 수 있다.
경사도별 작물재배법
• 5℃ 이하 : 등고선 재배 – 토양보전 가능
• 5~15℃ : 승수구 설치, 초생대 재배
• 15℃ 이상 : 계단식 개간 재배

34 일라이트(Illite) : 주로 백운모와 흑운모로부터 생성되며 4개의 Si 중에서 한 개가 Al으로 치환되며, 실리카층 사이의 K이온에 의해 전하의 평형이 이루어진다.

35 심성암에는 화강암, 섬록암, 반려암 등이 있다.
규산함량에 따른 분류
• 산성암 : 화강암, 유문암(65~75%)
• 중성암 : 섬록암, 안산암(55~65%)
• 염기성암 : 반려암, 현무암(40~55%)

36 수은(Hg)은 미나마타(Minamata)병의 원인 물질로 인체에 대한 유독성이 알려졌다.

38 토양반응은 화학적 성질로 볼 수 있다.

39 토양입자가 미세한 점토의 비율이 높으면 투기와 투수가 불량하다.

40 토양에 흡수되는 열량은 토양 구성물의 비열, 열전도도, 표면의 색, 피복물의 상태, 열을 받는 방향과 경사도 등에 따라 달라지며, 그 밖에 지표에서의 물의 증발과 열의 직접적인 방사 등에 따라 달라진다.

41 일반 탈곡 시 회전속도는 480~540m/min이고, 종자용 탈곡 시 회전속도는 분당 400회가 넘지 않아야 한다.

43 텐시오미터(Tensiometer)는 토양수분 측정도구이다.

45 유기축산에서 가축의 질병을 예방하기 위한 가장 근본적인 사항은 저항성이 있는 축종을 선택하는 것이며, 그 후 가축의 위생관리를 철저히 하고 운동할 수 있는 충분한 공간 등을 제공하는 것이다. 또한 비타민 및 무기물 등을 통해 면역기능을 증진시키는 것도 중요하다.

46 반추가축의 주요 사료는 볏짚, 건초, 사일리지, 청초, 산야초, 생초 등의 조사료이다.

47 무적필름은 필름에 부착된 물이 물방울이 되어 떨어져 작물에 피해를 주는 것을 막도록 필름의 표면을 따라 흘러내리기 쉽게 개량한 하우스용 필름이다.

48 **유기농업의 기본목적**
- 가능한 한 폐쇄적인 농업시스템 속에서 적당한 것을 취하고, 지역 내 자원에 의존하는 것
- 장기적으로 토양 비옥도를 유지하는 것
- 현대 농업기술이 가져온 심각한 오염을 회피하는 것
- 영양가 높은 식품을 충분히 생산하는 것
- 농업에 화석연료의 사용을 최소화하는 것
- 전체 가축에 대하여 그 심리적 필요성과 윤리적 원칙에 적합한 사양 조건을 만들어 주는 것
- 농업 생산자에 대해서 정당한 보수를 받을 수 있도록 하는 것과 더불어 일에 대해 만족감을 느낄 수 있도록 하는 것
- 전체적으로 자연환경과의 관계에서 공생·보호적인 자세를 견지하는 것

49 탄질비는 미생물들이 먹이로 쓰는 질소의 함량을 맞춰주기 위한 것으로 30 이하로 맞추어야 퇴비화가 잘 일어난다.

51 조사료는 용적이 많고 거친 사료를 총칭하며 볏짚, 건초, 사일리지, 청초, 산야초, 생초 등이 있다. 농후사료는 부피가 적고 조섬유 함량도 비교적 적게 함유된 것으로, 단백질이나 탄수화물 그리고 지방의 함량이 비교적 많이 함유된 것을 말하며 각종 곡류, 단백질 사료 및 배합 사료가 이에 속한다.

52 미국과 유럽 등 농업선진국은 세계의 농업정책을 증산 위주에서 소비와 교역 위주로 전환하게 하는 견인 역할을 하고 있다.

53 칼슘이 부족하면 토마토 배꼽썩음병이 발생한다. 붕소가 결핍되면 무·배추 속썩음병, 사과 축과병 등이 생기고, 망간이 과잉하면 사과 적진병이 발생한다.

54 잡초 관리에 있어서 윤작, 경운 등 경종적 방법이 근간이 되어야 하고 화학제초제의 사용은 금한다.

56 잡종강세 육종법은 잡종강세 현상이 왕성하게 나타나는 1대 잡종을 품종으로 이용하는 육종법이다.

58 유기종자는 물리적·화학적 처리과정을 거치지 않아야 한다.

59 목초액은 나무를 숯으로 만들 때 발생하는 연기가 외부 공기와 접촉하면서 액화되는 것으로, 그 성분은 초산이다.

60 **목적(친환경농어업 육성 및 유기식품 등의 관리·지원에 관한 법률 제1조)**
이 법은 농어업의 환경보전기능을 증대시키고 농어업으로 인한 환경오염을 줄이며, 친환경농어업을 실천하는 농어업인을 육성하여 지속가능한 친환경농어업을 추구하고 이와 관련된 친환경농수산물과 유기식품 등을 관리하여 생산자와 소비자를 함께 보호하는 것을 목적으로 한다.

지식에 대한 투자가 가장 이윤이 많이 남는 법이다.

-벤자민 프랭클린-

5일 완성
유기농업기능사

4일

과년도 기출문제

★ ★ ★

5일 완성
유기농업기능사

★ ★ ★

4일 | 제1회 과년도 기출문제

01 작물 재배 시 일정한 면적에서 최대수량을 올리려면 수량 삼각형의 3변이 균형 있게 발달하여야 한다. 수량 삼각형의 요인으로 볼 수 없는 것은?

① 유전성
② 환경 조건
③ 재배 기술
④ 비 료

02 유기재배 시 활용할 수 있는 병해충 방제방법 중 생물학적 방제법으로 분류되지 않는 것은?

① 천적곤충 이용
② 유용미생물 이용
③ 길항미생물 이용
④ 내병성 품종 이용

03 관수피해로 성숙기에 가까운 맥류가 장기간 비를 맞아 젖은 상태로 있거나, 이삭이 젖은 땅에 오래 접촉해 있을 때 발생되는 피해는?

① 기계적 상처
② 도 복
③ 수발아
④ 백수현상

04 균근균의 역할로 옳은 것은?

① 과도한 양의 염류 흡수 조장
② 인산성분의 불용화 촉진
③ 독성 금속이온의 흡수 촉진
④ 식물의 수분흡수 증대에 의한 한발저항성 향상

05 도복의 피해가 아닌 것은?

① 수량감소
② 품질손상
③ 수확작업의 간편
④ 간작물(間作物)에 대한 피해

06 벼 냉해에 대한 설명으로 옳은 것은?

① 냉온의 영향으로 인한 수량감소는 생육시기와 상관없이 같다.
② 냉온에 의해 출수가 지연되어 등숙기에 저온장해를 받는 것이 지연형 냉해이다.
③ 장해형 냉해는 영양생장기와 생식생장기의 중요한 순간에 일시적 저온으로 냉해받는 것이다.
④ 수잉기는 저온에 매우 약한 시기로 냉해기상 시에는 관개를 얕게 해준다.

07 인공영양번식에서 발근 및 활착효과를 기대하기 어려운 것은?

① 엽록소형성 억제처리
② 설탕액에 침지처리
③ ABA처리
④ 환상박피나 절상처리

08 작물 군락의 수광태세를 개선하는 방법으로 틀린 것은?

① 질소비료를 많이 주어 엽면적을 늘리고, 수평엽을 형성하게 한다.
② 규산, 칼륨을 충분히 주어 수직엽을 형성하게 한다.
③ 줄 사이를 넓히고 포기 사이를 좁혀 파상군락을 형성하게 한다.
④ 맥류는 드릴파재배를 하여 잎이 조기에 포장 전면을 덮게 한다.

09 토양 비옥도를 유지 및 증진하기 위한 윤작대책으로 실효성이 가장 낮은 것은?

① 콩과 작물 재배를 통해 질소원을 공급한다.
② 근채류, 알팔파 등의 재배로 토양의 입단형성을 유도한다.
③ 피복작물 재배로 표층토의 유실을 막는다.
④ 채소작물 재배로 토양선충 피해를 경감한다.

10 작물의 수분 부족장해가 아닌 것은?

① 무기양분이 결핍된다.
② 증산작용이 억제된다.
③ ABA양이 감소된다.
④ 광합성능이 떨어진다.

11 병해충 방제방법의 일반적 분류에 해당하지 않는 것은?

① 법적 방제법
② 유전공학적 방제법
③ 생물학적 방제법
④ 화학적 방제법

12 토양 조류의 작용에 대한 설명으로 틀린 것은?

① 조류는 이산화탄소를 이용하여 유기물을 생성함으로써 대기로부터 많은 양의 이산화탄소를 제거한다.
② 조류는 질소, 인 등 영양원이 풍부하면 급속히 증식하여 녹조현상을 일으킨다.
③ 조류는 사상균과 공생하여 지의류를 형성하고, 지의류는 규산염의 생물학적 풍화에 관여한다.
④ 조류가 급속히 증식하여 지표수 표면에 조류막을 형성하면 물의 용존산소량이 증가한다.

13 토양의 공극량(空隙量)에 관여하는 요인이 될 수 없는 것은?

① 토 성
② 토양구조
③ 토양 pH
④ 입단의 배열

14 대기조성과 작물에 대한 설명으로 틀린 것은?

① 대기 중 질소(N_2)가 가장 많은 함량을 차지한다.
② 대기 중 질소는 콩과 작물의 근류균에 의해 고정되기도 한다.
③ 대기 중의 이산화탄소 농도는 작물이 광합성을 수행하기에 충분한 과포화상태이다.
④ 산소농도가 극히 낮아지거나 90% 이상이 되면 작물의 호흡에 지장이 생긴다.

15 재배식물을 여름작물과 겨울작물로 분류하였다면 이는 어느 생태적 특성에 의해 분류한 것인가?

① 작물의 생존연한
② 작물의 생육시기
③ 작물의 생육적온
④ 작물의 생육형태

16 풍속이 4~6km/h 이하인 연풍에 대한 설명으로 거리가 먼 것은?

① 병균이나 잡초종자를 전파한다.
② 연풍이라도 온도가 낮은 냉풍은 냉해를 유발한다.
③ 증산작용을 촉진한다.
④ 풍매화의 수분을 방해한다.

17 벼의 생육기간 중에 시비되는 질소질 비료 중에서 쌀의 식미에 가장 큰 영향을 미치는 것은?

① 밑거름
② 알거름
③ 분얼비
④ 이삭거름

18 작물의 이식시기로 틀린 것은?

① 과수는 이른봄이나 낙엽이 진 뒤의 가을이 좋다.
② 일조가 많은 맑은 날에 실시하면 좋다.
③ 묘대일수감응도가 적은 품종을 선택하여 육묘한다.
④ 벼 도열병이 많이 발생하는 지대는 조식을 한다.

19 작물 생육에 대한 수분의 기본적 역할이라고 볼 수 없는 것은?

① 식물체 증산에 이용되는 수분은 극히 일부분에 불과하다.
② 원형질의 생활상태를 유지한다.
③ 필요물질을 흡수할 때 용매가 된다.
④ 필요물질의 합성·분해의 매개체가 된다.

20 기지의 해결책으로 가장 거리가 먼 것은?

① 수박을 재배한 후 땅콩 또는 콩을 재배한다.
② 산야토를 넣은 후 부숙된 나뭇잎을 넣어준다.
③ 하우스재배는 다비재배를 실시한다.
④ 인삼을 재배한 후 물을 가득 채운다.

21 토양에 대한 설명으로 틀린 것은?

① 토양은 광물입자인 무기물과 동식물의 유체인 유기물, 그리고 물과 공기로 구성되어 있다.
② 토양의 삼상은 고상, 액상, 기상이다.
③ 토양 공극의 공기의 양은 물의 양에 비례한다.
④ 토양공기는 지상의 대기보다 산소는 적고 이산화탄소는 많다.

22 근류균이 3분자의 공중 질소(N_2)를 고정하면 몇 분자의 암모늄(NH_4^+)이 생성되는가?

① 2분자
② 4분자
③ 6분자
④ 8분자

23 우리나라 화강암 모재로부터 유래된 토양의 입자밀도(진밀도)는?

① $1.20kg \cdot cm^{-3}$

② $1.65g \cdot cm^{-3}$

③ $2.30kg \cdot cm^{-3}$

④ $2.65g \cdot cm^{-3}$

24 토양의 생성 및 발달에 대한 설명으로 틀린 것은?

① 한랭습윤한 침엽수림 지대에서는 Podzol 토양이 발달한다.

② 고온다습한 열대 활엽수림 지대에서는 Latosol 토양이 발달한다.

③ 경사지는 침식이 심하므로 토양의 발달이 매우 느리다.

④ 배수가 불량한 저지대는 황적색의 산화토양이 발달한다.

25 염해지 토양의 개량방법으로 가장 적절하지 않은 것은?

① 암거배수나 명거배수를 한다.

② 석회질 물질을 시용한다.

③ 전층 기계 경운을 수시로 실시하여 토양의 물리성을 개선시킨다.

④ 건조시기에 물을 대줄 수 없는 곳에서는 생짚이나 청초를 부초로 하여 표층에 깔아주어 수분증발을 막아준다.

26 유기물의 분해에 관여하는 생물체의 탄질률(C/N Ratio)은 일반적으로 얼마인가?

① 100 : 1

② 65 : 1

③ 18 : 1

④ 8 : 1

27 양이온 교환용량에 대한 표기와 $1cmol_c \cdot kg^{-1}$과 같은 양으로 옳은 것은?

① CEC, $0.01mol_c \cdot kg^{-1}$

② EC, $0.01mol_c \cdot kg^{-1}$

③ Eh, $100mol_c \cdot kg^{-1}$

④ CEC, $100mol_c \cdot kg^{-1}$

28 청색증(메세모글로빈혈증)의 직접적인 원인이 되는 물질은?

① 암모니아태질소

② 질산태질소

③ 카드뮴

④ 알루미늄

29 다음 중 산성토양인 것은?

① pH 5인 토양

② pH 7인 토양

③ pH 9인 토양

④ pH 11인 토양

30 밭상태보다는 논상태에서 독성이 강하여 작물에 해를 유발하는 비소유해화합물의 형태는?

① $As_{(s)}$

② As^{1+}

③ As^{3+}

④ As^{5+}

31 밭토양에 비해 논토양은 대조적으로 어두운 색깔을 띤다. 그 주된 이유는 무엇인가?

① 유기물 함량 차이
② 산화환원 특성 차이
③ 토성 차이
④ 재배작물 차이

32 알칼리성의 염해지 밭토양 개량에 적합한 석회물질로 옳은 것은?

① 석 고
② 생석회
③ 소석회
④ 탄산석회

33 다음 중 경작지의 토양온도가 가장 높은 것은?

① 황적색 토양으로 동쪽으로 15° 경사진 토양
② 황적색 토양으로 서쪽으로 15° 경사진 토양
③ 흑색 토양으로 남쪽으로 15° 경사진 토양
④ 흑색 토양으로 북쪽으로 15° 경사진 토양

34 토양의 물리적 성질로서 토양 무기질입자의 입경조성에 의한 토양분류를 무엇이라 하는가?

① 토 립
② 토 성
③ 토 색
④ 토 경

35 부식의 효과에 해당하지 않는 것은?

① 미생물의 활동 억제효과
② 토양의 물리적 성질 개선효과
③ 양분의 공급 및 유실 방지효과
④ 토양 pH의 완충효과

36 토양 생성학적인 층위명에 대한 일반적인 설명으로 틀린 것은?

① O층에는 O1, O2층이 있다.
② A층에는 A1, A2, A3층이 있다.
③ B층에는 B1, B2, B3층이 있다.
④ C층에는 C1, C2, R층이 있다.

37 다음 중 양이온 치환용량(CEC)이 가장 큰 것은?

① 카올리나이트(Kaolinite)
② 몬모릴로나이트(MontMorillonite)
③ 일라이트(Illite)
④ 클로라이트(Chlorite)

38 다음 토양소동물 중 가장 많은 수로 존재하면서 작물의 뿌리에 크게 피해를 입히는 것은?

① 지렁이
② 선 충
③ 개 미
④ 톡토기

39 강물이나 바닷물의 부영양화를 일으키는 원인 물질로 가장 거리가 먼 것은?

① 질 소
② 인 산
③ 칼 리
④ 염 소

40 개간지 토양의 숙전화(熟田化)방법으로 적합하지 않은 것은?

① 유효토심을 증대시키기 위해 심경과 함께 침식을 방지한다.
② 유기물 함량이 낮으므로 퇴비 등 유기물을 다량 시용한다.
③ 염기포화도가 낮으므로 농용석회와 같은 석회물질을 시용한다.
④ 인산흡수계수가 낮으므로 인산 시용을 줄인다.

41 생산력이 우수하던 품종이 재배연수(年數)를 경과하는 동안에 생산력 및 품질이 저하되는 것을 품종의 퇴화라 하는데, 다음 중 유전적 퇴화의 원인이라 할 수 없는 것은?

① 자연교잡
② 이형종자 혼입
③ 자연돌연변이
④ 영양번식

42 농림수산부에서 유기농업발전 기획단을 설치한 연도는?

① 1991년
② 1993년
③ 1995년
④ 1997년

43 병의 발생과 병원균에 대한 설명으로 틀린 것은?

① 병원균에 대하여 품종간 반응이 다르다.
② 진딧물 같은 해충은 병 발생의 요인이 된다.
③ 환경요인에 의하여 병이 발생되는 일은 거의 없다.
④ 병원균은 분화된다.

44 10a의 논에 16kg의 칼륨을 시용하려면 황산칼륨(칼륨함량 45%)으로 약 몇 kg을 시용해야 하는가?

① 16kg
② 36kg
③ 57kg
④ 102kg

45 일반적으로 돼지의 임신기간은 약 얼마인가?

① 330일
② 280일
③ 152일
④ 114일

46 포도의 개화와 수정을 방해하는 요인이 아닌 것은?

① 도장억제
② 저 온
③ 영양부족
④ 강 우

47 유기축산물 생산에는 원칙적으로 동물용 의약품을 사용할 수 없게 되어 있는데, 예방관리에도 불구하고 질병이 발생할 경우 수의사 처방에 따라 질병을 치료할 수도 있다. 이 때 최소 어느 정도의 기간이 지나야 도축하여 유기축산물로 판매할 수 있는가?

① 해당 약품 휴약기간의 1배
② 해당 약품 휴약기간의 2배
③ 해당 약품 휴약기간의 3배
④ 해당 약품 휴약기간의 4배

48 작물 또는 과수 등을 재배하는 경작지의 지형적 요소에 대한 설명으로 옳은 것은?

① 경작지가 경사지일 때 토양유실정도는 부식질이 많을수록 심하다.
② 과수수간(果樹樹幹)에서의 일소(日燒)피해는 과수원의 경사방향이 동향 또는 동남향일 때 피해를 받기 쉽다.
③ 산기슭을 제외한 경사지의 과수원은 이른 봄의 발아 및 개화시에 상해를 덜 받는 장점이 있다.
④ 경사지는 평지보다도 토양유실이 심한 점을 감안하여 가급적 토양을 얕게 갈고 돈분·계분 등의 유기물을 많이 넣어주어야 한다.

49 국제유기농업운동연맹을 바르게 표시한 것은?

① IFOAM
② WHO
③ FAO
④ WTO

50 유기농업과 가장 관련이 적은 용어는?

① 생태학적 농업
② 자연농업
③ 관행농업
④ 친환경농업

51 토양 떼알구조의 이점이 아닌 것은?

① 양분의 유실이 많다.
② 지온이 상승한다.
③ 수분의 보유가 많다.
④ 익충 및 유효균의 번식이 왕성하다.

52 과수의 착색을 지연시키는 요인이 아닌 것은?

① 질소과다
② 도 장
③ 조기낙엽
④ 햇 빛

53 벼 종자 소독 시 냉수온탕침법을 실시할 때 가장 알맞은 물의 온도는?

① 약 30℃ 정도
② 약 35℃ 정도
③ 약 43℃ 정도
④ 약 55℃ 정도

54 농후사료 중심으로 유기가축을 사육할 때 예상되는 문제점으로 가장 거리가 먼 것은?

① 국내 유기농후사료 생산의 한계
② 고가의 수입 유기농후사료가 필요
③ 물질의 지역 순환원리에 어긋남
④ 낮은 품질의 축산물 생산

55 과수 재배에서 심경(깊이갈이)하기에 가장 적당한 시기는?

① 낙엽기
② 월동기
③ 신초생장기
④ 개화기

56 우렁이농법에 의한 유기벼 재배에서 우렁이 방사에 의해 주로 기대되는 효과는?

① 잡초 방제
② 유기물 대량공급
③ 해충 방제
④ 양분의 대량공급

57 다음 설명이 정의하는 농업은?

> 합성농약, 화학비료 및 항생제·항균제 등 화학자재를 사용하지 아니하거나 그 사용을 최소화하고 농업·수산업·축산업·임업 부산물의 재활용 등을 통하여 생태계와 환경을 유지·보전하면서 안전한 농산물·수산물·임산물을 생산하는 산업

① 지속적 농업
② 친환경농어업
③ 정밀농업
④ 태평농업

58 호기성 발효퇴비의 구별방법으로 거리가 먼 것은?

① 냄새가 거의 나지 않는다.
② 중량 및 부피가 줄어든다.
③ 비옥한 토양과 같은 어두운 색깔이다.
④ 모재료의 원래 형태가 잘 남아 있다.

59 토양의 기능이 아닌 것은?

① 동식물에게 삶의 터전을 제공한다.
② 작물생산배지로서 작물을 지지하거나 양분을 공급한다.
③ 오염물질 등의 폐기물과 물을 여과한다.
④ 독성이 강한 중금속 성분을 작물에 공급한다.

60 유기농업에서 사용해서는 안 되는 품종은?

① 병충해저항성품종
② 고품질생산품종
③ 재래품종
④ 유전자변형품종

4일 | 제2회 과년도 기출문제

01 기지현상의 대책으로 옳지 않은 것은?

① 토양소독을 한다.
② 연작한다.
③ 담수한다.
④ 새 흙으로 객토한다.

02 Vavilov는 식물의 지리적 기원을 탐구하는데 큰 업적을 남긴 사람이다. 그에 대한 설명으로 틀린 것은?

① 농경의 최초 발상지는 기후가 온화한 산간부 중 관개수를 쉽게 얻을 수 있는 곳으로 추정하였다.
② 1883년에 '재배식물의 기원'을 저술하였다.
③ 지리적 미분법을 적용하여 유전적 변이가 가장 많은 지역을 그 작물의 기원중심지라고 하였다.
④ Vavilov의 연구 결과는 식물종의 유전자중심설로 정리되었다.

03 춘화처리에 대한 설명으로 틀린 것은?

① 춘화처리하는 동안 및 처리 후에도 산소와 수분공급이 있어야 춘화처리효과가 유지된다.
② 춘파성이 높은 품종보다 추파성이 높은 품종의 식물이 춘화요구도가 적다.
③ 국화과 식물에서는 저온처리 대신 지베렐린을 처리하면 춘화처리와 같은 효과를 얻을 수 있다.
④ 춘화처리의 효과를 얻기 위한 저온처리 온도는 작물에 따라 다르나 일반적으로 0~10℃가 유효하다.

04 작물에 발생되는 병의 방제방법에 대한 설명으로 옳은 것은?

① 병원체의 종류에 따라 방제방법이 다르다.
② 곰팡이에 의한 병은 화학적 방제가 곤란하다.
③ 바이러스에 의한 병은 화학적 방제가 비교적 쉽다.
④ 식물병은 생물학적 방법으로는 방제가 곤란하다.

05 유축(有畜)농업 또는 혼동(混同)농업과 비슷한 뜻으로 식량과 사료를 서로 균형 있게 생산하는 농업을 가리키는 것은?

① 포경(圃耕)
② 곡경(穀耕)
③ 원경(園耕)
④ 소경(疎耕)

06 생물학적 방제법에 속하는 것은?

① 윤작
② 병원미생물 사용
③ 온도 처리
④ 소토 및 유살 처리

07 양분의 흡수 및 체내이동과 가장 관련이 깊은 환경요인은?

① 빛
② 수 분
③ 공 기
④ 토 양

08 벼에서 관수해(冠水害)에 가장 민감한 시기는?

① 유수형성기
② 수잉기
③ 유효분얼기
④ 이앙기

09 빛이 있으면 싹이 잘 트지만 빛이 없는 조건에서는 싹이 트지 않는 종자는?

① 토마토
② 가 지
③ 담 배
④ 호 박

10 일반적인 육묘 재배의 목적으로 거리가 먼 것은?

① 조기수확
② 집약관리
③ 추대촉진
④ 종자절약

11 습해의 방지대책으로 가장 거리가 먼 것은?

① 배 수
② 객 토
③ 미숙유기물 시용
④ 과산화석회 시용

12 바람에 의한 피해(풍해)의 종류 중 생리적 장해의 양상이 아닌 것은?

① 기계적 상해 시 호흡이 증대하여 체내 양분의 소모가 증대 하고, 상처가 건조하면 광산화반응에 의하여 고사한다.
② 벼의 경우 수분과 수정이 저하되어 불임립이 발생한다.
③ 풍속이 강하고 공기가 건조하면 증산량이 커져서 식물체가 건조하며 벼의 경우 백수현상이 나타난다.
④ 냉풍은 작물의 체온을 저하시키고 심하면 냉해를 유발한다.

13 맥류나 벼를 재배할 때 성숙기의 강우에 의해 발생하는 수발 아현상을 막기 위한 대책이 아닌 것은?

① 벼의 경우 유효분얼초기에 3~5cm 깊이로 물을 깊게 대어 주고 생장조절제인 세리타드 입제를 살포한다.
② 밀보다는 성숙기가 빠른 보리를 재배한다.
③ 조숙종이 만숙종보다 수발아 위험이 적고 휴면기간이 길어 수발아에 대한 위험이 낮다.
④ 도복이 되지 않도록 재배관리를 잘 한다.

14 다음 작물에서 요수량이 가장 적은 작물은?

① 수 수
② 메 밀
③ 밀
④ 보 리

15 농작물에 영향을 끼칠 우려가 있는 유해가스가 아닌 것은?

① 아황산가스
② 불화수소
③ 이산화질소
④ 이산화탄소

16 경운에 대한 설명으로 틀린 것은?

① 경토를 부드럽게 하고 토양의 물리적 성질을 개선하며 잡초를 없애주는 역할을 한다.
② 유기물의 분해를 촉진하고 토양통기를 조장한다.
③ 해충을 경감시킨다.
④ 천경(9~12cm)은 식질토양, 벼의 조식재배 시 유리하다.

17 도복의 양상과 피해에 대한 설명으로 틀린 것은?

① 질소 다비에 의한 증수재배의 경우 발생하기 쉽다.
② 좌절도복이 만곡도복보다 피해가 크다.
③ 양분의 이동을 저해시킨다.
④ 수량은 떨어지지만 품질에는 영향을 미치지 않는다.

18 고립상태의 광합성 특성으로 틀린 것은?

① 생육적온까지 온도가 상승할 때 광합성속도는 증가되고 광포화점은 낮아진다.
② 이산화탄소 농도가 상승하여 이산화탄소 포화점까지 광포화점이 높아진다.
③ 온도, CO_2 등이 제한요인이 아닐 때 C_4식물은 C_3식물보다 광합성률이 2배에 달한다.
④ 냉량한 지대보다는 온난한 지대에서 더욱 강한 일사가 요구된다.

19 휴한지에 재배하면 지력의 유지·증진에 가장 효과가 있는 작물은?

① 클로버
② 밀
③ 보 리
④ 고구마

20 밭 관개 시 재배상의 유의점으로 틀린 것은?

① 관개를 하면 비료의 이용효과를 높일 수 있어 다비재배가 유리하다.
② 가능한 한 수익성이 높은 작물은 밀식할 수 있다.
③ 식질토양에서는 휴립재배보다 평휴재배를 실시한다.
④ 다비재배에 따라 내도복성 품종을 재배한다.

21 토양미생물 중 황세균의 최적 pH는?

① 2.0~4.0
② 4.0~6.0
③ 6.8~7.3
④ 7.0~8.0

22 토양의 입자밀도가 2.65인 토양에 퇴비를 주어 용적밀도를 1.325에서 1.06으로 낮추었다. 다음 중 바르게 설명한 것은?

① 토양의 공극이 25%에서 30%로 증가하였다.
② 토양의 공극이 50%에서 60%로 증가하였다.
③ 토양의 고상이 25%에서 30%로 증가하였다.
④ 토양의 고상이 50%에서 60%로 증가하였다.

23 작물의 생육에 가장 적합하다고 생각되는 토양구조는?

① 판상구조
② 입상구조
③ 주상구조
④ 괴상구조

24 점토광물에 대한 설명으로 옳은 것은?

① 석고, 탄산염, 석영 등 점토 크기 분획의 광물들도 점토광물이다.
② 토양에서 점토광물은 입경이 0.002mm 이하인 입자이므로 표면적이 매우 적다.
③ 결정질 점토광물은 규산 4면체판과 알루미나 8면체판의 겹쳐있는 구조를 가지고 있다.
④ 규산판과 알루미나판이 하나씩 겹쳐져 있으면 2 : 1형 점토광물이라고 한다.

25 우리나라 시설재배지 토양에서 흔히 발생되는 문제점이 아닌 것은?

① 연작으로 인한 특정 병해의 발생이 많다.
② EC가 높고 염류집적 현상이 많이 발생한다.
③ 토양의 환원이 심하여 황화수소의 피해가 많다.
④ 특정 양분의 집적 또는 부족으로 영양생리장해가 많이 발생한다.

26 논토양의 일반적 특성은?

① 유기물의 분해가 밭토양보다 빨라서 부식함량이 적다.
② 담수하면 산화층과 환원층으로 구분된다.
③ 담수하면 토양의 pH가 산성토양은 낮아지고 알칼리성토양은 높아진다.
④ 유기물의 존재는 담수토양의 산화환원전위를 높이는 결과가 된다.

27 우리나라의 전 국토의 2/3가 화강암 또는 화강편마암으로 구성되어 있다. 이러한 종류의 암석은 토양생성과정 인자 중 어느 것에 해당하는가?

① 기 후
② 지 형
③ 풍화기간
④ 모 재

28 염기포화도에 대한 설명으로 틀린 것은?

① pH와 비례적인 상관관계가 있다.
② 염기포화도가 증가하면 완충력도 증가하는 경향이다.
③ (교환성 염기의 총량/양이온 교환용량) × 100이다.
④ 우리나라 논토양의 염기포화도는 대략 80% 내외이다.

29 식물이 자라기에 가장 알맞은 수분상태는?

① 위조점에 있을 때
② 포장용수량에 이르렀을 때
③ 중력수가 있을 때
④ 최대용수량에 이르렀을 때

30 토양에서 탈질작용이 느려지는 조건은?

① pH 5 이하의 산성토양
② 유기물 함량이 많은 토양
③ 투수가 불량한 토양
④ 산소가 부족한 토양

31 다음 영농활동 중 토양미생물의 밀도와 활력에 가장 긍정적인 효과를 가져다 줄 수 있는 것은?

① 유기물 시용
② 상하경 재배
③ 농약 살포
④ 무비료 재배

32 운적토는 풍화물이 중력, 풍력, 수력, 빙하력 등에 의하여 다른 곳으로 운반되어 퇴적하여 생성된 토양이다. 다음 중 운적 토양이 아닌 것은?

① 붕적토
② 선상퇴토
③ 이탄토
④ 수적토

33 용적비중(가비중) 1.3인 토양의 10a당 작토(깊이 10cm)의 무게는?

① 약 13톤
② 약 130톤
③ 약 1,300톤
④ 약 13,000톤

34 토양의 입단구조 형성 및 유지에 유리하게 작용하는 것은?

① 옥수수를 계속 재배한다.
② 논에 물을 대어 써레질을 한다.
③ 퇴비를 시용하여 유기물 함량을 높인다.
④ 경운을 자주 한다.

35 식물과 공생관계를 가지는 것은?

① 사상균
② 효 모
③ 선 충
④ 균근균

36 토양공극에 대한 설명으로 틀린 것은?

① 공극은 공기의 유통과 토양수분의 저장 및 이동통로가 된다.
② 입단 내에 존재하는 토성공극은 양분의 저장에 이용된다.
③ 퇴비의 시용은 토양의 공극량을 증대시킨다.
④ 큰 공극과 작은 공극이 함께 발달되어야 한다.

37 토양의 무기성분 중 가장 많은 성분은?

① 산화철(Fe_2O_3)
② 규산(SiO_2)
③ 석회(CaO)
④ 고토(MgO)

38 물에 의한 토양의 침식과정이 아닌 것은?

① 우적침식
② 면상침식
③ 선상침식
④ 협곡침식

39 토성 분석 시 사용되는 토양입자의 크기는 얼마 이하를 말하는가?

① 2.5mm

② 2.0mm

③ 1.0mm

④ 0.5mm

40 지렁이가 가장 잘 생육할 수 있는 토양환경은?

① 배수가 어려운 과습토양

② pH 3 이하의 산성토양

③ 통기성이 양호한 유기물 토양

④ 토양온도가 18~25℃인 토양

41 토양입자의 입단화(粒團化)를 촉진시키는 것은?

① Na$^+$

② Ca^{2+}

③ K$^+$

④ NH$_4{}^+$

42 정부에서 친환경농업원년을 선포한 연도는?

① 1991년도

② 1994년도

③ 1997년도

④ 1998년도

43 유기농업에서는 화학비료를 대신하여 유기물을 사용하는데, 유기물의 사용효과가 아닌 것은?

① 토양완충능 증대

② 미생물의 번식조장

③ 보수 및 보비력 증대

④ 지온 감소 및 염류 집적

44 품종의 특성 유지방법이 아닌 것은?

① 영양번식에 의한 보존재배

② 격리재배

③ 원원종재배

④ 집단재배

45 우량종자의 증식체계로 옳은 것은?

① 기본식물 → 원원종 → 원종 → 보급종

② 기본식물 → 원종 → 원원종 → 보급종

③ 원원종 → 원종 → 기본식물 → 보급종

④ 원원종 → 원종 → 보급종 → 기본식물

46 유기축산물 인증기준에 따른 유기사료급여에 대한 설명으로 틀린 것은?

① 천재·지변의 경우 유기사료가 아닌 사료를 일정기간 동안 일정비율로 급여하는 것을 허용할 수 있다.

② 사료를 급여할 때 유전자변형농산물이 함유되지 않아야 한다.

③ 유기배합사료 제조용 단미사료용 곡물류는 유기농산물인 증을 받은 것에 한한다.

④ 반추가축에게는 사일리지만 급여한다.

47 노포크(Norfork)식 윤작법에 해당되는 것은?

① 알팔파-클로버-밀-보리
② 밀-순무-보리-클로버
③ 밀-휴한-순무
④ 밀-보리-휴한

48 과수원에 부는 적당한 바람과 생육과의 관계에 대한 설명으로 틀린 것은?

① 양분흡수를 촉진한다.
② 동해발생을 촉진한다.
③ 광합성을 촉진한다.
④ 증산작용을 촉진한다.

49 퇴비의 부숙도 검사방법이 아닌 것은?

① 관능적 방법
② 탄질비 판정법
③ 물리적 방법
④ 종자발아법

50 유기재배 시 작물의 병해충 제어법으로 가장 적합하지 않은 것은?

① 화학적 토양 소독법
② 토양 소토법
③ 생물적 방제법
④ 경종적 재배법

51 과수의 전정방법(剪定方法)에 대한 설명으로 옳은 것은?

① 단초전정(短梢剪定)은 주로 포도나무에서 이루어지는데 결과모지를 전정할 때 남기는 마디 수는 대개 4~6개이다.
② 갱신전정(更新剪定)은 정부우세현상(頂部優勢現想)으로 결과모지가 원줄기로부터 멀어져 착과되는 과실의 품질이 불량할 때 이용하는 전정방법이다.
③ 세부전정(細部剪定)은 생장이 느리고 연약한 가지·품질이 불량한 과실을 착생시키는 가지를 제거하는 방법이다.
④ 큰 가지전정(太枝剪定)은 생장이 느리고 외부에 가지가 과다하게 밀생하며 가지가 오래되어 생산이 감소할 때 제거하는 방법이다.

52 답전윤환 체계로 논을 밭으로 이용할 때 유기물이 분해되어 무기태질소가 증가하는 현상은?

① 산화작용
② 환원작용
③ 건토효과
④ 윤작효과

53 다음중 C/N율이 가장 높은 것은?

① 톱 밥
② 옥수수 대와 잎
③ 클로버 잔유물
④ 박테리아, 방사상균 등 미생물

54 유기식품 등의 인증기준 등에서 유기농산물 재배 시 기록·보관해야하는 경영 관련 자료로 틀린 것은?

① 농산물 재배포장에 투입된 토양개량용 자재, 작물 생육용 자재, 병해충관리용 자재 등 농자재 사용 내용을 기록한 자료
② 유기합성 농약 및 화학비료의 구매·사용·보관에 관한 사항을 기록한 자료
③ 유전자변형종자의 구입·보관·사용을 기록한 자료
④ 농산물의 생산량 및 출하처별 판매량을 기록한 자료

55 윤작의 효과로 거리가 먼 것은?

① 자연재해나 시장변동의 위험을 분산시킨다.
② 지력을 유지하고 증진시킨다.
③ 토지 이용률을 높인다.
④ 풍수해를 예방한다.

56 품종육성의 효과로 기대하기 어려운 것은?

① 품질 개선
② 지력 증진
③ 재배지역 확대
④ 수량 증가

57 유기재배 과수의 토양표면 관리법으로 가장 거리가 먼 것은?

① 청경법
② 초생법
③ 부초법
④ 플라스틱 멀칭법

58 유기축산물 생산을 위한 사육장 조건으로 틀린 것은?

① 축사・농기계 및 기구 등은 청결하게 유지한다.
② 충분한 환기와 채광이 되는 케이지에서 사육한다.
③ 사료와 음수는 접근이 용이해야 한다.
④ 축사 바닥은 부드러우면서도 미끄럽지 않아야 한다.

59 예방관리에도 불구하고 가축의 질병이 발생한 경우 수의사의 처방하에 질병을 치료할 수 있다. 이 경우 동물용 의약품을 사용한 가축은 해당 약품 휴약기간의 최소 몇 배가 지나야만 유기축산물로 인정할 수 있는가?

① 2배
② 3배
③ 4배
④ 5배

60 한 포장에서 연작을 하지 않고 몇 가지 작물을 특정한 순서로 규칙적으로 반복하여 재배하는 것은?

① 돌려짓기
② 답전윤환
③ 간 작
④ 교호작

4일 | 제3회 과년도 기출문제

01 대기 중의 약한 바람이 작물 생육에 피해를 주는 사항과 가장 거리가 먼 것은?

① 광합성을 억제한다.
② 잡초씨나 병균을 전파시킨다.
③ 건조할 때 더욱 건조를 조장한다.
④ 냉풍은 냉해를 유발할 수 있다.

02 유효질소 10kg이 필요한 경우에 요소로 질소질 비료를 시용한다면 필요한 요소량은?(단, 요소비료의 흡수율은 83%, 요소의 질소함유량은 46%로 가정한다)

① 약 13.1kg
② 약 26.2kg
③ 약 34.2kg
④ 약 48.5kg

03 잡초의 방제는 예방과 제거로 구분할 수 있는데, 예방의 방법으로 가장 거리가 먼 것은?

① 답전윤환 실시
② 제초제의 사용
③ 방목 실시
④ 플라스틱 필름으로 포장 피복

04 녹식물체버널리제이션(Green Plant Vernalization)처리효과가 가장 큰 식물은?

① 추파맥류
② 완 두
③ 양배추
④ 봄올무

05 질소 비료의 흡수형태에 대한 설명으로 옳은 것은?

① 식물이 주로 흡수하는 질소의 형태는 논토양에서는 NH_4^+, 밭토양에서는 NO_3^-이온의 형태이다.
② 식물이 흡수하는 인산의 형태는 PO_4^-와 PO_3^-형태이다.
③ 암모니아태질소는 양이온이기 때문에 토양에 흡착되지 않아 쉽게 용탈이 된다.
④ 질산태질소는 음이온으로 토양에 잘 흡착이 되어 용탈이 되지 않는다.

06 대체로 저온에 강한 작물로만 나열된 것은?

① 보리, 밀
② 고구마, 감자
③ 배, 담배
④ 고추, 포도

07 수해(水害)의 요인과 작용에 대한 설명으로 틀린 것은?

① 벼에 있어 수잉기~출수 개화기에 특히 피해가 크다.
② 수온이 높을수록 호흡기질의 소모가 많아 피해가 크다.
③ 흙탕물과 고인물이 흐르는 물보다 산소가 적고 온도가 높아 피해가 크다.
④ 벼, 수수, 기장, 옥수수 등 화본과 작물이 침수에 가장 약하다.

08 다음 중 가장 집약적으로 곡류 이외에 채소, 과수 등의 재배에 이용되는 형식은?

① 원경(園耕)
② 포경(圃耕)
③ 곡경(穀耕)
④ 소경(疎耕)

09 계란 노른자와 식용유를 섞어 병충해를 방제하였다. 계란노른자의 역할로 옳은 것은?

① 살충제
② 살균제
③ 유화제
④ pH조절제

10 작물의 분류방법 중 식용작물, 공예작물, 약용작물, 기호작물, 사료작물 등으로 분류하는 것은?

① 식물학적 분류
② 생태적 분류
③ 용도에 따른 분류
④ 작부방식에 따른 분류

11 광합성 작용에 가장 효과적인 광은?

① 백색광
② 황색광
③ 적색광
④ 녹색광

12 10a의 밭에 종자를 파종하고자 한다. 일반적으로 파종량(L)이 가장 많은 작물은?

① 오 이
② 팥
③ 맥 류
④ 당 근

13 벼 등 화곡류가 등숙기에 비, 바람에 의해서 쓰러지는 것을 도복이라고 한다. 도복에 대한 설명으로 틀린 것은?

① 키가 작은 품종일수록 도복이 심하다.
② 밀식, 질소다용, 규산부족 등은 도복을 유발한다.
③ 벼 재배시 벼멸구, 문고병이 많이 발생되면 도복이 심하다.
④ 벼는 마지막 논김을 맬 때 배토를 하면 도복이 경감된다.

14 농경의 발상지와 거리가 먼 것은?

① 큰 강의 유역
② 산간부
③ 내륙지대
④ 해안지대

15 작물의 파종과 관련된 설명으로 옳은 것은?

① 선종이란 파종 전 우량한 종자를 가려내는 것을 말한다.
② 추파맥류의 경우 추파성정도가 낮은 품종은 조파(일찍파종)를 한다.
③ 감온성이 높고 감광성이 둔한 하두형 콩은 늦은 봄에 파종을 한다.
④ 파종량이 많을 경우 잡초발생이 많아지고, 토양수분과 비료 이용도가 낮아져 성숙이 늦어진다.

16 작물이 주로 이용하는 토양수분의 형태는?

① 흡습수
② 모관수
③ 중력수
④ 결합수

17 수광태세가 가장 불량한 벼의 초형은?

① 키가 너무 크거나 작지 않다.
② 상위엽이 늘어져 있다.
③ 분얼이 조금 개산형이다.
④ 각 잎이 공간적으로 되도록 균일하게 분포한다.

18 작물의 건물 1g을 생산하는 데 소비된 수분량은?

① 요수량
② 증산능률
③ 수분소비량
④ 건물축적량

19 저장 중 종자의 발아력이 감소되는 원인이 아닌 것은?

① 종자소독
② 효소의 활력 저하
③ 저장양분 감소
④ 원형질 단백질 응고

20 공기가 과습한 상태일 때 작물에 나타나는 증상이 아닌 것은?

① 증산이 적어진다.
② 병균의 발생빈도가 낮아진다.
③ 식물체의 조직이 약해진다.
④ 도복이 많아진다.

21 논토양과 밭토양에 대한 설명으로 틀린 것은?

① 밭토양은 불포화 수분상태로 논에 비해 공기가 잘 소통된다.
② 특이산성 논토양은 물에 잠긴 기간이 길수록 토양 pH가 올라간다.
③ 물에 잠긴 논토양은 산화층과 환원층으로 토층이 분화한다.
④ 밭토양에서 철은 환원되기 쉬우므로 토양은 회색을 띤다.

22 유기물이 다음 중 가장 많이 퇴적되어 생성된 토양은?

① 이탄토
② 붕적토
③ 선상퇴토
④ 하성충적토

23 토양의 포장용수량에 대한 설명으로 옳은 것은?

① 모관수만이 남아 있을 때의 수분함량을 말하며 수분장력은 대략 15기압으로서 밭작물이 자라기에 적합한 상태를 말한다.

② 모관수만이 남아 있을 때의 수분함량을 말하며 수분장력은 대략 31기압으로서 밭작물이 자라기에 적합한 상태를 말한다.

③ 토양이 물로 포화되었을 때의 수분 함량이며 수분장력은 대략 1/3기압으로서 벼가 자라기에 적합한 수분 상태를 말한다.

④ 물로 포화된 토양에서 중력수가 제거되었을 때의 수분함량을 말하며, 이때의 수분장력은 대략 1/3기압으로서 밭작물이 자라기에 적합한 상태를 말한다.

24 토양미생물인 사상균에 대한 설명으로 틀린 것은?

① 균사로 번식하며 유기물 분해로 양분을 획득한다.
② 호기성이며 통기가 잘되지 않으면 번식이 억제된다.
③ 다른 미생물에 비해 산성토양에서 잘 적응하지 못한다.
④ 토양 입단 발달에 기여한다.

25 규산의 함량에 따른 산성암이 아닌 것은?

① 현무암
② 화강암
③ 유문암
④ 석영반암

26 일시적 전하(잠시적 전하)의 설명으로 옳은 것은?

① 동형치환으로 생긴 전하
② 광물결정 변두리에 존재하는 전하
③ 부식의 전하
④ 수산기(OH^-) 증가로 생긴 전하

27 부식의 음전하 생성 원인이 되는 주요한 작용기는?

① R-COOH
② Si-$(OH)_4$
③ $Al(OH)_3$
④ $Fe(OH)_2$

28 질소와 인산에 의한 토양의 오염원으로 가장 거리가 먼 것은?

① 광산폐수
② 공장폐수
③ 축산폐수
④ 가정하수

29 밭의 CEC(양이온 교환용량)를 높이려고 한다. 다음 중 CEC를 가장 크게 증가시키는 물질은?

① 부식(토양유기물)의 시용
② 카올리나이트(Kaolinite)의 시용
③ 몬모릴로나이트(Montmorillonite)의 시용
④ 식양토의 객토

30 토양에 집적되어 Solonetz화 토양의 염류집적을 나타내는 것은?

① Ca
② Mg
③ K
④ Na

31 토양의 색에 대한 설명으로 틀린 것은?

① 토색을 보면 토양의 풍화과정이나 성질을 파악하는데 큰 도움이 된다.

② 착색재료로는 주로 산화철은 적색, 부식은 흑색/갈색을 나타낸다.

③ 신선한 유기물은 녹색, 적철광은 적색, 황철광은 황색을 나타낸다.

④ 토색 표시법은 Munsell의 토색첩을 기준으로 하며, 3속성을 나타내고 있다.

32 습답(고논)의 일반적인 특성에 대한 설명으로 틀린 것은?

① 배수시설이 필요하다.

② 양분부족으로 추락현상이 발생되기 쉽다.

③ 물이 많아 벼 재배에 유리하다.

④ 환원성 유해물질이 생성되기 쉽다.

33 물에 의한 토양침식의 방지책으로 가장 적당하지 않은 것은?

① 초생대 대상재배법

② 토양개량제 사용

③ 지표면의 피복

④ 상하경재배

34 토양온도에 대한 설명으로 틀린 것은?

① 토양온도는 토양 생성작용, 토양미생물의 활동, 식물 생육에 중요한 요소이다.

② 토양온도는 토양유기물의 분해속도와 양에 미치는 영향이 매우 커서 열대토양의 유기물 함량이 높은 이유가 된다.

③ 토양비열은 토양 1g을 1℃ 올리는데 소요되는 열량으로, 물이 1이고 무기성분은 더 낮다.

④ 토양의 열원은 주로 태양광선이며 습윤열, 유기물 분해열 등이다.

35 토양유기물의 특징에 대한 설명으로 틀린 것은?

① 토양유기물은 미생물의 작용을 통하여 직접 또는 간접적으로 토양입단 형성에 기여한다.

② 토양유기물은 포장 용수량 수분 함량이 낮아, 사질토에서 유효수분의 공급력을 적게 한다.

③ 토양유기물은 질소 고정과 질소 순환에 기여하는 미생물의 활동을 위한 탄소원이다.

④ 토양유기물은 완충능력이 크고, 전체 양이온 교환용량의 30~70%를 기여한다.

36 용적밀도가 다음 중 가장 큰 토성은?

① 사양토

② 양 토

③ 식양토

④ 식 토

37 밭토양에 비하여 논토양의 철(Fe)과 망간(Mn) 성분이 유실되어 부족하기 쉬운데 그 이유로 가장 적합한 것은?

① 철(Fe)과 망간(Mn) 성분이 논토양에 더 적게 함유되어 있기 때문이다.

② 논토양은 벼 재배기간 중 담수상태로 유지되기 때문이다.

③ 철(Fe)과 망간(Mn) 성분은 벼에 의해 흡수 이용되기 때문이다.

④ 철(Fe)과 망간(Mn) 성분은 미량요소이기 때문이다.

38 개간지 토양의 일반적인 특징으로 옳은 것은?

① pH가 높아서 미량원소가 결핍될 수도 있다.

② 유효인산의 농도가 낮은 척박한 토양이다.

③ 작토는 환원상태이지만 심토는 산화상태이다.

④ 황산염이 집적되어 pH가 매우 낮은 토양이다.

39 토양의 질소 순환작용에서 작용과 반대작용으로 바르게 짝지어져 있는 것은?

① 질산환원작용 – 질소고정작용
② 질산화작용 – 질산환원작용
③ 암모늄화작용 – 질산환원작용
④ 질소고정작용 – 유기화작용

40 모래, 미사, 점토의 상대적 함량비로 분류하며, 흙의 촉감을 나타내는 용어는?

① 토 색
② 토양온도
③ 토 성
④ 토양공기

41 벼에 규소(Si)가 부족했을 때 나타나는 주요 현상은?

① 황백화, 괴사, 조기낙엽 등의 증세가 나타난다.
② 줄기, 잎이 연약하여 병원균에 대한 저항력이 감소한다.
③ 수정과 결실이 나빠진다.
④ 뿌리나 분얼의 생장점이 붉게 변하여 죽게 된다.

42 유기농후사료 중심의 유기축산의 문제점으로 거리가 먼 것은?

① 국내에서 생산이 어려워 대부분 수입에 의존
② 고비용 유기농후사료 구입에 의한 생산비용 증대
③ 열등한 축산물 품질 초래
④ 물질순환의 문제 야기

43 과수의 심경시기로 가장 알맞은 것은?

① 휴면기
② 개화기
③ 결실기
④ 생육절정기

44 종자갱신을 하여야 할 이유로 부적당한 것은?

① 자연교잡
② 돌연변이
③ 재배 중 다른 계통의 혼입
④ 토양의 산성화

45 자식성 작물의 육종방법과 거리가 먼 것은?

① 순계선발
② 교잡육종
③ 여교잡육종
④ 집단합성

46 과실에 봉지씌우기를 하는 목적과 가장 거리가 먼 것은?

① 당도 증가
② 과실의 외관 보호
③ 농약오염 방지
④ 병해충으로부터 과실보호

47 복숭아의 줄기와 가지를 주로 가해하는 해충은?

① 유리나방
② 굴나방
③ 명나방
④ 심식나방

48 TDN은 무엇을 기준으로 한 영양소 표시법인가?

① 영양소 관리
② 영양소 소화율
③ 영양소 희귀성
④ 영양소 독성물질

49 유기복합비료의 중량이 25kg이고, 성분함량이 N-P-K(22-22-11)일 때, 질소 함량은?

① 3.5kg
② 5.5kg
③ 8.5kg
④ 11.5kg

50 친환경농업이 출현하게 된 배경으로 틀린 것은?

① 세계의 농업정책이 증산위주에서 소비자와 교역중심으로 전환되어가고 있는 추세이다.
② 국제적으로 공업부분은 규제를 강화하고 있는 반면 농업부분은 규제를 다소 완화하고 있는 추세이다.
③ 대부분의 국가가 친환경농법의 정착을 유도하고 있는 추세이다.
④ 농약을 과다하게 사용함에 따라 천적이 감소되어가는 추세이다.

51 벼의 유묘로부터 생장단계의 진행순서가 바르게 나열된 것은?

① 유묘기 → 활착기 → 이앙기 → 유효분얼기
② 유묘기 → 이앙기 → 활착기 → 유효분얼기
③ 유묘기 → 활착기 → 유효분얼기 → 이앙기
④ 유묘기 → 유효분얼기 → 이앙기 → 활착기

52 친환경농산물에 해당되지 않는 것은?

① 천연우수농산물
② 무농약농산물
③ 무항생제축산물
④ 유기농산물

53 유기축산물의 경우 사료 중 NPN을 사용할 수 없게 되었다. NPN은 무엇을 말하는가?

① 에너지 사료
② 비단백태질소화합물
③ 골 분
④ 탈지분유

54 벼 재배 시 도복현상이 발생했는데 다음 중에서 일어날 수 있는 현상은?

① 벼가 튼튼하게 자란다.
② 병해충 발생이 없어진다.
③ 병해충이 발생하며, 쓰러질 염려가 있다.
④ 품질이 우수해진다.

55 토양의 지력을 증진시키는 방법이 아닌 것은?

① 초생재배법으로 지력을 증진시킨다.
② 완숙퇴비를 사용한다.
③ 토양미생물을 증진시킨다.
④ 생 톱밥을 넣어 지력을 증진시킨다.

56 하나 또는 몇 개의 병원균과 해충에 대하여 대항할 수 있는 기주의 능력을 무엇이라 하는가?

① 민감성
② 저항성
③ 병회피
④ 감수성

57 자연생태계와 비교했을 때 농업생태계의 특징이 아닌 것은?

① 종의 다양성이 낮다.
② 안정성이 높다.
③ 지속기간이 짧다.
④ 인간 의존적이다.

58 다음 중 포식성 천적에 해당하는 것은?

① 기생벌
② 세 균
③ 무당벌레
④ 선 충

59 시설 내의 약광 조건에서 작물을 재배하는 방법으로 옳은 것은?

① 재식 간격을 좁히는 것이 매우 유리하다.
② 엽채류를 재배하는 것이 아주 불리하다.
③ 덩굴성 작물은 직립재배보다는 포복재배하는 것이 유리하다.
④ 온도를 높게 관리하고 내음성 작물보다는 내양성 작물을 선택하는 것이 유리하다.

60 유기농업의 목표로 보기 어려운 것은?

① 환경보전과 생태계 보호
② 농업생태계의 건강 증진
③ 화학비료・농약의 최소사용
④ 생물학적 순환의 원활화

4일 | 정답 및 해설

제1회 과년도 기출문제   p 129 ~ 136

01	02	03	04	05	06	07	08	09	10	11	12	13	14	15
④	④	③	④	④	②	③	①	④	③	②	④	③	③	②
16	17	18	19	20	21	22	23	24	25	26	27	28	29	30
④	②	②	①	③	③	③	④	④	③	④	①	②	①	③
31	32	33	34	35	36	37	38	39	40	41	42	43	44	45
②	①	③	②	①	④	②	②	④	④	④	①	③	②	④
46	47	48	49	50	51	52	53	54	55	56	57	58	59	60
①	③	④	①	④	③	④	④	④	①	①	②	④	④	④

01 작물 수량은 유전성·환경 조건·재배 기술을 3요소로 하는 삼각형으로 표시할 수 있다.

02 내병성 품종을 이용하는 것은 경종적 방제법에 해당한다.

03 ③ 수발아 : 성숙기에 가까운 맥류가 장기간 비를 맞아 젖은 상태로 있거나, 우기에 도복하여 이삭이 젖은 땅에 오래 접촉해 있을 때 수확 전의 이삭에서 싹이 트는 것
② 도복 : 화곡류, 두류 등이 비바람으로 인해 쓰러지는 것
④ 백수현상 : 생리적 원인이나 병원균, 해충 등에 의해 피해를 입은 벼과 작물의 이삭이 흰 쭉정이가 되는 현상

05 도복의 피해 : 수량 감소, 품질 손상, 수확작업의 불편, 간작물에 대한 피해 등

06 ① 같은 품종이라도 내냉성은 발육단계별로 크게 다르다.
③ 장해형 냉해는 유수형성기부터 개화기까지, 특히 감수분열기에 발생한다.
④ 감수분열기에 저온이 닥쳤을 때 생장점을 물에 잠기게 하면 물의 비열로 냉해를 방지할 수 있다.
※ 벼의 생육단계와 관개 정도

생육단계	관개 정도
모내기(이앙) 준비	10~15cm 관개
이앙기	2~3cm 담수
이앙기~활착기	10cm 담수
활착기~최고분얼기	2~3cm 담수
최고분얼기~유수형성기	중간낙수
유수형성기~수잉기	2~3cm 담수
수잉기~유숙기	6~7cm 담수
유숙기~황숙기	2~3cm 담수
황숙기(출수 후 30일경)	완전낙수

07 인공영양번식에서 발근 및 활착을 촉진하는 처리
• 황화 : 새 가지의 일부에 흙을 덮거나, 검은 종이로 싸서 일광을 차단하여 엽록소의 형성을 억제하고 황화시킨다.
• 생장호르몬처리 : 삽목 시 β-IBA, NAA, IAA 등의 옥신류를 처리해 준다.
• 자당(Sucrose)액 침지
• 과망간산칼륨액처리 : 0.1~1.0% 과망간산칼륨($KMnO_4$)용액에 삽수의 기부를 24시간 정도 침지한다.
• 환상박피 : 취목 시 발근시킬 부위에 환상박피, 절상, 연곡 등의 처리를 해준다.
• 증산경감제 : 접목 시 대목의 절단면에 라놀린(Lanolin)을 발라 주면 증산이 경감되어 활착이 좋아지게 된다.

08 작물군락의 수광태세
• 벼 : 질소질 비료 표준시비량을 지키고, 규산질 비료를 넉넉하게 주어 잎이 직립상태가 되게 할 수 있다.
• 콩 : 줄 사이를 넓히고 포기 사이를 좁히면 아랫잎까지 광의 투과를 좋게 하므로 수량이 증가할 수 있다.
• 맥류 : 줄뿌림재배가 흩어뿌림재배보다 수광태세가 좋고 재배관리가 편하다.
※ 드릴파 : 파종할 때 골의 너비를 아주 좁게 하고 골 사이도 좁게 하여 배게 여러 줄을 뿌리는 방법으로 밭이나 질지 않은 논에서 기계파종을 할 때 실시된다.

09 윤작의 원리
• 식량작물과 사료작물 생산을 병행한다.
• 지력유지작물이 반드시 포함되어야 한다.
• 중경작물이나 피복작물 : 잡초경감, 토양보호를 위함이다.
• 여름작물과 겨울작물 : 토지이용도를 높인다.

10 ③ ABA량이 증가한다.
수분의 역할
• 유기물 및 무기물의 용질 이동
• 작물 세포의 신장, 작물 구조 및 잎의 전개 촉진
• 효소 구조의 유지 및 촉매
• 작물의 광합성, 가수분해 과정 및 다른 화학 반응의 재료로 이동
• 작물의 증산 작용

11 병해충 방제법 : 경종적 방제법, 생물학적 방제법, 물리적 방제법, 화학적 방제법, 법적 방제법, 종합적 방제법

12 조류가 증식하면 물의 용존산소량이 감소한다.

13 토성, 토양구조, 입단의 크기, 배열상태 등이 토양 공극량에 관여한다.

14 ③ 대기 중 이산화탄소의 농도는 약 0.03%로, 이는 작물이 충분한 광합성을 수행하기에 부족하다. 광합성량을 최고도로 높일 수 있는 이산화탄소의 농도는 약 0.25%이다.
①·② 대기 중에는 질소가스(N_2)가 약 79.1%를 차지하며 근류균·Azotobacter 등이 공기 중의 질소를 고정한다.
④ 호흡 작용에 알맞은 대기 중의 산소 농도는 약 20.9%이다.

15 작물의 생태적인 분류
- 생존연한에 따른 분류 : 한해살이 작물, 두해살이 작물, 여러해살이 작물로 분류
- 생육계절에 따른 분류 : 재배하는 계절을 기준으로 여름작물, 겨울작물로 분류
- 생육적온에 따른 분류 : 발아나 생육에 적합한 온도 범위가 어느 정도인지에 따라 저온성 작물, 고온성 작물 등으로 분류
- 생육형태에 따른 분류 : 자라는 모양에 따라 주형 작물(벼, 보리와 같이 여러 포기가 합쳐져 하나의 큰 포기를 형성하는 작물), 포복형 작물(고구마처럼 줄기가 땅을 기어서 토양 표면을 덮는 작물)로 분류
- 저항성에 따른 분류 : 어떤 특정 환경에서 견디는 특성에 따라 내산성 작물, 내건성 작물, 내습성 작물, 내염성 작물, 내풍성 작물로 분류

16 연풍은 특히 풍매화의 수정과 결실을 조장한다.

17 ② 알거름 : 열매의 충실한 발육을 위해 출수기의 전후에 주는 거름
① 밑거름 : 작물을 파종이나 이앙 및 이식하기 전에 주는 거름[기비(基肥)]
③ 분얼비 : 식물이 가지치기(분얼)하는 데 필요한 영양분을 공급해 주는 거름
④ 이삭거름 : 곡류 등의 이삭이 줄기 속에서 자라나오기 시작할 무렵에 주는 웃거름

18 햇빛이 강하면 잎에서의 증산작용으로 인해 수분의 손실이 증가하므로 구름이 있거나 흐린 날에 이식하는 것이 좋다.

19 ① 식물체 내의 함유 수분은 흡수한 수분량 또는 증산량에 비해 극히 적은 양이다.
수분의 역할
- 원형질의 생활상태를 유지한다.
- 식물체 구성물질의 성분이 된다.
- 필요물질 흡수의 용매가 된다.
- 식물체 내의 물질 분포를 고르게 한다.
- 세포의 긴장 상태를 유지한다.

20 연작장해(기지)를 해소하기 위한 방법으로는 윤작(돌려짓기), 담수, 토양소독, 유독물질의 유거(流去), 객토 및 환토, 접목, 지력 배양 등이 있다.

24 지하 수위가 높은 저지대나 배수가 좋지 못한 토양 그리고 물에 잠겨 있는 논토양은 산소가 부족하여 토양 내 Fe, Mn 및 S이 환원 상태로 되므로 토양층은 청회색, 청색 또는 녹색의 특유한 색깔을 띠게 된다.

25 잦은 경운은 오히려 토양생태계를 파괴하므로 전층 기계경운을 수시로 실시하는 것은 적절하지 않고, 석고·토양개량제·생짚 등을 사용하여 토양의 물리성을 개량한다.

26 탄질률이 높으면 단백질을 합성하는 데 필요한 질소가 결핍되어 미생물의 증식이 적어져 유기물의 분해가 지연된다.

27 양이온 치환용량(= 양이온 교환용량)
- 토양이 양이온을 흡착할 수 있는 양을 양이온 치환용량(CEC ; Cation Exchange Capacity)이라 하며, 염기 치환용량(BEC ; Base Exchange Capacity)이라고도 한다.
- 양이온 치환용량은 일정량의 토양 또는 교질물이 가지고 있는 치환성 양이온의 총량을 당량으로 보통 토양이나 교질물 100g이 보유하는 치환성 양이온의 총량을 mg당량으로 표시한다.

28 농지에 사용한 질소비료는 질산태 질소로 변화하는데, 질산이온은 마이너스 전기를 띠기 때문에 토양 콜로이드에 흡착되지 않고 식물의 뿌리에도 흡수되기 쉽지만 동시에 물에 용해되어 유출되기도 쉽다. 질산태 질소는 지표수를 오염시킬 뿐만 아니라 지하수 속으로도 용출되어 질산염 오염을 일으키기도 하는데, 질산염에 오염된 물을 마신 경우 성인에게는 그다지 유해하지 않지만 유아에게는 청색증을 일으킬 수 있다.

29 pH는 1~14의 수치로 표시되며 7이 중성이고, 7 이하가 산성이며, 7 이상이 알칼리성이다.

30 비소는 무기비소와 유기비소로 구분하는데, 무기비소가 유기비소보다 독성이 더 강하다. 무기비소 중에서는 3가 비소(As^{3+})가 5가 비소(As^{5+})보다 독성이 강하다.

32 간척 초기 산도가 높은 염해논의 제염 및 개량을 위하여 소석회를 사용하게 되면 산도가 너무 올라가기 때문에 소석회 대신 석고를 사용하는 것이 더 효과적이다.

33 토양온도는 북반구에 있어서 남향이나 동남향의 경사면 토양은 평탄지나 북향면에 비하여 아침에 빨리 더워지며 평균 온도가 높은 것이 보통이다.

34 토성이란 모래, 미사, 점토 부분의 분포, 즉 상대적인 비율을 가리킨다.

35 부식된 유기물은 미생물의 번식을 조장한다.

36 R층 : C층 또는 C층이 없을 경우에는 B층 밑에 있는 모암을 말하는데, D층이라고도 한다.

37 부식(100~300) > 버미큘라이트(8~150) > 몬모릴로나이트(60~100) > 클로라이트(30) > 카올리나이트(3~27) 순이다.

38 토양선충(Nematode)은 특정의 작물근을 식해하여 직접적인 피해를 주고 식상을 통하여 병원균의 침투를 조장하여 간접적인 작물 병해를 유발시킨다.

39 부영양화는 생활하수나 산업폐수, 가축의 배설물 등의 유기물질이 강이나 바다에 유입되어 물속의 질소와 인, 칼륨과 같은 영양물질이 많아지면서 일어난다.

40 개간지는 토양 구조가 불량하며, 인산 등 비료 성분도 적어서 토양의 비옥도가 낮다. 특히 인산흡수계수가 낮으므로 인산을 사용해준다.

41 유전적 퇴화의 원인 : 자연돌연변이, 자연교잡, 이형종자의 기계적 혼입, 미고정형질의 분리, 자식(근교)약세, 역도태 등

42 1991년 농림수산부에 유기농업발전기획단이 설치되었고, 1993년 유기농산물 품질 인증제가 실시되었으며, 1994년 농림부에 환경 농업과가 설치되었다.

43 식물병의 원인은 대개 비정상적인 환경조건이나 병원체이다.

45 돼지의 임신기간은 114일이며 3~7마리의 새끼를 낳는데, 다산종인 경우는 8~12마리의 새끼를 낳는다.

46 포도의 순지르기는 꽃이 피기 5~6일 전에 하는데, 가지의 생장을 억제하여 가지가 자라는 데 이용할 수 있는 양분을 꽃송이 쪽으로 전환시켜 열매맺음이 잘 되도록 하기 위한 것이다.

47 유기축산물의 동물복지 및 질병관리(친환경농축산물 및 유기식품 등의 인증에 관한 세부실시요령 [별표 1])
규정에 따른 예방관리에도 불구하고 질병이 발생한 경우 수의사 처방에 의해 동물용 의약품을 사용하여 질병을 치료할 수 있으며, 동물용 의약품을 사용한 가축은 전환기간(해당 약품의 휴약기간 2배가 전환기간보다 더 긴 경우 휴약기간의 2배 기간을 적용)이 지나야 유기축산물로 출하할 수 있다.

49 세계유기농업운동연맹(International Federation of Organic Agriculture Movements ; IFOAM)은 전 세계 110개국의 750개 유기농 단체가 가입한 민간단체이다.

50 관행농업은 인위적인 경운과 농약·비료를 사용하는 경작법이다.

51 보수력·보비력이 좋아져서 양분의 유실이 적다.

52 햇빛은 과수의 착색을 촉진한다.

53 냉수온탕침법
• 맥류의 겉깜부기병 : 냉수에서 6~8시간 침지 → 45~50℃의 온탕에서 2분 침지 → 겉보리 53℃, 밀 54℃의 온탕에서 5분 침지 → 냉수 세척 후 파종
• 벼 선충심고병 : 냉수에서 24시간 침지 → 45℃의 온탕에서 2분 침지 → 52℃의 온탕에서 10분 침지 → 냉수 세척 후 파종

54 농후사료는 부피가 적고 조섬유 함량도 비교적 적게 함유된 것으로, 단백질이나 탄수화물 그리고 지방의 함량이 비교적 많이 함유된 것을 말하며 영양가가 높다. 각종 곡류, 단백질 사료 및 배합 사료가 이에 속한다.

55 낙엽이 진 후 퇴비, 인산, 석회 등을 골고루 땅에 펴고 깊게 갈아엎는다. 낙엽이 지고 나서 밑거름을 주면 뿌리가 휴면이 끝난 다음 바로 흡수·이용할 수 있기 때문에 유리하다.

56 먹이 습성을 이용하여 제초제를 대용한 왕우렁이 농법은 논농사에서 빼놓을 수 없는 제초제를 생물적 자원으로 대체함으로써 토양 및 수질 오염 방지와 생태계 보호 등 친환경 농업 육성에 기여할 수 있다.

57 친환경농어업이란 합성농약, 화학비료 및 항생제·항균제 등 화학자재를 사용하지 아니하거나 그 사용을 최소화하고 농업·수산업·축산업·임업 부산물의 재활용 등을 통하여 생태계와 환경을 유지·보전하면서 안전한 농산물·수산물·축산물·임산물을 생산하는 산업을 말한다(친환경농어업 육성 및 유기식품 등의 관리·지원에 관한 법률 제2조 제1호).

60 종자는 유기농산물 인증기준에 맞게 생산·관리된 종자를 사용해야 하며, 유전자변형농산물인 종자를 사용하지 아니하여야 한다.

제2회 과년도 기출문제
p 137 ~ 144

01	02	03	04	05	06	07	08	09	10	11	12	13	14	15
②	②	②	①	①	②	①	②	②	③	③	②	①	①	④
16	17	18	19	20	21	22	23	24	25	26	27	28	29	30
④	④	④	①	④	①	②	①	②	③	②	④	④	②	①
31	32	33	34	35	36	37	38	39	40	41	42	43	44	45
①	③	①	③	④	②	③	②	③	②	③	④	④	④	①
46	47	48	49	50	51	52	53	54	55	56	57	58	59	60
④	②	④	③	①	③	①	③	④	②	④	②	④	①	①

01 기지 대책 : 윤작, 담수, 토양소독, 유독 물질의 유거, 객토 및 환토, 접목, 지력배양 등

02 De Candolle은 작물 야생종의 분포를 광범위하게 조사하고 유물·유적·전설 등에 나타난 사실을 기초로 고고학·역사학 및 언어학적 고찰을 통하여 재배식물의 조상형이 자생하는 지역을 기원지로 추정하였다. 1883년에는 유명한 '재배식물의 기원'을 저술하였다.

03 • 국화과·배추과(십자화과·볏과) 등 여러 과의 저온요구식물을 버널리제이션처리 하지 않고 장일조건에서 재배하면서 지베렐린(Gibbe-rellin)처리를 하면 그 가운데서 많은 식물의 화성이 유도되는데, 이러한 경우를 지베렐린의 버널리제이션 대체효과라고 한다.
• 일반적으로 월년생 장일식물은 비교적 저온인 0~10℃의 처리가 유효한데, 이를 저온버널리제이션(저온처리, 저온춘화)이라고 한다.

04 • 바이러스에 의한 병 방제법 : 별도의 방제법이 없으며 병의 발병 이전 예방을 위해 관리적 노력을 강구, 건전 종자 사용, 저항성 품종 육성, 매개곤충을 방제
• 화학적 방제 : 농약 살포를 통한 방제

05 농업의 형태
• 포경농업 : 유축농업 또는 혼동농업과 비슷한 뜻으로, 식량과 사료를 서로 균형 있게 생산하는 농업
• 곡경농업 : 벼·밀·옥수수 등의 곡류가 넓은 지대에 걸쳐 재배되는 농업 형태이다. 매년 같은 작물이 이어짓기되는 특징의 형태
• 원경농업 : 작은 면적의 농경지를 집약적으로 경영하여 단위면적당 채소, 과수 등의 수확량을 많게 하는 농업 형태
• 소경농업 : 문화가 발달되기 이전의 농업 형태로서 쟁기나 가축을 이용하지 않은 것은 물론, 비료를 사용하지 않았다. 지력의 소모가 빠른 만큼 새로운 토지를 찾아서 옮기는 이른바 약탈농법

06 • 농작물을 가해하는 해충을 포식하거나 또는 해충에 기생하는 곤충이나 미생물들이 있다. 이러한 것들을 천적이라고 하며, 이와 같은 천적을 이용하는 방제법을 생물학적 방제법이라고 한다. 천적의 주된 종류는 기생성 곤충, 포식성 곤충, 병원미생물 등이 있다.
• 경종적 방제법 : 토지의 선정, 품종의 선택, 종자의 선택, 윤작, 혼식, 생육기의 조절, 시비법의 개선, 정결한 관리, 수확물의 건조, 중간기주식물의 제거 등
• 물리적(기계적) 방제법 : 포살 및 채란, 소각, 소토, 담수, 차단, 유살, 온도처리 등

07 수분은 어느 물질보다도 작물체 내에 많이 함유되어 있고, 작물체의 2/3 이상을 구성하며, 식물체 내의 물질분포를 고르게 하는 매개체가 된다.

08 어린 이삭(유수)이 분화하면서 동시에 이삭의 줄기가 급신장하며, 후반부에는 꽃가루가 만들어지는 감수분열기(생식세포분열기)를 맞이하고 이때부터 이삭이 패기 전까지를 수잉기라고 한다. 화분모세포와 배낭모세포는 감수분열을 하여 수정태세를 갖추는 시기로서, 환경(한해, 냉해, 수해 등)에 대한 반응이 가장 민감한 시기이다.

09 광과 종자발아와의 관계

구 분	식물의 종류
호광성 종자	담배, 상추, 우엉, 페튜니아, 차조기, 금어초, 디기탈리스, 베고니아, 뽕나무, 벤트그래스, 버뮤다그래스, 켄터키블루그래스, 캐나다블루그래스, 스탠다드휘트그래스, 셀러리 등
혐광성 종자	토마토, 가지, 파, 양파, 수박, 수세미, 호박, 무, 오이 등
광무관계 종자	화곡류의 대부분, 콩과 작물의 대부분 등

10 육묘재배의 목적
• 수확 및 출하기를 앞당길 수 있다.
• 품질향상과 수량증대가 가능하다.
• 집약적인 관리와 보호가 가능하다.
• 종자를 절약하고 토지이용도를 높일 수 있다.
• 직파(直播)가 불리한 딸기, 고구마 등의 재배에 유리하다.

11 습해 대책 : 배수, 이랑만들기, 토양개량, 시비, 과산화석회의 사용, 병충해 방제의 철저, 내습성 작물 및 품종의 선택

12 ②는 기계적 장해에 속한다.

13 수발아 : 성숙기에 가까운 맥류가 저온강우 조건, 특히 장기간 비를 맞아서 젖은 상태로 있거나, 우기에 도복해서 이삭이 젖은 땅에 오래 접촉해 있으면 수확 전의 이삭에서 싹이 트는 것
대 책
• 작물의 선택 : 맥류에서 보리가 밀보다 성숙기가 빠르므로 성숙기에 비를 맞는 일이 적어서 수발아의 위험이 적다.
• 품종의 선택 : 맥류는 조숙종이 만숙종보다 수확기가 빠르므로 수발아의 위험이 적고 숙기가 같더라도 휴면기간이 긴 품종은 수발아가 적다.
• 조기수확 : 벼·보리는 수확 7일 전쯤에 건조제 50mL를 물 20L(1말)에 타서 10a당 140L쯤 저녁 때 경엽에 골고루 뿌린다.
• 도복방지 : 도복하면 수발아가 조장되므로, 도복방지에 노력해야 한다.
• 발아억제제 살포 : 출수 후 발아억제제를 살포하면 수발아가 억제된다.

14 작물의 요수량 　　　　　　　　　　　　　　　(단위 : g)

작 물	조사자	
	Briggs · Shantz	Shantz · Piemeisel
보 리	534	523
밀	513	550
수 수	322	287
메 밀	–	540

15 작물에 영향을 미치는 유해가스 : 아황산가스, 불화수소, 이산화질소, 오존, PAN 등

16 토양을 갈아 일으켜 흙덩이를 반전시키고, 대강 부스러뜨리는 작업을 경운이라고 하는데, 경운은 토양의 물리화학성을 개선하고 잡초와 땅속의 해충을 경감시키는 효과가 있다.

17 도복의 피해
• 감수 : 도복이 되면 잎이 엉클어져서 광합성이 감퇴하고, 줄기와 잎이 꺾여 동화양분의 전류가 전해지며, 줄기와 잎에 상처가 나서 양분의 호흡소모가 많아지므로 등숙이 나빠져서 수량이 감소되며, 부패립이 생기면 수량은 더욱 감소된다.
• 품질의 손상 : 도복이 되면 결실이 불량해서 품질이 저하될 뿐만 아니라, 종실이 젖은 토양이나 물에 닿아 변질·부패·수발아 등이 유발되어 품질이 손상된다.
• 수확작업의 불편 : 기계수확을 할 때 도복이 되면 수확이 매우 곤란해진다.
• 간작물에 대한 피해 : 맥류에 콩이나 목화를 간작하였을 때 맥류가 도복하면 어린 간작물을 덮어서 생육을 저해한다.

20 밭관개의 효과
• 생리적으로 필요한 수분 공급
• 재배 수준의 향상
• 지온의 조절
• 비료 성분의 보급과 이용의 효율화
• 풍식 방지
관개(물주기) 시 유의사항
• 물의 온도가 너무 낮으면 생육이나 발아에 영향을 준다.
• 오염 정도에 따른 피해도 있으므로 사용할 물을 미리 확인해야 한다.
• 작물이 어느 정도 자란 이후에 물을 줄 경우에는 너무 많이 주면 쓰러지는 경우가 많으므로 도복을 고려해야 한다.
• 비료 성분이 유실되지 않도록 양을 조절해야 한다.
• 물주기를 한 이후에 잡초나 병해충이 증가할 우려가 있으므로 약제 살포시기를 조절해야 한다.

21 황세균류 : 혐기적 황화물을 에너지원으로 하는 세균으로 보통 중성으로 잘 활동·번식하는데 황세균은 강한 산성에서도 잘 견디어 최적 pH는 2.0~4.0이다.

23 입상구조
• 토양입자가 대체로 작은 구상체를 이루어 형성하지만 인접한 집합체와는 밀접되어 있지 않다.
• 비교적 공극의 형성이 좋지 않다.
• 주로 유기물이 많은 작토에서 많이 생산된다.

24 점토광물의 일반구조
• 결정형의 점토광물은 판상격자를 가지고 있으며 규산판과 알루미나판이 결합되어 결정단위를 이루고 있다.
• 규산판 : 규산4면체가 판상으로 배열된 것이며 정육각형의 각 정점에 해당하는 부위에 규소가 위치하고 정육각형의 내부에 공극이 생기는데 그 크기는 K^+나 NH_4^+의 크기와 비슷하다.
• 알루미나판 : 알루미늄8면체가 기본단위가 되어 판상으로 배열된 것이며 중심 원자는 알루미늄이나 마그네슘이다. 이 판의 내부에는 공극이 없으므로 어떤 작물무기양분의 고정은 일어나지 않는다.
• 1 : 1격자형 점토광물 : 규산판 1개와 알루미나판 1개가 결속되어 한 결정단위를 이루고 있는 것이며 Kaolinite계 점토광물이 대표적이다.
• 2 : 1격자형 점토광물 : 2개의 규산판 사이에 알루미나판 1개가 삽입된 모양으로 결속되어 한 결정단위를 이루고 있는 것이며 Montmorillonite계 점토광물이 대표적이다. 이밖에도 마그네슘 8면체를 중간에 넣고 2 : 1격자형 점토광물과 결합된 2 : 2절정격자형(혼층형)인 Chlorite가 있다.

26 표층 수mm에서 1~2cm의 층은 산화제2철로 적갈색을 띤 산화층이 되고, 그 이하의 작토층은 산화제1철로 청회색을 띤 환원층이 된다. 그리고 심토는 유기물이 극히 적어서 산화층을 형성한다. 이를 논토양의 토층분화라고 한다.

27 토양의 생성 인자
- 모재 : 암석류는 모재의 급원으로서, 암석의 풍화물이 모재가 되어 본래의 자리에서 또는 퇴적된 자리에서 토양으로 발달하게 된다. 토양의 모재로는 암석, 광물질만이 아니라, 유기물로부터도 여러 가지 형태의 토양이 생성된다. 토양의 모재가 토양의 발달과 특성에 끼치는 영향은 토성, 광물 조성 및 층위의 분화 등 광범위하다.
- 기후 : 토양의 발달에 대하여 가장 영향력이 큰 것은 강우량과 온도 및 공기의 상대 습도 등의 기후적 요인이다.
- 풍화기간 : 토양 발달의 단계는 모재로부터 출발하여 미숙기, 성숙기, 노령기 등을 거치게 되며, 변화 속도는 환경 조건에 따라 다르다.

28 우리나라 논토양의 염기포화도는 평균 52%, 양이온 치환용량은 11me/100g 정도이다.

29
- 위조점 : 토양수분의 장력이 커서 식물이 흡수하지 못하고 영구히 시들어버리는 점
- 포장용수량 : 식물에게 이용될 수 있는 수분범위의 최대수분함량으로 작물재배상 매우 중요하며, 최소용수량이라고도 함
- 중력수 : 토양 공극을 모두 채우고 자체의 중력에 의하여 이동되는 물을 말함
- 최대용수량 : 모관수가 최대로 포함된 상태 즉, 토양의 모든 공극이 물로 포화된 상태이며, 포화용수량이라고도 함

31 토양의 유기물 시용은 미생물의 영양원이 되어 유용 미생물의 번식을 조장한다.

32
- 운적토 : 풍화 생성물이 옮겨 쌓여서 된 토양으로 붕적토, 선상퇴토(부채꼴), 하성충적토(수적토), 풍적토 등이 있다.
- 정적토 : 풍화 생성물이 그대로 제자리에 남아서 퇴적된 토양으로 잔적토와 유기물이 제자리에 퇴적된 이탄토로 나뉜다.

34 토양구조의 형성

입단의 형성 촉진	입단의 파괴 촉진
• 유기물의 시용 • 콩과작물의 재배 • 토양의 멀칭 • 칼슘(Ca)의 시용 • 토양 개량제의 시용	• 경 운 • 입단의 팽창과 수축의 반복 • 비와 바람 • 나트륨(Na^+)의 작용

35 기주식물과 함께 균근을 형성하여 공생 작용을 한다.

36 토양공극의 의의
- 토양을 구성하는 고상과 고상사이에 공기 또는 수분으로 채워질 수 있는 공간을 의미한다.
- 공기유통이나 수분의 저장 및 통로가 되며 공극의 모양이나 전공극량은 작물의 생육과 직접적인 관련이 있다.
- 토양 중에서 비모관공극(대공극)은 잉여수분의 배제와 공기의 유동이 이루어지는 통로의 역할을 하며 모관공극(소공극)은 토양의 유효수분을 보유하는 장소가 되므로 양자가 알맞은 균형을 유지하는 것이 작물의 정상 생육에 중요한 요점이 된다.

37 규산(SiO_2)
- 필수원소는 아니지만 벼·보리 등에 함량이 높고 시용효과가 뚜렷하게 나타난다.
- 화곡류 중 특히 벼는 규산(SiO_2)을 많이 흡수하는데, 규산은 표피조직의 세포막에 침전하여 조직의 규질화를 이루어 병균(도열병 등)의 침입을 막는다.

38 물에 의한 토양의 침식 : 우적침식, 비옥도침식(표면침식), 우곡침식, 계곡(협곡)침식, 평면(면상)침식 유수침식, 빙식작용 등

39 토양입자의 분류

입자 명칭	입경(알갱이의 지름, mm)
자 갈	2.0 이상
조사(거친모래)	2.0~0.2
세사(가는모래)	0.2~0.02
미사(고운모래)	0.02~0.002
점 토	0.002 이하

40 지렁이는 토양 표면에 있는 죽은 식물체의 분해를 촉진시키며, 유기물이 소화되는 동안 유기물과 토양입자들을 결합시켜 견고한 입단구조를 형성하고 이로써 안정된 토양구조 형성에 도움을 준다.

41 토양의 입단화 촉진 : 심경, 유기물 시용, 석회(Ca) 시용, 토양개량제 시용, 생물이 생산하는 점질물 등

42
- 1994. 12 : 농림부에 친환경농업과 신설
- 1997. 12. 3 : 환경농업육성법 제정(1998년 12월 14일 시행. 2000년 1월 친환경농업육성법으로 명칭 변경)
- 1998. 11 : 제3회 농업인의 날에 친환경농업원년을 선포
- 1998. 11. 6 : 유기농산물가공품에 대한 품질인증제 도입

43 토양유기물의 기능 : 암석의 분해촉진, 양분의 공급, 대기 중의 이산화탄소 공급, 생장 촉진 물질의 생성, 입단의 형성, 보수·보비력의 증대, 완충능의 증대, 미생물의 번식 조장, 지온의 상승, 토양 보호 등

44 유망집단에 대하여 품종별로 1본식(本植)이나 1립파 재배하여 전 생육과정을 면밀히 관찰하거나 이형개체를 제거한 후 품종 고유의 특성을 구비한 개체만을 선발하여 집단채종을 한다.

45 우리나라의 종자증식 체계는 기본식물 → 원원종 → 원종 → 보급종의 단계를 거친다. 기본식물은 신품종 증식의 기본이 되는 종자로 육종가들이 직접 생산하거나, 육종가의 관리 하에서 생산한다. 원원종은 기본식물을 증식하여 생산한 종자이고, 원종은 원원종을 재배하여 채종한 종자이며, 보급종은 농가에 보급할 종자로서 원종을 증식한 것이다. 원원종·원종·보급종을 우량종자라고 한다.

47 노포크식 윤작법(Norfolk System of Rotation)은 1730년 영국의 Norfolk 지방에서 발생한 윤작방식으로, 식량과 가축의 사료를 생산하면서 지력을 유지하고 중경효과(中耕效果)까지 얻기 위하여 적합한 작물을 조합하여 재배한다.

구 분	밀(식량)	순무(사료, 중경)	보리(사료)	클로버(사료, 녹비)
지 력	수 탈	증강(다비)	수 탈	증강(질소고정)
잡 초	증 가	경감(중경)	증 가	경감(피복)

48 연풍의 효과 : 증산 및 양분 흡수의 조장, 병해의 경감, 광합성의 조장, 수정·결실의 조장 등

49 퇴비의 검사방법
- 관능적 방법 : 수분함량, 형태, 색, 냄새, 촉감에 의한 구분
- 화학적 방법 : 탄질률에 의한 방법으로 퇴비의 부숙은 탄질률이 20 이하일 때 완숙됨
- 생물학적 방법 : 지렁이법, 종자 발아시험법 등

50 유기농산물 재배방법
- 화학비료와 유기합성농약을 일체 사용하지 아니하여야 한다.
- 가축분뇨를 원료로 하는 퇴비·액비(가축분뇨퇴·액비는 유기농축산물·무항생제 축산물 인증 농장에서 유래된 것만 사용할 수 있으며, 완전히 부숙시켜서 사용하되, 과다한 사용, 유실 및 용탈 등으로 인하여 환경오염을 유발하지 않도록 하여야 한다.

52
- 유기태질소의 무기화 : 논토양에는 벼가 그대로 이용할 수 없는 유기태질소가 많으며, 적당한 처리를 하면 유기태질소의 무기화가 촉진되어 다량의 암모니아가 생성되는데, 이를 잠재지력(潛在地力)이라고 한다.
- 토양이 건조하면 토양유기물은 그 성질이 변하여 미생물이 분해하기 쉬운 상태로 된다. 여기에 가수(加水)하면 미생물의 활동이 촉진되어 다량의 암모니아가 생성되는데, 이를 건토효과(乾土效果)라고 한다.

53 식물체 내의 탄수화물과 질소의 비율
톱밥 > 볏짚 > 미숙퇴비 > 발효우분

54 유전자변형농산물 및 유전자변형농산물 유래의 원료를 사용할 수 없다.

55 윤작의 효과 : 지력의 유지·증강, 토양 보호, 기지의 회피, 병충해·토양선충의 경감, 잡초의 경감, 수확량의 증대, 토지이용도의 향상, 노력분배의 합리화, 농업경영의 안정성 증대 등

56 수량을 증대하고 품질을 향상시키며 내병충·내재해성 등을 높여 수확의 안정성을 높이고 경영의 합리화를 도출하여 농업수입을 증대시킬 수 있다.

57 과수원의 토양관리
- 청경법 : 과수원의 토양에 풀이 자라지 않도록 깨끗하게 김을 매주는 방법
- 초생법 : 과수원의 토양을 풀이나 목초로 피복하는 방법
- 부초법 : 과수원의 토양을 짚이나 다른 피복물로 덮어주는 방법

58 유기축산물의 사육장 및 사육조건(친환경농축산물 및 유기식품 등의 인증에 관한 세부실시요령 [별표 1])
- 번식돈은 임신 말기 또는 포유기간을 제외하고는 군사를 하여야 하고, 자돈 및 육성돈은 케이지에서 사육하지 아니할 것. 다만, 자돈 압사 방지를 위하여 포유기간에는 모돈과 조기에 젖을 뗀 자돈의 생체중이 25kg까지는 케이지에서 사육할 수 있다.
- 가금은 개방조건에서 사육되어야 하고, 기후조건이 허용하는 한 야외 방목장에 접근이 가능하여야 하며, 케이지에서 사육하지 아니할 것

59 가축질병 방지를 위한 적절한 조치를 취했음에도 불구하고 질병이 발생한 경우 수의사의 처방에 의하여 질병을 치료할 수 있다. 이 경우 동물용의약품을 사용한 가축은 해당 약품 휴약 기간의 2배가 지나야만 유기축산물로 인정할 수 있다.

60
① 윤작은 한 토지에 두 가지 이상의 다른 작물들을 순서에 따라 주기적으로 재배하는 것으로, 돌려짓기라고도 한다.
② 답전윤환은 논 또는 밭을 논상태와 밭상태로 몇 해씩 번갈아 가며 재배하는 방식으로, 연작장해를 막기 위해 사용된다.
③ 간작은 한 가지 작물이 생육하고 있는 조간(고랑 사이)에 다른 작물을 재배하는 것으로, 사이짓기라고도 한다.
④ 교호작은 생육기간이 비등한 두 가지 이상의 작물을 일정한 이랑씩 서로 건너서 재배하는 것으로, 번갈아짓기라고도 한다.

제3회 과년도 기출문제													p 145 ~ 152	
01	02	03	04	05	06	07	08	09	10	11	12	13	14	15
①	②	②	③	①	①	④	①	③	③	③	③	①	③	①
16	17	18	19	20	21	22	23	24	25	26	27	28	29	30
②	②	①	①	②	④	①	④	③	①	④	③	①	①	④
31	32	33	34	35	36	37	38	39	40	41	42	43	44	45
③	③	④	①	②	①	②	②	②	③	②	③	①	④	④
46	47	48	49	50	51	52	53	54	55	56	57	58	59	60
①	①	②	②	②	②	①	②	③	④	②	②	③	③	③

01 연풍의 이점
- 증산 및 양분 흡수의 조장
- 병해의 예방
- 광합성의 조장
- 수정·결실의 조장
- 그밖에 부중의 기온·지온을 낮추고, 봄·가을에는 서리를 막으며, 수확물의 건조를 촉진

03 잡초의 예방
- 윤작 : 윤작을 하여 다른 작물을 이어서 심거나, 논 상태와 밭 상태가 교환되면 잡초의 발생이 적어진다.
- 방목 : 작물을 수확한 뒤에 방목하면 잡초의 재생력이 목초만 못한 경우가 많으므로 잡초가 억압된다.
- 소각 및 소토 : 화전을 일굴 때에 소각하면 잡초씨도 많이 소멸한다. 상토를 소독하기 위하여 소토할 때에도 잡초씨가 사멸한다.
- 경운 : 땅을 충분히 갈아 잡초를 죽이거나 발아를 억제한다.
- 피복 : 풀·짚 또는 플라스틱 필름으로 포장을 피복하면 잡초의 발생을 경감시키는 효과도 있다.
- 관개 : 밭두렁을 높게 쌓고서 깊게 관개하면 밭의 잡초를 없앨 수 있다.

잡초의 제거
- 기계적 제초 : 맨손으로 잡초를 뽑거나, 호미·괭이·낫·중경기 등을 사용해서 잡초를 제거한다.
- 화학적 제초 : 화학 약품을 사용해서 잡초를 고사케 하는 방법이며, 제초용으로 사용되는 화학 약품을 제초제라 부르고 있다.

04 버널리제이션
- 식물체가 생육의 일정 시기(주로 초기)에 저온에 의하여 화성, 즉 화아의 분화·발육이 유도·촉진되거나, 또는 생육의 일정 시기에 일정 기간 인위적인 저온에 의해서 화성이 유도·촉진하는 것
- 종자 버널리제이션 : 최아 종자의 시기에 버널리제이션을 하는 것 → 추파맥류, 완두, 잠두, 봄무 등
- 녹체 버널리제이션 : 식물이 일정한 크기에 달한 녹체기에 버널리제이션을 하는 것 → 양배추, 히요스 등

05
- 질산태질소는 토양입자에 잘 흡착되지 않아 유실되기 쉽다.
- 암모니아태질소는 토양입자에 잘 흡착되어 유실이 적다.
- 비료에 들어있는 인산의 형태는 무기화합물인 무기태와 유기화합물인 유기태로 크게 나누며 식물의 뿌리를 통하여 흡수되는 인산은 $H_2PO_4^-$와 PO_4^-의 형태이다.

06 저온성 작물 : 가을에 파종하는 밀이나 보리, 상추, 배추 등과 같이 비교적 저온에서 잘 자라는 작물

07 화본과 목초인 피, 수수, 옥수수 등은 침수에 강하고, 두(豆)과 작물 및 채소류가 침수에 약하다.

08 농업의 형태
- 포경농업 : 유축농업 또는 혼동농업과 비슷한 뜻으로, 식량과 사료를 서로 균형 있게 생산하는 농업
- 곡경농업 : 벼·밀·옥수수 등의 곡류가 넓은 지대에 걸쳐 재배되는 농업형태. 매년 같은 작물이 이어짓기되는 것이 특징
- 원경농업 : 작은 면적의 농경지를 집약적으로 경영하여 단위면적당 채소, 과수 등의 수확량을 많게 하는 농업 형태
- 소경농업 : 문화가 발달되기 이전의 농업 형태로서 쟁기나 가축을 이용하지 않은 것은 물론, 비료를 사용하지 않았고 지력의 소모가 빠른 만큼 새로운 토지를 찾아서 옮기는 이른바 약탈농법

09 농업과학연구원에서 개발한 난황유는 유채기름(채종유, 카놀라유)이나 해바라기유 등 식용유를 계란노른자로 유화시킨 것으로, 가정에서 직접 제조하여 각종 식물에 발생하는 흰가루병과 노균병 및 응애 등의 예방과 목적으로 활용하는 병해충 관리자재이다.

10 가장 보편적으로 이용되고 있는 작물 분류법의 근거는 용도이며, 작물은 용도에 따라 식용(식량)작물, 공예(특용)작물, 사료작물, 녹비(비료)작물, 원예작물 등으로 분류한다.

11 녹색식물은 빛을 받아서 엽록소를 형성하고 광합성을 수행하여 유기물을 생성한다. 광합성에는 675nm를 중심으로 한 650~700nm의 적색 부분과 450nm을 중심으로 한 400~500nm의 청색 부분이 가장 효과적이다. 자외선 같이 짧은 파장의 빛은 식물의 신장을 억제시킨다.

12 주요 작물 종자의 파종량

작 물	10a당 파종량
맥 류	10~20L
팥	5~7L
당 근	800mL
오 이	200mL(육묘)~300mL(직파)

13 도복의 유발 조건
- 품종 : 키가 크고 대가 약한 품종일수록 도복이 심하다.
- 재배조건 : 대를 약하게 하는 재배조건은 도복을 조장한다. 밀식·질소다용·칼륨부족·규산부족 등은 도복을 유발한다.
- 병충해 : 벼에 잎집무늬마름병의 발생, 가을멸구의 발생이 많으면 대가 약해져서 도복이 심해진다.
- 환경조건 : 도복의 위험기에 비가 와서 식물체가 무거워지고, 토양이 젖어서 뿌리를 고정하는 힘이 약해졌을 때 강한 바람이 불면 도복이 유발된다.

14 농경의 발상지
- 큰 강의 유역 : 중국의 황화나 양자강 유역, 메소포타미아의 유프라테스강 유역 및 이집트의 나일강 유역 등
- 산간부 : 멕시코의 농업은 산간부로부터 시작하여 점차 평야부로 전파됨
- 해안지대 : 북부 유럽의 일부 해안 지대와 일본의 해안 지대 등

15
- 선종(종자고르기) : 파종 전의 종자 처리로 육안, 체적, 중량, 비중에 의한 선별
- 월동작물 : 추파, 여름작물 : 춘파
- 벼 감광성 : 만파만식, 벼 감온성·기본영양생장성 : 조파조식
- 추파성 높음 : 조파, 추파성 낮음 : 만파
- 파종량 : 수량·품질을 최상으로 보장하는 파종량이 가장 알맞다. 파종량을 결정할 때에는 작물의 종류 및 품종, 종자의 크기, 파종기, 재배지역, 재배법, 토양 및 시비, 종자의 조건 등을 고려한다.

16 모관수는 표면장력에 의하여 토양 공극 내에서 중력에 저항하여 유지되는 수분으로, 모관 현상에 의해서 지하수가 모관공극을 상승하여 공급된다. pF.2.7~4.5로서 작물이 주로 이용하는 수분이다.

17
- 벼의 수광태세를 높일 수 있는 초형
- 키가 너무 크거나 작지 않아야 한다.
- 분얼은 약간 벌어지는 것이 좋다.
- 잎은 너무 얇지 않고 약간 가늘며, 곱게 선다.
- 잎이 골고루 분포한다.

18 건물 1g을 생산하는 데 소요되는 수분량(g)을 그 작물의 요수량이라고 한다. 요수량과 비슷한 의미로 증산계수가 있는데, 이것은 건물 1g을 생산하는 데 소비된 증산량을 말한다.

19 저장 중에 종자가 발아력을 상실하는 원인은 원형질단백의 응고, 효소의 활력저하, 저장양분의 소모 등이 관련한다.

20 공기습도
- 공기습도가 높지 않고 적당히 건조해야 증산이 조장되며 양분 흡수가 촉진되어 생육에 좋다. 그러나 과도한 건조는 불필요한 증산을 하여 한해를 유발한다.
- 공기가 과습하면 증산이 적어지고 병균의 발달을 조장하며, 식물체의 기계적 조직이 약해져서 병해·도복을 유발한다.

21 특이 산성논
- 우리나라에는 특이 산성논의 면적이 많지는 않으나 낙동강 하구 언저리의 배수가 불량한 토양과 새로 경지 정리를 한 퇴화 염토에는 황성분이 많아서 토양이 건조하게 되면 산화로 황산이 생겨 토양 산도가 3.5 이하로 떨어지게 되므로 작물 재배가 불가능하게 된다.
- 이러한 토양은 산성이 강하므로 알루미늄이 많고 환원이 심하다.
- 양분 흡수 저해 물질이 많이 생성되므로 소석회나 규산을 충분히 사용하고 칼륨질 비료를 표층은 산화층에 여러 번 나누어 시용하면 효과적이지만 근본적으로는 배수 시설을 하여 표층 내의 황의 함량을 낮추는 것이 중요하다.

22
- 이탄토 : 지하 1m 이하의 얕은 곳에 미분해된 이탄층은 지표부분에서는 분해가 진척되어 토양화된 것이다. 보통 표토에서도 50% 이상의 유기물 함유율을 나타내어 농업생산력은 낮다.
- 붕적토 : 붕적물에서 발달한 토양의 모재는 대개 굵고 거친 암석질이며 화학적인 것보다 물리적 풍화를 더 많이 받은 것이며, 그 분포는 일부 지역에 한하는 경우가 많고, 농경에 적당하지 못한 것이 많다.

23 포장용수량
- 최대 용수량 상태에서 중력수가 완전히 제거된 후 남아 있는 수분 함량이다.
- 수분이 포화된 상태의 토양에서 증발을 방지하면서 중력수를 완전히 배제하고 남은 수분상태를 포장용수량이라고 하며, pF는 2.5~2.7(1/3~1/2기압)이다. 포장용수량은 최소용수량이라고도 한다. 지하수위가 낮고 투수성이 중간인 포장에서 강우 또는 관개 후 만 1일쯤의 수분상태가 이에 해당한다. 포장용수량 이상은 중력수로서 오히려 토양통기를 저해하여 작물 생육에 이롭지 못하다.

24 사상균
- 균사에 의하여 발육하는 곰팡이류의 대부분이 이에 속하며, 균사의 평균 지름은 5μm 정도이다.
- 호기성이며, 산성·중성·알칼리성의 어떠한 반응에서도 잘 생육하지만, 특히 세균이나 방사상균이 생육하지 못하는 산성에서도 잘 생육한다.
- 산성에 대한 저항력이 강하기 때문에 산성 토양 중에서 일어나는 화학변화를 주도한다.
- 세균에 비하여 보다 많은 질소와 탄수화물을 섭취·분해하여 보다 적은 이산화탄소와 암모니아를 분해 부산물로 만들기 때문에 부식 생성면에서 오히려 세균보다 우수하다.

25 규산 함량에 따른 분류
- 산성암 : 화강암, 유문암(65~75%)
- 중성암 : 섬록암, 안산암(55~65%)
- 염기성암 : 반려암, 현무암(40~55%)

26 잠시적 전하(pH 의존전하) : 점토의 음전하 생성원인은 동형 치환·변두리 전하에 의한 영구적 전하 외에도 토양 용액의 pH 변화에 의해서도 일어난다. 즉, 토양 용액에 H^+이온이나 OH^-이온 또는 이 이온들을 증감시킬 수 있는 물질의 첨가에 의해서 점토광물은 하전량이 변화된다.

27 부식은 유기물 분해 잔사로 양성적 성질을 가지나 일반적으로 그 표면에 카르복실기(—COOH), 페놀성 수산기 등이 노출되어 양이온을 흡착한다.

28 광산 폐수는 카드뮴, 구리, 납, 아연 등의 중금속 오염원이다.
- 질소 : 농약, 화학비료, 가축의 분뇨 등
- 인산 : 생활하수(합성세제 등)

29 점토나 부식은 입자가 잘고, 입경이 $1\mu m$ 이하이며, 특히 $0.1\mu m$ 이하의 입자는 교질(膠質 ; Colloid)로 되어 있다. 교질입자는 보통 음전하를 띠고 있어 양이온을 흡착한다. 토양 중에 교질입자가 많으면 치환성 양이온을 흡착하는 힘이 강해진다.

30 염류화 작용(알칼리화 작용) : 토양 교질물의 Na 포화도가 높아지는 것이며, 이러한 복합체는 분산되어 부식물은 토양이 암흑색을 띠게 하며 pH는 높아진다. 이러한 과정으로 생성된 토양을 흑색알칼리토라 한다.

31 토양색의 표시 : 토양의 색의 객관적이고 미세한 차이를 확실히 구별하여 나타내기 위해 숫자와 기호로써 세분된 Munsell 컬러차트를 사용하는데, 이 표시법에서는 물체의 색을 색상, 명도, 채도의 3속성을 조합하여 나타낸다.
토양의 색에 영향을 끼치는 주요한 요인
- 토양의 구성 암석 및 광물의 종류
  - 조암광물 가운데 흑운모, 휘석, 각섬석, 전기석, 가란석, 자철광 등에는 Fe이 들어 있으며 초록색으로부터 흑색에 이르는 여러 가지 색을 띠고, 이들이 풍화되면 환경에 따라 다르나 황색 내지 적색을 띠게 된다.
  - 열대 지방 토양은 산화철 광물이 풍부하기 때문에 적색을 띤다.
- 유기물 함량 : 온난 지역의 토양은 고도로 분해된 유기물 때문에 어두운 색을 띤다.
- 수분 함량 및 배수성
  - 토양의 배수가 나쁘면 많은 유기물이 표층에 집적되어 토양의 색이 어둡게 된다.
  - 반대로 유기물이 적은 하층토는 밝은 회색을 띠어 배수가 불량함을 나타낸다.
  - 배수가 중간 정도이면 하층토의 회색에는 황색의 반문이 섞이게 된다.

32 습 답
- 물 빠짐이 나쁘고 지하 수위가 높아 항상 물에 잠긴 상태로 있는 논으로서, 산소 부족으로 벼 뿌리의 발달이 좋지 못하고 지력이 약하다.
- 습답에는 미숙유기물이 집적되는데, 환원상태이므로 유기물이 혐기적으로 분해하여 유기산을 생성하나 투수가 적어, 작토 중에 유기산이 집적되어 뿌리의 생장과 흡수작용에 장해를 준다.
- 한여름 고온기에는 유기물 분해가 왕성하여 심한 환원상태를 이루고, 황화수소 등의 유해한 환원성 물질이 생성·집적되어 뿌리가 상한다. 또한, 지온 상승효과로 인해 지력질소가 공급되므로 벼는 생육후기에 질소과다가 되어 병해·도복·추락현상이 유발된다.
- 습답인 경우에는 물 걸러대기가 거의 불가능하기 때문에 미숙유기물 사용을 금하는 등 근본적 대책이 필요하며, 암거배수 등을 꾀하여 투수를 좋게 하고 유해물질을 배제해야 한다.

33
- 퇴구비·녹비 등 유기물의 시용, 규회석·탄산석회·소석회 등 석회질 물질을 시용하여 입단화를 증대시킨다.
- 경사지에 작물을 재배하려면 등고선을 따라 심는 등고선 재배를 하는 것이 좋으며, 위아래로 줄을 만들어 심는 상하경 재배는 침식에 의한 피해가 증가하므로 피해야 한다. 그 밖에 중간에 풀을 키우는 초생대 재배, 경사지를 계단 모양으로 깎아 심는 계단식 재배, 자갈대나 물도랑 설치, 퇴비 사용 등으로 침식을 방지할 수 있다.

34 토양온도의 역할
- 식물과 미생물의 활동과 생육
- 토양형을 결정하는 기상조건
- 종자의 발아
- 토양통기
- 토양수분의 이동
- 식물양분의 화학적 형태 변화
※ 토양온도의 변동
  - 토양온도는 1일 중 또는 계절과 위치에 따라 특징 있는 변동을 보인다.
  - 토양온도의 변동은 토양 표면에서 가장 크며, 깊을수록 줄어들고 약 3m 이하에서는 거의 일정하다.
  - 15cm 이하의 토양에서는 1일 중 온도의 변화가 거의 없다.

35 토양유기물의 기능 : 암석의 분해 촉진, 양분의 공급, 대기 중의 이산화탄소 공급, 생장 촉진 물질의 생성, 입단의 형성, 보수·보비력의 증대, 완충능의 증대, 미생물의 번식 조장, 지온의 상승, 토양보호

37 담수조건하 작토(경작지의 표토)의 환원층에서는 철분·망간이 환원되어 녹기 쉬운 형태가 되는데, 이들이 침투수를 따라 내려가 심토의 산화층에 도달하면 다시 산화상태가 되어 축적된다. 이러한 논토양의 노후화 작용으로 논의 작토층에는 철분과 망간, 기타 성분이 결핍되게 된다.

38 개간지 토양의 특성
- 물리적 특성 : 토양침식이 크다. 표층이 얇고 공극률이 낮다. 고상비율이 크다. 경토의 가비중이 크다. 보수력이 낮다. 토성은 사질인 경우가 많다. 경도가 커서 경운이 어렵다. 유효심토가 낮아 작물 생육이 어렵다.
- 화학적 특성 : Al과 Fe의 함량이 높은 산성토양이다. 유기물함량이 낮다. 유효인산의 함량이 매우 낮아 인산의 흡습계수가 높으므로 더 많은 인산을 요구한다. 치환성염기의 함량이 낮아 염기포화도가 작다. 토양의 완충능도 작다.

40 토성 : 토양입자의 성질에 따라 구분한 토양의 종류를 토성이라고 한다. 보통은 점토 함량뿐만 아니라 미사(微砂)·세사(細砂)·조사(粗砂)의 함량도 고려하여 토성을 더 세분하고 있다.

41 규소는 표피조직의 세포막에 침전해서 규질화를 이루어 병에 대한 저항성을 높이고, 잎을 꼿꼿하게 세워 수광태세를 좋게 하며, 증산을 경감하여 한해를 줄이는 효과가 있다.

43 심경(깊이갈이)시기 : 나무뿌리가 끊기는 피해를 최소한으로 줄여야 하므로 생육이 왕성한 시기를 제외하고는 계절에 관계없이 실시할 수 있으나 안전한 시기는 나무의 생육이 정지되는 휴면기에 실시하는 것이 적합하며 낙엽이 지면서부터 흙이 얼기 전까지와 해빙 후 곧바로 실시해야 한다.

44 종자갱신은 우량품종의 퇴화를 막기 위한 조치로서, 주요 농작물의 품종 중 우수한 것으로 인정되어 장려품종으로 결정된 것은 국가사업으로 퇴화를 방지하면서 체계적으로 증식시켜 농가에 보급하고 있다.

45　**자식성 작물의 육종방법**
- 순계선발 : 재래종 집단에서 우량한 유전자형을 분리하여 품종으로 육성하는 것
- 교배육종 : 재래종 집단에서 우량한 유전자형을 선발할 수 없을 때, 인공교배로 새로운 유전변이를 만들어 신품종을 육성하는 것
- 여교잡육종 : 우량품종에 한두 가지 결점이 있을 때 이를 보완하는 데 효과적인 육종방법으로, 여교배는 양친 A와 B를 교배한 F_1을 양친 중 어느 하나와 다시 교배하는 것이다.
  ※ 타식성 작물의 육종방법 – 합성품종 : 여러 개의 우량계통(보통 5~6개의 자식계통을 사용함)을 격리포장에서 자연수분 또는 인공수분으로 다계교배(多系交配 ; Polycross – 여러 개의 품종이나 계통을 교배)하는 것

46　봉지씌우기를 하면 검은무늬병(배)・탄저병(사과・포도)・흑점병(사과)・심식나방・흡즙성 밤나방 등의 병충해가 방제되고, 외관이 좋아지며, 사과 등은 열과가 방지된다. 또한, 농약이 직접 과실이 부착되지 않아 상품성이 높아진다.

47
- 잎을 가해하는 해충 : 굴나방
- 과실을 가해하는 해충 : 복숭아심식나방, 복숭아명나방

48　총 가소화 영양분(TDN, Total Digestible Nutrients) : 사료가 가축 등의 대사작용에 의해 이용되는 에너지를 가리키는 단위

49　N(22%) : $25 \times 22/100 = 5.5kg$

51　**벼의 일생**
영양생장기[유묘기–이식기(이앙기)–활착기–유효분얼기–무효분얼기] → 생식생장기[유수형성기–감수분열기–수잉기–유숙기–호숙기–황숙기–성숙기]

52　친환경농업을 영위하는 과정에서 생산된 농산물을 친환농산물이라 하며 그 생산방법과 사용자재 등에 따라 유기농산물과 무농약농산물(축산물의 경우 무항생제축산물)로 분류한다.

53　비단백태질소(NPN, Nonprotein Nitrogen)

54　도복 : 화곡류・두류 등이 등숙기에 들어 비바람으로 인해 쓰러지는 것을 도복이라고 한다. 도복이 되면 잎이 헝클어져서 광합성이 감퇴하고, 줄기와 잎이 꺾여 동화양분의 전류가 저해되며, 줄기와 잎에 상처가 나서 양분의 호흡소모가 많아지므로 등숙이 나빠져서 수량이 감소되며, 부패립이 생기면 수량은 더욱 감소된다. 도복의 시기가 빠를수록 피해는 커진다.

55　**지력의 증진요소**
- 토성 : 토양을 구성하는 기계적 성분의 정조(精粗, 정밀함과 거침)에 따른 토양의 종류를 토성(土性)이라고 하는데, 작물의 생육에 알맞은 토성은 양토를 중심으로 한 사양토~식양토의 범위이다.
- 토양구조 : 토양구조는 입단구조가 조성될수록 좋다.
- 토층 : 토층은 작토가 깊고 양호해야 하며, 심토도 투수 및 통기가 알맞아야 한다.
- 토양반응 : 토양반응은 중성・약산성이 알맞다.
- 무기성분 : 필요한 무기성분이 풍부하고 균형 있게 함유되어 있어야 지력이 높다.
- 유기물 : 습답(濕畓)을 제외하고는 토양 중의 유기물 함량이 증대될수록 지력이 향상된다.
- 토양수분 및 토양공기 : 최적용수량 및 최적용기량을 유지할 때 작물 생육이 좋다.

- 유해물질 : 토양이 무기・유기의 유해물질에 의해서 오염되어 있지 않아야 한다.
  ※ 초생 재배법 : 목초・녹비 등을 나무 밑에 가꾸는 재배법으로 토양침식이 방지되고, 제초노력이 경감되며, 지력도 증진된다.

56　**병에 대한 식물체의 대처**
- 회피성 : 적극적 또는 소극적으로 식물 병원체의 활동기를 피하여 병에 걸리지 않는 성질
- 감수성(민감성) : 식물이 어떤 병에 걸리기 쉬운 성질
- 저항성 : 식물이 병원체의 작용을 억제하는 성질
- 면역성 : 식물이 전혀 어떤 병에 걸리지 않는 성질
- 내병성 : 감염되어도 실질적으로 피해를 적게 받는 성질

57　**자연생태계와 농업생태계의 차이**

특 성	자연생태계	농업생태계
종다양성	높다.	낮다.
안정성	높다.	낮다.
물질순환	폐쇄계	개방계
인간에 의한 제어	불필요	필 요

58　**동물질을 먹는 것**
- 육식성 : 다른 동물을 직접 먹는 것 → 물방개류, 물무당류
- 기생성 : 다른 곤충에 기생생활을 하는 것 → 기생벌, 기생파리
- 시식성 : 다른 동물의 시체를 먹는 것 → 딱정벌레목, 송장벌레과, 풍뎅이붙이과, 반날개과
- 포식성 : 살아 있는 곤충을 잡아 먹는 것 → 됫박벌레류(깍지벌레류, 진딧물류 포식), 꽃등애유충(진딧물 포식), 기타 말벌류, 사마귀류, 무당벌레 등

60　**유기농업의 기본목적**
- 가능한 한 폐쇄적인 농업시스템 속에서 적당한 것을 취하고, 지역 내 자원에 의존하는 것
- 장기적으로 토양 비옥도를 유지하는 것
- 현대 농업기술이 가져온 심각한 오염을 회피하는 것
- 영양가 높은 식품을 충분히 생산하는 것
- 농업에 화석연료의 사용을 최소화하는 것
- 전체 가축에 대하여 그 심리적 필요성과 윤리적 원칙에 적합한 사양조건을 만들어 주는 것
- 농업 생산자에 대해서 정당한 보수를 받을 수 있도록 하는 것과 더불어 일에 대해 만족감을 느낄 수 있도록 하는 것
- 전체적으로 자연환경과의 관계에서 공생・보호적인 자세를 견지하는 것

작은 기회로부터 종종 위대한 업적이 시작된다.

- 데모스테네스 -

★ ★ ★

5일 완성
유기농업기능사

★ ★ ★

5일 | 제1회 과년도 기출복원문제

01 다음 토양의 pH가 산성토양인 것은?

① pH 5
② pH 7
③ pH 10
④ pH 9

02 다음 중 질소와 인산에 의한 토양의 오염원으로 가장 거리가 먼 것은?

① 축산폐수
② 공장폐수
③ 가정하수
④ 광산폐수

03 유기농산물을 생산하는 데 있어 올바른 잡초 제어법에 해당하지 않는 것은?

① 멀칭을 한다.
② 손으로 잡초를 뽑는다.
③ 화학 제초제를 사용한다.
④ 적절한 윤작을 통하여 잡초 생장을 억제한다.

04 다음 작물 중 일반적으로 배토를 실시하지 않는 것은?

① 파
② 감 자
③ 토 란
④ 상 추

05 다음 중 휴한지에 재배하면 지력의 유지·증진에 가장 효과가 있는 작물은?

① 밀
② 클로버
③ 보 리
④ 고구마

06 친환경농업이 태동하게 된 배경에 대한 설명으로 틀린 것은?

① 미국과 유럽 등 농업선진국은 세계의 농업정책을 소비와 교역 위주에서 증산 중심으로 전환하게 하는 견인 역할을 하고 있다.
② 국제적으로는 환경보전문제가 중요 쟁점으로 부각되고 있다.
③ 토양 양분의 불균형 문제가 발생하게 되었다.
④ 농업부분에 대한 국제적인 규제가 점차 강화되어 가고 있는 추세이다.

07 우리나라 산지토양(山地土壤)은 어느 것에 속하는가?

① 잔적토
② 충적토
③ 풍적토
④ 하성토

08 습답의 개량방법으로 적합하지 않은 것은?

① 암거배수를 한다.
② 유기물을 다량 시용한다.
③ 석회로 토양을 입단화한다.
④ 심경을 한다.

09 다음 중 도복방지에 효과적인 원소는?

① 질 소
② 마그네슘
③ 인
④ 아 연

10 다수성 품종을 육종하기 위하여 집단육종법을 적용하고자 한다. 이때 집단육종법의 장점으로 옳은 것은?

① 잡종강세가 강하게 나타남
② 선발개체 후대에서 분리가 적음
③ 각 세대별 유지하는 개체수가 적은 편임
④ 우량형질의 자연도태가 거의 없음

11 대기의 질소를 고정시켜 지력을 증진시키는 작물은?

① 화곡류
② 두 류
③ 근채류
④ 과채류

12 일반적으로 표토에 부식이 많으면 토양은 어떤 색을 띠는가?

① 암흑색
② 회백색
③ 적 색
④ 황적색

13 시설원예에서 이용되는 수막(Water Curtain)시설이란?

① 여름에 차광을 주목적으로 이용한다.
② 시설 내 공중습도 조절의 목적으로 이용된다.
③ 저온기 야간의 온실 보온장치의 일종이다.
④ 온실 냉방을 주된 목적으로 설치되는 장치이다.

14 다음 중 표토에 염류집적 피해가 일어날 가능성이 큰 토양은?

① 벼 논
② 사과 과수원
③ 인삼밭
④ 보리밭

15 지형을 고려하여 과수원을 조성하는 방법을 설명한 것으로 올바른 것은?

① 평탄지에 과수원을 조성하고자 할 때는 지하수위와 두둑을 낮추는 것이 유리하다.
② 경사지에 과수원을 조성하고자 할 때는 경사 각도를 낮추고 수평배수로를 설치하는 것이 유리하다.
③ 논에 과수원을 조성하고자 할 때는 경반층(硬盤層)을 확보하는 것이 유리하다.
④ 경사지에 과수원을 조성하고자 할 때는 재식열(栽植列) 또는 중간의 작업로를 따라 집수구(集水溝)를 설치하는 것이 유리하다.

16 작물이 최초에 발상하였던 지역을 그 작물의 기원지라 한다. 다음 작물 중 기원지가 우리나라인 것은?

① 벼
② 참 깨
③ 수 박
④ 인 삼

17 빛과 작물의 생리작용에 대한 설명으로 틀린 것은?

① 광이 조사(照射)되면 온도가 상승하여 증산이 조장된다.
② 광합성에 의하여 호흡기질이 생성된다.
③ 식물의 한쪽에 광을 조사하면 반대쪽의 옥신 농도가 낮아진다.
④ 녹색식물은 광을 받으면 엽록소 생성이 촉진된다.

18 다음 토양소동물 중 가장 많은 수로 존재 하면서 작물의 뿌리에 크게 피해를 입히는 것은?

① 지렁이
② 선 충
③ 개 미
④ 톡토기

19 병충해 방제방법 중 경종적 방제법으로 옳은 것은?

① 벼의 경우 보온육묘한다.
② 풀잠자리를 사육하면 진딧물을 방제한다.
③ 이병된 개체는 소각한다.
④ 맥류 깜부기병을 방제하기 위해 냉수온탕침법을 실시한다.

20 토양의 CEC란 무엇을 뜻하는가?

① 토양 유기물용량
② 토양 산도
③ 양이온교환용량
④ 토양수분

21 작물의 분류방법 중 식용작물, 공예작물, 약용작물, 기호작물, 사료작물 등으로 분류하는 것은?

① 식물학적 분류
② 생태적 분류
③ 용도에 따른 분류
④ 작부방식에 따른 분류

22 근권에서 식물과 공생하는 Mycorrhizae(균근)는 식물체에게 특히 무슨 성분의 흡수를 증가시키는가?

① 산 소
② 질 소
③ 인 산
④ 칼 슘

23 노후화답의 특징이 아닌 것은?

① 작토층의 철은 미생물에 의해 환원되어 Fe^{2+}로 되어 용탈한다.

② 작토층 아래층의 철과 망간은 산화되어 용해도가 감소되어 Fe^{3+}와 Mn^{4+}형태로 침전한다.

③ 황화수소(H_2S)가 발생한다.

④ 규산 함량이 증가된다.

24 토양 pH의 중요성이라고 볼 수 없는 것은?

① 토양 pH는 무기성분의 용해도에 영향을 끼친다.

② 토양 pH가 강산성이 되면 Al과 Mn이 용출되어 이들 농도가 높아진다.

③ 토양 pH가 강알칼리성이 되면 작물 생육에 불리하지 않다.

④ 토양 pH가 중성 부근에서 식물양분의 흡수가 용이하다.

25 기지현상의 대책으로 옳지 않은 것은?

① 토양 소독을 한다.

② 연작한다.

③ 담수한다.

④ 새 흙으로 객토한다.

26 과수 묘목을 깊게 심었을 때 나타나는 직접적인 영향으로 옳은 것은?

① 착과가 빠르다.

② 뿌리가 건조하기 쉽다.

③ 뿌리의 발육이 나쁘다.

④ 병충해의 피해가 심하다.

27 다음 중 2 : 2 규칙형 광물은?

① Kaolinite

② Allophane

③ Vermiculite

④ Chlorite

28 다음 중 연작에 가장 좋지 않은 것은?

① 참 외

② 콩

③ 오 이

④ 수 박

29 대기조성과 작물에 대한 설명으로 틀린 것은?

① 대기 중 질소(N_2)가 가장 많은 함량을 차지한다.

② 대기 중 질소는 콩과 작물의 근류균에 의해 고정되기도 한다.

③ 대기 중의 이산화탄소 농도는 작물이 광합성을 수행하기에 충분한 과포화상태이다.

④ 산소농도가 극히 낮아지거나 90% 이상이 되면 작물의 호흡에 지장이 생긴다.

30 우리나라에서 유기농업발전기획단이 정부의 제도권 내로 진입한 연대는?

① 1970년대

② 1980년대

③ 1990년대

④ 2000년대

31 염해지 토양의 개량방법으로 가장 적절하지 않은 것은?

① 암거배수나 명거배수를 한다.
② 석회질 물질을 시용한다.
③ 전층 기계 경운을 수시로 실시하여 토양의 물리성을 개선시킨다.
④ 건조시기에 물을 대줄 수 없는 곳에서는 생짚이나 청초를 부초로 하여 표층에 깔아주어 수분증발을 막아준다.

32 다음 중 작물의 요수량이 가장 큰 것은?

① 옥수수
② 클로버
③ 보 리
④ 기 장

33 토양을 구성하는 주요 점토광물은 결정격자형에 따라 그 형태가 다르다. 다음 중 1 : 1형(비팽창형)에 속하는 점토광물은?

① Illite
② Montmorillonite
③ Kaolinite
④ Vermiculite

34 화성 유도에 관여하는 요인으로 부적절한 것은?

① 광
② 수 분
③ 온 도
④ C/N율

35 경사지에서 수식성 작물을 재배할 때 등고선으로 일정한 간격을 두고 적당한 폭의 목초대를 두어 토양침식을 크게 덜 수 있는 방법은?

① 조림재배
② 초생재배
③ 단구식재배
④ 대상재배

36 식물의 일장효과(日長效果)에 대한 설명으로 틀린 것은?

① 모시풀은 자웅동주식물인데 일장에 따라서 성의 표현이 달라지며, 14시간 일장에서는 완전자성(암꽃)이 된다.
② 콩 등의 단일식물이 장일 하에 놓이면 영양생장이 계속되어 거대형이 된다.
③ 고구마의 덩이뿌리는 단일조건에서 발육이 조장된다.
④ 콩의 결협 및 등숙은 단일조건에서 조장된다.

37 유기재배용 종자 선정시 사용이 절대 금지된 것은?

① 내병성이 강한 품종
② 유전자변형 품종
③ 유기재배된 종자
④ 일반종자

38 토양침식을 방지하는 대책으로 가장 적절하지 않은 것은?

① 나트륨이 많이 포함된 비료를 시용하여 입단화를 증가시킨다.
② 부초(敷草)법 및 간작을 통하여 경작지의 나지기간을 최대한 단축시킨다.
③ 토양부식을 증가시켜 토양 입단구조 형성이 잘 되게 한다.
④ 경사지에서는 유거수의 조절을 위하여 등고선 재배법을 도입한다.

39 다음 중 점토질 토양의 특징이 아닌 것은?

① 함수율이 높다.
② 유기물 분해력이 빠르다.
③ 바람의 저항도가 강하다.
④ 쉽게 응집된다.

40 멀칭에 대한 설명으로 거리가 먼 것은?

① 잡초를 방제하는 데에는 빛이 잘 투과하지 않는 흑색 플라스틱필름, 종이, 짚 등이 효과가 있다.
② 지온이 높아서 작물 생육에 장애가 될 경우에는 빛이 잘 투과하지 않는 자재로 멀칭을 하면 지온을 낮출 수 있다.
③ 알루미늄을 입힌 필름을 멀칭하면 열매 채소와 과일의 착색을 방해하므로 투명한 자재로 멀칭한다.
④ 지온이 낮은 곳에 씨를 뿌릴 때 투명한 플라스틱필름을 사용하면 지온을 높여 발아에 도움이 된다.

41 용도에 따른 작물의 분류로 틀린 것은?

① 식용작물 – 벼, 보리, 밀
② 공예작물 – 옥수수, 녹두, 메밀
③ 사료작물 – 호밀, 순무, 돼지감자
④ 원예작물 – 배, 오이, 장미

42 다음 유기농업이 추구하는 내용에 관한 설명으로 거리가 먼 것은?

① 환경생태계의 보호
② 생물학적 생산성의 최적화
③ 멸종위기종의 보호
④ 토양 쇠퇴와 유실의 최소화

43 유기 벼 종자의 발아에 필수조건이 아닌 것은?

① 산 소
② 온 도
③ 광 선
④ 수 분

44 생물적 풍화작용에 해당하는 설명으로 옳은 것은?

① 암석광물은 공기 중의 산소에 의해 산화되어 풍화작용이 진행된다.
② 미생물은 황화물을 산화하여 황산을 생성하고 이는 암석의 분해를 촉진한다.
③ 산화철은 수화작용을 받으면 침철광이 된다.
④ 정장석이 가수분해 작용을 받으면 점토가 된다.

45 복교배양식의 기호표시로 올바른 것은?

① A × B
② (A × B) × A
③ (A × B) × C
④ (A × B) × (C × D)

46 균근(Mycorrhizae)이 숙주식물에 공생함으로서 식물이 얻는 유익한 점과 가장 거리가 먼 것은?

① 내건성을 증대시킨다.
② 병원균 감염을 막아 준다.
③ 잡초발생을 억제한다.
④ 뿌리의 유효면적을 증가시킨다.

47 품종의 특성 유지방법이 아닌 것은?

① 영양번식에 의한 보존재배
② 격리재배
③ 원원종재배
④ 집단재배

48 뿌리를 항상 양액 속에 담근 채로 재배하는 양액재배는?

① 분무경
② 분무 수경
③ 담액 수경
④ 고형 배지경

49 유기재배 과수의 토양표면 관리법으로 가장 거리가 먼 것은?

① 청경법
② 초생법
③ 부초법
④ 플라스틱 멀칭법

50 유기농업에서의 병해충 방제를 위한 방법으로써 가장 거리가 먼 것은?

① 저항성 품종 이용
② 화학합성농약 이용
③ 천적 이용
④ 담배잎 추출액 사용

51 충해 종합관리를 나타내는 용어는?

① GAP
② INM
③ IPM
④ NPN

52 예방관리에도 불구하고 가축의 질병이 발생한 경우 수의사의 처방하에 질병을 치료할 수 있다. 이 경우 동물용 의약품을 사용한 가축은 해당 약품 휴약기간의 최소 몇 배가 지나야만 유기축산물로 인정할 수 있는가?

① 2배
② 3배
③ 4배
④ 5배

53 장일식물에 대한 설명으로 옳은 것은?

① 장일상태에서 화성이 저해된다.
② 장일상태에서 화성이 유도·촉진된다.
③ 8~10시간의 조명에서 화성이 유도·촉진된다.
④ 한계일장은 장일 측에, 최적일장과 유도일장의 주체는 단일 측에 있다.

54 산성토양의 개량 및 재배 대책방법이 아닌 것은?

① 내산성 작물 재배
② 붕소 시용
③ 용성인비 시용
④ 적황색토 객토

55 다음 중 경사지의 토양유실을 줄이기 위한 재배방법 중 가장 적당하지 않은 것은?

① 등고선 재배
② 초생대 재배
③ 부초 재배
④ 경운 재배

56 피복작물에 의한 토양 보전효과로 볼 수 있는 것은?

① 토양의 유실 증가
② 토양의 투수력 감소
③ 빗방울의 토양 타격강도 증가
④ 유거수량의 감소

57 다음 중 IFOAM이란?

① 국제유기농업운동연맹
② 무역의 기술적 장애에 관한 협정
③ 위생식품검역 적용에 관한 협정
④ 국제유기식품규정

58 Illite는 2 : 1격자광물이나 비팽창형 광물이다. 이는 결정단위 사이에 어떤 원소가 음전하의 부족한 양을 채우기 위하여 고정되어 있기 때문인데 그 원소는?

① Si
② Mg
③ Al
④ K

59 계단 경작은 어떤 경우에 실시하는가?

① 경사 3° 이상
② 경사 5° 이상
③ 경사 9° 이상
④ 경사 15° 이상

60 온실효과에 대한 설명으로 옳지 않은 것은?

① 시설농업으로 겨울철 채소를 생산하는 효과이다.
② 대기 중 탄산가스 농도가 높아져 대기의 온도가 높아지는 현상을 말한다.
③ 산업발달로 공장 및 자동차의 매연가스가 온실효과를 유발한다.
④ 온실효과가 지속된다면 생태계의 변화가 생긴다.

5일 | 제2회 과년도 기출복원문제

01 시설 지붕 위의 하중을 지탱하고, 왕도리와 중도리의 위에 걸치는 부재는?

① 샛기둥
② 서까래
③ 버팀대
④ 보

02 기원지로서 원산지를 파악하는데 근간이 되는 학설은 유전자 중심설이다. Vavilov의 작물의 기원지에 해당하지 않는 곳은?

① 지중해 연안
② 인도 · 동남아시아
③ 남부 아프리카
④ 코카서스 · 중동

03 토양의 입단형성에 도움이 되지 않는 것은?

① Ca 이온
② Na 이온
③ 유기물의 작용
④ 토양개량제의 작용

04 작물의 분화과정이 옳은 것은?

① 유전적 변이 → 고립 → 도태와 적응
② 유전적 변이 → 도태와 적응 → 고립
③ 도태와 적응 → 고립 → 유전적 변이
④ 도태와 적응 → 유전적 변이 → 고립

05 일반적인 온도와 작물 생육과의 관계를 설명한 내용 중 잘못된 것은?

① 종자의 발아시나 뿌리의 생장에는 지온의 영향이 크고, 잎과 줄기가 커 가는 데에는 기온의 영향이 크다.
② 생육기간이 짧은 작물일수록 더 많은 적산온도를 필요로 한다.
③ 상추는 10~18℃정도로 비교적 낮은 온도를 좋아 하며 고온에서는 생육이 나쁘다.
④ 가을보리, 가을밀은 싹을 틔운 씨앗을 대체로 0~5℃의 저온에서 40~60일 정도 저온처리를 하면 춘화처리가 된다.

06 종자의 발아에 관한 설명으로 틀린 것은?

① 발아시(發芽始)는 파종된 종자 중에서 최초 1개체가 발아한 날이다.
② 발아기(發芽期)는 전체종자수의 약 50%가 발아한 날이다.
③ 발아전(發芽媊)은 종자의 대부분(80%이상)이 발아한 날이다.
④ 발아일수(發芽日數)는 파종기부터 발아전까지의 일수이다.

07 괴경으로 번식하는 작물은?

① 생 강
② 고구마
③ 감 자
④ 마 늘

08 과수원에서 피복작물을 재배하여 잡초 발생을 억제하는 방제 방법은?

① 경종적 방제법
② 물리적 방제법
③ 화학적 방제법
④ 생물학적 방제법

09 화성암을 산성, 중성, 염기성으로 나누는 기준은?

① CaS
② SiO_2
③ $CaCO_3$
④ $MgCO_3$

10 답전윤환의 효과와 가장 거리가 먼 것은?

① 지력의 감퇴
② 잡초발생의 감소
③ 기지의 회피
④ 연작장해의 경감

11 작부체계별 특성에 대한 설명으로 틀린 것은?

① 단작은 많은 수량을 낼 수 있다.
② 윤작은 경지의 이용 효율을 높일 수 있다.
③ 혼작은 병해충 방제와 기계화 작업에 효과적이다.
④ 단작은 재배나 관리 작업이 간단하고 기계화 작업이 가능하다.

12 유기농업에서의 병해충 방제를 위한 방법으로 가장 거리가 먼 것은?

① 저항성 품종 이용
② 화학합성농약 이용
③ 천적 이용
④ 담배잎 추출액 사용

13 다음 작물의 일반분류 중 원예작물의 근채류에 해당하는 것은?

① 상 추
② 아스파라거스
③ 우 엉
④ 땅 콩

14 다음 중 점토 함량이 가장 적은 토성은?

① 사 토
② 사양토
③ 양 토
④ 식양토

15 도복에 대한 설명으로 틀린 것은?

① 키가 크고 줄기가 튼튼한 작물이 잘 걸린다.
② 밀식은 도복을 유발한다.
③ 가을멸구의 발생이 많으면 도복이 심해진다.
④ 비가 와서 식물체가 무거워지면 도복이 유발된다.

16 다른 생물과 공생하여 공중질소를 고정하는 토양세균은?

① Azotobacter
② Rhizobium
③ Clostridium
④ Beijerinckia

17 종자를 파종할 때 일반적으로 10a의 밭에 파종량(L)이 가장 많은 작물은?

① 오 이
② 팥
③ 맥 류
④ 당 근

18 토양 피복(Mulching)의 목적이 아닌 것은?

① 토양 내 수분 유지
② 병해충 발생 방지
③ 미생물 활동 촉진
④ 온도 유지

19 하우스 등 시설재배지에서 일어날 수 있는 염류집적에 관련된 설명으로 가장 옳은 것은?

① 강우로 인하여 염류는 작토층에 남고 나머지는 유실된다.
② Na 농도가 증가되어 토양입단형성이 증가된다.
③ 토양염류가 집적되면 칼슘이 많이 존재하며 수분의 흡수율이 높아진다.
④ 수분 침투량보다 증발량이 많아 염류가 집적된다.

20 대기 중의 이산화탄소와 작물의 생리작용에 대한 설명으로 틀린 것은?

① 이산화탄소의 농도와 온도가 높아질수록 동화량은 증가한다.
② 광합성 속도에는 이산화탄소 농도뿐만 아니라 광의 강도도 관계한다.
③ 광합성은 온도, 광도, 이산화탄소의 농도가 증가함에 따라 계속 증대한다.
④ 광합성에 의한 유기물의 생성 속도와 호흡에 의한 유기물의 소모 속도가 같아지는 이산화탄소 농도를 이산화탄소 보상점이라 한다.

21 유기농산물의 토양개량과 작물생육을 위하여 사용이 가능한 물질이 아닌 것은?

① 지렁이 또는 곤충으로부터 온 부식토
② 사람의 배설물
③ 화학공장 부산물로 만든 비료
④ 석회석 등 자연에서 유래한 탄산칼슘

22 생력재배의 효과로 볼 수 없는 것은?

① 노동투하시간의 절감
② 단위수량의 증대
③ 작부체계의 개선
④ 농구비(農具費) 절감

23 식물체 내에서 합성되는 호르몬이 아닌 것은?

① 옥 신
② CCC
③ 지베렐린
④ 시토키닌

24 토양의 노후답의 특징이 아닌 것은?

① 작토 환원층에서 칼슘이 많을 때에는 벼뿌리가 적갈색인 산화칼슘의 두꺼운 피막을 형성한다.
② Fe, Mn, K, Ca, Mg, Si, P 등이 작토에서 용탈되어 결핍된 논토양이다.
③ 담수 하의 작토의 환원층에서 철분, 망간이 환원되어 녹기 쉬운 형태로 된다.
④ 담수 하의 작토의 환원층에서 황산염이 환원되어 황화수소가 생성된다.

25 시설하우스 염류집적의 대책으로 적합하지 않은 것은?

① 강우의 차단
② 제염작물의 재배
③ 유기물 시용
④ 담수에 의한 제염

26 열매채소 중에서 호온성 채소인 것은?

① 양배추
② 마 늘
③ 고구마
④ 감 자

27 유기농업에서 추구하는 목표와 방향으로 거리가 가장 먼 것은?

① 생태계 보전
② 환경오염의 최소화
③ 토양쇠퇴와 유실의 최소화
④ 다수확

28 다음 중 습해의 대책이 아닌 것은?

① 내습성 작물 및 품종을 선택한다.
② 심층시비를 실시한다.
③ 배수를 철저히 한다.
④ 토양공기를 조장하기 위해 중경을 실시하고, 석회 및 토양 개량제를 시용한다.

29 식물체에 흡수되는 무기물의 형태로 틀린 것은?

① NO_3^-
② $H_2PO_4^-$
③ B
④ Cl^-

30 다음 중 원예작물의 특징이 아닌 것은?

① 장기저장이 곤란하다.
② 원예작물 중 채소는 유기염류를 공급해준다.
③ 일반 작물에 비하여 수익이 높다.
④ 집약적인 재배를 한다.

31 작물의 생태적 특성을 이용한 방제법은?

① 물리적 방제법
② 재배적 방제법
③ 경종적 방제법
④ 화학적 방제법

35 토양용액 중 유리양이온들의 농도가 모두 일정할 때 확산이중층 내부로 치환침입력이 가장 낮은 양이온은?

① Al^{3+}
② Ca^{2+}
③ Na^+
④ K^+

32 빗방울의 타격에 의한 침식형태는?

① 입단파괴침식
② 우곡침식
③ 평면침식
④ 계곡침식

36 인산질 비료에 대한 설명으로 틀린 것은?

① 유기질 인산비료에는 동물 뼈, 물고기뼈 등이 있다.
② 용성인비는 수용성 인산을 함유하며, 작물에 속히 흡수된다.
③ 무기질 인산비료의 중요한 원료는 인광석이다.
④ 과인산석회는 대부분이 수용성이고 속효성이다.

33 습답의 특징으로 볼 수 없는 것은?

① 지하수위가 표면으로부터 50cm 미만이다.
② Fe^{3+}, Mn^{4+}가 환원작용을 받아 Fe^{2+}, Mn^{2+}가 된다.
③ 유기산이나 황화수소 등 유해물질이 생성된다.
④ 칼륨성분의 용해도가 높아 흡수가 잘되나 질소 흡수는 저해된다.

37 밭토양과 비교하여 신개간지 토양의 특성으로 틀린 것은?

① 산성이 강하다.
② 석회 함량이 높다.
③ 유기물 함량이 낮다.
④ 유효인산 함량이 낮다.

34 사질의 논토양을 객토할 경우 가장 알맞은 객토 재료는?

① 점토 함량이 많은 토양
② 부식 함량이 많은 토양
③ 규산 함량이 많은 토양
④ 산화철 함량이 많은 토양

38 포도재배 시 화진현상(꽃떨이현상) 예방법으로 거리가 먼 것은?

① 붕소를 시비한다.
② 질소질을 많이 준다.
③ 칼슘을 충분하게 준다.
④ 개화 5~7일 전에 생장점을 적심한다.

39 작물의 뿌리가 정상적인 흡수 능력을 발휘하지 못할 때, 병충해 또는 침수피해를 당했을 때 그리고 이식한 후 활착이 좋지 못할 때와 같이 응급한 경우에 사용하는 시비 수단은?

① 엽면시비
② 표층시비
③ 전층시비
④ 심층시비

40 필수원소의 생리작용에 대한 설명으로 틀린 것은?

① 마그네슘은 엽록소의 구성원소이며, 광합성, 인산대사에 관하여 효소의 활성을 높인다.
② 황은 단백질, 아미노산, 효소 등의 구성성분이며 엽록소의 형성에 관여한다.
③ 망간은 세포벽 중층의 주성분이다.
④ 아연은 촉매 또는 반응조절물질로 작용하며 단백질과 탄수화물의 대사에 관여한다.

41 작물에 발생되는 병의 방제방법에 대한 설명으로 옳은 것은?

① 병원체의 종류에 따라 방제방법이 다르다.
② 곰팡이에 의한 병은 화학적 방제가 곤란하다.
③ 바이러스에 의한 병은 화학적 방제가 비교적 쉽다.
④ 식물병은 생물학적 방법으로는 방제가 곤란하다.

42 피복작물에 의한 토양 보전효과로 볼 수 있는 것은?

① 토양의 유실 증가
② 토양의 투수력 감소
③ 빗방울의 토양 타격강도 증가
④ 유거수량의 감소

43 멀칭의 이용에 대한 설명으로 틀린 것은?

① 동해 : 맥류 등 월동작물을 퇴비 등으로 덮어주면 동해가 경감된다.
② 한해 : 멀칭을 하면 토양수분의 증발이 억제되어 가뭄의 피해가 경감된다.
③ 생육 : 보온효과가 크기 때문에 보통재배의 경우보다 생육이 늦어져 만식재배에 널리 이용된다.
④ 토양 : 수식 등의 토양침식이 경감되거나 방지된다.

44 기지현상의 원인이라고 볼 수 없는 것은?

① CEC의 증대
② 토양 중 염류집적
③ 양분의 소모
④ 토양선충의 피해

45 점파에 대한 설명으로 옳은 것은?

① 포장 전면에 종자를 흩어 뿌리는 방식이다.
② 골타기(作條)를 하고 종자를 줄지어 뿌리는 방식이다.
③ 일정한 간격을 두고 종자를 1~수립씩 띄엄 띄엄 파종하는 방식이다.
④ 노력이 적게 들고 건실하고 균일한 생육을 하게 된다.

46 다음 중 연작의 피해가 가장 큰 작물은?

① 수 수
② 수 박
③ 양 파
④ 고구마

47 종자의 유전적 퇴화원인이 아닌 것은?

① 돌연변이
② 이형종자의 혼입
③ 자연교잡
④ 재배환경 불량

48 토양학에서 토성(土性)의 의미로 가장 적합한 것은?

① 토양의 성질
② 토양의 화학적 성질
③ 입경구분에 의한 토양의 분류
④ 토양반응

49 대기 습도가 높으면 나타나는 현상으로 틀린 것은?

① 증산의 증가
② 병원균번식 조장
③ 도복의 발생
④ 탈곡 · 건조작업 불편

50 유기농업의 실행을 위해 홑알구조에서 떼알구조(입단구조)로 구조를 변경하였을 때 장점이 아닌 것은?

① 배수력이 좋다.
② 토양수분의 공급이 좋다.
③ 공기유통이 좋다.
④ 보수력이 나빠져 작물 생육에 좋다.

51 우리나라에서 유기농업이 필요하게된 배경이 아닌 것은?

① 충분한 먹거리의 확보 요구
② 토양과 수질의 오염
③ 유기농산물의 국제교역 확대
④ 안전농산물에 대한 소비자의 요구

52 미사와 점토가 많은 논토양에 대한 설명으로 옳은 것은?

① 가능한 산화상태 유지를 위해 논상태로 월동시켜 생산량을 증대시킨다.
② 유기물을 많이 사용하면 양분집적으로 인해 생산량이 떨어진다.
③ 월동기간에 논상태인 습답을 춘경하면 양분손실이 생기므로 추경해야 양분손실이 적다.
④ 완숙 유기물 등을 처리한 후 심경하여 통기 및 투수성을 증대시킨다.

53 작물의 생산량이 낮은 토양의 특징이 아닌 것은?

① 자갈이 많은 토양
② 배수가 불량한 토양
③ 지렁이가 많은 토양
④ 유황 성분이 많은 토양

54 작물의 장해형 냉해에 관한 설명으로 가장 옳은 것은?

① 냉온으로 인하여 생육이 지연되어 후기등숙이 불량해진다.
② 생육 초기부터 출수기에 걸쳐 냉온으로 인하여 생육이 부진하고 지연된다.
③ 냉온하에서 작물의 증산작용이나 광합성이 부진하여 특정 병해의 발생이 조장된다.
④ 유수형성기부터 개화기까지, 특히 생식세포의 감수분열기의 냉온으로 인하여 정상적인 생식기관이 형성되지 못한다.

55 1년생 또는 다년생의 목초를 인위적으로 재배하거나, 자연적으로 성장한 잡초를 그대로 이용하는 방법은?

① 청경법
② 멀칭법
③ 초생법
④ 절충법

56 빛과 작물의 생리작용에 대한 설명으로 틀린 것은?

① 광이 조사(照射)되면 온도가 상승하여 증산이 조장된다.
② 광합성에 의하여 호흡기질이 생성된다.
③ 식물의 한쪽에 광을 조사하면 반대쪽의 옥신 농도가 낮아진다.
④ 녹색식물은 광을 받으면 엽록소 생성이 촉진된다.

57 경사지에 비해 평지 과수원이 갖는 장점이라고 볼 수 없는 것은?

① 배수가 용이하다.
② 보습력이 높다.
③ 기계화가 용이하다.
④ 토양이 깊고 비옥하다.

58 토양이 산성화 됨으로써 나타나는 간접적 피해에 대한 설명으로 옳은 것은?

① 알루미늄이 용해되어 인산유효도를 높여 준다.
② 칼슘, 칼륨, 마그네슘 등 염기가 용탈되지 않아 이용하기 좋다.
③ 세균활동이 감퇴되기 때문에 유기물 분해가 늦어져 질산화 작용이 늦어진다.
④ 미생물의 활동이 감퇴되어 떼알구조화가 빨라 진다.

59 시설(비닐하우스 등)의 환기효과라고 볼 수 없는 것은?

① 실내온도를 낮추어 준다.
② 공중습도를 높여 준다.
③ 탄산가스를 공급한다.
④ 유해가스를 배출한다.

60 유기농업에서 토양비옥도를 유지, 증대시키는 방법이 아닌 것은?

① 작물 윤작 및 간작
② 녹비 및 피복작물 재배
③ 가축의 순환적 방목
④ 경운작업의 최대화

5일 | 제3회 과년도 기출복원문제

01 다음 중 과수분류상 인과류에 속하는 것으로만 나열된 것은?

① 무화과, 복숭아

② 포도, 비파

③ 사과, 배

④ 밤, 살구

04 점적관개에 대한 설명으로 옳은 것은?

① 미생물을 물에 타서 주는 방법

② 싹을 틔우기 위해 물을 뿌려주는 방법

③ 스프링클러 등으로 물을 뿌려주는 방법

④ 작은 호스 구멍으로 소량씩 물을 주는 방법

02 기지현상의 대책으로 옳지 않은 것은?

① 토양 소독을 한다.

② 시설재배를 한다.

③ 담수한다.

④ 새 흙으로 객토한다.

05 식용작물의 분류상 연결이 틀린 것은?

① 두류 – 콩, 팥, 녹두

② 잡곡 – 옥수수, 조, 메밀

③ 맥류 – 벼, 수수, 기장

④ 서류 – 감자, 고구마, 토란

03 물에 의한 침식을 가장 잘 받는 토양은?

① 토양입단이 잘 형성되어 있는 토양

② 유기물 함량이 많은 토양

③ 팽창성 점토광물이 많은 토양

④ 투수력이 큰 토양

06 작물의 적산온도에 대한 설명으로 틀린 것은?

① 작물의 생육시기와 생육기간에 따라 차이가 있다.

② 작물의 생육이 가능한 범위의 온도를 나타낸다.

③ 작물이 일생을 마치는데 소요되는 총온량을 표시한다.

④ 작물의 발아로부터 성숙에 이르기까지의 0℃ 이상의 일평균기온을 합산한 온도이다.

07 땅갈기(경운)의 특징으로 옳은 것은?

① 토양의 유실이 감소된다.
② 해충 발생이 증가한다.
③ 비료와 농약의 사용 효과가 감소한다.
④ 토양수분 유지가 불리해진다.

08 멀칭의 효과에 대한 설명 중 옳지 않은 것은?

① 지온 조절
② 토양건조 예방
③ 토양, 비료 양분 유실
④ 잡초발생 억제

09 다음 중 이어짓기에 의한 피해가 다른 작물에 비해 큰 것은 어느 것인가?

① 벼
② 맥 류
③ 옥수수
④ 인 삼

10 엽록소를 형성하고 잎의 색이 녹색을 띠는데 필요하며, 단백질 합성을 위한 아미노산의 구성성분은?

① 질 소
② 인 산
③ 칼 륨
④ 규 산

11 배수의 효과로 틀린 것은?

① 습해와 수해를 방지한다.
② 토양의 성질을 개선하여 작물의 생육을 촉진한다.
③ 경지 이용도를 낮게 한다.
④ 농작업을 용이하게 하고, 기계화를 촉진한다.

12 윤작의 효과가 아닌 것은?

① 지력의 유지·증강
② 토양구조 개선
③ 병해충 경감
④ 잡초의 번성

13 대기의 질소를 고정시켜 지력을 증진시키는 작물은?

① 화곡류
② 두 류
③ 근채류
④ 과채류

14 다음 중 도복방지에 효과적인 원소는?

① 질 소
② 마그네슘
③ 인
④ 아 연

15 논 상태와 밭 상태로 몇 해씩 돌려가면서 작물을 재배하는 방식의 작물체계를 무엇이라고 하는가?

① 교호작
② 답전윤환
③ 간 작
④ 윤 작

19 시비량의 이론적 계산을 위한 공식으로 맞는 것은?

① $\dfrac{비료요소흡수율 - 천연공급량}{비료요소흡수량}$

② $\dfrac{비료요소흡수량 - 천연공급량}{비료요소흡수율}$

③ $\dfrac{천연공급량 + 비료요소흡수량}{비료요소흡수량}$

④ $\dfrac{천연공급량 - 비료요소공급량}{비료요소흡수율}$

16 동상해·풍수해·병충해 등으로 작물의 급속한 영양회복이 필요할 경우 사용하는 시비 방법은?

① 표층 시비법
② 심층 시비법
③ 엽면 시비법
④ 전층 시비법

20 작물의 내습성에 관여하는 요인에 대한 설명으로 틀린 것은?

① 근계가 얕게 발달하거나, 습해를 받았을 때 부정근의 발생력이 큰 것은 내습성이 약하다.
② 뿌리조직이 목화한 것은 환원성 유해물질의 침입을 막아서 내습성을 강하게 한다.
③ 벼는 밭작물인 보리에 비해 잎, 줄기, 뿌리에 통기계가 발달하여 담수조건에서도 뿌리로의 산소공급능력이 뛰어나다.
④ 뿌리가 황화수소, 아산화철 등에 대하여 저항성이 큰 것은 내습성이 강하다.

17 지력을 향상시키고자 할 때 가장 부적절한 방법은?

① 작목을 교체 재배한다.
② 화학 비료를 가급적 많이 사용한다.
③ 논·밭을 전환하면서 재배한다.
④ 녹비 작물을 재배한다.

21 우리나라 밭토양의 특성으로 틀린 것은?

① 곡간지나 산록지와 같은 경사지에 많이 분포되어 있다.
② 세립질과 역질토양이 많다.
③ 저위 생산성인 토양이 많다.
④ 토양화학성이 양호하다.

18 석회암지대의 천연동굴은 사람이 많이 드나들면 호흡 때문에 훼손이 심화될 수 있다. 천연동굴의 훼손과 가장 관계가 깊은 풍화 작용은?

① 가수분해(Hydrolysis)
② 산화 작용(Oxidation)
③ 탄산화 작용(Carbonation)
④ 수화 작용(Hydration)

22 다음 중 토양 염류집적이 문제가 되기 가장 쉬운 곳은?

① 벼 재배 논
② 고랭지채소 재배지
③ 시설채소 재배지
④ 일반 밭작물 재배지

23 다른 생물과 공생하여 공중질소를 고정하는 토양세균은?

① 아조토박터(*Azotobacter*)속
② 리조비움(*Rhizobium*)속
③ 클로스트리듐(*Clostridium*)속
④ 바실러스(*Bacillus*)속

24 다음의 토양소동물 중 가장 많이 존재하면서 작물의 뿌리에 크게 피해를 입히는 것은?

① 지렁이
② 선 충
③ 개 미
④ 톡톡이

25 다음 중 토양의 양분 보유력을 가장 증대시킬 수 있는 영농방법은?

① 부식질 유기물의 시용
② 질소비료의 시용
③ 모래의 객토
④ 경운의 실시

26 도복에 대한 설명으로 틀린 것은?

① 키가 크고 줄기가 튼튼한 작물이 잘 걸린다.
② 밀식은 도복을 유발한다.
③ 병충해의 발생이 많으면 도복이 심해진다.
④ 비가 와서 식물체가 무거워지면 도복이 유발된다.

27 작물 수량을 증가시키는 3대 조건이 아닌 것은?

① 유전성이 좋은 품종 선택
② 알맞은 재배환경
③ 적합한 재배기술
④ 상품성이 우수한 작물 선택

28 염해지 토양의 개량방법으로 가장 적절하지 않은 것은?

① 암거배수나 명거배수를 한다.
② 석회질 물질을 시용한다.
③ 전층 기계 경운을 수시로 실시하여 토양의 물리성을 개선시킨다.
④ 건조시기에 물을 대줄 수 없는 곳에서는 생짚이나 청초를 부초로 하여 표층에 깔아주어 수분증발을 막아준다.

29 다음 중 토양에 서식하며 토양으로부터 양분과 에너지원을 얻으며 특히 배설물이 토양입단 증가에 영향을 주는 것은?

① 사상균
② 지렁이
③ 박테리아
④ 방사선균

30 토양침식에 영향을 주는 요인에 대한 설명으로 틀린 것은?

① 내수성 입단이 적고 투수성이 나쁜 토양이 침식되기 쉽다.
② 경사도가 크고 경사길이가 길수록 침식이 많이 일어난다.
③ 강우량이 강우 강도보다 토양침식에 대한 영향이 크다.
④ 작물의 종류, 경운시기와 방법에 따라 침식량이 다르다.

31 시설재배지 토양관리의 문제점이 아닌 것은?

① 염류집적이 잘 일어난다.
② 연작장해가 발생되기 쉽다.
③ 양분용탈이 잘 일어난다.
④ 양분 불균형이 발생하기 쉽다.

32 일반적으로 표토에 부식이 많으면 토양의 색은?

① 암흑색
② 회백색
③ 적 색
④ 황적색

33 다음 중 2:2 규칙형 광물은?

① Kaolinite
② Illite
③ Vermiculite
④ Chlorite

34 다음은 경작지의 작토층에 대하여 토양의 무게(질량)를 산출하고자 한다. 아래의 표를 참고하여 10a의 경작토양에서 10cm 깊이의 건조토양의 무게를 산출한 결과로 맞는 것은?

10cm 두께의 10a 부피	용적밀도
100m³	1.20g · cm⁻³

① 100,000kg
② 120,000kg
③ 140,000kg
④ 160,000kg

35 토양이 산성화될 때 발생되는 생물학적 영향으로 틀린 것은?

① 알루미늄 독성으로 인해 식물의 뿌리신장을 저해한다.
② 철의 과잉흡수로 벼의 잎에 갈색의 반점이 생긴다.
③ 망간독성으로 인해 식물 잎의 만곡현상을 야기한다.
④ 칼륨의 과잉흡수로 인해 줄기가 연약해진다.

36 경사도가 15° 이상인 경사지의 토양보전방법으로 옳은 것은?

① 등고선재배
② 계단식 개간
③ 초생대 설치
④ 승수구 설치

37 시설원예지 토양의 개량 방법으로 거리가 먼 것은?

① 화학비료를 많이 준다.
② 객토하거나 환토한다.
③ 미량원소를 보급한다.
④ 담수하여 염류를 세척한다.

38 토양미생물에 대한 설명으로 틀린 것은?

① 균근류는 통기성과 투수성을 증가시킨다.
② 화학종속영양세균의 주 에너지원은 빛이다.
③ 토양유기물을 분해시켜 부식으로 만든다.
④ 조류는 광합성을 하고 산소를 방출한다.

39 대기조성과 작물에 대한 설명으로 틀린 것은?

① 대기 중 질소(N_2)가 가장 많은 함량을 차지한다.
② 대기 중 질소는 콩과 작물의 근류균에 의해 고정되기도 한다.
③ 대기 중의 이산화탄소 농도는 작물이 광합성을 수행하기에 충분한 과포화상태이다.
④ 산소농도가 극히 낮아지거나 90% 이상이되면 작물의 호흡에 지장이 생긴다.

40 뿌리의 흡수량 또는 흡수력을 감소시키는 요인은?

① 토양 중 산소의 감소
② 건조한 공중 습도
③ 광합성량의 증가
④ 비료의 시용량 감소

41 산도(pH)가 산성인 토양은?

① pH 11.0
② pH 9.0
③ pH 7.0
④ pH 5.0

42 우수한 종자를 생산하는 채종재배에서 종자의 퇴화를 방지하기 위한 대책으로 틀린 것은?

① 감자는 평야지대보다 고랭지에서 씨감자를 생산한다.
② 채종포에 공용(供用)되는 종자는 원종포에서 생산된 신용 있는 우수한 종자이어야 한다.
③ 질소비료를 과용하지 말아야 한다.
④ 종자의 오염을 막기 위해 병충해 방지를 하지 않는다.

43 작물의 이식시기로 틀린 것은?

① 과수는 이른 봄이나 낙엽이 진 뒤의 가을이 좋다.
② 일조가 많은 맑은 날에 실시하면 좋다.
③ 묘대일수감응도가 적은 품종을 선택하여 육묘한다.
④ 벼 도열병이 많이 발생하는 지대는 조식을 한다.

44 다음에서 설명하는 것은?

> 수직재인 기둥에 비하여 수평 또는 이에 가까운 상태에 놓인 부재로서 재축에 대하여 직각 또는 사각의 하중을 지탱한다.

① 왕도리
② 샛기둥
③ 중도리
④ 보

45 광합성 작용에 가장 효과적인 광은?

① 백색광
② 황색광
③ 적색광
④ 녹색광

46 다음 중 공극량이 가장 적은 토양은?

① 용적밀도가 높은 토양
② 수분이 많은 토양
③ 공기가 많은 토양
④ 경도가 낮은 토양

47 화성암으로 옳은 것은?

① 사 암
② 안산암
③ 혈 암
④ 석회암

48 다음 중 토양유실량이 가장 큰 작물은?

① 옥수수
② 참 깨
③ 콩
④ 고구마

49 질소와 인산에 의한 토양의 오염원으로 가장 거리가 먼 것은?

① 광산폐수
② 공장폐수
③ 축산폐수
④ 가정하수

50 지리적 미분법을 적용하여 작물의 기원을 탐색한 학자는?

① Ookuma
② De Candolle
③ Vavilov
④ Hellriegel

51 Illite는 2 : 1 격자광물이나 비팽창형 광물이다. 이는 결정단위 사이에 어떤 원소가 음전하의 부족한 양을 채우기 위하여 고정되어 있기 때문인데 그 원소는?

① Si
② Mg
③ Al
④ K

52 다음 중 병해충 방제를 위한 경종적 방제법에 해당하지 않는 것은?

① 과실에 봉지를 씌워서 차단
② 토지의 선정
③ 품종의 선택
④ 생육시기의 조절

53 무경운의 장점으로 옳지 않은 것은?

① 토양구조 개선
② 토양침식 증가
③ 토양생명체 활동에 도움
④ 토양유기물 유지

54 다음은 유기농업의 병해충 제어법 중 경종적 방제법이다. 내용이 틀린 것은?

① 품종의 선택 : 병충해 저항성이 높은 품종을 선택하여 재배하는 것이 중요하다.
② 윤작 : 해충의 밀도를 크게 낮추어 토양 전염병을 경감시킬 수 있다.
③ 생육기의 조절 : 밀의 수확기를 늦추면 녹병의 피해가 적어진다.
④ 시비법 개선 : 최적시비는 작물체의 건강성을 향상시켜 병충해에 대한 저항성을 높인다.

55 유기농업에서의 병해충 방제를 위한 방법으로써 가장 거리가 먼 것은?

① 저항성 품종 이용
② 화학합성농약 이용
③ 천적 이용
④ 담배잎 추출액 사용

56 지붕형 온실과 아치형 온실을 비교 설명한 것 중 틀린 것은?

① 광선의 유입은 지붕형이 아치형보다 많다.
② 적설 시 지붕형이 아치형보다 유리하다.
③ 재료비는 지붕형이 아치형보다 많이 소요된다.
④ 천창의 환기능력은 지붕형이 아치형보다 높다.

57 피복작물에 의한 토양 보전효과로 볼 수 있는 것은?

① 토양의 유실 증가
② 토양의 투수력 감소
③ 빗방울의 토양 타격강도 증가
④ 유거수량의 감소

58 작물재배에서 생력기계화재배의 효과로 보기 어려운 것은?

① 농업노동 투하시간의 절감
② 작부체계의 개선
③ 제초제 이용에 따른 유기재배면적의 확대
④ 단위수량의 증대

59 유기농산물을 생산하는 데 있어 올바른 잡초 제어법에 해당하지 않는 것은?

① 멀칭을 한다.
② 손으로 잡초를 뽑는다.
③ 적절한 윤작을 통하여 잡초 생장을 억제한다.
④ 화학 제초제를 사용한다.

60 사과를 유기농법으로 재배하는데 어린잎 가장자리가 위쪽으로 뒤틀리고, 새가지 선단에서 막 전개되는 잎은 황화되며, 심한 경우에는 새가지의 정단 부위가 말라죽어가고 있다. 무엇이 부족한가?

① 질 소
② 인 산
③ 칼 륨
④ 칼 슘

5일 제4회 과년도 기출복원문제

01 다음 중 점토 함량이 가장 적은 토성은?

① 사 토
② 사양토
③ 양 토
④ 식양토

02 심층시비를 가장 바르게 실시한 것은?

① 암모늄태 질소를 산화층에 시비하는 것
② 암모늄태 질소를 환원층에 시비하는 것
③ 질산태 질소를 산화층에 시비하는 것
④ 질산태 질소를 표층에 시비하는 것

03 발아기간을 발아시, 발아기, 발아전으로 구분 할 때 발아전에 대한 설명으로 옳은 것은?

① 파종된 종자 중 최초의 1개체가 발아한 날
② 전체 종자수의 50% 발아한 날
③ 파종된 종자 중 최초의 1개체가 발아하기 전날
④ 전체 종자수의 80% 이상이 발아한 날

04 작물의 생존연한에 따른 분류로 틀린 것은?

① 1년생 작물
② 2년생 작물
③ 월년생 작물
④ 3년생 작물

05 지표관개에 관한 설명으로 부적절한 것은?

① 전면관개, 일류관개, 보더법 등이 있다.
② 집중적으로 물을 줄 필요가 있는 곳에 사용한다.
③ 물 빠짐이 나쁜 토양에서는 오히려 습해를 입는다.
④ 고랑에 물을 대거나 토지 전면에 물을 대는 방법이다.

06 운적토는 풍화물이 중력, 풍력, 수력, 빙하력 등에 의하여 다른 곳으로 운반되어 퇴적하여 생성된 토양이다. 다음 중 운적 토양이 아닌 것은?

① 붕적토
② 선상퇴토
③ 이탄토
④ 수적토

07 염기성암에 속하는 것은?

① 안산암
② 현무암
③ 유문암
④ 섬록암

08 산소가 부족한 깊은 물속에서 볍씨는 어떤 생장을 하는가?

① 어린 뿌리가 초엽보다 먼저 나오고 제1엽이 신장한다.
② 초엽만 길게 자라고 뿌리와 제1엽이 자라지 않는다.
③ 뿌리와 제1엽이 먼저 자란다.
④ 정상적으로 뿌리가 먼저 나오고 제1엽이 나오며 초엽이 나온다.

09 다음의 여러 가지 파종방법 중에서 노동력이 가장 적게 소요되는 것은?

① 적파(摘播)
② 점뿌림(點播)
③ 골뿌림(條播)
④ 흩어뿌림(散播)

10 작물이 받는 냉해의 종류가 아닌 것은?

① 생태형냉해
② 지연형냉해
③ 병해형냉해
④ 장해형냉해

11 유효질소 10kg이 필요한 경우에 요소로 질소질비료를 시용한다면 필요한 요소량은?(단, 요소비료의 흡수율은 83%, 요소의 질소 함유량은 46%로 가정)

① 약 13.1kg
② 약 26.2kg
③ 약 34.2kg
④ 약 48.5kg

12 병해충 관리를 위하여 사용할 수 있는 물질이 아닌 것은?

① 데리스
② 제충국
③ 중 조
④ 젤라틴

13 토양중의 유기물은 지력 유지에 매우 중요한데 그 기능이 아닌 것은?

① 여러 가지 산을 생성하여 암석의 분해를 촉진한다.
② 질소, 인 등 양분을 공급한다.
③ 이산화탄소를 흡수하므로 대기중의 이산화탄소 농도를 낮춘다.
④ 토양미생물의 번식을 돕는다.

14 다음 작물 중 일반적으로 배토를 실시하지 않는 것은?

① 파
② 토 란
③ 감 자
④ 상 추

15 어버이에 없던 형질이 유전자의 변화에 의해 나타나는 현상을 이용한 육종방법은?

① 배수체 육종법
② 교잡 육종법
③ 잡종강세 육종법
④ 돌연변이 육종법

16 작물 재배 시 300평당 전 생육기간에 필요한 질소 성분량이 10kg일 때, 질소가 5%인 혼합유박은 몇 kg을 사용해야 하는가?

① 200kg
② 300kg
③ 350kg
④ 400kg

17 우리나라의 이모작 형태 중 여름작물~여름작물 형태로 재배하는 작물이 아닌 것은?

① 담배-콩
② 마늘-배추
③ 풋옥수수-배추
④ 감자-배추

18 굴광현상에 가장 유효한 광은?

① 적색광
② 자외선
③ 청색광
④ 자색광

19 농작물의 분화과정에서 자연적으로 새로운 유전자형이 생기게 되는 가장 큰 원인은?

① 영농방식의 변화
② 재배환경의 변화
③ 재배기술의 변화
④ 자연교잡과 돌연변이

20 비닐하우스에 이용되는 무적(無滴)필름의 주요 특징은?

① 값이 싸다.
② 먼지가 붙지 않는다.
③ 물방울이 맺히지 않는다.
④ 내구연한이 길다.

21 병해충 관리를 위해 사용이 가능한 유기농자재 중 식물에서 얻는 것은?

① 목초액
② 보르도액
③ 규조토
④ 유 황

22 일반적으로 발효퇴비를 만드는 과정에서 탄질비(C/N율)로 가장 적합한 것은?

① 1 이하
② 5~10
③ 20~35
④ 50 이상

23 예방관리에도 불구하고 가축의 질병이 발생한 경우 수의사의 처방하에 질병을 치료할 수 있다. 이 경우 동물용 의약품을 사용한 가축은 해당 약품 휴약기간의 최소 몇 배가 지나야만 유기축산물로 인정할 수 있는가?

① 2배
② 3배
③ 4배
④ 5배

24 토양 내 세균에 대한 설명으로 틀린 것은?

① 생명체로서 가장 원시적인 형태이다.
② 단순한 대사작용에 관여하고 있다.
③ 물질순환작용에서 핵심적인 역할을 한다.
④ 식물에 병을 일으키기도 한다.

25 IFOAM(국제유기농업운동연맹)의 유기농업의 기본목적이 아닌 것은?

① 장기적으로 토양비옥도를 유지한다.
② 영양가 높은 음식을 충분히 생산한다.
③ 현대농업기술이 가져온 심각한 오염을 회피한다.
④ 농업에 화석연료의 사용을 최대화 시킨다.

26 다음 중 연작의 피해로 인한 휴작기간이 가장 긴 작물은?

① 옥수수
② 시금치
③ 감 자
④ 인 삼

27 작물의 요수량에 대한 설명 중 옳은 것은?

① 건물 1g을 생산하는데 소비된 수분량(g)
② 건물 100g을 생산하는데 소비된 수분량g)
③ 건물 1kg을 생산하는데 소비되는 증산량(kg)
④ 건물 100kg을 생산하는데 소비되는 증산량(kg)

28 다음 중 논토양의 특성으로 옳지 않은 것은?

① 호기성 미생물의 활동이 증가된다.
② 담수하면 토양은 환원상태로 전환된다.
③ 담수 후 대부분의 논토양은 중성으로 변한다.
④ 토양용액의 비전도도는 처음에는 증가되다가 최고에 도달한 후 안정된 상태로 낮아진다.

29 비료를 엽면시비할 때 영향을 미치는 요인이 아닌 것은?

① 살포액의 pH
② 살포액의 농도
③ 농약과의 혼합관계
④ 살포할 때의 속도

30 지하수면이 높거나 토층 중에 물이 장기간 정체되는 조건하에서 일어나기 쉬우며, 물에 포화된 토양 중의 유리산화철이 강하게 환원되어 토양은 청회색 또는 회녹색을 띠는 토양생성작용은?

① 철・알루미늄 집적작용
② Podzol화 작용
③ Glei화 작용
④ Siallit화 작용

31 토양의 노후답의 특징이 아닌 것은?

① 작토 환원층에서 칼슘이 많을 때에는 벼뿌리가 적갈색인 산화칼슘의 두꺼운 피막을 형성한다.
② Fe, Mn, K, Ca, Mg, Si, P 등이 작토에서 용탈되어 결핍된 논토양이다.
③ 담수 하의 작토의 환원층에서 철분, 망간이 환원되어 녹기 쉬운 형태로 된다.
④ 담수 하의 작토의 환원층에서 황산염이 환원되어 황화수소가 생성된다.

32 경운의 필요성에 대한 설명으로 틀린 것은?

① 잡초 발생 억제
② 해충 발생 증가
③ 토양의 물리성 개선
④ 비료, 농약의 사용효과 증대

33 식물의 일장효과(日長效果)에 대한 설명으로 틀린 것은?

① 콩 등의 단일식물이 장일하에 놓이면 영양생장이 계속되어 거대형이 된다.
② 고구마의 덩이뿌리는 단일조건에서 발육이 조장된다.
③ 모시풀은 자웅동주식물인데 일장에 따라서 성의 표현이 달라지며, 14시간 일장에서는 완전자성(암꽃)이 된다.
④ 콩의 결협 및 등숙은 단일조건에서 조장된다.

34 남부지방의 논에 녹비작물로 이용되며 뿌리혹박테리아로 질소를 고정하는 식물은?

① 옥수수
② 자운영
③ 호 밀
④ 유 채

35 친환경농업이 태동하게 된 배경에 대한 설명으로 틀린 것은?

① 미국과 유럽 등 농업선진국은 세계의 농업정책을 소비와 교역 위주에서 증산 중심으로 전환하게 하는 견인 역할을 하고 있다.
② 국제적으로는 환경보전문제가 중요 쟁점으로 부각되고 있다.
③ 토양 양분의 불균형 문제가 발생하게 되었다.
④ 농업부분에 대한 국제적인 규제가 점차 강화되어 가고 있는 추세이다.

36 화강암과 같은 광물조성을 가지는 변성암으로 석영을 주요 조암광물로 하고 있으며, 우리나라 토양생성에 있어서 주요 모재가 되는 암석은?

① 안산암
② 섬록암
③ 석회암
④ 편마암

37 다음 중 밭에서 한해를 줄일 수 있는 재배적 방법으로 틀린 것은?

① 뿌림골을 높게 한다.
② 재식밀도를 성기게 한다.
③ 질소를 적게 준다.
④ 내건성 품종을 재배한다.

38 벼가 영년 연작이 가능한 이유로 가장 옳은 것은?

① 생육기간이 짧기 때문에
② 담수조건에서 재배하기 때문에
③ 연작에 견디는 품종적 특성 때문에
④ 다양한 종류의 비료를 사용하기 때문에

39 시설원예 토양의 특성이 아닌 것은?

① 토양의 공극률이 낮다.
② 토양의 pH가 낮다.
③ 토양의 통기성이 불량하다.
④ 염류농도가 낮다.

40 피복작물에 의한 토양보전 효과로 볼 수 있는 것은?

① 토양의 유실 증가
② 유거수량의 감소
③ 빗방울의 토양 타격강도 증가
④ 토양의 투수력 감소

41 유기재배 과수의 토양표면 관리법으로 가장 거리가 먼 것은?

① 플라스틱 멀칭법
② 청경법
③ 부초법
④ 초생법

42 토양유실예측공식에 해당하지 않는 것은?

① 토양관리인자
② 토성인자
③ 강우인자
④ 작부인자

43 다음 중 시설하우스 염류집적의 대책으로 적합하지 않은 것은?

① 담수에 의한 제염
② 제염작물의 재배
③ 유기물 시용
④ 강우의 차단

44 생육기에 풍속 4~6km/h 이하의 바람(연풍)이 작물에 미치는 영향은?

① 탄산가스 농도 감소
② 광합성 억제
③ 증산작용의 촉진
④ 꽃가루 매개 억제

45 작물의 분류에서 특용작물 중 섬유작물로 알맞지 않은 것은?

① 목화, 삼
② 아마, 왕골
③ 모시풀, 호프
④ 어저귀, 수세미

46 다음 중 토성을 구분하는 기준은?

① 모래와 물의 함량비율
② 부식의 함량비율
③ 모래, 부식, 점토, 석회의 함량비율
④ 모래, 미사, 점토의 함량비율

47 작물의 장해형 냉해에 관한 설명으로 가장 옳은 것은?

① 냉온으로 인하여 생육이 지연되어 후기 등숙이 불량해진다.
② 생육 초기부터 출수기에 걸쳐 냉온으로 인하여 생육이 부진하고 지연된다.
③ 냉온하에서 작물의 증산작용이나 광합성이 부진하여 특정 병해의 발생이 조장된다.
④ 유수형성기부터 개화기까지, 특히 생식세포의 감수분열기의 냉온으로 인하여 정상적인 생식기관이 형성되지 못한다.

48 우리나라에서 유기농업발전기획단이 정부의 제도권 내로 진입한 연대는?

① 1980년대
② 1990년대
③ 2000년대
④ 2010년대

49 유기재배 토양에 많이 존재하는 떼알구조에 대한 설명으로 틀린 것은?

① 떼알구조를 이루면 작은 공극과 큰 공극이 생긴다.
② 떼알구조가 발달하면 공기가 잘 통하고 물을 알맞게 간직할 수 있다.
③ 떼알구조가 되면 풍식과 물에 의한 침식을 줄일 수 있다.
④ 떼알구조는 경운을 자주하면 공극량이 늘어난다.

50 유기농업에서 사용해서는 안 되는 품종은?

① 내병성이 강한 품종
② 유전자변형 품종
③ 유기재배된 종자
④ 재래품종

51 유기축산물 생산을 위한 소의 사료로 적합하지 않은 것은?

① 유기옥수수
② 유기박류
③ 육골분
④ 천연광물성 단미사료

52 토양오염원을 분류할 때 비점오염원에 해당하는 것은?

① 산성비
② 대단위 가축사육장
③ 유독물저장시설
④ 폐기물매립지

53 재배환경에 따른 이산화탄소의 농도 분포에 관한 설명으로 틀린 것은?

① 식생이 무성한 곳의 이산화탄소 농도는 여름보다 겨울이 높다.
② 식생이 무성하면 지표면이 상층면보다 낮다.
③ 미숙 유기물시용으로 탄소농도는 증가한다.
④ 식생이 무성한 지표에서 떨어진 공기층은 이산화탄소 농도가 낮아진다.

54 다음 중 유기농업이 소비자의 관심을 끄는 주된 이유는?

① 모양이 좋기 때문에
② 안전한 농산물이기 때문에
③ 가격이 저렴하기 때문에
④ 사시사철 이용할 수 있기 때문에

55 종자의 활력을 검사하려고 할 때 테트라졸륨 용액에 종자를 담그면 씨눈 부분에만 색깔이 나타나는 작물이 아닌 것은?

① 벼
② 옥수수
③ 보 리
④ 콩

56 작물의 도복을 방지하기 위한 방법이 아닌 것은?

① 내도복성 품종의 선택
② 배토 및 답압
③ 칼륨질 비료의 절감
④ 밀식재배 지양

57 과수원에서 쓸 수 있는 유기자재로 가장 적합하지 않은 것은?

① 광합성 세균
② 생선액비
③ 현미식초
④ 생장촉진제

58 유기농업의 궁극적인 목표가 아닌 것은?

① 장기적으로 토양비옥도를 유지하지 않는다.
② 장기적으로 토양비옥도를 유지한다.
③ 농업기술로 발생할 수 있는 모든 형태의 오염을 피한다.
④ 영양가 높은 음식물을 충분히 생산한다.

59 엽삽(葉揷)이 잘 되는 식물로만 이루어진 것은?

① 베고니아, 산세비에리아
② 국화, 땅두릅
③ 자두나무, 앵두나무
④ 카네이션, 펠라고늄

60 토양의 함수량을 수분장력의 크기와 같은 값을 가지는 물기둥 높이의 대수값(log값)으로 표시하는 방법은?

① cm
② pH
③ %
④ pF

5일 | 제5회 최근 기출복원문제

01 식용작물의 분류상 연결이 틀린 것은?

① 두류 – 콩, 팥, 녹두
② 잡곡 – 옥수수, 조, 메밀
③ 맥류 – 벼, 수수, 기장
④ 서류 – 감자, 고구마, 토란

02 기원지로서 원산지를 파악하는데 근간이 되는 학설은 유전자 중심설이다. Vavilov의 작물의 기원지에 해당하지 않는 곳은?

① 지중해 연안
② 인도·동남아시아
③ 남부 아프리카
④ 코카서스·중동

03 1843년 식물의 생육은 다른 양분이 아무리 충분해도 가장 소량으로 존재하는 양분에 의해서 지배된다는 설을 제창한 사람과 이에 관한 학설은?

① LIEBIG, 최소량의법칙
② DARWIN, 순계설
③ MENDEL, 부식설
④ SALFELD, 최소량의법칙

04 작물수량을 증가시키는 3대 조건이 아닌 것은?

① 유전성이 좋은 품종 선택
② 알맞은 재배환경
③ 적합한 재배기술
④ 상품성이 우수한 작물 선택

05 다음 중 파종된 종자의 약 40%가 발아한 날을 무엇이라 하는가?

① 발아기
② 발아시
③ 발아전
④ 발아세

06 양분의 흡수 및 체내 이동과 가장 관련이 깊은 환경요인은?

① 빛
② 수 분
③ 공 기
④ 토 양

07 도복에 대한 설명으로 틀린 것을 고르시오.

① 키가 크고 줄기가 튼튼한 작물이 잘 걸린다.
② 밀식은 도복을 유발한다.
③ 가을멸구의 발생이 많으면 도복이 심해진다.
④ 비가 와서 식물체가 무거워지면 도복이 유발된다.

08 다음 사료작물 중 두과 사료작물에 해당하는 작물은?

① 라이그래스
② 호 밀
③ 옥수수
④ 알팔파

09 형질이 다른 두 품종을 양친으로 교배하여 자손 중에서 양친의 좋은 형질이 조합된 개체를 선발하고 우량 품종을 육성하거나 양친이 가지고 있는 형질보다도 더 개선된 형질을 가진 품종으로 육성하는 육종법은?

① 선발육종법
② 교잡육종법
③ 도입육종법
④ 조직배양육종법

10 작물에 광합성과 수분상실의 제어 역할을 하고, 결핍되면 생장점이 말라죽고 줄기가 약해지며 조기낙엽현상을 일으키는 필수원소는?

① K
② P
③ Mg
④ N

11 윤작의 효과가 아닌 것은?

① 지력의 유지 및 증강
② 병충해의 경감
③ 토지이용도의 향상
④ 노력분배의 불합리화

12 논 상태와 밭 상태로 몇 해씩 돌려가면서 작물을 재배하는 방식의 작물체계를 무엇이라고 하는가?

① 교호작
② 답전윤환
③ 간 작
④ 윤 작

13 광합성에 가장 유효한 광은?

① 녹색광
② 황색광
③ 자색광
④ 적색광

14 재배식물을 여름작물과 겨울작물로 분류하였다면 이는 어느 생태적 특성에 의해 분류한 것인가?

① 작물의 생존 연한
② 작물의 생육 시기
③ 작물의 생육 적온
④ 작물의 생육 형태

15 다음 중 토양에 비교적 오랫동안 잔류되는 농약은?

① 유기인계살충제
② 지방족계제초제
③ 유기염소계살충제
④ 요소계살충제

16 수해의 사전대책으로 옳지 않은 것은?

① 경사지와 경작지의 토양을 보호한다.
② 질소 과용을 피한다.
③ 작물의 종류나 품종의 선택에 유의한다.
④ 경지정리를 가급적 피한다.

17 과수의 전정방법에 대한 설명으로 옳은 것은?

① 단초전정은 주로 포도나무에서 이루어지는데, 결과모지를 전정할 때 남기는 마디 수는 대개 4~6개이다.
② 갱신전정은 정부우세현상으로 결과모지가 원줄기로부터 멀어져 착과되는 과실의 품질이 불량할 때 이용하는 전정방법이다.
③ 세부전정은 생장이 느리고 연약한 가지·품질이 불량한 과실을 착생시키는 가지를 제거하는 방법이다.
④ 큰 가지 전정은 생장이 느리고 외부에 가지가 과다하게 밀생하며 가지가 오래되어 생산이 감소할 때 제거하는 방법이다.

18 작물 생육에 대한 수분의 기본적 역할이라고 볼 수 없는 것은?

① 식물체 증산에 이용되는 수분은 극히 일부분에 불과하다.
② 원형질의 생활상태를 유지한다.
③ 필요물질을 흡수할 때 용매가 된다.
④ 필요물질 합성·분해의 매개체가 된다.

19 벼 모내기부터 낙수까지 m^{2}당 엽면증산량이 480mm, 수면증발량이 400mm, 지하침투량이 500mm이고, 유효우량이 375mm일 때, 10a에 필요한 용수량은 얼마인가?

① 약 500kL
② 약 1,000kL
③ 약 1,500kL
④ 약 2,000kL

20 고온발효 퇴비의 장점이 아닌 것은?

① 흙의 산성화를 억제한다.
② 작물의 토양 전염병을 억제한다.
③ 작물의 속성재배를 야기한다.
④ 흙의 유기물 함량을 유지·증가시킨다.

21 암석의 물리적 풍화작용 요인으로 볼 수 없는 것은?

① 공 기
② 물
③ 온 도
④ 용 해

22 화학적 풍화에 대한 저항성이 강하며 토양 중 모래의 주성분이 되는 토양광물은?

① 석 영
② 장 석
③ 운 모
④ 각섬석

23 토양의 평균적인 입자밀도는?

① $0.7mg/m^3$

② $1.5mg/m^3$

③ $2.65mg/m^3$

④ $5.4mg/m^3$

24 다음 중 경작지의 토양온도가 가장 높은 것은?

① 황적색 토양으로 동쪽으로 15° 경사진 토양

② 황적색 토양으로 서쪽으로 15° 경사진 토양

③ 흑색 토양으로 남쪽으로 15° 경사진 토양

④ 흑색 토양으로 북쪽으로 15° 경사진 토양

25 토양의 질소 순환작용에서 작용과 반대작용으로 바르게 짝지어져 있는 것은?

① 질산환원작용 – 질소고정작용

② 질산화 작용 – 질산환원작용

③ 암모늄화 작용 – 질산환원작용

④ 질소고정작용 – 유기화 작용

26 질소를 고정할 뿐만아니라 광합성도 할 수 있는 것은?

① 효 모　　　　② 사상균

③ 남조류　　　　④ 방선균

27 일반적으로 토양에 가장 많이 들어 있는 원소는?

① 칼륨(K)

② 규소(Si)

③ 마그네슘(Mg)

④ 칼슘(Ca)

28 유아(어린이)에게 청색증을 나타나게 하는 화학성분은?

① 붕 소

② 칼 슘

③ 마그네슘

④ 질산태 질소

29 토양용액의 전기전도도를 측정하여 알 수 있는 것은?

① 토양 미생물의 분포도

② 토양 입경분포

③ 토양의 염류농도

④ 토양의 수분장력

30 모래, 미사, 점토의 상대적 함량비로 분류하며, 흙의 촉감을 나타내는 용어는?

① 토 성

② 토양온도

③ 토 색

④ 토양공기

31 일반적으로 표토에 부식이 많으면 토양의 색은?

① 암흑색   ② 회백색
③ 적 색   ④ 황적색

35 작물 생육에 대한 토양미생물의 유익작용이 아닌 것은?

① 근류균에 의하여 유리질소를 고정한다.
② 유기물에 있는 질소를 암모니아로 분해한다.
③ 불용화된 무기성분을 가용화한다.
④ 황산염의 환원으로 토양산도를 조절한다.

32 생리적 중성비료인 것은?

① 황산칼륨
② 염화칼륨
③ 질산암모늄
④ 용성인비

36 이타이이타이(Itai-Itai)병과 연관이 있는 중금속은?

① 피씨비(PCB)
② 카드뮴(Cd)
③ 크롬(Cr)
④ 셀레늄(Se)

33 논에 녹비작물을 재배한 후 풋거름으로 넣으면 기포가 발생하는 원인은 무엇인가?

① 메탄가스 용해도가 매우 낮기 때문에 발생한다.
② 메탄가스 용해도가 매우 높기 때문에 발생한다.
③ 이산화탄소 발생량이 매우 작기 때문에 발생된다.
④ 이산화탄소 용해도가 매우 높기 때문에 발생된다.

37 시설 내의 약광 조건에서 작물을 재배하는 방법으로 옳은 것은?

① 재식간격을 좁히는 것이 매우 유리하다.
② 엽채류를 재배하는 것은 아주 불리하다.
③ 덩굴성 작물은 직립재배 보다는 포복재배 하는 것이 유리하다.
④ 온도를 높게 관리하고 내음성 작물보다는 내양성 작물을 선택하는 것이 유리하다.

34 다음 중 점토가 가장 많이 들어 있는 토양은?

① 식양토   ② 식 토
③ 양 토   ④ 사양토

38 우리나라 논토양의 퇴적양식은 어떤 것이 많은가?

① 충적토   ② 붕적토
③ 잔적토   ④ 풍적토

39 저위생산지 개량방법으로 옳은 것은?

① 습답은 점토가 많은 산적토를 객토한다.
② 누수답은 암거배수 등으로 배수개선을 한다.
③ 노후화답을 개량하기 위해 석고를 시용한다.
④ 미숙답은 심경하고 다량의 볏짚을 시용한다.

40 경작지토양 1ha에서 용적밀도가 1.2g/cm³일 때 10cm 깊이까지의 작토층 총질량은?(단, 토양수분 질량은 무시한다)

① 120,000kg
② 240,000kg
③ 1,200,000kg
④ 2,400,000kg

41 농산물의 식품안전성 확보를 위하여 생산단계부터 최종소비 단계까지 관리사항을 소비자가 알 수 있게 하는 제도는?

① GAP(우수농산물관리제도)
② GMP(우수제조관리제도)
③ GHP(우수위생관리제도)
④ HACCP(위해요소중점관리제도)

42 GMO의 바른 우리말 용어는?

① 유전자농산물
② 유전자이용농산물
③ 유전자형질농산물
④ 유전자변형농산물

43 수막하우스의 특징을 바르게 설명한 것은?

① 광투과성을 강화한 시설이다.
② 보온성이 뛰어난 시설이다.
③ 자동화가 용이한 시설이다.
④ 내구성을 강화한 시설이다.

44 십자화과 작물의 채종적기는?

① 백숙기　　② 갈숙기
③ 녹숙기　　④ 황숙기

45 토마토와 감자의 잡종식물인 Pomato는 어떤 방법으로 만든 것인가?

① 게놈융합법　　② 체세포융합법
③ 종간교잡법　　④ 염색체부기법

46 멘델(Mendel)의 법칙과 거리가 먼 것은?

① 분리의 법칙
② 독립의 법칙
③ 우열의 법칙
④ 최소의 법칙

47 과수 및 과실의 생장에 영향을 미치는 수분에 대한 설명으로 틀린 것은?

① 토양수분이 많아지면 공기함량이 많아지고, 공기가 적어지면 수분함량이 적어지는 관계가 있다.
② 수분은 과수체내(果樹體內)의 유기물을 합성·분해하는 데 없어서는 안 될 물질이다.
③ 수분은 수체구성물질(樹體構成物質)로도 중요한 역할을 하는데 이와 같이 과수(果樹)가 필요한 수분은 토양수분으로 공급되고 토양수분은 대체로 강우로 공급된다.
④ 일반적으로 작물·과수 등의 생육에 용이하게 이용되는 수분은 모관수(毛管水)이다.

48 작물 재배에 있어 작물의 유전성과 환경조건 및 재배기술이 균형 있게 발달되어야 증대될 수 있는 것으로 가장 관계가 깊은 것은?

① 품 질
② 수 량
③ 색 택
④ 당 도

49 생산력이 우수하던 품종이 재배연수(年數)를 경과하는 동안에 생산력 및 품질이 저하되는 것을 품종의 퇴화라 하는데, 다음 중 유전적 퇴화의 원인이라 할 수 없는 것은?

① 자연교잡
② 이형종자혼입
③ 자연돌연변이
④ 영양번식

50 복숭아의 줄기와 가지를 주로 가해하는 해충은?

① 유리나방
② 굴나방
③ 명나방
④ 심식나방

51 우렁이농법에 의한 유기벼 재배에서 우렁이 방사에 의해 주로 기대되는 효과는?

① 잡초방제
② 유기물 대량공급
③ 해충방제
④ 양분의 대량공급

52 농기구 및 맨손으로 잡초나 해충을 직접 죽이거나 열, 물, 광선 등을 이용하여 잡초 방제 또는 병해충을 방제하는 것은?

① 화학적 방제
② 생물학적 방제
③ 재배적 방제
④ 물리적 방제

53 계란 노른자와 식용유를 섞어 병충해를 방제하였다. 계란노른자의 역할로 옳은 것은?

① 살충제
② 살균제
③ 유화제
④ pH조절제

54 시설 지붕 위의 하중을 지탱하고, 왕도리와 중도리 위에 걸치는 부재는?

① 샛기둥
② 서까래
③ 버팀대
④ 보

55 종자갱신을 하여야 할 이유로 부적당한 것은?

① 돌연변이
② 토양의 산성화
③ 재배 중 다른 계통의 혼입
④ 자연교잡

56 소의 제1종 가축전염병으로 법정전염병은?

① 전염성위장염
② 추백리
③ 광견병
④ 구제역

57 유기축산물의 경우 사료 중 NPN을 사용할 수 없게 되었다. NPN은 무엇을 말하는가?

① 에너지사료
② 비단백태질소화합물
③ 골 분
④ 탈지분유

58 유기축산물 인증기준에서 가축복지를 고려한 사육조건에 해당되지 않는 것은?

① 축사바닥은 딱딱하고 건조할 것
② 충분한 휴식공간을 확보할 것
③ 사료와 음수는 접근이 용이할 것
④ 축사는 청결하게 유지하고 소독할 것

59 일반적으로 돼지의 임신기간은 약 얼마인가?

① 330일
② 280일
③ 152일
④ 114일

60 유기농산물을 생산하는 데 있어 올바른 잡초 제어법에 해당하지 않는 것은?

① 멀칭을 한다.
② 손으로 잡초를 뽑는다.
③ 화학 제초제를 사용한다.
④ 적절한 윤작을 통하여 잡초 생장을 억제한다.

5일 | 제6회 최근 기출복원문제

01 화곡류(禾穀類)를 미곡, 맥류, 잡곡으로 구분할 때 다음 중 맥류에 속하는 것은?

① 조
② 귀리
③ 기장
④ 메밀

02 식물의 분류 중 괄호 안에 들어갈 용어는?

문 → (　　) → 목 → 과 → 속

① 종
② 강
③ 계통
④ 아목

03 Vavilov는 식물의 지리적 기원을 탐구하는 데 큰 업적을 남긴 사람이다. 그에 대한 설명으로 틀린 것은?

① 농경의 최초 발상지는 기후가 온화한 산간부 중 관개수를 쉽게 얻을 수 있는 곳으로 추정하였다.
② 1883년에 '재배식물의 기원'을 저술하였다.
③ 지리적 미분법을 적용하여 유전적 변이가 가장 많은 지역을 그 작물의 기원중심지라고 하였다.
④ Vavilov의 연구결과는 식물종의 유전자 중심설로 정리되었다.

04 일정한 간격을 두고 종자를 1~수립씩 띄엄띄엄 파종하는 방식이다.

① 점뿌림(點播)
② 적파(摘播)
③ 골뿌림(條播)
④ 흩어뿌림(散播)

05 작물의 생육과 관련된 3대 주요온도가 아닌 것은?

① 최저온도
② 최고온도
③ 최적온도
④ 평균온도

06 뿌리에서 가장 왕성하게 수분흡수가 일어나는 부위는?

① 근모부
② 뿌리골무
③ 생장점
④ 신장부

07 종자 발아의 필수조건 3가지가 올바르게 짝지어진 것은?

① 온도, 수분, 산소
② 수분, 비료, 빛
③ 수분, 온도, 빛
④ 온도, 미생물, 수분

08 벼 등 화곡류가 등숙기에 비, 바람에 의해서 쓰러지는 것을 도복이라고 한다. 도복에 대한 설명으로 틀린 것은?

① 키가 작은 품종일수록 도복이 심하다.
② 밀식, 질소다용, 규산부족 등은 도복을 유발한다.
③ 벼 재배시 벼멸구, 문고병이 많이 발생되면 도복이 심하다.
④ 벼는 마지막 논김을 맬 때 배토를 하면 도복이 경감된다.

09 발아억제물질에 해당하지 않는 것은?

① 암모니아 　　② 시안화수소
③ 질산염 　　④ ABA

10 엽록소를 형성하고 잎의 색이 녹색을 띠는 데 필요하며, 단백질 합성을 위한 아미노산의 구성성분은?

① 질 소 　　② 인 산
③ 칼 륨 　　④ 규 산

11 휘묻이 방법의 종류가 아닌 것은?

① 당목취법 　　② 선취법
③ 파상취목법 　　④ 고취법

12 단위 면적에서 최대 수량을 올리기 위한 3대 조건은?

① 유전성, 환경, 상품성
② 유전성, 환경, 재배기술
③ 상품성, 환경, 재배기술
④ 유전성, 상품성, 재배기술

13 대기조성과 작물에 대한 설명으로 틀린 것은?

① 대기 중 질소(N_2)가 가장 많은 함량을 차지한다.
② 대기 중 질소는 콩과 작물의 근류균에 의해 고정되기도 한다.
③ 대기 중의 이산화탄소의 농도는 작물이 광합성을 수행하기에 충분한 과포화 상태이다.
④ 산소 농도가 극히 낮아지거나 90% 이상이 되면 작물의 호흡에 지장이 생긴다.

14 작물이 최초에 발상하였던 지역을 그 작물의 기원지라 한다. 다음 작물 중 기원지가 우리나라인 것은?

① 벼 　　② 참 깨
③ 수 박 　　④ 인 삼

15 습해의 방지 대책으로 가장 거리가 먼 것은?

① 배 수
② 객 토
③ 미숙유기물의 시용
④ 과산화석회의 시용

16 자동차 등에서 배출된 대기 중의 이산화질소가 자외선에 의해 분해되어 산소와 결합하여 발생되는 유해 가스는?

① 오 존
② PAN
③ 아황산가스
④ 일산화질소

17 경운에 대한 설명으로 틀린 것은?

① 경토를 부드럽게 하고 토양의 물리적 성질을 개선하며 잡초를 없애주는 역할을 한다.
② 유기물의 분해를 촉진하고 토양통기를 조장한다.
③ 해충을 경감시킨다.
④ 천경(9~12cm)은 식질토양 벼의 조식재배 시 유리하다.

18 유효수분이 보유되어 있는 것으로서 보수 역할을 주로 담당하는 공극은?

① 대공극
② 기상공극
③ 모관공극
④ 배수공극

19 작부체계에 대한 설명으로 틀린 것은?

① 간작은 한 가지 작물이 생육하고 있는 조간에 다른 작물을 재배하는 것을 말한다.
② 혼작은 생육기간이 비등한 작물들을 서로 건너서 번갈아가며 재배하는 방식을 말한다.
③ 주위작은 포장의 주위에 포장 내의 작물과 다른 작물들을 재배하는 것을 말한다.
④ 단작은 하나의 작물만을 지나치게 재배하는 것을 말한다.

20 대기 중의 이산화탄소와 작물의 생리작용에 대한 설명으로 틀린 것은?

① 이산화탄소의 농도와 온도가 높아질수록 동화량은 증가한다.
② 광합성 속도에는 이산화탄소 농도뿐만 아니라 광의 강도도 관계한다.
③ 광합성은 온도, 광도, 이산화탄소의 농도가 증가함에 따라 계속 증대한다.
④ 광합성에 의한 유기물의 생성 속도와 호흡에 의한 유기물의 소모 속도가 같아지는 이산화탄소 농도를 이산화탄소 보상점이라 한다.

21 멀칭에 대한 설명으로 거리가 먼 것은?

① 잡초를 방제하는 데에는 빛이 잘 투과하지 않는 흑색 플라스틱필름, 종이, 짚 등이 효과가 있다.
② 지온이 높아서 작물 생육에 장애가 될 경우 에는 빛이 잘 투과하지 않는 자재로 멀칭을 하면 지온을 낮출 수 있다.
③ 알루미늄을 입힌 필름을 멀칭하면 열매채소와 과일의 착색을 방해하므로 투명한 자재로 멀칭한다.
④ 지온이 낮은 곳에 씨를 뿌릴 때 투명한 플라스틱필름을 사용하면 지온을 높여 발아에 도움이 된다.

22 다음에서 설명하는 모암은?

- 우리나라 제주도 토양을 구성하는 모암이다.
- 어두운색을 띠며 치밀한 세립질의 염기성암으로 산화철이 많이 포함되어있다.
- 풍화되어 토양으로 전환되면 황적색의 중점식토로 되고 장석은 석회질로 전환된다.

① 화강암　　　　② 석회암
③ 현무암　　　　④ 석영조면암

23 석회암지대의 천연동굴은 사람이 많이 드나들면 호흡 때문에 훼손이 심화될 수 있다. 천연동굴의 훼손과 가장 관계가 깊은 풍화 작용은?

① 가수분해(Hydrolysis)

② 탄산화 작용(Carbonation)

③ 산화 작용(Oxidation)

④ 수화 작용(Hydration)

24 다음 중 2 : 2 규칙형 광물은?

① Kaolinite

② Illite

③ Vermiculite

④ Chlorite

25 토양 내 미생물의 바이오매스량(ha당 생체량)이 가장 큰 것은?

① 세 균

② 방선균

③ 사상균

④ 조 류

26 2년 전 pH가 4.0이었던 토양을 석회 시용으로 산도교정을 하고 난 후, 다시 측정한 결과 pH가 6.0이 되었다. 토양 중의 H^+이온 농도는 처음 농도의 얼마로 감소되었나?

① 1/10

② 1/20

③ 1/100

④ 1/200

27 두과 작물과 공생관계를 유지하면서 농업적으로 중요한 질소 고정을 하는 세균의 속은?

① *Azotobacter*

② *Rhizobium*

③ *Clostridium*

④ *Beijerinckia*

28 밭의 CEC(양이온교환용량)를 높이려고 한다. 다음 중 CEC를 가장 크게 증가시키는 물질은?

① 부식(토양유기물)의 시용

② 카올리나이트(Kaolinite)의 시용

③ 몬모릴로나이트(Montmorillonite)의 시용

④ 식양토의 객토

29 질소화합물이 토양 중에서 $NO_3^- \rightarrow NO_2^- \rightarrow N_2O$, N_2와 같은 순서로 질소의 형태가 바뀌는 작용을 무엇이라 하는가?

① 암모니아 산화작용

② 탈질작용

③ 질산화 작용

④ 질소고정작용

30 토양의 침식을 방지할 수 있는 방법으로 적절하지 않은 것은?

① 등고선 재배
② 토양 피복
③ 초생대 설치
④ 심토 파쇄

31 산도(pH)가 알칼리성인 토양은?

① pH 2~3
② pH 4~5
③ pH 6~7
④ pH 8~9

32 다음 중 토양에 서식하며 토양으로부터 양분과 에너지원을 얻으며 특히 배설물이 토양입단 증가에 영향을 주는 것은?

① 사상균
② 지렁이
③ 박테리아
④ 방사선균

33 산성토양을 개량하기 위한 물질과 가장 거리가 먼 것은?

① H_2CO_3
② $MgCO_3$
③ CaO
④ MgO

34 토양의 3상이 아닌 것은?

① 고 상
② 액 상
③ 기 상
④ 주 상

35 다음 중 미나마타병을 일으키는 중금속은?

① Hg
② Cd
③ Ni
④ Zn

36 물에 잠겨 있는 논토양에서 산소가 부족하여 토양층이 청회색의 특유한 색깔을 띠게 되는 작용은?

① 포드졸화 작용
② 라토졸화 작용
③ 글레이화 작용
④ 석회화 작용

37 다음 중 토양 산성화의 원인이 아닌 것은?

① 작물의 연작
② 유기산의 해리
③ 염기의 자연 유실
④ 산성 비료의 연용

38 논토양과 밭토양의 차이점으로 틀린 것은?

① 논토양은 무기양분의 천연 공급량이 많다.
② 논토양은 유기물 분해가 빨라 부식함량이 적다.
③ 밭토양은 통기 상태가 양호하며, 산화 상태이다.
④ 밭토양은 산성화가 심하여 인산유효도가 낮다.

39 탄산시비란 무엇인가?

① 토양산도를 교정하기 위하여 토양에 탄산칼슘을 넣어 주는 것
② 시설재배에서 시설 내의 이산화탄소의 농도를 인위적으로 높여 주는 것
③ 산업폐기물로 나오는 탄산가스의 처리와 관련하여 생기는 사회 문제
④ 양액재배에서 양액의 탄산가스 농도를 높여 야간 호흡을 억제하는 것

40 10a의 논에 산적토를 이용하여 객토하려고 한다. 객토심 10cm, 토양의 용적밀도(BD) 1.2g/cm³의 조건으로 객토를 한다면 마른 흙으로 몇 톤의 흙이 필요한가?

① 1.2톤
② 12톤
③ 120톤
④ 1,200톤

41 볍씨의 종자선별 방법 중 까락이 없는 몽근메벼를 염수선할 때 가장 적당한 비중은?

① 1.03
② 1.08
③ 1.10
④ 1.13

42 경사지 밭토양의 유거수 속도조절을 위한 경작법으로 적합하지 않은 것은?

① 등고선재배법
② 간작재배법
③ 등고선 대상재배법
④ 승수로 설치 재배법

43 물속에서는 발아하지 못하는 종자는?

① 상 추
② 가 지
③ 당 근
④ 셀러리

44 복교배양식의 기호표시로 올바른 것은?

① A × B
② (A × B) × A
③ (A × B) × C
④ (A × B) × (C × D)

45 다음 유기농업이 추구하는 내용에 관한 설명으로 가장 옳은 것은?

① 생물학적 생산성의 최적화
② 합성화학물질 사용의 최소화
③ 토양활성화와 토양단립구조의 최적화
④ 환경생태계 교란의 최적화

46 다음 중 연작의 피해가 가장 큰 작물은?

① 수 수
② 고구마
③ 양 파
④ 사탕무

47 초생 재배의 장점이 아닌 것은?

① 토양 단립화
② 토양침식 방지
③ 제초노력 경감
④ 지력 증진

48 주사료로 조사료를 이용하는 가축은?

① 돼 지
② 닭
③ 산 양
④ 칠면조

49 우리나라 시설재배에서 가장 많이 쓰이는 피복자재는?

① 폴리에틸렌필름
② 염화비닐필름
③ 에틸렌아세트산필름
④ 판유리

50 다음 중 기생성 곤충에 해당하는 것은?

① 딱정벌레
② 꽃등에
③ 풀잠자리
④ 맵시벌

51 수도작에 오리를 방사하는데 모내기 후 언제 넣어주는 것이 가장 효과적인가?

① 7~14일 후
② 20~25일 후
③ 25~30일 후
④ 30~40일 후

52 볍씨를 소독하기 위해 물에 녹이는 물질은?

① 당 밀
② 소 금
③ 식 초
④ 기 름

53 넓은 지대에 걸쳐 벼나 밀 등의 곡류를 재배하는 농업 형태는?

① 소 경
② 원 경
③ 포 경
④ 곡 경

54 종자의 퇴화 원인 중 재배환경 및 조건이 불량하여 품종 성능이 저하되는 것은?

① 유전적 퇴화
② 생리적 퇴화
③ 병리적 퇴화
④ 재배적 퇴화

55 다음 중 봉지씌우기의 효과로 옳지 않은 것은?

① 당함량 증진
② 동녹 방지
③ 과실의 착색 증진
④ 숙기 지연

56 다음 중 토양에 다량 사용했을 때, 질소기아현상을 가장 심하게 나타낼 수 있는 유기물은?

① 알팔파
② 녹 비
③ 보릿짚
④ 감 자

57 다음 중 전환기간을 거쳐 유기가축으로 생산하고자 하는데 전환기간으로 옳지 않은 것은?

① 육우 송아지 식육의 경우 6개월령 미만의 송아지 입식 후 6개월
② 젖소 시유의 경우 착유우는 90일
③ 식육 오리의 경우 입식 후 출하 시까지(최소 6주)
④ 돼지 식육의 경우 입식 후 출하 시까지(최소 3개월)

58 유기축산물이란 전체 사료 가운데 유기사료가 얼마 이상 함유된 사료를 먹여 기른 가축을 의미하는가?(단, 사료는 건물(Dry Matter)을 기준으로 한다)

① 100%
② 75%
③ 50%
④ 25%

59 유기농업과 관련된 국제활동 조직의 명칭은?

① ILO
② IFOAM
③ ICA
④ WTO

60 농약이 갖추어야 할 조건 중 틀린 것은?

① 다른 약제와 혼합하여 사용할 수 없어야 한다.
② 토양이나 먹이사슬 과정에 축적되지 않도록 잔류성이 적어야 한다.
③ 품질이 일정하고 저장 중 변질되지 않아야 한다.
④ 사람과 가축에 대한 독성이 적어야 한다.

5일 | 정답 및 해설

제1회 과년도 기출복원문제													p 165 ~ 172	
01	02	03	04	05	06	07	08	09	10	11	12	13	14	15
①	④	③	④	②	①	①	②	③	②	②	①	③	③	④
16	17	18	19	20	21	22	23	24	25	26	27	28	29	30
④	③	②	①	③	③	③	④	③	②	③	④	④	③	③
31	32	33	34	35	36	37	38	39	40	41	42	43	44	45
③	②	③	②	④	①	②	①	②	③	②	③	③	②	④
46	47	48	49	50	51	52	53	54	55	56	57	58	59	60
③	④	③	④	②	④	③	①	②	④	④	①	④	④	①

01 pH 7을 기준(중성)으로 그 이하면 산성, 그 이상이면 알칼리성이라 한다.

02 광산폐수는 카드뮴, 구리, 납, 아연 등의 중금속 오염원이다.
- 질소 : 농약, 화학비료, 가축의 분뇨 등
- 인산 : 생활하수(합성세제 등)

03 잡초 관리에 있어서 윤작, 경운 등 경종적 방법이 근간이 되어야 하고, 화학 제초제의 시용은 금한다.

07 우리나라 산지토양은 암석이 풍화하여 우리나라의 기후와 식생에 맞게 발달한 잔적토로 이루어져 있다.

08 배수가 불량한 저습지대의 전작지 토양이나 습답 토양에 유기물이 과잉 시용되면 혐기성 생물에 의한 혐기적 분해를 받아 환원성 유해물인 각 종 유기산이 생성 집적된다.

09 도복방지를 위해서는 질소 편중의 시비를 피하고 칼륨, 인산, 규산, 석 회 등을 충분히 시용해야 한다.

10 집단육종법의 장점
- 잡종집단의 취급이 용이하다.
- 자연선택을 유리하게 이용할 수 있다.
- 많은 조합 취급이 가능하다.
- 우량유전자를 상실할 염려가 적다.

11 식물 자체는 질소분자를 고정하여 이용할 수 없기 때문에 뿌리혹박테리 아가 숙주식물(대부분이 콩과 식물)에 기생하며, 질소를 고정한다.

12 일반적으로 고도로 분해된 유기물이 많이 함유된 토양은 어두운색을 띤 다. 산화철 광물이 풍부하면 적색을 띤다.

13 수막하우스 : 비닐하우스 안에 적당한 간격으로 노즐이 배치된 커튼을 설치하고, 커튼 표면에 살수하여 얇은 수막을 형성하는 보온시설로, 주 로 겨울철 실내온도 하강을 막기 위해 사용한다.

14 인삼은 한번 본 밭에 옮겨 심으면 같은 장소에서 3~5년 동안 자라는 작물이며, 비료를 투여하면 상당량의 비료 성분이 토양에 잔류해 축적 되기 때문에 염류집적 피해가 발생할 수 있다.

16 우리나라가 원산지인 작물 : 감(한국, 중국), 인삼(한국), 팥(한국, 중국)

17 식물의 한쪽에 광을 조사하면 조사된 쪽의 옥신 농도가 낮아진다.

18 토양 선충(Nematode)은 특정의 작물근을 식해하여 직접적인 피해를 주 고 식상을 통하여 병원균의 침투를 조장하여 간접적인 작물 병해를 유 발시킨다.

19 경종적 방제방법
윤작(두과 - 화분과), 토양관리, 건전 재배, 병·해충 유인방법, 트랩설 치, 기상조건(기온, 습도 등)의 제어

20 CEC(Cation Exchange Capacity) : 양이온 교환용량은 특정 pH에서 일정량의 토양에 전기적 인력에 의하여 다른 양이온과 교환이 가능한 형태로 흡착된 양이온의 총량을 의미한다.

21 가장 보편적으로 이용되고 있는 작물 분류법의 근거는 용도이며, 작물 은 용도에 따라 식용(식량)작물, 공예(특용)작물, 사료작물, 녹비(비료) 작물, 원예작물 등으로 분류한다.

22 식물체는 녹색식물이기 때문에 균의 도움 없이도 살아갈 수는 있으나, 토양 속에 질소·인산 등의 비료가 모자랄 때에는 균근과 공생하는 편 이 훨씬 생육이 좋고, 균근은 특히 인산의 흡수에 도움을 준다.

23 ④ 노후화답에서는 규산이 결핍될 수 있다.

24 토양 pH가 강알칼리성이 되면 B, Fe, Mn 등의 용해도가 감소하여 작물 생육에 불리해지며, 토양 내 탄산나트륨(Na_2CO_3)과 같은 강염기가 존 재하게 되어 작물 생육에 장해가 된다.

25 기지대책
윤작, 담수, 토양 소독, 유독물질의 제거, 객토 및 환토, 접목, 지력배 양 등

26 묘목은 가능한 한 뿌리를 상하지 않게 심는 것이 중요하며, 깊게 심는것 보다 얕게 심는 것이 활착이 빠르고 생육이 양호하다.

28 ④ 수박은 5~7년 휴작을 요한다.
① 참외는 3년 휴작을 요한다.
② 콩은 1년 휴작을 요한다.
③ 오이는 2년 휴작을 요한다.

29 ③ 대기 중 이산화탄소의 농도는 약 0.03%로, 이는 작물이 충분한 광합 성을 수행하기에 부족하다. 광합성량을 최고도로 높일 수 있는 이산 화탄소의 농도는 약 0.25%이다.
①, ② 대기 중에는 질소가스(N_2)가 약 79.1%를 차지하며 근류균· Azotobacter 등이 공기 중의 질소를 고정한다.
④ 호흡 작용에 알맞은 대기 중의 산소 농도는 약 20.9%이다.

30 1991년 농림축산식품부 농산국에 유기농업발전기획단이 설치되었다.

31 잦은 경운은 오히려 토양생태계를 파괴하므로, 전층 기계 경운을 수시 로 실시하는 것은 적절하지 않다. 석고·토양개량제·생짚 등을 사용하 여 토양의 물리성을 개량한다.

32 요수량은 수수, 기장, 옥수수 등이 작고 호박, 알팔파, 클로버 등은 크다.
※ 요수량의 크기 : 기장 < 옥수수 < 보리 < 알팔파 < 클로버

33 ① Illite : 2 : 1형 점토광물로서 운모 점토광물이 풍화되는 동안 K, Mg 등이 용탈되어 생기는 비팽창형 광물
② Montmorillonite : 규산층과 알미늄층이 2 : 1로 구성되어 결정단위 사이에 물이 자유로 드나들 수 있어 물의 함량에 따라 팽창, 수축이 일어날 수 있는 팽창형 광물
④ Vermiculite : 규산층과 알루미늄층이 2 : 1로 형성된 팽창판자형 제 2차 토양광물

34 **화성 유도의 주요 요인**
• 내적 요인
  – 영양상태, 특히 C/N율로 대표되는 동화생산물의 양적 관계
  – 식물호르몬, 특히 옥신과 지베렐린의 체내 수준 관계
• 외적 요인
  – 광조건, 특히 일장효과의 관계
  – 온도조건, 특히 버널리제이션(Vernalization)과 감온성의 관계

35 ② 초생재배 : 과수원에서 김을 매주는 청경재배 대신에 목초, 녹비 등을 나무 밑에 가꾸는 재배법
③ 단구식재배(Terrace) : 경사가 심한 곳을 개간할 때에는 토양침식을 방지하기 위하여 계단식으로 단구(段丘, Terrace)를 구축하고 법면 (法面)에는 콘크리트, 돌, 식생 등으로 계단식 단구가 조성되도록 한다.

36 모시풀은 자웅동주식물이며, 8시간 이하의 단일조건에서는 완전자성 (完全雌性, 암꽃)이고, 14시간 이상의 장일에서는 완전웅성(完全雄性, 수꽃)이 된다.

38 퇴구비 · 녹비 등의 유기물을 사용하거나, 규회석 · 탄산석회 · 소석회 등 석회질 물질을 사용하여 입단화를 증가시킨다.

39 점토질은 유기물 분해력이 느리다.

40 햇빛을 잘 반사시키도록 알루미늄을 입힌 필름을 멀칭하면 열매채소와 과일의 착색이 잘 된다.

41 한국에서의 공예작물은 전매작물인 담배 · 인삼 · 참깨 등이 큰 비중을 차지하고 있으며, 그밖에 계약재배하는 홉 · 왕골 · 골풀 · 평지(유채) · 들깨 등이 있다.

42 **유기농업의 추구 내용**
• 환경생태계의 보호
• 토양 쇠퇴와 유실의 최소화
• 환경오염의 최소화
• 생물학적 생산성의 최적화
• 자연환경의 우호적 건강성 촉진

43 **종자발아에 필수요소** : 산소, 온도, 수분

44 **생물적 풍화작용**
동물과 미생물, 식물 뿌리 등에 의한 풍화작용으로, 미생물은 황화물을 산화시켜 황산으로, 암모니아를 질산으로, 유기물을 분해하여 유기산으로 만든다. 일련의 화학반응인 산화 · 환원작용, 용해작용, 수화작용, 가수분해, 착체 형성 등은 화학적 풍화작용에 해당하는데, 산화철은 수화 작용을 받으면 수산화철이 되며, 정장석이 가수분해 작용을 받으면 고령토를 거쳐 보크사이트가 된다.

45 ① 단교배 : A×B
② 여교배 : (A×B)×A
③ 3원교배 : (A×B)×C

47 유망집단에 대하여 품종별로 1본식(本植)이나 1립파(粒播) 재배하여 전 생육과정을 면밀히 관찰하거나 이형개체를 제거한 후 품종 고유의 특성을 구비한 개체만을 선발하여 집단채종을 한다.

48 ① 분무경 : 식물의 뿌리를 베드 내의 공기 중에 매달아 양액을 분사하는 방식
② 분무 수경 : 양액을 뿌리에 분무하는 한편, 동시에 베드 밑부분에 약간의 양액을 저장시켜 뿌리의 일부를 담가 재배하는 방식
④ 고형 배지경 : 수경과 토경의 중간적 성격을 가진 방식

49 **과수원의 토양 관리**
• 청경법 : 과수원 토양에 풀이 자라지 않도록 깨끗하게 김을 매주는 방법
• 초생법 : 과수원의 토양을 풀이나 목초로 피복하는 방법
• 부초법 : 과수원의 토양을 짚이나 다른 피복물로 덮어주는 방법

50 유기농업은 화학비료, 유기합성농약, 생장조절제, 제초제, 가축사료 첨가제 등 일체의 합성화학물질을 사용하지 않거나 줄이고 유기물과 자연 광석, 미생물 등 자연적인 자재만을 사용하는 농업이다.

51 ③ IPM(Integrated Pest Management)은 병해충 종합관리를 나타내는 용어로, 여러 가지 방제법을 적절히 사용하여 해충의 발생 밀도를 경제적 피해 수준 이하로 억제하는 것을 말한다.
IPM의 효과
• 병해충 문제의 조기 식별 및 조치 능력 함양
• 농약 사용 감소에 따른 익충의 보호 및 확대
• 농약 사용 횟수 및 사용량 감소에 따른 농약에 대한 병해충 저항성 구축 감소
• 농민의 농약에 대한 위험성 감소
• 농약 비용 감소와 농작물 손실 예방에 따른 농가이윤의 증대
• 농약 사용 감소에 따른 토양 및 수자원 보호
• 농약의 식품 잔류 가능성 감소 및 안전한 농산물 공급

52 **유기축산물의 동물복지 및 질병관리(친환경농축산물 및 유기식품 등의 인 증에 관한 세부실시요령 [별표 1])**
규정에 따른 예방관리에도 불구하고 질병이 발생한 경우 수의사 처방에 의해 동물용 의약품을 사용하여 질병을 치료할 수 있으며, 동물용 의약 품을 사용한 가축은 전환기간(해당 약품의 휴약기간 2배가 전환기간보 다 더 긴 경우 휴약기간의 2배 기간을 적용)이 지나야 유기축산물로 출 하할 수 있다.

53 ① 장일상태에서 화성이 유도 · 촉진된다.
③ 보통 16~18시간의 조명에서 화성이 유도 · 촉진된다.
④ 장일식물의 유도일장은 장일 측에, 한계일장은 단일 측에 있다.

54 ④ 적황색토는 산성토양이다.
산성토양의 개량 및 재배대책 방법
• 석회와 유기물 시용
• 강산성 작물 재배
• 산성비료 연용 회피
• 용성인비, 붕소 시용

55 경사지 토양유실을 줄이기 위한 재배방법 : 등고선 재배, 초생대 재배, 부초 재배, 계단식 재배

56 피복작물은 강우의 지면타격으로부터 토양을 보호하고, 토양의 비료성분을 체내에 저장하며, 토양의 입단구조를 개선하고, 물의 침투율을 높인다. 이외에도 토양양분의 유실 및 지하수의 오염 방지, 토양침식 방지, 토양의 이화학성 및 생물성의 개선, 유기물 공급, 잡초 억제 등 다면적인 기능을 가지고 있다.

57 국제유기농업운동연맹(IFOAM ; International Federation of Organic Agriculture Movements)은 지구의 환경을 보전하고 인류의 건강을 지키기 위하여 시작된 유기농업이 전 세계로 확산되면서 1972년 창설되었다.

58 일라이트(Illite) : 주로 백운모와 흑운모로부터 생성되며 4개의 Si 중에서 한 개가 Al으로 치환되며, 실리카층 사이의 K이온에 의해 전하의 평형이 이루어진다.

59 경사도 5° 이하에서는 등고선 재배법으로도 토양보전이 가능하나, 15° 이상의 경사지는 단구를 구축하고 계단식 개간경작법을 적용해야 한다.

60 대기 중의 수증기, 이산화탄소 등 온실가스가 장파장의 복사에너지를 흡수하여 대기와 지표면의 온도가 높아지는 현상을 온실효과라고 한다.

제2회 과년도 기출복원문제													p 173 ~ 180	
01	02	03	04	05	06	07	08	09	10	11	12	13	14	15
②	③	②	④	②	④	③	④	②	①	③	②	③	①	①
16	17	18	19	20	21	22	23	24	25	26	27	28	29	30
②	③	②	④	③	③	④	③	②	①	③	④	②	③	②
31	32	33	34	35	36	37	38	39	40	41	42	43	44	45
③	①	④	①	③	②	②	②	①	③	①	③	③	①	③
46	47	48	49	50	51	52	53	54	55	56	57	58	59	60
②	④	④	①	④	③	④	③	④	③	③	①	③	②	④

01 서까래(Rafter)
지붕위의 하중을 지탱하며 왕도리, 중도리 및 갖도리 위에 걸쳐 고정하는 부재를 말한다. 보통 45cm 간격으로 설치한다.

02 Vavilov의 작물의 기원지 : 중국, 인도・동남아시아, 중앙아시아, 코카서스・중동지역, 지중해 연안지역, 중앙아프리카지역, 멕시코・중앙아메리카지역, 남아메리카지역

04 작물의 분화과정 : 유전적 변이 → 도태 또는 적응→ 순화 → 격리 또는 고립

07 괴근(고구마, 다알리아, 카사바), 괴경(감자, 뚱딴지, 시클라멘)

08 생물학적 방제법
화학농약을 사용하는 농업 병해충의 방제에 대하여 살아있는 생물 또는 생물 유래의 물질을 이용하는 방제법으로 이 방법은 화학적 방제에 비해 환경파괴나 공해가 적은 것이 특징이며, 고전적인 생물학적 방제법으로는 천적의 이용이 있다.

09 화성암은 용암이 냉각・고결된 것이며, 고화된 위치에 따라서 심성암, 반심성암 및 분출암으로 나누고, 이를 다시 암석에 들어 있는 규소(Si)의 함량에 따라서 산성암, 중성암, 염기성암으로 분류한다.

10 답전윤환은 논 또는 밭을 논상태와 밭상태로 몇해씩 돌려가면서 벼와 밭작물을 재배하는 방식으로 연작장해를 막기 위해 사용되는 방법이다. 잡초발생을 감소시키고, 지력의 유지를 증강시키는 효과가 있다.

11 병해충 방제에 효과적인 것은 윤작이며, 기계화 작업에 효과적인 것은 단작이다. 혼작은 생육기간이 거의 같은 두 종류 이상의 작물을 동시에 같은 포장에 섞어서 재배하는 것을 말한다.

12 유기농업은 화학비료, 유기합성농약, 생장조절제, 제초제, 가축사료 첨가제 등 일체의 합성화학물질을 사용하지 않거나 줄이고 유기물과 자연광석, 미생물 등 자연적인 자재만을 사용하는 농업이다.

13 근채류 : 우엉, 당근, 무, 연근, 토란 등

14 점토 함량(%)
• 사토 < 12.5
• 사양토 12.5~25
• 양토 25~37.5
• 식양토 37.5~50
• 식토 > 50

15 키가 크고 줄기가 약한 품종일수록 도복이 심하다.

16 *Rhizobium*(리조비움속) : 콩과식물의 뿌리에 공생하며 공기 중의 질소를 고정하는 역할을 한다.

17 ③ 맥류 10~20L
① 오이 200(육묘)~300mL(직파)
② 팥 5~7L
④ 당근 800mL

18 멀칭은 토양의 표면을 피복하여 토양수분 유지, 지온 조절, 잡초 억제 및 토양침식 방지를 목적으로 하는 토양관리의 방법이다.
• 장점 : 침식 방지, 수분 보존, 입단 형성, 비료유실 억제, 잡초 방지, 미생물 활동 촉진
• 단점 : 노동력・비용 상승, 비닐멀칭은 천근성 조장

20 광합성에 영향을 미치는 요인
• 빛의 세기 : 빛의 세기가 강할수록 광합성량이 증가하지만, 광포화점을 지나면 일정하다.
• 이산화탄소의 농도 : 이산화탄소의 농도가 증가할수록 광합성량이 증가하지만, 농도 0.1%부터는 일정하다.
• 온도 : 온도가 높을수록 광합성량도 증가하고 35~38℃에서 가장 활발하다. 그러나 40℃ 이상이나 10℃ 이하가 되면 급격히 감소한다.

21 유기농산물의 토양개량과 작물생육을 위하여 사용 가능한 물질(일부)(친환경농어업 육성 및 유기식품 등의 관리・지원에 관한 법률 시행규칙 [별표 1])
• 농장 및 가금류의 퇴구비(堆廏肥)
• 퇴비화 된 가축배설물
• 건조된 농장 퇴구비 및 탈수한 가금 퇴구비
• 식물 또는 식물 잔류물로 만든 퇴비
• 버섯재배 및 지렁이 양식에서 생긴 퇴비
• 사람의 배설물
• 석회석 등 자연에서 유래한 탄산칼슘

22 생력재배의 효과
- 농업노력비의 절감 : 맥작생산비의 55~60%는 노력비인데, 소형기계화로는 노력비의 30~60%, 대형기계화로는 70~90%가 절감된다고 한다.
- 단위수량의 증대 : 심경다비, 적기작업, 재배방식의 개선 등에 의해서 오히려 수량이 증대될 수 있다.
- 토지이용도의 증대 : 기계화를 하면 작업능률이 높고 작업기간이 단축되므로 전후작의 관계가 훨씬 원활해지는 등 토지이용도가 증대된다.
- 농업경영의 개선 : 기계화생력재배를 알맞게 도입하면 농업노력과 생산비가 절감되고, 수량이 증대하면 농업경영은 크게 개선될 수 있다.

23 식물호르몬 : 옥신, 지베렐린, 시토키닌, ABA, 에틸렌

24 ① 작토 환원층에 철분이 많으면 벼뿌리가 적갈색인 산화철의 두꺼운 피막을 형성한다.
- 노후답 : 작토층의 무기성분이 용탈되어 결핍된 토양
- 논토양의 토층분화 : 담수로 환원되면 $Fe^{3+} \rightarrow Fe^{2+}$, $Mn^{4+} \rightarrow Mn^{2+}$로 용해도가 증가하여 물을 따라 하층이동
- 무기성분의 용탈과 집적 : 이때 K, Ca, Mg, Si, P, 점토도 용탈되어 심토의 산화층에 집적
- 담수하의 작토 환원층에서 황산염이 환원되어 황화수소가 생성

25 ① 강우기에 비닐을 벗기고 집적된 염류를 세탈시키는 담수처리를 한다. 시설하우스는 한두 종류의 작물만 계속하여 연작함으로써 사용하는 비료량에 비하여 작물에 흡수 또는 세탈되는 비료량이 적어 토양 중 염류가 과잉집적되므로 담수세척, 환토(換土), 비종 선택과 시비량의 적정화, 유기물의 적정사용, 윤작 등을 통해 염류집적을 방지해야 한다.

26
- 호랭성 채소 : 20℃ 안팎의 서늘한 온도에서 잘 생육되는 채소로 배추, 양배추, 시금치, 파, 양파, 마늘, 상추, 무, 당근, 감자, 완두, 딸기 등이 있다.
- 호온성 채소 : 25℃ 내외의 따뜻한 온도에서 생육되는 채소로 고구마, 생강, 토란, 들깨 등과 대부분의 과채류 등이 이에 속한다.

27 유기농업은 화학합성비료나 농약을 사용할 수 없기 때문에 다수확을 위함이 아니다.

28 습해를 줄이기 위해서는 표층시비를 하는 것이 유리하다.

29 P, B, Si 등은 음이온을 띤 무기화합물의 형태 또는 무기산의 형태로 식물체에 흡수된다.

30 원예작물 중 채소는 인체의 건전한 발육에 필수적인 비타민 A, C와 칼슘, 철, 마그네슘 등의 무기염류를 공급해 준다.

31 경종적 방제법
내충성·내병성 품종을 이용하거나 토양관리를 개선하는 등 작물의 재배조건을 변화시켜 병충해 및 잡초의 발생을 억제하고 피해를 경감시키는 방법을 말한다.

32 우적침식(입단파괴침식) : 지표면이 타격을 입으면 빗방울에 의해 토양의 입단이 파괴되고, 토양입자는 분산되어 침식 되는 것

34 사질논은 점토 함량이 15% 부근에 이르도록 점토 함량이 높은 식양토나 식토를 객토하여야 한다.

35 양이온에 대한 교환침투력
Na + < K + ≈ NH₄ + < Rb + < Cs + ≈ Mg^{2+} < Ca^{2+} < Sr^{2+} ≈ Ba^{2+} < La^{3+} ≈ H^+, (Al^{3+}) < Th^{4+}

36 인산질 비료
- 인은 유기질과 무기질로 나뉜다.
- 무기질 인산은 물에 녹는 수용성, 묽은 시트르산에 녹는 구용성 및 녹지 않는 불용성으로 나눈다.
- 수용성 인산은 속효성이고 구용성 인산은 완효성이다.
- 수용성과 구용성 인산은 모두 식물이 흡수, 이용할 수 있는 인산으로 가용성 인산이라 한다.
- 과인산석회와 인산암모늄은 수용성 인산이며, 용성인비는 구용성 인산이다.
- 인광석, 동물의 뼈 등에 들어 있는 인산은 불용성이다.

37 개간지 토양의 특성
- 물리적 특성 : 토양침식으로 토심이 얕고 구조 미발달 및 보수력이 약하여 한발 피해
- 화학적 특성 : 화학성이 극히 미약하고, pH(강산성), CEC, 유기물, 유효인산, 염기 함량이 아주 낮음

38 질소질을 과다 시비하면 화진현상(꽃눈이 떨어져 결실하지 못하는 현상)이 생길 수 있다.

39 ② 표층시비 : 경지를 고르지 않고 포장 전면에 비료를 살포하는 것을 말한다.
③ 전층시비 : 비료를 살포한 후, 경운하여 비료가 토양에 골고루 섞이도록 하는 것이다.
④ 심층시비 : 비료의 손실을 막기 위해 토양 깊이 비료를 넣어 주는 시비법을 말한다.

40 망간(Mn)
- 각종 효소의 활성을 높여서 동화물질의 합성 분해, 호흡작용, 광합성 등에 관여
- 결핍되면 엽맥에서 먼 부분이 황색화

41
- 바이러스에 의한 병 방제법 : 별도의 방제법이 없으며 병의 발병 이전 예방을 위해 관리적 노력을 강구, 건전 종자 사용, 저항성 품종 육성, 매개곤충을 통한 방제
- 화학적 방제 : 농약 살포를 통한 방제

42 피복작물은 강우의 지면타격으로부터 토양을 보호하고, 토양의 비료성분을 체내에 저장하며, 토양의 입단구조를 개선하고, 물의 침투율을 높인다. 이외에도 토양양분의 유실 및 지하수의 오염 방지, 토양침식 방지, 토양의 이화학성 및 생물성의 개선, 유기물 공급, 잡초 억제 등 다면적인 기능을 가지고 있다.

43 멀 칭
- 봄철의 씨 뿌리는 시기는 지온이 낮은데, 이 경우는 투명한 플라스틱 필름을 이용하면 지온을 높여 발아에 도움이 된다.
- 여름철과 같이 지나치게 지온이 높아서 작물생육에 장애가 될 경우에는 볏짚, 종이 등 빛이 잘 투과하지 않는 자재로 멀칭을 하면 지온을 낮추어 생육에 도움이 될 수 있다.

44 기지현상의 원인
- 토양 비료분의 소모
- 토양 중의 염류집적
- 토양 물리성의 악화
- 잡초의 번성
- 유독물질의 축적
- 토양선충의 피해
- 토양전염의 병해

46 수수, 고구마, 양파는 연작의 피해가 적고, 사탕무, 수박, 가지, 완두 등은 5~7년 휴작을 요하는 작물이다.

47 유전적 퇴화
집단의 유전적 조성이 불리한 방향으로 변화되어 품종의 균일성 및 성능이 저하되는 것을 말한다. 유전적 퇴화의 원인으로는 자연돌연변이, 자연교잡, 이형종자의 기계적 혼입, 미고정형질의 분리, 자식(근교)약세, 역도태 등이 있다.

48 토양의 무기질 입자에 입경조성에 의한 토양의 분류를 토성이라고 한다. 즉 모래, 미사, 점토 등의 함유 비율에 의하여 결정된다.

49 대기 습도
• 대기 습도가 높지 않고 적당히 건조해야 증산이 조장되며, 양분 흡수가 촉진되어 생육에 좋다. 그러나 과도한 건조는 불필요한 증산을 하여 한해를 유발한다.
• 대기가 과습하면 증산이 적어지고 병균의 발달을 조장하며, 식물체의 기계적 조직이 약해져서 병해·도복을 유발한다.

50 ① 배수력이 좋다.
② 토양수분의 공급이 좋다.
③ 공기유통이 좋다.
④ 보수력이 나빠져 작물 생육에 좋다.
떼알구조는 틈새가 많고, 보수력도 커 공기의 유통이 좋아 작물의 생육에 있어, 바람직한 구조이다.

53 지렁이는 토양의 구조를 좋게 하고 비옥도를 증진시키는 작용을 한다.

54 장해형 냉해 : 생식세포의 감수분열기에 냉온의 영향을 받아 생식기관 형성이 부진하거나 불임현상이 초래되는 유형의 냉해이다.

55 토양 표면관리법
• 청경법 : 잡초에 의한 양, 수분 경쟁이 없고, 병·해충의 잠복처를 제거하는 장점이 있으나, 토양침식이 심하며 토양의 온도변화가 심하다.
• 절충법 : 유기물 피복과 초생을 조합하거나 폴리에틸렌 필름 피복과 초생을 조합하는 방법으로 풀의 왕성한 생육을 억제하기 위해 생육기 동안 4~5회 깎아 준다.

56 식물의 한쪽에 광을 조사하면 조사된 쪽의 옥신 농도가 낮아진다.

57 평지와 산지의 과수원 조성 시 장단점

구 분	장 점	단 점
평 지	• 생력화 작업이 쉬움 • 과원 관리 편리성 • 토심이 깊고 비옥	• 서리피해 우려 많음 • 배수불량(병해충 발생위험) • 착생불량
산 지	• 배수 양호 • 일조량이 충분 • 동해피해 우려가 적음	• 표토가 얇고 척박지가 많음 • 기계화 작업 불리 • 경사지에 따라 피해양상이 다양

59 시설의 환기는 공중습도를 적절하게 조절해 주는 역할을 한다.

60 토양의 질적 수준을 향상시키는 토양비옥도의 유지·증진 수단
• 피복작물(Cover Crop)의 재배
• 작물 윤작(Crop Rotation)
• 간작(Inter-Cropping)
• 녹비(Green Manure)
• 작물잔재와 축산분뇨의 재활용
• 가축의 순환적 방목
• 최소경운 또는 무경운(Minimum or Non-Tillage)

01	02	03	04	05	06	07	08	09	10	11	12	13	14	15
③	②	③	④	③	②	①	③	④	①	③	④	②	③	②
16	17	18	19	20	21	22	23	24	25	26	27	28	29	30
③	②	③	②	①	④	③	②	②	①	④	③	②	②	③
31	32	33	34	35	36	37	38	39	40	41	42	43	44	45
③	①	④	②	④	②	①	②	①	②	③	②	①	④	②
46	47	48	49	50	51	52	53	54	55	56	57	58	59	60
①	②	①	①	④	③	④	②	①	②	②	①	④	③	④

01 과실의 구조에 의한 분류
• 인과류 : 사과, 배, 비파 등
• 준인과류 : 감귤, 감 등
• 핵과류 : 복숭아, 자두, 살구, 매실, 양앵두, 대추 등
• 장과류 : 포도, 무화과, 나무딸기 등
• 각과류 : 밤, 호두, 개암 등

02 기지현상의 대책 : 윤작, 담수, 토양 소독, 유독물질의 제거, 객토 및 환토, 접목, 지력배양 등

03 수해의 요인과 작용
• 토양이 부양하여 산사태, 토양침식 등을 유발
• 유토에 의해서 전답이 파괴·매몰
• 유수에 의해서 농작물이 도복·손상되고 표토가 유실
• 침수에 의해서 흙앙금이 가라앉고, 생리적인 피해를 받아서 생육 저해
• 병의 발생이 많아지며, 벼에서는 흰빛잎마름병을 비롯하여 도열병, 잎집무늬마름병이 발생
• 벼는 분얼 초기에는 침수에 강하지만 수잉기와 출수 개화기에는 약해 수잉기~출수 개화기에 특히 피해가 큼
• 수온이 높을수록 호흡기질의 소모가 많아 피해가 큼
• 흙탕물과 고인 물은 흐르는 물보다 산소가 적고 온도가 높아 피해가 큼

05 식량(식용)작물의 분류
벼, 보리, 밀, 콩 등과 같이 주로 식량으로 재배되는 작물들로, 보통작물이라고도 한다.
• 벼 : 논벼(수도), 밭벼(육도)
• 맥류 : 보리, 밀, 호밀, 귀리 등
• 잡곡 : 옥수수, 수수, 조, 메밀, 기장, 피 등
• 콩류 : 콩, 팥, 녹두, 완두, 강낭콩, 땅콩 등
• 서류 : 감자, 고구마, 카사바, 토란, 돼지감자 등

06 적산온도 : 작물의 생육에 필요한 열량을 나타내기 위한 것으로서 생육일수의 일평균기온을 적산한 것

07 ② 땅속에 숨은 해충의 유충이나 애벌레, 성충 등을 표층으로 노출시키면 서식환경이 파괴되어 해충을 죽이거나 밀도를 낮출 수 있다.
③ 땅을 갈면 퇴비나 남아 있던 수확한 작물의 잎줄기를 땅속에 묻어 이를 이용할 수 있고, 비가 오면 비료나 농약이 빗물로 씻겨 내려갈 염려가 적어져 이용효율이 커진다.
④ 땅을 갈면 땅속 깊이까지 물이 스며들어 수분을 잘 유지시킬 수 있을 뿐만 아니라, 갈아 놓은 땅은 표면적이 넓어서 수분이 과다해도 수분 조절작용에 유리하다.

08 멀칭의 효과
지온의 조절, 토양의 건조 예방, 토양의 유실 방지, 비료 성분의 유실 방지, 잡초발생의 억제

09 인삼은 한번 본 밭에 옮겨 심으면 같은 장소에서 3~5년 동안 자라고, 이어짓기가 거의 불가능하며, 한번 재배하였던 곳은 10년 이상 다른 작물을 재배한 후에야 다시 재배하는 것이 가능하다.

10 아미노산은 단백질의 구성성분인 질소화합물이다.

11 배수의 효과
• 습해·수해를 방지한다.
• 토양의 성질을 개선하여 작물의 생육을 조장한다.
• 1모작답을 2·3모작답으로 하여 경지 이용도를 높인다.
• 농작업을 용이하게 하고 기계화를 촉진한다.

12 윤작의 효과
• 토양 보호
• 잡초 및 병해충의 발생 억제
• 지력의 유지 및 증강
• 토양선충 경감 및 기지현상 회피
• 수확량 증대 및 토지이용도 향상
• 노력분배 합리화 및 농업경영의 안정성 증대

13 식물 자체는 분자질소를 고정하여 이용할 수 없기 때문에 숙주식물(대부분이 콩과 식물)에 기생하며, 질소를 고정한다.

14 도복방지를 위해서는 질소 편중의 시비를 피하고 칼륨, 인산, 규산, 석회 등을 충분히 시용해야 한다.

15 ① 교호작(번갈아짓기) : 콩의 두 이랑에 옥수수 한 이랑씩 생육기간이 비등한 작물들을 서로 건너서 교호로 재배하는 방식
③ 간작(사이짓기) : 한 가지 작물이 생육하고 있는 조간(고랑 사이)에 다른 작물을 재배하는 것
④ 윤작 : 한 토지에 두 가지 이상의 다른 작물들을 순서에 따라 주기적으로 재배하는 것

16 엽면 시비는 작물의 뿌리가 정상적인 흡수능력을 발휘하지 못할 때, 병충해 또는 침수해 등의 피해를 당했을 때, 이식한 후 활착이 좋지 못할 때 등 응급한 경우에 시용한다.

17 화학비료를 과도하게 주면 지력이 쇠퇴하고 화학비료 속에 녹아 있는 질산이나 인산에 의해 지하수나 수질이 오염될 수 있다.

18 탄산화 작용은 대기 중의 이산화탄소가 물에 용해되어 일어난다. 물에 산이 가해지면 암석의 풍화 작용이 촉진된다.

20 작물의 내습성에 대한 뿌리의 발달 습성 : 근계가 얕게 발달하거나, 습해를 받았을 때 부정근의 발생력이 큰 것은 내습성을 강하게 한다.

21 밭토양의 특성
• 밭면적 중 대부분이 곡간지와 구릉지 및 산록지에 산재해 있으며, 하천 주변의 평탄지에 분포하고 있는 것은 적다.
• 침식을 많이 받게 되어 토양의 유실과 비료성분의 용탈이 심하여 지력이 낮은 척박한 토양이 대부분이다.
• 관개수에 의한 양분의 천연공급이 없고, 오히려 빗물에 의한 양분 유실이 심하다.
• 논에 비하여 수리가 불리하여 한발 피해가 심하며, 작황의 불안정과 연작에 의한 생육장해가 일어나기 쉽다.
• 유사작물을 계속 재배할 경우 특정 양분이 작물에 의하여 과다하게 흡수되거나 시비된 비료성분이 과잉으로 축적되어 심한 양분 불균형을 초래하기도 한다.

22 • 한두 종류의 작물만 계속하여 연작함으로써 특수성분의 결핍을 초래한다.
• 집약화의 경향에 따라 요구도가 큰 특정 비료의 편중된 시용으로 염화물, 황화물 등 Ca, Mg, Na 등 염기가 부성분으로 토양에 집적된다.
• 토양의 pH가 작물 재배에 적합하지 못한 적정 pH 이상으로 높아진다.
• 토양의 비전도도(EC)가 기준 이상인 경우가 많아 토양용액의 삼투압이 매우 높고, 활성도비가 불균형하여 무기성분 간 길항작용에 의해 무기성분의 흡수가 어렵게 된다.
• 대량 요소의 시용에만 주력하여 미량요소의 결핍이 일반적인 특징이다.

23 공중질소를 고정하는 토양미생물에는 단독적으로 수행하는 것(아조토박터속, 클로스트리듐속, 남조류)과 작물과 공생하는 것(리조비움속)이 알려져 있다.

24 토양 선충(Nematode)은 특정의 작물근을 식해하여 직접적인 피해를 주고 식상을 통하여 병원균의 침투를 조장하여 간접적인 작물 병해를 유발시킨다.

25 유기물 함량이 증가할수록 지력은 높고, 무기성분이 풍부하고 균형 있게 함유되어 있어야 지력이 높다.

26 도복의 유발요인
• 품종 : 키가 크고 대가 약한 품종일수록 도복이 심하다.
• 재배조건 : 밀식, 질소다용, 칼륨부족, 규산부족 등은 도복을 유발한다.
• 병충해 : 병충해의 발생이 많아지면 대가 약해져서 도복이 심해진다.
• 환경조건 : 강수해나 풍해, 한발 등은 도복을 조장한다.

27 작물 수량을 최대로 올리기 위한 주요 요인 : 유전성, 환경조건, 재배기술

28 잦은 경운은 오히려 토양생태계를 파괴하므로, 전층 기계 경운을 수시로 실시하는 것은 적절하지 않다. 석고·토양개량제·생짚 등을 시용하여 토양의 물리성을 개량한다.

29 토양의 입단화는 토양입자가 지렁이의 소화기관을 통과할 때 석회석에서 분비되는 탄산칼슘 등의 응고에 의해 이루어지며, 토양의 물리성을 개량하여 식물과 농작물의 생육에 알맞은 환경을 만들어 준다.

30 강우 강도가 강우량보다 토양침식에 더 영향이 크다.

31 시설재배라는 특수한 조건의 토양에서는 양분의 불균형적 축적으로 인한 양분의 과·부족과 염류집적으로 인한 농도장해가 발생하며, 토양의 물리화학성이 불량해진다.

32 일반적으로 고도로 분해된 유기물이 많이 함유된 토양은 어두운색을 띤다. 산화철 광물이 풍부하면 적색을 띤다.

33 ① Kaolinite : 대표적인 1 : 1 격자형 광물로 고령토라고도 하며, 우리나라 토양 중 점토광물의 대부분을 차지하고 있다.
② Illite : 2 : 1형 점토광물로서 운모 점토광물이 풍화되는 동안 K, Mg 등이 용탈되어 생기는 비팽창형 광물
③ Vermiculite : 규산층과 알루미늄층이 2 : 1로 형성된 팽창판자형 제2차 토양광물

34 • 작토층의 부피 = $10a \times 10cm = 1000m^2 \times 0.1m$
$= 100m^3 (\because 10a = 1,000m^2)$
• 용적밀도 = $1.2g/cm^3 = 1,200kg/m^3$
∴ 작토층 총질량 = $1,200kg/m^3 \times 100m^3 = 120,000kg$

35 칼슘과 칼륨, 마그네슘 등과 같은 미량원소들이 유실되어 척박한 토양이 되어 버림으로서 식물이 살 수 없는 사막화현상이 발생한다. 또 산도가 7에서 5로 낮아지면 양분의 이용률은 인산이 66%, 칼륨이 54%, 질소는 57%나 떨어진다.

36 경사도가 15% 이상 되는 경사지는 경사완화형 계단을 설치하여 경사지 토양을 보전할 수 있다.

38 화학종속영양세균대사는 탄소의 환원화합물을 포함한 여러 종류의 유기화합물이 주요한 에너지 공급원이고, 화학독립영양세균은 무기물의 산화에 의해서 에너지를 획득한다.

39 ③ 대기 중 이산화탄소의 농도는 약 0.03%로, 이는 작물이 충분한 광합성을 수행하기에 부족하다. 광합성량을 최고도로 높일 수 있는 이산화탄소의 농도는 약 0.25%이다.
① · ② 대기 중에는 질소가스(N_2)가 약 79.1%를 차지하며 근류균, Azotobacter 등이 공기 중의 질소를 고정한다.
④ 호흡작용에 알맞은 대기 중의 산소 농도는 약 20.9%이다.

40 토양 중의 공기가 적거나 산소가 부족하고 이산화탄소가 많으면 작물 뿌리의 생장과 기능을 저해한다.

41 pH 7(중성)을 기준으로 그 이하면 산성, 그 이상이면 알칼리성이라 한다.

42 칼슘과 칼륨, 마그네슘 등과 같은 미량원소들이 유실되어 척박한 토양이 되어 버림으로서 식물이 살 수 없는 사막화현상이 발생한다. 또 산도가 7에서 5로 낮아지면 양분의 이용률은 인산이 66%, 칼륨이 54%, 질소는 57%나 떨어진다.

43 햇빛이 강하면 잎에서의 증산작용으로 수분의 손실이 많으므로 구름이 있거나 흐린 날에 이식하는 것이 좋다.

44 ④ 보(Beam) : 기둥이 수직재인데 비하여 보는 수평 또는 이에 가까운 상태에 놓인 부재로서 직각 또는 사각의 하중을 지탱한다.
① 샛기둥 : 기둥과 기둥 사이에 배치하여 벽을 지지해 주는 수직재를 말한다.
② 왕도리 : 대들보라고도 하며, 용마루 위에 놓이는 수평재를 말한다.
③ 중도리 : 지붕을 지탱하는 골재로 왕도리와 갖도리 사이에 설치되어 서까래를 받치는 수평재이다.

45 녹색식물은 광을 받아서 엽록소를 형성하고 광합성을 수행하여 유기물을 생성한다. 광합성에는 675nm를 중심으로 한 630~680nm의 적색부분과 450nm를 중심으로 한 400~490nm의 청색부분이 가장 효과적이다. 자외선 같이 짧은 파장의 광은 식물의 신장을 억제시킨다.

46 토양공극 : 미세한 입자는 밀착되지 않기 때문에 공간이 생성되고 공극이 유지되어 보수력이 높지만 공기와 물의 이동이 어렵다

47 암석의 분류
• 화성암 : 화강암, 섬록암, 안산암, 현무암
• 수성암 : 응회암, 사암, 혈암, 점판암, 석회암
• 변성암 : 편마암, 대리석, 편암, 사문암

48 토양유실량 크기 : 옥수수 > 참깨 > 콩 > 고구마
※ 토양유실(Soil Erosion)이란 물이나 바람에 의해 토양 표층의 일부분이 원래의 위치에서 탈리되어 이동되는 현상이다.

49 ① 광산폐수는 카드뮴, 구리, 납, 아연 등의 중금속 오염원이다.
• 질소 : 농약, 화학비료, 가축의 분뇨 등
• 인산 : 생활하수(합성세제 등)

50 바빌로프는 재배식물의 커다란 분류군에서 순차적으로 작은 군으로 다시 유전적 변이의 구성별로 세분하고, 그 결과에서 재배식물의 변이형의 분포지도를 작성하는 '식물지리적 미분법'을 확립하여 작물의 기원을 탐색하였다.

51 일라이트(Illite)
주로 백운모와 흑운모로부터 생성되며 4개의 Si 중에서 한 개가 Al으로 치환되며, 실리카층 사이의 K이온에 의해 전하의 평형이 이루어진다.

52 과실에 봉지를 씌워서 병해충을 방제하는 것은 물리적 방제법에 속한다.

53 무경운의 장점
• 무경운을 하면 일찍 파종할 수 있고 노력이 절약된다.
• 장기적으로 볼 때 무경운은 토양의 생태계에 유리하며, 특히 땅속의 유익한 생물들의 환경을 파괴하지 않으므로 이들의 번식에도 도움이 된다.

54 ③ 밀의 수확기를 당기면 녹병의 피해가 적어진다.

55 유기농업은 화학비료, 유기합성농약, 생장조절제, 제초제, 가축사료 첨가제 등 일체의 합성화학물질을 사용하지 않거나 줄이고 유기물과 자연광석, 미생물 등 자연적인 자재만을 사용하는 농업이다.

56 아치형 온실은 지붕형 온실에 비하여 내풍성이 강하고 광선이 고르게 입사하며, 필름이 골격재에 잘 밀착되어 파손될 위험이 적다.

57 피복작물은 강우의 지면타격으로부터 토양을 보호하고, 토양의 비료성분을 체내에 저장하며, 토양의 입단 구조를 개선하고, 물의 침투율을 높인다. 이외에도 토양양분의 유실 및 지하수의 오염 방지, 토양침식 방지, 토양의 이화학성 및 생물성의 개선, 유기물 공급, 잡초 억제 등 다면적인 기능을 가지고 있다.

58 생력재배의 효과 : 농업노력비 절감, 기계화에 의한 단위수량의 증대, 작부체계 개선으로 토지이용도(재배면적)의 증대, 농업경영의 개선(농업노동력 절감, 생산비 절감)

59 잡초 관리에 있어서 윤작, 경운 등 경종적 방법이 근간이 되어야 하고 화학제초제의 시용은 금한다.

60 칼슘(Ca) 결핍 증상과 특징
상위엽이 약간 소형으로 되면서 안쪽과 바깥쪽으로 비틀어진다. 장기간의 일조 부족과 저온이 지속되다가 갑작스럽게 청천 고온으로 되면 생장점 부근의 엽 둘레가 타면서 비틀어지는 소위 낙하산엽으로 변한다. 상위엽의 엽맥 사이가 황화하고 잎은 작아진다. 따라서 칼슘 결핍의 특징은 증상이 생장점 가까운 잎에서 나타나고 엽 둘레가 타면서 엽맥사이가 황화되는 것이 특징이다.

제4회 최근 기출복원문제													p 189 ~ 196		
01	02	03	04	05	06	07	08	09	10	11	12	13	14	15
①	②	④	④	⑤	③	②	②	④	①	②	③	③	④	④
16	17	18	19	20	21	22	23	24	25	26	27	28	29	30
①	②	④	④	③	①	③	①	②	④	①	④	①	④	②
31	32	33	34	35	36	37	38	39	40	41	42	43	44	45
①	②	③	②	①	④	①	②	④	②	②	②	③	③	②
46	47	48	49	50	51	52	53	54	55	56	57	58	59	60
④	④	②	④	②	③	①	②	②	④	③	④	①	①	④

01 토성의 분류

명 칭	점토 함량(%)
사 토	< 12.5
사양토	12.5~25
양 토	25~37.5
식양토	37.5~50
식 토	> 50

02 암모늄태 질소를 환원층에 주면 질화균의 작용을 받지 않고 비효가 오래 지속되는데, 이처럼 암모늄태 질소를 환원층에 시비하여 비효의 증진을 꾀하는 것을 심층시비라 한다.

04 작물의 생존연한에 의한 분류
- 1년생 작물 : 봄에 종자를 뿌려 그 해에 개화·결실해서 일생을 마치는 작물(벼, 콩, 옥수수, 해바라기)
- 2년생 작물 : 종자를 뿌려 1년 이상을 경과해서 개화·성숙하는 작물(무, 사탕무, 접시꽃)
- 월년생 작물 : 가을에 종자를 뿌려 월동해서 이듬해 개화·결실하는 작물(가을밀, 가을보리, 금어초 등)
- 영년생(다년생) 작물 : 여러 해에 걸쳐 생존을 계속하는 작물(호프, 아스파라거스)

05 전체적으로 물을 충분히 줄 수 있는 장점이 있으나, 땅이 고르지 않으면 일부는 물에 잠기고 일부는 물이 닿지 않는 경우가 생긴다.

06
- 운적토 : 풍화 생성물이 옮겨 쌓여서 된 토양으로 붕적토, 선상퇴토(부채꼴), 하성충적토(수적토), 풍적토 등이 있다.
- 정적토 : 풍화 생성물이 그대로 제자리에 남아서 퇴적된 토양으로 잔적토와 유기물이 제자리에 퇴적된 이탄토로 나뉜다.

07 규산 함량에 따른 분류
- 산성암 : 화강암, 유문암(65~75%)
- 중성암 : 섬록암, 안산암(55~65%)
- 염기성암 : 반려암, 현무암(40~55%)

09 파종양식
- 산파 : 종자를 포장 전면에 흩어 뿌리는 방식으로 노력이 적게 드나 종자 소비량이 가장 많음
- 조파 : 종자를 줄지어 뿌리는 방법
- 적파 : 일정한 간격을 두고 여러 개의 종자를 한 곳에 파종
- 점파 : 일정한 간격으로 종자를 1~2개씩 파종하는 방법

10 냉해의 유형 : 지연형, 병해형, 장해형, 복합형

11 요소의 흡수율 83%에 대한 질소의 필요량은
$83 : 100 = 10 : x$

$x = \dfrac{100 \times 10}{83} = 12.04$kg(요소 중의 N량)이고,

요소의 질소함유량 46%에 대한 실제 요소의 필요량은
$46 : 100 = 12.04 : x$

$x = \dfrac{100 \times 12.04}{46} = 26.17$kg(요소의 필요량)이다.

12 병해충 관리를 위하여 사용 가능 자재 : 제충국 추출물, 데리스 추출물, 쿠아시아 추출물, 라이아니아 추출물, 님 추출물, 해수 및 천일염, 젤라틴 등

15 ① 배수체 육종법 : 염색체의 수를 늘리거나 줄임으로써 생겨나는 변이를 육종에 이용하는 방법
② 교잡 육종법 : 교잡을 통해서 육종의 소재가 되는 변이를 얻는 방법
③ 잡종강세 육종법 : 잡종강세 현상이 왕성하게 나타나는 1대 잡종을 품종으로 이용하는 방법

16 혼합유박의 질소 함량이 5%이므로,

$\dfrac{10 \times 100}{5} = 200$kg

18 굴광현상은 청색광이 가장 유효하다(400~500nm, 특히 440~480nm).

19 자연돌연변이나 자연교잡 등은 유전적 퇴화를 일으킨다.

20 무적필름은 필름에 부착된 물이 물방울이 되어 떨어져 작물에 피해를 주는 것을 막도록 필름의 표면을 따라 흘러내리기 쉽게 개량한 하우스용 필름이다.

21 목초액은 나무를 숯으로 만들 때 발생하는 연기가 외부 공기와 접촉하면서 액화되는 것으로, 그 성분은 초산이다.

22 탄질비는 미생물들이 먹이로 쓰는 질소의 함량을 맞추기 위한 것으로 30 이하로 맞추어야 퇴비화가 잘 일어난다.

23 규정에 따른 예방관리에도 불구하고 질병이 발생한 경우 수의사의 처방에 따라 질병을 치료할 수 있다. 이 경우 동물용 의약품을 사용한 가축(구충제를 사용한 가축을 포함)은 해당 약품 휴약기간의 2배가 지나야 유기축산물로 인정할 수 있다(친환경농어업 육성 및 유기식품 등의 관리·지원에 관한 법률 시행규칙[별표 4]).

24 토양 내 세균은 유기물의 분해, 질산화작용, 탈질작용 등을 하여 물질순환작용에서 핵심적인 역할을 한다.

25 FOAM(국제유기농업운동연맹)의 유기농업의 기본목적
- 가능한 폐쇄적인 농업시스템 속에서 적당한 것을 취하고, 또한 지역내 자원에 의존한다.
- 장기적으로 토양비옥도를 유지한다.
- 현대농업기술이 가져온 심각한 오염을 회피한다.
- 영양가 높은 음식을 충분히 생산한다.
- 농업에 화석연료의 사용을 최소화 시킨다.
- 전체 가축에 대하여 그 심리적 필요성과 윤리적 원칙에 적합한 사양조건을 만들어 준다.
- 농업생산자에 대해서 정당한 보수를 받을 수 있도록 하는 것과 더불어 일에 대해 만족감을 느낄 수 있도록 한다.
- 전체적으로 자연환경과의 관계에서 공생·보호적인 자세를 견지한다.

26 • 연작의 해가 적은 것 : 벼, 맥류, 조, 수수, 옥수수, 고구마, 삼, 담배, 무, 당근, 양파, 호박, 연, 순무, 뽕나무, 아스파라거스, 토당귀, 미나리, 딸기, 양배추, 꽃양배추 등
• 1년 휴작을 요하는 것 : 시금치, 콩, 파, 생강 등
• 2년 휴작을 요하는 것 : 마, 감자, 잠두, 오이, 땅콩 등
• 10년 이상 휴작을 요하는 것 : 아마, 인삼 등

27 $$요수량 = \frac{소비된\ 수분량(g)}{건물\ 1g}$$

28 담수하면 대기 중에서 토양으로의 기체 공급이 저하되므로 담수 후 수 시간 내에 토양에 함유되어 있던 산소가 호기성 미생물에 의해 완전히 소모된다. 때문에 산소가 부족한 조건하에서 호기성 미생물의 활동이 정지되고 혐기성 미생물의 호흡작용이 우세하여 혐기성 미생물의 활동이 증가한다.

29 비료를 엽면시비할 때 영향을 미치는 요인은 살포액의 pH, 살포액의 농도, 농약과의 혼합관계, 잎의 상태, 보조제의 첨가 등으로, 살포속도는 관계가 없다.
① 살포액의 pH는 미산성인 것이 흡수가 잘된다.
② 농도가 높으면 잎이 타는 부작용이 있으므로 규정 농도를 잘 지켜야 하며, 비료의 종류와 계절에 따라 다르지만 대개 0.1~0.3% 정도이다.
③ 살포액에 농약을 혼합하여 사용하면 일석이조의 효과를 얻을 수 있지만, 이때 약해를 유발하지 않도록 주의해야 한다. 그 밖에 전착제(展着劑)를 가용하면 흡수를 조장한다.

30 글레이(Glei)화 작용 : 지하 수위가 높은 저지대나 배수가 좋지 못한 토양 그리고 물에 잠겨 있는 논토양은 산소가 부족하여 토양 내 Fe, Mn 및 S이 환원상태가 되고 토양층은 청회색, 청색 또는 녹색의 특유한 색깔을 띠게 된다. 이러한 과정을 글레이화 작용이라 한다.

31 ① 작토 환원층에 철분이 많으면 벼뿌리가 적갈색인 산화철의 두꺼운 피막을 형성한다.
• 노후답 : 작토층의 무기성분이 용탈되어 결핍된 토양
• 논토양의 토층분화 : 담수로 환원되면 $Fe^{3+} \rightarrow Fe^{2+}$, $Mn^{4+} \rightarrow Mn^{2+}$로 용해도가 증가하여 물을 따라 하층이동
• 무기성분의 용탈과 집적 : 이때 K, Ca, Mg, Si, P, 점토도 용탈되어 심토의 산화층에 집적
• 담수하의 작토 환원층에서 황산염이 환원되어 황화수소가 생성

32 땅속에 은둔하고 있는 해충의 유충이나 번데기를 지표에 노출시켜 얼어 죽게 한다.

33 모시풀은 자웅동주식물이며, 8시간 이하의 단일조건에서는 완전자성(完全雌性, 암꽃)이고, 14시간 이상의 장일에서는 완전웅성(完全雄性, 수꽃)이 된다.

37 한해를 줄이기 위해서는 뿌림골을 낮게 해야 한다.

38 연작장해는 동일한 작물재배에 따른 토양양분의 불균형적인 소모, 토양 반응 이상, 토양의 물리성 악화, 식물 유래 유해물질의 집적 및 병해충 다발생 등이 있는데 담수조건에서 재배를 하게 되면 토양에 대한 해가 없어 영년 연작이 가능하다.

39 ④ 시설원예의 토양은 질소질 비료의 과다사용으로 아질산이 집적되어 토양 중 염류농도가 높다.
① · ③ 염류의 과잉집적은 토양의 입단구조를 파괴하고 토양공극을 메워 통기성과 투수성의 불량을 초래한다.

② 시설하우스는 한두 종류의 작물만 계속하여 연작하면서 사용하는 비료량에 비하여 작물에 흡수 또는 세탈되는 비료량이 적어 토양 중 염류가 과잉집적되므로 토양이 산성화된다.

40 피복작물은 강우의 지면타격으로부터 토양을 보호하고, 토양의 비료성분을 체내에 저장하며, 토양의 입단구조를 개선하고, 물의 침투율을 높인다. 이외에도 토양양분의 유실 및 지하수의 오염 방지, 토양침식 방지, 토양의 이화학성 및 생물성의 개선, 유기물 공급, 잡초억제 등 다면적인 기능을 가지고 있다.

41 **과수원의 토양 관리**
• 청경법 : 과수원 토양에 풀이 자라지 않도록 깨끗하게 김을 매주는 방법
• 부초법 : 과수원의 토양을 짚이나 다른 피복물로 덮어주는 방법
• 초생법 : 과수원의 토양을 풀이나 목초로 피복하는 방법

42 **토양유실예측공식(USLE)**
연간 단위면적에서 일어나는 평균 토양유실량을 예측하는 공식으로 $A = R \cdot K \cdot LS \cdot C \cdot P$로 계산한다. 여기서, R : 강우인자, K : 토양의 수식성인자, LS : 경사인자, C : 작부인자, P : 토양관리인자이다.

44 **연풍의 영향**
• 증산작용을 촉진시켜 양분흡수를 증대시킨다.
• 그늘진 잎의 일사를 조장함으로써 광합성을 증대시킨다.
• 바람은 공기를 동요시킴으로써 이산화탄소 농도의 저하를 경감하고 광합성을 조장한다.
• 화분(꽃가루)의 매개를 조장하여 풍매화의 결실을 좋게 한다.
• 한여름에는 지온을 낮게 하고, 봄과 가을에는 서리를 막는 효과가 있으며, 수확물의 건조를 촉진하는 역할을 한다.
• 잡초의 씨나 병원균을 전파하고, 건조할 때에는 더욱 건조상태를 조장하며, 저온의 바람은 작물체에 냉해를 유발하기도 한다.
※ 풍해의 특징(풍속이 4~6km/h 이상일 경우)

기계적 장해	생리적 장해
• 절상, 열상, 낙과, 도복, 탈립 등이 초래되고 2차적인 병해와 부패가 일어난다. • 화곡류에서는 도복으로 수발아와 부패짚이 발생하고 수분, 수정의 장해로 불임립이 발생한다. • 벼의 경우 습도 60% 이하에서는 풍속 10m/sec에서 백수가 발생한다.	• 바람에 의한 상처로 호흡이 증가하여 체내 양분의 소모가 증가한다. • 풍속 2~4m/sec 이상의 경우 숨구멍이 닫혀 이산화탄소의 흡수가 감소되어 광합성이 감퇴된다. • 증산작용이 왕성해져 작물을 마르게 한다. • 작물의 체온을 저하시켜 해를 입힌다.

45 호프는 약료작물이다.

46 토성이란 토양입자의 크기와 점토함량에 따른 토양의 분류 기준이다.

47 **장해형 냉해**
생식세포의 감수분열기에 냉온 영향을 받아 생식기관 형성이 부진하거나 불임현상이 초래되는 유형의 냉해이다.

48 1991년 농림축산식품부 농산국에 유기농업발전기획단이 설치되었다.

49 지나친 경운은 떼알구조(입단)를 파괴한다.

51 육골분은 포유동물의 육가공공장이나 도축장에서 나오는 뼈가 붙은 고기조각이나 부스러기를 건열식(乾熱式)으로 처리하여 기름을 빼고 남은 고형분을 건조해서 분쇄한 것으로, 반추가축에 사용하는 것을 제외하고 유기사료로 사용이 가능하나 소에게 먹이면 광우병 등의 질병이 발생할 수 있다. 육골분을 초식동물의 먹이로 사용하는 것은 법으로 금지되어 있다.

52 비점오염원(非點汚染源)이라 함은 도시, 도로, 농지, 산지, 공사장 등으로서 불특정 장소에서 불특정하게 수질오염물질을 배출하는 배출원을 말한다.

53 식생이 무성하면 뿌리의 호흡이 왕성하고 바람을 막아서 지면에 가까운 공기층의 이산화탄소 농도를 높게하고 지표에서 떨어진 공기층은 잎의 왕성한 광합성 때문에 이산화탄소 농도가 낮아진다.

54 현재 국민들의 환경보전의 필요성에 대한 인식이 높아졌으며, 소비자들의 건강과 환경보전을 위한 무공해 및 안전식품 선호도가 높아지게 되었다.

55 테트라졸륨 용액에 콩 종자를 담그면 종자 전체에 색깔이 나타난다.

56 질소 다용 · 칼륨, 규산 부족 등이 도복을 유발하므로 질소 편중의 시비를 피하고 칼륨 · 인산 · 규산 · 석회 등을 충분히 시용한다.

57 생장촉진제 처리 과실은 육질이 무르고 생리장해가 발생할 수 있으며 저장기간이 짧다.

58 ① 장기적으로 토양비옥도를 유지한다.

59 엽삽은 잎을 묘상에 꽂아 뿌리를 내리게 하는 꺾꽂이 방법으로 베고니아, 산세비에리아, 바이올렛 등에 이용한다.

제5회 최근 기출복원문제   p 197 ~ 204

01	02	03	04	05	06	07	08	09	10	11	12	13	14	15
③	③	①	④	①	②	①	④	②	①	④	②	④	②	③
16	17	18	19	20	21	22	23	24	25	26	27	28	29	30
④	②	①	②	④	④	④	③	④	④	③	③	④	③	①
31	32	33	34	35	36	37	38	39	40	41	42	43	44	45
①	③	①	②	④	②	③	①	④	③	④	②	②	②	②
46	47	48	49	50	51	52	53	54	55	56	57	58	59	60
④	①	④	④	①	④	④	③	②	②	④	②	①	④	③

---

01 **식량(식용)작물의 분류**
벼, 보리, 밀, 콩 등과 같이 주로 식량으로 재배되는 작물들로, 보통작물이라고도 한다.
- 벼 : 논벼(수도), 밭벼(육도)
- 맥류 : 보리, 밀, 호밀, 귀리 등
- 잡곡 : 옥수수, 수수, 조, 메밀, 기장, 피 등
- 콩류 : 콩, 팥, 녹두, 완두, 강낭콩, 땅콩 등
- 서류 : 감자, 고구마, 카사바, 토란, 돼지감자 등

02 **Vavilov의 작물의 기원지 :** 중국, 인도 · 동남아시아, 중앙아시아, 코카서스 · 중동지역, 지중해 연안지역, 중앙아프리카지역, 멕시코 · 중앙아메리카지역, 남아메리카지역

03 LIEBIG는 1840년에 무기물이 식물의 생장에 이용될 수 있다는 무기영양설(無機營養說)을 제창했으며 1843년에 식물의 생육은 다른 양분이 아무리 충분해도 가장 소량으로 존재하는 양분에 의해서 지배된다는 최소량의 법칙을 제창하였다.

04 **작물수량을 최대로 올리기 위한 주요한 요인 :** 유전성, 환경조건, 재배기술

05 ② 발아시 : 최초의 1개체가 발아한 날
③ 발아전 : 파종된 종자의 약 80%가 발아한 날
④ 발아세 : 치상 후 중간조사일까지 발아한 종자의 비율

06 수분은 어느 물질보다도 작물체 내에 많이 함유되어 있고, 작물체의 2/3 이상을 구성하며, 식물체 내의 물질분포를 고르게 하는 매개체가 된다.

07 ① 키가 크고 줄기가 약한 품종일수록 도복이 심하다.

08 ① · ② · ③ 라이그래스, 호밀, 옥수수는 화본과 사료작물이다.
두과 사료작물 : 질소고정에 의하여 토양의 비옥토를 증진시킨다.
예 알팔파, 화이트클로버, 레드클로버, 동부 등

09 **교잡육종법**
- 교잡을 통해서 육종의 소재가 되는 변이를 얻는 방법이다.
- 자기 꽃가루받이를 하는 자가 수정 작물의 개량에 가장 많이 쓰이는 방법이다.

10 **칼륨(K)**
- 광합성, 탄수화물 및 단백질 형성, 세포 내의 수분 공급, 증산에 의한 수분 상실의 제어 등의 역할을 하며, 여러 가지 효소 반응의 활성제로서 작용
- 결핍되면 생장점이 말라 죽고, 줄기가 연약해지며, 잎의 끝이나 둘레가 누렇게 변하고 결실이 저해됨

11 **노력분배의 합리화 :** 여러 작물을 재배하게 되면 노력의 시기적인 집중화를 경감하고, 노력분배를 시기적으로 합리화할 수 있다.

12 **답전윤환**
논 또는 밭을 논상태와 밭상태로 몇 해씩 돌려가면서 벼와 밭작물을 재배하는 방식으로, 연작장해를 막기 위해 사용되는 방법이다.

13 광합성은 청색광과 적색광에서 가장 활발하게 일어나며, 청색광의 파장은 450nm(400~490nm), 적색광의 파장은 670nm(630~680nm)이다.

14 ① 생존 연한에 따른 분류 : 한해살이 작물, 두해살이 작물, 여러해살이 작물
③ 생육 적온에 따른 분류 : 발아나 생육에 적합한 온도 범위가 어느 정도인지에 따라 저온성 작물, 고온성 작물 등
④ 생육 형태에 따른 분류 : 자라는 모양에 따라 주형 작물(벼, 보리와 같이 여러 포기가 합쳐져 하나의 큰 포기를 형성하는 작물), 포복형 작물(고구마처럼 줄기가 땅을 기어서 토양 표면을 덮는 작물)

15 유기염소계농약 또는 유기수은제는 화학적으로 안정하여 생분해가 되지 않기 때문에 잔류성이 크고 잔류독성이 강하다.

16 ④ 경지정리를 잘하여 배수가 잘되게 해야 한다.

17 ① 단초전정 시 결과모지를 전정할 때 남기는 마디 수는 대개 1~3개이다.
③ 세부전정은 주지 제거가 끝난 후 주지의 선단을 강하게 절단전정하여 매년 60cm 이상의 가지가 신장하도록 하고, 과실이 맺히지 않도록 하는 방법이다.
④ 큰 가지 전정은 결실성이 낮거나 햇빛의 투과를 막는 큰 가지, 기계적 상처를 입은 큰 가지 등을 제거하는 방법이다.

18 ① 식물체 내의 함유수분은 흡수한 수분량 또는 증산량에 비해 극히 적은 양이다.

20 **고온발효 퇴비의 장점**
• 흙의 산성화를 억제한다.
• 작물의 토양 전염병을 억제한다.
• 흙의 유기물 함량을 유지·증가시킨다.

21 ④ 용해는 화학적 풍화작용이다.
물리적 풍화작용 : 물리적 풍화는 광물에 화학적 변화 없이 기계적인 파쇄에 의하여 크기가 작아지는 것으로, 원동력이 되는 요인은 물과 바람의 압력 및 충격, 온도의 변화, 동결의 작용, 염류의 작용, 생물의 작용 등이다.

22 풍화에 강한 것은 석영, 자철광, 점토광물 등이고, 풍화에 약한 것은 석고, 백운석 등이다.

23 **입자밀도(진밀도)** : 토양 입자의 단위 용적당 무게를 말하며 일반적인 무기질토양의 평균비중은 2.65이다.

24 토양온도는 북반구에 있어서 남향이나 동남향의 경사면 토양은 평탄지나 북향면에 비하여 아침에 빨리 더워지며 평균 온도가 높은 것이 보통이다.

25 **질산환원작용** : 질산화 작용과는 반대로 질산이 환원되어 아질산으로 되고, 다시 암모니아로 변화하는 작용

27 **토양 중에 함유된 원소의 순위**
$Si > Al > Fe > Ca > Mg > Na > K$

28 농지에 시용한 질소비료는 질산태 질소로 변화하는데, 질산이온은 마이너스 전기를 띠기 때문에 토양 콜로이드에 흡착되지 않고 식물의 뿌리에도 흡수되기 쉽지만 동시에 물에 용해되어 유출되기도 쉽다. 질산태 질소는 지표수를 오염시킬 뿐만 아니라 지하수 속으로도 용출되어 질산염 오염을 일으키기도 하는데, 질산염에 오염된 물을 마신 경우 성인에게는 그다지 유해하지 않지만 유아에게는 청색증을 일으킬 수 있다.

29 토양의 전기전도도는 토양에 포함된 이온과 염류의 농도를 나타내는 지표이다.

30 **토성** : 토양입자의 성질에 따라 구분한 토양의 종류를 토성이라고 한다. 보통은 점토함량뿐만 아니라 미사(微砂)·세사(細砂)·조사(粗砂)의 함량도 고려하여 토성을 더 세분하고 있다.

31 일반적으로 고도로 분해된 유기물이 많이 함유된 토양은 어두운색을 띤다. 산화철 광물이 풍부하면 적색을 띤다.

32 ①·② 산성비료, ④ 알칼리성 비료

34 **점토 함량에 따른 토성의 분류** : 식토 > 식양토 > 양토 > 사양토 > 사토

35 **작물 생육에 해로운 토양미생물의 작용**
• 식물에 병을 일으키는 미생물이 많다.
• 탈질작용을 일으킨다.
• 황산염을 환원하여 황화수소 등의 유해한 환원성 물질을 생성한다.
• 작물과 미생물 간에 양분의 쟁탈이 일어난다.

36 이타이이타이(Itai-Itai)병은 '아프다 아프다'라는 일본어에서 유래된 것으로, 카드뮴 중독으로 인한 공해병을 말한다.

38 충적토는 토양의 생성작용에 의하여 크게 변화하지 않는 하천의 충적층과 관련된 토양으로서 범람원, 삼각주, 선상지에서 주로 나타난다. 우리나라 논토양의 대부분을 차지하며 토양단면은 층상을 이루고 있다.

39 ① 양질의 점토함량이 많은 질흙을 객토한다.
② 암거배수나 명거배수를 하여 투수를 좋게 한다.
③ 노후화답의 개량 : 작토층의 철 부족을 보완하기 위하여 철을 공급한다. 또한 용탈된 질소, 인산, 칼륨, 석회, 마그네슘, 망간, 규산 등을 공급하여야 한다. 철이 많은 산 흙이나 내, 못, 늪 등에 가라앉은 흙으로 객토를 한다.

40
• 작토층의 부피 = $1ha \times 10cm = 10,000m^2 \times 0.1m$
$$= 1,000m^3 (\because 1ha = 10,000m^2)$$
• 용적밀도 = $1.2g/cm^3 = 1,200kg/m^3$
∴ 작토층 총질량 = $1,200kg/m^3 \times 1,000m^3$
$$= 1,200,000kg$$

41 **GAP(Good Agricultural Practices, 우수농산물관리제도)**
농산물의 안전성을 확보하고 농업환경을 보존하기 위하여 농산물의 생산, 수확 후 관리 및 유통의 각 단계에서 재배포장 및 농업용수 등의 농업환경과 농산물에 잔류할 수 있는 농약, 중금속, 또는 유해생물 등의 위해 요소를 적절하게 관리하여 소비자에게 그 관리사항을 알 수 있게 하는 체계이다.

42 **GMO(Genetically Modified Organism)**
GMO는 생명공학 기술을 이용하여 유전자변형을 가한 농수물을 말한다.

43 **수막하우스** : 비닐하우스 안에 적당한 간격으로 노즐이 배치된 커튼을 설치하고, 커튼 표면에 살수하여 얇은 수막을 형성하는 보온시설로, 주로 겨울철 실내온도 하강을 막기 위해 사용한다.

44 화곡류의 채종 적기는 황숙기이고, 십자화과 채소류는 갈숙기가 적기이다.

45 **세포융합** : 서로 다른 두 종류의 세포를 융합시켜 각 세포의 장점을 모두 지니는 새로운 잡종 세포를 만드는 기술

46 **멘델의 유전법칙**
• 우열의 법칙 : 서로 대립하는 형질인 우성 형질과 열성 형질이 있을 때 우성 형질만이 드러난다.
• 분리의 법칙 : 순종을 교배한 잡종 제1대를 자가교배 했을 때 우성과 열성이 나뉘어 나타난다.
• 독립의 법칙 : 서로 다른 대립형질은 서로에게 영향을 미치지 않고 독립적으로 발현한다.

47 ① 토양수분이 과도해지면 토양공기가 부족해진다.

49 유전적 퇴화의 원인 : 자연돌연변이, 자연교잡, 이형종자의 기계적 혼입, 미고정형질의 분리, 자식 약세, 근교 약세, 역도태 등

50 ② 굴나방 : 잎을 가해하는 해충
③·④ 복숭아심식나방, 복숭아명나방 : 과실을 가해하는 해충

51 먹이 습성을 이용하여 제초제를 대용한 왕우렁이 농법은 논농사에서 빼놓을 수 없는 제초제를 생물적 자원으로 대체함으로써 토양 및 수질 오염 방지와 생태계 보호 등 친환경 농업 육성에 기여할 수 있다.

53 농업과학 연구원에서 개발한 난황유는 유채기름(채종유, 카놀라유)이나 해바라기유 등 식용유를 계란노른자로 유화시킨 것으로, 가정에서 직접 제조하여 각종 식물에 발생하는 흰가루병과 노균병 및 응애 등의 예방 목적으로 활용하는 병해충 관리자재이다.

54 서까래(Rafter)
지붕위의 하중을 지탱하며 왕도리, 중도리 및 갖도리 위에 걸쳐 고정하는 부재를 말한다. 보통 45cm 간격으로 설치한다.

55 종자갱신은 우량품종의 퇴화를 막기 위한 조치로서, 주요 농작물의 품종 중 우수한 것으로 인정되어 장려 품종으로 결정된 것은 국가사업으로 퇴화를 방지하면서 체계적으로 증식시켜 농가에 보급하고 있다.

56 농림축산식품부령으로 정하는 제1종 가축전염병
구제역, 고병원성 조류인플루엔자, 그 밖에 농림축산식품부장관이 정하여 고시하는 가축전염병

57 비단백태질소(NPN ; Nonprotein Nitrogen)

58 축사의 바닥은 부드러우면서도 미끄럽지 아니하고, 청결 및 건조하여야 하며, 충분한 휴식공간을 확보하여야 하고, 휴식공간에서는 건조 깔짚을 깔아 주어야 한다.

59 돼지의 임신기간은 114일이며 3~7마리의 새끼를 낳는데, 다산종인 경우는 8~12마리의 새끼를 낳는다.

60 유기농업적 관점에서의 잡초 제어법은 화학 제초제를 사용하지 않는 것이다.

제6회 최근 기출복원문제													p 205 ~ 226		
01	02	03	04	05	06	07	08	09	10	11	12	13	14	15
②	②	②	①	④	①	①	①	③	①	④	②	③	④	③
16	17	18	19	20	21	22	23	24	25	26	27	28	29	30
①	④	①	②	③	③	③	②	④	③	③	②	①	②	④
31	32	33	34	35	36	37	38	39	40	41	42	43	44	45
④	②	①	④	①	③	④	②	②	③	④	②	②	④	①
46	47	48	49	50	51	52	53	54	55	56	57	58	59	60
④	①	①	④	①	④	②	④	②	①	③	④	①	②	①

01 화곡류
• 미곡 : 벼
• 맥류 : 보리, 밀, 귀리, 호밀
• 잡곡 : 조, 옥수수, 기장, 피, 메밀

02 식물분류의 단계
계 → 문 → 강 → 목 → 과 → 속 → 종

03 De Candolle
작물 야생종의 분포를 광범위하게 조사하고 유물, 유적, 전설 등에 나타난 사실을 기초로 고고학, 역사학 및 언어학적 고찰을 통하여 재배식물의 조상형이 자생하는 지역을 기원지로 추정하였다. 1883년에는 '재배식물의 기원'을 저술하였다.

04 ② 적파 : 일정한 간격을 두고 여러 개의 종자를 한 곳에 파종하는 방법
③ 골뿌림(조파) : 종자를 줄지어 뿌리는 방법
④ 흩어뿌림(산파) : 종자를 포장 전면에 흩어 뿌리는 방식으로 노력이 적게 드나 종자 소비량이 가장 많음

05 주요온도 : 작물 생육에 영향을 주는 최저, 최적, 최고의 3온도이며, 각각 작물과 생육시기에 따라 다르다.

06 • 양분흡수 : 생장점
• 수분흡수 : 근모부

07 종자의 발아조건은 수분, 산소, 온도 그리고 빛이지만, 빛의 경우 식물의 종류에 따라 발아에 영향을 주는 정도가 다르다.

08 도복의 유발 조건
• 품종 : 키가 크고 대가 약한 품종일수록 도복이 심하다.
• 재배조건 : 대를 약하게 하는 재배조건은 도복을 조장한다. 밀식·질소다용·칼륨부족·규산부족 등은 도복을 유발한다.
• 병충해 : 벼에 잎집무늬마름병의 발생, 가을멸구의 발생이 많으면 대가 약해져서 도복이 심해진다.
• 환경조건 : 도복의 위험기에 비가 와서 식물체가 무거워지고, 토양이 젖어서 뿌리를 고정하는 힘이 약해졌을 때 강한 바람이 불면 도복이 유발된다.

09 발아촉진물질 : 지베렐린, 에스렐, 질산염 등

10 아미노산은 단백질의 구성성분인 질소화합물이다.

11 휘묻이(선취법) : 보통법, 선취법, 파상취목법, 당목취법, 주립취목법

12 작물수량을 최대로 올리기 위한 주요한 요인 : 유전성, 환경조건, 재배기술

13 ③ 대기 중 이산화탄소의 농도는 약 0.03%로, 이는 작물이 충분한 광합성을 수행하기에 부족하다. 광합성량을 최고로 높일 수 있는 이산화탄소의 농도는 약 0.25%이다.
①·② 대기 중에는 질소가스(N_2)가 약 79.1%를 차지하며 근류균과 *Azotobacter* 등이 공기 중의 질소를 고정한다.
④ 호흡작용에 알맞은 대기 중의 산소 농도는 약 20.9%이다.

14 우리나라가 원산지인 작물 : 감(한국, 중국), 인삼(한국), 팥(한국, 중국)

15 **습해 대책** : 배수, 이랑만들기, 토양개량, 시비, 과산화석회의 시용, 병충해 방제의 철저, 내습성 작물 및 품종의 선택

16 ② PAN(과산화아세틸질산염) : 탄화수소·오존·이산화질소가 화합해서 생성된다.
③ 아황산가스 : 중유·연탄이 연소할 때 황이 산소와 결합하여 발생한다.
④ 일산화소 : 각종 배출가스에 포함되어 있으며, 공기와 결합하여 이산화질소를 생성한다.

17 토양을 갈아 일으켜 흙덩이를 반전시키고, 대강 부스러뜨리는 작업을 경운(Plowing)이라고 한다. 경운은 토양의 물리화학성을 개선하고 잡초와 땅속의 해충을 경감시키는 효과가 있다.

18 **토양공극**
• 비모관공극(대공극, 입단과 입단 사이) : 배수구 역할과 공기의 유동
• 모관공극(소공극, 입자와 입자 사이) : 식물이 이용할 수 있는 유효수분을 보유

19 ②는 교호작에 관한 설명이다.
혼 작
• 생육기간이 거의 같은 두 종류 이상의 작물을 동시에 같은 포장에 섞어서 재배하는 것을 혼작(섞어짓기)이라고 한다.
• 콩밭에 수수나 옥수수를 일정한 간격으로 질서 있게 점점이 혼작하면 점혼작이 되며, 콩이 주작물이고, 수수·옥수수가 혼작물이다.
• 콩밭에 수수·조 등이나, 목화밭에 참깨·들깨 등을 질서 없이 혼작하면 난혼작이 된다.

20 **광합성에 영향을 미치는 요인**
• 빛의 세기 : 빛의 세기가 강할수록 광합성량이 증가하지만, 광포화점을 지나면 일정하다.
• 이산화탄소의 농도 : 이산화탄소의 농도가 증가할수록 광합성량이 증가하지만, 농도 0.1%부터는 일정하다.
• 온도 : 온도가 높을수록 광합성량도 증가하고 35~38℃에서 가장 활발하다. 그러나 40℃ 이상이나 10℃ 이하가 되면 급격히 감소한다.

21 ③ 햇빛을 잘 반사시키도록 알루미늄을 입힌 필름을 멀칭하면 열매채소와 과일의 착색이 잘 된다.

22 ① 화강암 : 심성암 중에서 가장 넓게 분포하며, 우리나라에서는 2/3를 차지한다. 풍화 후에는 양질이나 사질토가 된다.
② 석회암 : 우리나라 중부 이북(충북 단양)에 많으며, 탄산수에 의해 쉽게 용해된다.
④ 석영조면암 : 성분은 화강암과 비슷하며, 화강암에 비해 풍화가 용이하다.

23 탄산화 작용은 대기 중의 이산화탄소가 물에 용해되어 일어난다. 물에 산이 가해지면 암석의 풍화 작용이 촉진된다.

24 ① Kaolinite : 대표적인 1 : 1 격자형 광물로 고령토라고도 하며, 우리나라 토양 중 점토광물의 대부분을 차지하고 있다.
② Illite : 2 : 1형 점토광물로서 운모 점토광물이 풍화되는 동안 K, Mg 등이 용탈되어 생기는 비팽창형 광물
③ Vermiculite : 규산층과 알루미늄층이 2 : 1로 형성된 팽창판자형 2차 토양광물

27 *Rhizobium*(리조비움속) : 콩과 식물의 뿌리에 공생하며 공기 중의 질소를 고정하는 역할을 하는 박테리아이다.

28 점토나 부식은 입자가 잘고, 입경이 $1\mu m$ 이하이며, 특히 $0.1\mu m$ 이하의 입자는 교질(Colloid)로 되어 있다. 교질입자는 보통 음전하를 띠고 있어 양이온을 흡착한다. 토양 중에 교질입자가 많으면 치환성 양이온을 흡착하는 힘이 강해진다.

29 **탈질작용**
질산화 작용에 의해 생성된 NO_2^-와 NO_3^-가 환원층에 들어가면 탈질세균의 작용으로 N_2O나 N_2로 되어 대기중으로 날아가 버리는 작용이다.

30 침식에 대한 대책으로는 토양 표면의 피복, 토양개량, 등고선 재배, 초생대 재배, 배수로 설치 등이 있다.

31 pH 7을 기준(중성)으로 그 이하면 산성, 그 이상이면 알칼리성이라 한다.

32 토양의 입단화는 토양입자가 지렁이의 소화기관을 통과할 때 석회석에서 분비되는 탄산칼슘 등의 응고에 의해 이루어지며, 토양의 물리성을 개량하여 식물과 농작물의 생육에 알맞은 환경을 만들어 준다.

33 토양산도 교정 및 칼슘, 마그네슘의 비료원으로 사용되는 물질을 석회물질이라 하며 탄산석회($CaCO_3$), 생석회(CaO), 소석회($Ca(OH)_2$), 석회석분말, 고토(MgO), 고토석회($CaMg(CO_3)_2$) 및 부산물 석회 등을 말한다.
※ 탄산(H_2CO_3)은 이온화 정도가 작은 휘발성의 약한 산이다.

34 토양의 3상은 액상, 기상, 고상이다.

35 수은(Hg)은 미나마타(Minamata)병의 원인물질로 인체에 대한 유독성이 알려졌다.

36 **글레이(Glei)화 작용**
• 지하 수위가 높은 저지대나 배수가 좋지 못한 토양 그리고 물에 잠겨 있는 논토양은 산소가 부족하여 토양 내 Fe, Mn 및 S이 환원상태가 되고 토양층은 청회색, 청색 또는 녹색의 특유한 색깔을 띠게 된다. 이러한 과정을 글레이화 작용이라 한다.
• 환원상태의 토양은 낮은 산화환원전위를 가지고 청회색을 띠지만, Fe의 붉은 반점은 나타나지 않는다.
• 혐기상태가 발달함에 따라 탈질작용, 아질산의 발생, 황화물과 메탄의 생성 등이 일어나며, 그에 따라 전위차는 더욱 낮아지게 된다.
• 환원상태에서 Mn도 미생물에 의하여 환원되어 어두운 갈색의 반점으로 나타난다.

37 **토양 산성화의 원인**
• 무기산(HNO_3, H_3PO_4, H_2SO_4) 등의 해리로 H^+ 방출
• 토양수분은 공기의 CO_2와 평형상태에 있게 되며, 물에 녹아 탄산이 되고 해리하여 H^+ 방출
• 유기물이 분해될 때 생기는 유기산이 해리되어 H^+ 방출
• 식물의 뿌리에서 양분을 흡수하기 위해 H^+ 방출
• 산성 비료, 인분 등으로 인한 토양의 산성화
• 염기가 용탈되거나 유실되어 토양의 산성화 진행

38 산화 상태인 밭토양의 유기물 분해 속도가 논토양보다 빠르다.

40 $10a = 1,000m^2$
$1,000m^2 \times 0.1m(객토심) = 100m^3$
∴ $100m^3 \times 1.2g/cm^3$(밀도) = 120톤

41 메벼는 염수선 비중을 1.13(물 20L + 소금 4.24kg), 찰벼는 비중 1.04(물 20L + 소금 1.36kg)에서 가라앉는 볍씨를 사용한다.

42 ① 등고선에 따라 이랑을 만들어 유거수의 속도를 완화시키고 저수통
　 　역할을 하게 한다.
　 ③ 비에 의한 침식을 막기 위하여 경사지에 목초 등을 밀생시키는 방법
　 　을 초생법이라고 한다. 과수원이나 계단밭 등의 경사면에는 연중 초
　 　생상태로 두는 경우가 많으나, 밭의 경우에는 밭이랑 등에 일정 기간
　 　만 초생법을 이용하거나 풀과 작물의 돌려짓기 등을 한다.
　 ④ 물이 흐를 수 있는 도랑을 만들어 물의 유거 및 토양 유실을 감소시
　 　킬 수 있다.
　 ※ 경사도별 작물재배법
　 　• 5℃ 이하 : 등고선 재배 – 토양보전 가능
　 　• 5~15℃ : 승수구 설치, 초생대 재배
　 　• 15℃ 이상 : 계단식 개간 재배

43 • 수중에서 발아되지 못하는 종자 : 퍼레니얼라이그래스, 가지, 귀리,
　 　밀, 무 등
　 • 수중에서도 잘 발아되는 종자 : 상추, 당근, 셀러리

44 ① 단교배
　 ② 여교배
　 ③ 3원교배

45 유기농업의 추구 내용
　 • 환경생태계의 보호
　 • 토양 쇠퇴와 유실의 최소화
　 • 환경오염의 최소화
　 • 생물학적 생산성의 최적화
　 • 자연환경의 우호적 건강성 촉진

46 수수, 고구마, 양파는 연작의 피해가 적고, 사탕무, 수박, 가지, 완두
　 등은 5~7년 휴작을 요하는 작물이다.

47 초생 재배 : 목초•녹비 등을 나무 밑에 가꾸는 재배법으로 토양침식이
　 방지되고, 제초노력이 경감되며, 지력도 증진된다.

48 조사료는 용적이 크고 거칠어서 단위(單胃) 동물에 급여는 제한되고 반
　 추동물에 주로 이용할 수 있다. 산양은 조사료의 이용성이 대단히 우수
　 하여 산야초를 비롯하여 들판이나 논둑, 강변 등에서 계절마다 자라나
　 는 2만여 가지의 풀 중 독초를 제외한 나머지 90% 이상을 조사료로 이
　 용할 수 있다.

49 우리나라 플라스틱 외피복재 중 가장 많이 사용되는 것은 PE(70% 이상)
　 이다.

50 기생성 곤충과 포식성 곤충
　 • 기생성 곤충 : 침파리, 고치벌, 맵시벌, 꼬마벌
　 • 포식성 곤충 : 풀잠자리, 꽃등에, 됫박벌레, 딱정벌레, 팔라시스이
　 　리응애

52 볍씨를 선별하기 위해서는 달걀이 뜰 정도로 소금을 녹인 다음 그 염수
　 에 2일간 냉침한다.

53 ① 소경 농업 : 문화가 발달되기 이전의 농업 형태로서 쟁기나 가축을
　 　이용하지 않은 것은 물론, 비료도 사용하지 않았다. 지력의 소모가
　 　빠른 만큼 새로운 토지를 찾아서 옮기는 이른바 약탈농법이다.
　 ② 원경 농업 : 작은 면적의 농경지를 집약적으로 경영하여 단위면적당
　 　채소, 과수 등의 수확량을 많게 하는 농업 형태이다.
　 ③ 포경 농업 : 유축 농업 또는 혼동 농업과 비슷한 뜻으로, 식량과 사료
　 　를 서로 균형 있게 생산하는 농업 형태이다.

54 생리적 퇴화
　 적합하지 않은 재배 환경 및 조건으로 인해 생리적으로 열세화하여 품
　 종 성능이 저하되는 것을 말하며, 적절한 채종지를 선정하거나 재배조
　 건을 개선함으로써 방지할 수 있다.

55 봉지씌우기는 과실의 착색 증진, 병•해충 방지, 숙기지연, 동녹 방지에
　 쓰인다.

56 질소기아현상
　 C/N율이 높은 유기물(톱밥, 수피, 볏짚) 분해 시 질소성분(단백질)이
　 소모되는데, 작물이 흡수해야 할 질소를 미생물이 이용하기 때문에 작
　 물에 일시적으로 질소가 부족해지는 현상이다.

57 ④ 돼지 식육의 경우 입식 후 출하 시까지(최소 5개월 이상)

58 유기축산물의 생산을 위한 가축에게는 100% 비식용 유기가공품(유기사
　 료)을 급여하여야 하며, 유기사료 여부를 확인하여야 한다(인증기준의
　 세부사항 – 친환경농축산물 및 유기식품 등의 인증에 관한 세부실시요
　 령 [별표 1]).

59 IFOAM(International Federationof Organic Agriculture Movements)
　 국제유기농업운동연맹은 전세계 110개국의 750개 유기농 단체가 가입
　 한 민간단체이다.

60 농약이 갖추어야 할 조건
　 • 효력이 정확하여야 한다.
　 • 작물에 대한 약해가 없어야 한다.
　 • 사람과 가축에 대한 독성이 적어야 한다.
　 • 수질을 오염시키지 않아야 한다.
　 • 토양이나 먹이사슬 과정에 축적되지 않도록 잔류성이 적어야 한다.
　 • 농약에 대해 방제 대상 병해충이나 잡초의 저항성이 유발되지 않아야
　 　한다.
　 • 다른 약제와 혼합하여 사용할 수 있어야 한다.
　 • 품질이 일정하고 저장 중 변질되지 않아야 한다.
　 • 사용법이 간편하여야 한다.
　 • 값이 싸야 한다.

D-day | 시험장에서 보는 핵심키워드

01 농업의 형태 : 포경, 곡경, 원경, 소경

02 • 비료의 3요소 : 질소, 인산, 칼륨
　　• 비료의 4요소 : 질소, 인산, 칼륨, 칼슘

03 염기포화도 = (치환성 염기량 / 양이온 치환용량) × 100

04 시설원예지의 토양관리 : 담수 세척, 객토 또는 환토, 비종 선택과 시비량의 적정화, 퇴비・구비・녹비 등 유기물의 적정 사용

05 종자의 퇴화 : 유전적 퇴화, 생리적 퇴화, 병리적 퇴화

06 경운의 효과 : 토양의 물리성 개선, 파종 및 옮겨심기 작업 용이, 토양 수분 유지에 유리, 잡초 발생 억제, 해충 발생 억제, 토양 유실 감소, 비료・농약의 사용효과 증대

07 열해의 원인 : 유기물의 과잉소모, 질소대사의 이상, 철분의 침전, 증산 과다

08 생력 재배의 효과 : 농업노력비의 절감, 단위수량의 증대, 지력의 증진, 적기적 작업, 재배방식의 개선 등

09 답전윤환의 효과 : 지력 증강, 기지 회피, 잡초 감소, 벼의 수량 증가, 노력 절감

10 탄산 시비 : 작물의 증수를 위하여 작물 주변의 대기 중에 인공적으로 이산화탄소를 공급해 주는 것을 탄산 시비 또는 이산화탄소 시비라고 한다.

11 요수량 = (증발산량/건물량)

12 공극률(%) = 100 × (1 − 용적밀도/입자밀도)

13 • 수중에서 발아되지 못하는 종자 : 퍼레니얼라이그래스, 가지, 귀리, 밀, 무 등
　　• 수중에서도 잘 발아되는 종자 : 상추, 당근, 셀러리

14 탈질작용 : 질산태 질소가 유기물이 많고 환원상태인 조건에서 미생물에 의해 산소를 빼앗겨 일산화질소나 질소가스가 되어 공중으로 흩어지는 것

15 윤작의 효과 : 토양의 유기물 함량 증가, 질소 함량 증가, 토양 개량, 토양양분의 균형 유지, 병충해 증감, 토양 유실 방지, 생물 다양성 증진 등

16 증산에 영향을 주는 환경요인 : 광도, 상대습도, 온도, 바람

17 냉해 : 여름작물의 생육적온보다 낮은 온도로 인한 피해

18 멀칭을 하는 목적 : 지온의 조절, 토양의 건조 예방, 토양의 유실 방지, 비료성분의 유실 방지, 잡초의 발생 억제효과

19 토양의 3상 : 고상(50%), 액상(25%), 기상(25%)

20 토양수의 분류 : 결합수, 흡습수, 모관수, 중력수 등

21 암석의 풍화 : 물리적 풍화작용(암석의 압력 변화, 온도 변화, 염류 작용, 생물작용), 화학적 풍화작용(용해작용, 가수분해, 산화작용, 수화작용, 환원작용, 착체 형성), 생물학적 풍화작용(식물의 유기적 작용은 암석의 물리적·화학적 풍화를 가속화시킴)

22 토양의 생성작용 : 포드졸화 작용, 라토졸화 작용, 글레이화 작용, 염류화 작용, 석회화 작용, 점토화 작용, 부식집적작용

23 양이온 치환용량의 의의 : 작물의 생육에 필요한 유효 영양 성분인 K^+, NH_4^+, Ca^{2+}, Mg^{2+} 등의 보유량은 양이온 치환용량이 크면 클수록 많으므로 비옥한 토양일수록 양이온 치환용량이 크다고 할 수 있다.

24 토양미생물의 종류 : 사상균, 방사상균, 세균, 조류

25 점토 함량에 따른 토성의 분류 : 사토 < 사양토 < 양토 < 식양토 < 식토

26 품종 보호요건 : 신규성, 구별성, 균일성, 안전성

27 식토의 특징 : 점토의 비율이 높아서 점토의 성질이 뚜렷하게 나타나는 토양으로, 토기·투수가 불량하고, 유기질의 분해가 더디며, 습해나 유해물질에 의한 피해를 받기 쉽고, 점착력이 강하며, 건조하면 굳어져서 경작이 곤란하다.

28 멘델의 유전법칙 : 우열의 법칙, 분리의 법칙, 독립의 법칙

29 묘목의 선택 시 유의사항 : 품종이 정확하고 병해충 피해가 없는 묘목, 뿌리가 많이 나고 웃자라지 않은 묘목, 과수규격 종묘 보증표지가 부착된 묘목

30 발아의 온도 : 발아에 필요한 최저온도는 0~10℃, 최적온도는 20~30℃, 최고온도는 35~50℃인데, 저온작물은 고온작물에 비하여 발아온도가 낮다.

31 작부체계 : 연작, 윤작, 간작, 혼작, 교호작, 주위작, 단작 등

32 삼한시대의 오곡 : 보리, 기장, 피, 콩, 참깨

33 수도용 상토의 특징 : 상토의 질이 고르고 좋아야 한다, 양분의 흡수력이 적당해야 한다, 이·화학성이 좋아야 한다, 작업성과 경제성이 좋아야 한다, 완충력이 커야 한다.

34 국제유기농업운동연맹(IFOAM) : 유기농업을 하고 있는 농가나 유기농산물로서 판매되고 있는 농·축산물을 생산하는 생산자가 준수해야 할 기준이며, 각국은 이 기준에서 크게 벗어나지 않는 한 독자적인 기준을 첨가하여 규정을 제정하도록 되어 있다.

35 습해 대책 : 배수, 정지, 토양 개량(객토), 과산화석회의 시용

36 토양 속 지렁이의 효과 : 유기물질의 분해와 재분배, 식물 성장효과, 통기성과 배수 원활, 산성토양의 개량효과

37 건토효과 : 토양을 건조시킨 후 가수하면 미생물의 활동이 촉진되어 유기태 질소의 무기화가 촉진되는 것

38 초생 재배법 : 목초·녹비 등을 나무 밑에 가꾸는 재배법으로 토양침식이 방지되고, 제초노력이 경감되며, 지력도 증진된다.

39 경사지 토양유실을 줄이기 위한 재배방법 : 등고선 재배, 초생대 재배, 부초 재배, 계단식 재배

40 • 제1종 가축전염병 : 구제역, 뉴캐슬병, 돼지열병, 고병원성 조류인플루엔자
　• 제2종 가축전염병 : 탄저, 돼지오제스키병, 추백리, 브루셀라병, 가금콜레라, 광견병
　• 제3종 가축전염병 : 저병원성 조류인플루엔자, 부저병